南京工业大学

郑州大学

山东建筑大学

苏州大学

2017 城乡规划专业四校联合毕业设计作品集

南 京 浦 镇 车 辆 厂 历 史 风 貌 区 规 划 设 计

方遥　雷诚　史晓华　陈朋◎编

U0314069

中国建筑工业出版社

图书在版编目（CIP）数据

工业更新：南京浦镇车辆厂历史风貌区规划设计：2017城乡规划专业四校联合
毕业设计作品集／方遥等编．—北京：中国建筑工业出版社，2017.9
ISBN 978-7-112-21232-3

Ⅰ.①工… Ⅱ.①方… Ⅲ.①工业区-城市规划-建筑设计-作品集-中国-现代
Ⅳ.① TU984.13

中国版本图书馆CIP数据核字（2017）第225410号

责任编辑：杨 虹 周 觅
责任校对：焦 乐 李美娜

工业更新　南京浦镇车辆厂历史风貌区规划设计

2017 城乡规划专业四校联合毕业设计作品集

南京工业大学　郑州大学　山东建筑大学　苏州大学
方遥　雷诚　史晓华　陈朋　编

*

中国建筑工业出版社出版、发行（北京海淀三里河路9号）
各地新华书店、建筑书店经销
北 京 嘉 泰 利 德 公 司 制 版
北京利丰雅高长城印刷有限公司印刷

*

开本：880×1230毫米　横1/16　印张：17　字数：526千字
2017年9月第一版　2017年9月第一次印刷
定价：**99.00**元
ISBN 978-7-112-21232-3
（30873）

编委会

主　编：方　遥

副主编：雷　诚　史晓华　陈　朋

编委会成员（按姓氏笔画排序）：

王　军　王建军　仝　晖　汤晔峥　陈乃栋
吴永发　张建涛　陈　静　赵　健　胡振宇
施　梁　郭华瑜　曹坤梓

序言

2017 年度南京工业大学、郑州大学、苏州大学、山东建筑大学四校城乡规划本科专业联合毕业设计教学已圆满结束，我院作为东道主非常荣幸地召集、承办了这次教学活动。

本次联合毕业设计的课题是"南京浦镇车辆厂历史风貌区规划设计"。南京是六朝古都，国家首批历史文化名城，具有丰富的历史文化遗产和独特的人文景观。南京浦镇车辆厂建于 1908 年，是全国为数不多的具有百年生产历史的铁路工业制造基地。该厂所在的历史风貌区格局完整，历史遗存丰富，生产工艺别致，具有较高的保护和利用价值。选题的初衷是让同学们关注近现代工业文化遗产的保护和利用课题，通过规划设计，延续历史文化脉络，更新城市相关功能，提升空间环境品质。该课题较有难度、较有特色，可以更好地培养学生的实地调研能力、创新思维能力、规划设计能力和综合表达能力。四校指导教师共同努力，细化教学环节，强化关键节点，优化工作程序，按计划顺利完成了联合教学任务。

这本作品集就是本次四校联合毕业设计的成果汇编，比较充分地反映了同学们对于课题的理解与思考、对于基地的调研与认知、对于方案的把握与表达，体现了应有的毕业设计水准。从中也可以看出本次联合教学的总体要求和各校的教学风格。

友好院校间开放办学、协同创新，能够多方位地推进教学改革，提高教学质量。参加本次联合教学的同学们普遍反映收获很大、记忆深刻。教师之间相互交流、取长补短、共同提高。这种联合教学模式应当坚持下去。

本书付梓之际，我要诚挚地感谢参加四校联合毕业设计教学的史晓华、陈静、雷诚、汤晔峥、赵健、陈朋、方遥等指导教师以及给予联合教学大力支持的郑州大学建筑学院张建涛院长、苏州大学金螳螂建筑学院吴永发院长、山东建筑大学建筑城规学院仝晖院长；还要感谢为本次联合教学授课和评图的南京市规划局陈乃栋副局长、南京大学建筑与城规学院甄峰教授；最后感谢作为特邀评委参加答辩的河南省城乡规划设计研究总院王建军总规划师和郑州市规划勘测设计研究院王军总工程师。

期待明年的四校城乡规划专业联合毕业设计教学更加精彩、更加成功！

南京工业大学建筑学院院长、教授
胡振宇
2017 年 6 月 30 日

目录

2017 城乡规划专业四校联合毕业设计任务书

南京浦镇车辆厂历史风貌区规划设计

1. 选题背景

　　南京是国务院 1982 年公布的第一批国家级历史文化名城，其延绵 2500 余年的建城史和累计 450 年的建都史积淀了丰富的历史文化遗产，形成了独特的人文景观。在当今城市全球化的宏观背景下，文化内涵成为城市竞争力的重要因素。南京根据自身的资源优势和独特的历史个性，深度挖掘文化特质，在以经济为导向的条件下，慎重对待与城市息息相关的历史风貌区的保护与更新，传承城市文脉，平衡城市建设中经济与文化的关系，利用产业转型的契机，结合城市更新和遗产的保护，完善城市功能、空间、环境和文化的建设。

　　2010 年，《南京市历史文化名城保护规划（2010-2020）》中划定了 9 片历史文化街区、22 片历史风貌区及 10 片一般历史地段（表 1）。这些历史地段是南京在特定时期社会生活的缩影，也是历史留下的记忆。因此，保护这些地段就是保护南京的历史风貌与传统文化。在政府及相关部门的努力下，一批代表性强的历史风貌区得到较好的保护，并进行合理的再利用。

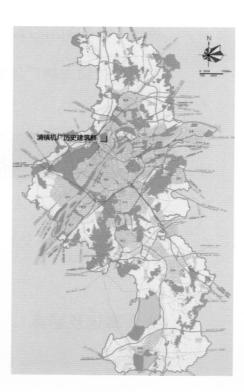

浦镇机厂历史建筑群

南京市历史地段保护名录		表 1
	数量	保护名录
历史文化街区	9	颐和路、梅园新村、南捕厅、门西荷花塘、门东三条营、"总统府"、朝天宫、金陵机器制造局、夫子庙
历史风貌区	22	天目路、下关滨江、百子亭、复成新村、慧园里、西白菜园、宁中里、江南水泥厂、评事街、内秦淮河两岸、花露岗、钓鱼台、大油坊巷、双塘园、龙虎巷、左所大街、金陵大学、金陵女子大学、中央大学、浦口火车站、浦镇机厂、六合文庙
一般历史地段	10	仙霞路、陶谷新村、"中央研究院"旧址（北京东路 71 号）、大辉复巷、抄纸巷、申家巷、浴堂街、燕子矶老街、龙潭老街、中国水泥厂

资料来源：《南京市历史文化名城保护规划（2010-2020）》

　　表 1 中历史文化街区中的金陵机器制造局历史建筑群和历史风貌区中的江南水泥厂、浦镇车辆厂历史建筑群及浦口火车站历史建筑群四处为产业类地段。这四处工业遗产都已制定相应的保护规划，而金陵机器制造局在对整体风貌的保护修缮下已转型为"1865"创意产业园。

2. 基地简介

南京浦镇车辆厂建于 1908 年，是全国为数不多的具有百年生产历史的铁路制造基地。目前该厂属于中国中车集团的全资子公司，是我国专业研发、制造铁路客货车和城轨机车的大型企业。

浦镇车辆厂发展至今已有多处厂区，经调查位于顶山街道处的主厂区为 1908 年建厂初发展起来的，集中了年代较久、风貌突出的工业建筑和设施。目前主厂区仍在进行正常的生产活动，相较于大多废弃的工业地段进行的保护更新，浦镇车辆厂这一类仍在生产中的地段的保护研究存在较多的空白。探讨生产背景下的工业遗存保护，包括空间格局、环境风貌、历史要素等，对工业遗产保护体系有着积极的意义。

本次设计对象为浦镇车辆厂的主厂区部分。基地位于浦口区顶山街道南门地区，规划范围东至津浦铁路，西至玉泉河，南至朱家山河，北至规划浦厂路，用地面积约为 39.8 公顷。

浦镇车辆厂历史风貌区内除了拥有建厂以来不同历史时期的厂房建筑和完善的铁路设施以外，还包含了英式别墅、扶轮学校、浦子口城墙遗址等历史资源。该历史风貌区总体格局完整，历史文化资源丰富，生产工艺别致，具有较高的保护和利用价值。

3. 规划目标

（1）上位规划定位：全国机车车辆生产基地，南京重要的近代工业遗存，生产工艺流程别致，具有较高可塑性的百年制造园区。

（2）梳理现有厂区历史资源，彰显传统特色，提升历史风貌区整体形象。

（3）完善各类公共设施和市政设施，美化厂区环境，塑造和谐的产业空间。

（4）鼓励进行产业置换，探讨改造更新模式，增加厂区及周边地区的活力。

4. 规划内容

（1）梳理浦镇车辆厂地区的历史演变及其发展轨迹；调查分析风貌区现状、周边建设和环境状况以及相关城市规划控制要求等。

（2）评估历史文化资源的保存、保护、管理和利用现状。

（3）找出浦镇车辆厂保护与更新改造面临的实际情况以及存在的主要问题；明确其功能定位，保护目标、原则、内容与重点，划定保护范围，提出相应的规划保护措施和控制要求。

（4）对风貌区及周边地区应从土地利用、交通组织等方面根据保护要求进行必要的调整和优化，改善环境品质，实现可持续和谐发展。

（5）科学论证浦镇车辆厂历史风貌区的再开发潜力，协调保护与发展的关系，充分挖掘历史价值，形成发展资源。

（6）进行历史风貌区及周边地区保护和利用的意向性城市设计，协调好新旧环境形态关系，营造良好的且富有历史意义的空间场所和文化氛围。

5. 控制要求

（1）高度控制

在历史风貌区内，必须严格保护文物保护单位和历史建筑的现有高度，不得变更。控制沿街建筑高度以保护历史风貌区的沿街轮廓线，并保证道路与历史建筑之间的视线联系，凸显风貌特色。历史风貌区内建筑高度小于 24 米。

（2）建筑形式与色彩控制

历史风貌区所体现的是传统工业文化风貌，拥有大量典型的传统工业建筑和部分非生产性建筑。风貌区内应维持适当的建筑密度，新建、扩建建筑形式与周边原有建筑风格一致。

（3）建筑遗产的保护

规划在对历史风貌区建筑及其所在环境梳理后（表2），按照建筑的结构、布局、风貌的完好程度将建筑分为4类，分别为文物保护单位、历史建筑、风貌建筑、一般建筑。

6. 成果内容及图纸表达要求

（1）图纸表达要求

每组应完成 12~16 张 A1 标准图纸（图纸内容要求图文并茂，文字大小要满足出版的要求）。规划内容至少包括：区位上位规划分析图、基地现状分析图、设计构思分析图、规划结构分析图、城市设计总平面图、道路交通系统分析图、绿化景观分析图、其他各项综合分析图、节点意向设计图、城市天际线图、总体鸟瞰及局部透视效果图、城市设计导则等。

（2）规划文本表达要求

文本内容包括文字说明（前期研究、功能定位、设计构思、功能分区、空间组织、总体布局、交通组织、环境设计、建筑意向、技术经济指标控制等内容）、图纸（至少满足图纸表达要求的内容）。

（3）PPT 汇报文件制作要求

毕业答辩 PPT 汇报时间不超过 20 分钟，汇报内容至少包括区位及上位规划解读、基地现状分析、综合研究、功能定位、规划方案等内容，汇报需简明扼要，突出重点。

（4）组织形式

以 2 人为设计小组，共同完成本次设计。

（5）毕业设计时间安排表（表3）

请各校在制订联合毕业设计教学计划时遵照执行。

文物保护单位和历史建筑统计表　表2

保护对象	地址	建造年代	所有权	原有功能	现状功能	等级
英式别墅—奥斯登住宅	顶山街道浦镇车辆厂内山顶花园	1908 年	浦镇车辆厂	居住	商业	省级文物保护单位
英式别墅—韩纳住宅	顶山街道浦镇车辆厂内山顶花园	1908 年	浦镇车辆厂	居住	商业	省级文保单位
扶轮学校	顶山街道南门龙虎巷1号	1918 年	上海铁路局	教育	商业	市级文物保护单位
市场部与信息科技部	顶山街道浦镇车辆厂内	1930 年	浦镇车辆厂	工农业生产	办公	南京重要近现代建筑
8–13 号厂房	顶山街道浦镇车辆厂内	1921 年	浦镇车辆厂	工农业生产	工农业生产	南京重要近现代建筑
原 32 号厂房	顶山街道浦镇车辆厂内	1962 年	浦镇车辆厂	工农业生产	工农业生产	南京重要近现代建筑
21–22 号厂房	顶山街道浦镇车辆厂内	1952 年	浦镇车辆厂	工农业生产	工农业生产	南京重要近现代建筑

毕业设计时间安排表　表3

阶段	时间	地点	内容	形式
第一阶段：开题及调研	第1周周二至周五（2月28日至3日）	南京工业大学建筑学院	采取混编3~4人组的形式，以大组为单位对基地进行综合调研	联合工作坊
调研汇报	第1周周六（3月4日）	南京工业大学建筑学院633	汇报内容包括基本概况，现状分析，初步设想等	以混编大组为单位汇报交流（PPT汇报）
第二阶段：城市设计方案阶段	第2~6周	各自学校	包括背景研究、区位分析、现状研究、案例借鉴、定位研究、方案设计等内容	每个学校自定
中期检查	第7周	苏州大学	汇报内容包括综合研究、功能定位以及用地布局、道路交通、绿地景观、空间形态、容量指标、城市设计等内容的初步方案等	以设计小组为单位汇报交流，PPT 时间控制在15分钟以内
第三阶段：城市设计成果表达阶段	第8~12周	各自学校	调整优化方案，并开展节点设计、建筑意向、鸟瞰图、透视图及城市设计导则等内容	每个学校自定
成果答辩	第13周（5月22日至26日）	郑州大学	汇报PPT、A1标准图纸和1套规划文本（其中图纸包括：区位、基地现状分析、设计构思分析、规划结构分析、城市设计总平面、道路交通分析、绿化景观分析及其他各项综合分析图、节点意向设计、总体鸟瞰及局部透视效果图等）	以设计小组为单位进行答辩（文本图册部分可图文并茂混排也可图文分排，打印装订格式各校自定。汇报时间控制在20分钟内，每名成员均需汇报）

南京工业大学　郑州大学　山东建筑大学　苏州大学

2017 城乡规划专业四校联合毕业设计作品集

工业更新

开 题 调 研 成 果

第一大组

DEVELOPMENT RESEARCH AND PLANING PROGRAMMING

大组成员：王芃坤　辛佳明　姚嘉琦　张宏伟　王鹏　顾佳丽　林伟炼　罗胜方

思考——透明工厂

用玻璃建造火车生产厂
　　可以将技术与文化、现代化的生产和客户独特体验紧密联系起来，让火车的整个装配过程像演出一样展示在公众面前。
　　把传统的浦镇车辆厂火车工艺制造与手工工艺展示相结合，它不仅具有展示、游览的作用，还兼具生产功能。甚至，客户可以从室外体验到整个火车装配过程，而毫不影响内部工作。为游览者和客户提供了一种亲自参与生产过程的感觉和独特的文化体验。
　　生产流线位于一层，将所有游览路线以及配套服务、展览、餐饮、教育等功能皆布置于2层以上，互不干扰。

文化教育基地：作为我国机车工业发展的典型代表，南京城市发展的重要历史见证，独具特色的工业空间形态，对当代具有重要的教育意义。

现状分析图

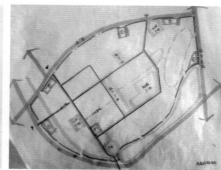

结构分析图

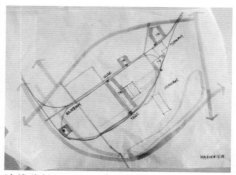

流线分析图

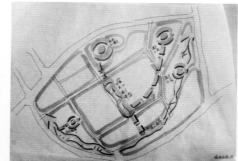

绿化景观分析图

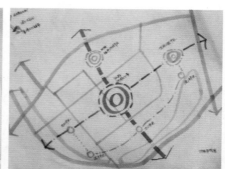

节点分析图

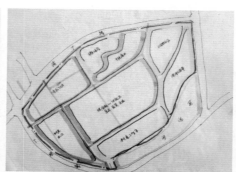

功能结构分析图

第二大组

DEVELOPMENT RESEARCH AND PLANING PROGRAMMING

小组成员：张瑞琳　杨明霞　刘儒林　王晶晶　马思宇　葛思蒙　王强　刘一

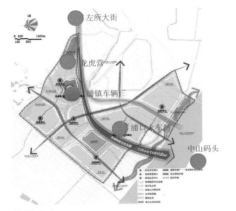

发展方向

区域一体化模式：津浦铁路文化走廊
浦镇车辆厂：遗址公园

厂房功能改造方向分析

第一类模式：以休闲商业为特色业态的改造模式
第二类模式：以文化展览、贸易业为特色的改造模式
第三类模式：以创意产业办公集聚为特色的改造模式
第四类模式：以体验、游乐消费为特色的厂房综合体改造模式

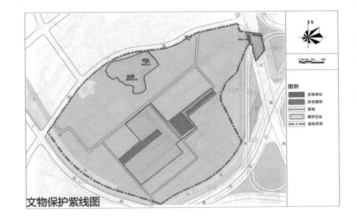

文物保护紫线图

现状综合分析

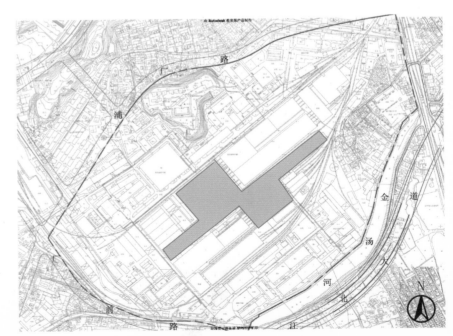

第三大组

DEVELOPMENT RESEARCH AND PLANING PROGRAMMING

大组成员：秦鑫晨　何晓川　何静　孙亚萍　张婧　孙琦

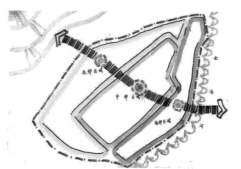

Step1：针对不同对象，确定不同的用途

Step2：针对不同用途，采用不同的策略

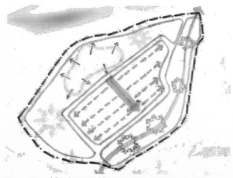

Step3：针对不同策略，形成不同空间

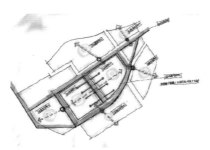

工业遗址公园分别在南北两翼，与外围贯穿于车辆段、开发建设区的 double-track rail 交通相接，不但在保留区内环形成完整环道，还同基地内其他线路相衔接。

考虑到工业遗址区的可观规模和生态目标，自行车出行势必成为一种必需，该公园通过不同等级、不同方向的两条环道纵横交叉叠置。

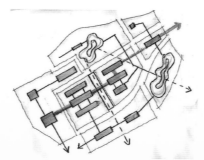

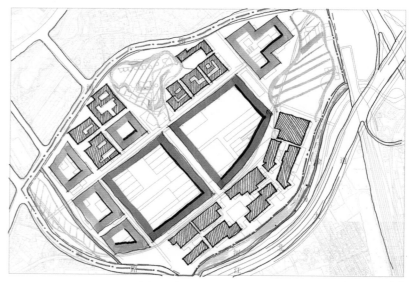

第四大组

DEVELOPMENT RESEARCH AND PLANING PROGRAMMING

大组成员：李金辉　王河燕　付玥　杨名明

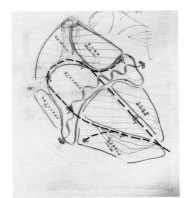

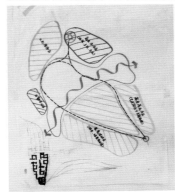

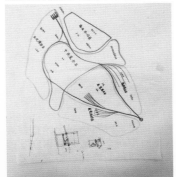

改造前	改造后工业遗产旅游点				
	博物场馆模式		休闲街区模式		主题公园模式
	"标本"式开发	原生态开发	商业消费街区	创意产业园	
钢铁制造	亨利钢铁厂，上海钢铁十厂	北杜伊斯堡景观公园（帝森钢铁公司）		关税同盟，沈阳铸造厂	奥博豪森有色金属矿加工区，国际建筑展埃姆舍公园
船厂		广东中山歧江公园		亚历山大老鱼雷工厂	
仓储转运中心		萨尔布吕肯市港口岛公园	汉堡仓库街，纽约南街海港，日本函馆湾，新加坡克拉克码头，伦敦道克兰烟草码头，波士顿昆西市场	纽约苏荷，悉尼岩石区，上海"登琨艳设计工作室"，上海创意仓库，昆明上河创库艺术社区，深圳华侨城	德杜伊斯堡内港，英伦敦道克兰巴特勒码头，美国巴尔的摩内港，法国马赛仓储建筑群
码头		美国路易斯维尔布河滨公园			伦敦新康科迪亚码头
港口机械厂			奥伯豪森中心购物区		
铁路终点站	卡斯菲尔德科学与工业博物馆				
煤气厂		美国西雅图煤气厂			维也纳煤气厂
污水厂		美国丹佛市污水厂公园			
煤矿厂	苏格兰中部工业博物馆	诺德斯特恩公园，唐山南湖公园，抚顺西露天矿森林公园			

工业遗产改造汇总

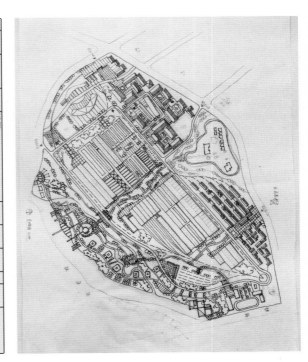

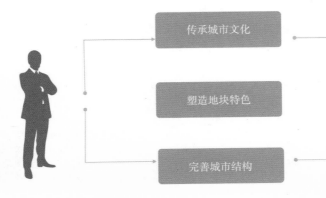

传承城市文化

塑造地块特色

完善城市结构

以文化创意为主，休闲商业为辅的功能复合型绿色、休闲铁路文化主题公园。

改造方向选择

第五大组
DEVELOPMENT RESEARCH AND PLANING PROGRAMMING

大组成员：倪一舒　王世鑫　葛立星　史吉康

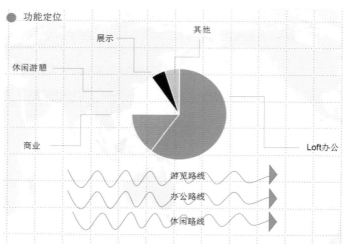

功能定位

展示　其他

休闲游憩

商业　Loft办公

游览路线
办公路线
休闲路线

滨水商业街　厂房车间改造
滩涂餐厅　滨水商业带　创意艺术园区　新建筑植入
罗星塔公园　**激活**　船坞运动广场
马限山公园　工业文化博览区　工业遗址公园　船台影剧院

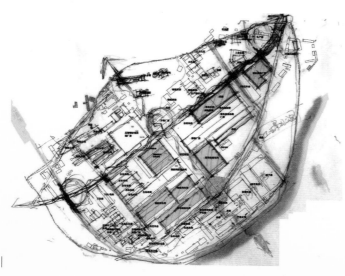

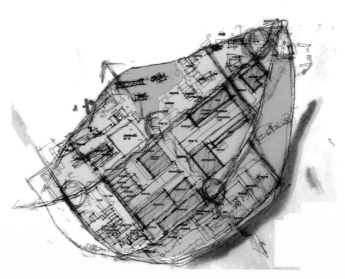

根据现状主要铁路的构成，以及中间大跑盘景观特色，初步构思将基地用两个轴线分开串联功能块。由于要保证其活态遗产的特性，将其主要的生产功能及流线保留并将重要文保单位保存。

南京工业大学 郑州大学 山东建筑大学 苏州大学

2017 城乡规划专业四校联合毕业设计作品集

工业更新

2

中期汇报成果

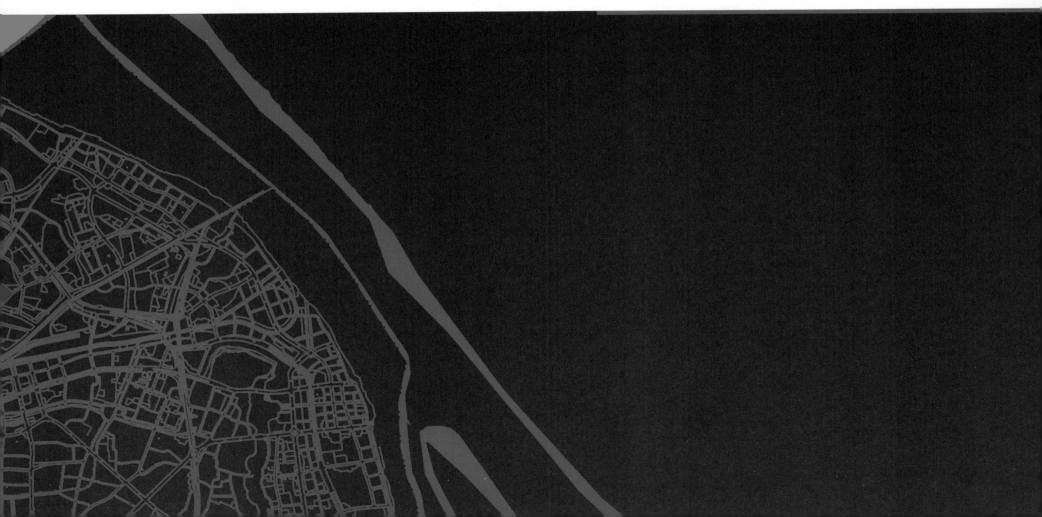

第一大组
DEVELOPMENT RESEARCH AND PLANING PROGRAMMING

大组成员：王芃坤　辛佳明　姚嘉琦　张宏伟　王鹏　顾佳丽　林伟炼　罗胜方

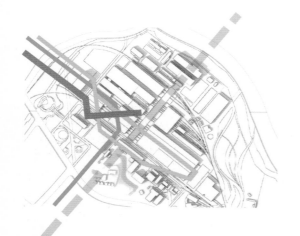

上层设计理念

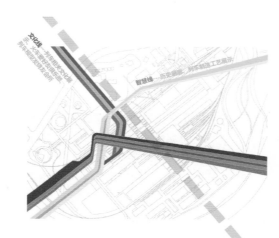

上层视野与游览范围

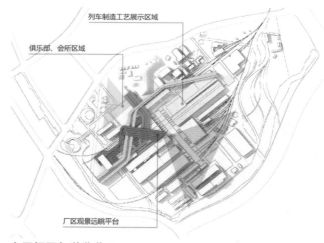

上层视野与游览范围

上层概念形成

特色：来自"铁路"和"工业"的元素，条状为主，穿插各个厂房，贯穿开放和半开放的游览区，在保留原有中轴线的基础上，打造工业的管道感和铁路的交织感，并形成自己的主题。

功能结构

规划总体结构为"一轴六片"。"一轴"为中央贯穿南北的中央主轴，沟通基地北侧的山与南侧的水，并对现状基础的跑盘进行景观改造，打造具有工业特色的中央景观轴。"六片"分别为活动绿地片区、综合活动片区、工业文化片区、民国文化片区、多功能展览片区和滨水休闲片区。

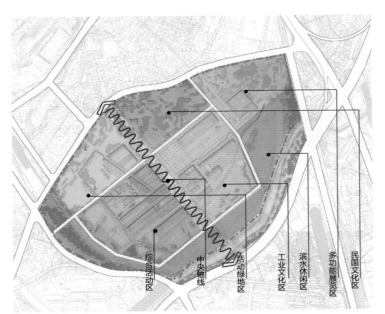

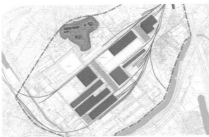

保留建筑

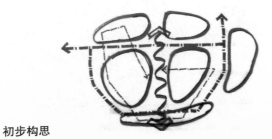

初步构思

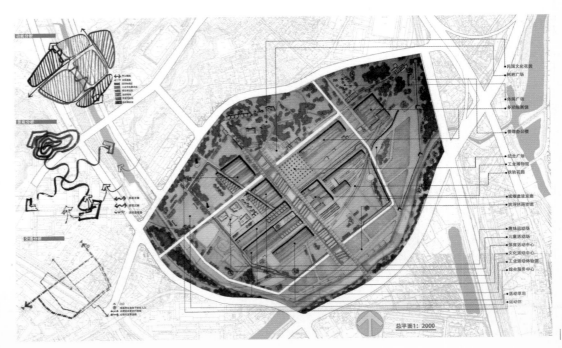

总平面图1：2000

第三大组

DEVELOPMENT RESEARCH AND PLANING PROGRAMMING

小组成员：秦鑫晨 何晓川 何静 孙亚萍 张婧 孙琦

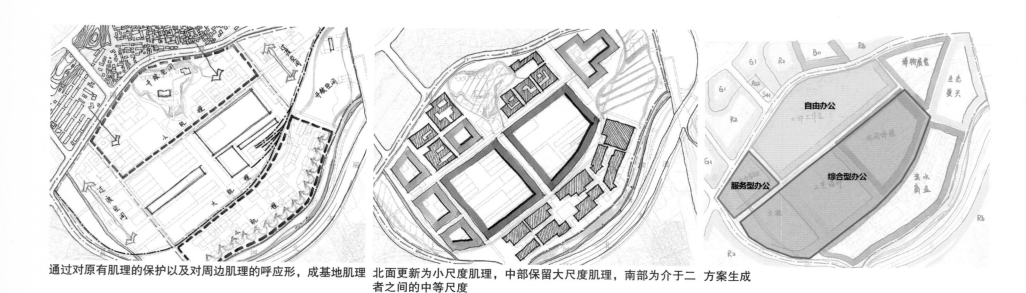

通过对原有肌理的保护以及对周边肌理的呼应形，成基地肌理

北面更新为小尺度肌理，中部保留大尺度肌理，南部为介于二者之间的中等尺度

方案生成

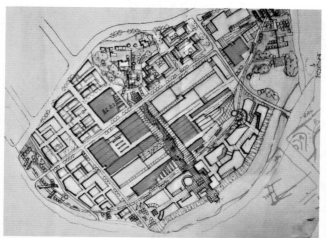

简单的小尺度办公＋综合体验科研区＋现代商业街

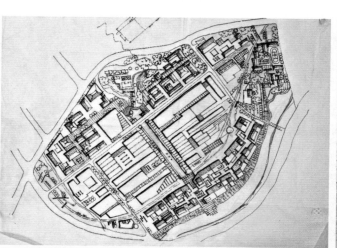

集中的服务性办公＋工作室＋综合体验科研区＋新中式商业街

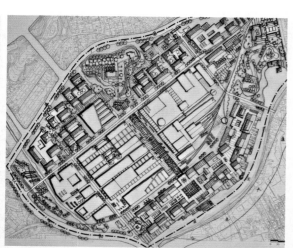

总平面图

第四大组

小组成员：李金辉　王河燕　付玥　杨名朋

DEVELOPMENT RESEARCH AND PLANING PROGRAMMING

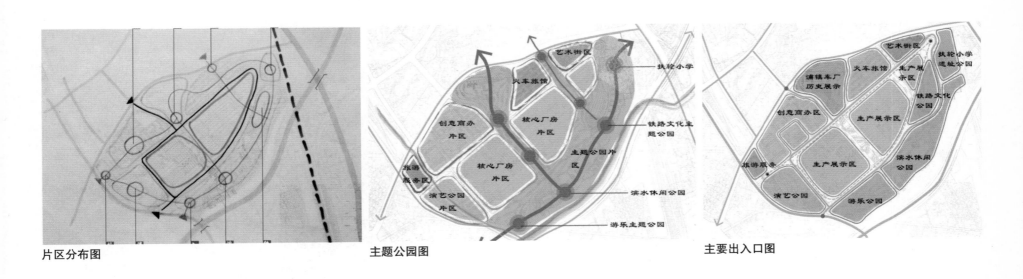

片区分布图

主题公园图

主要出入口图

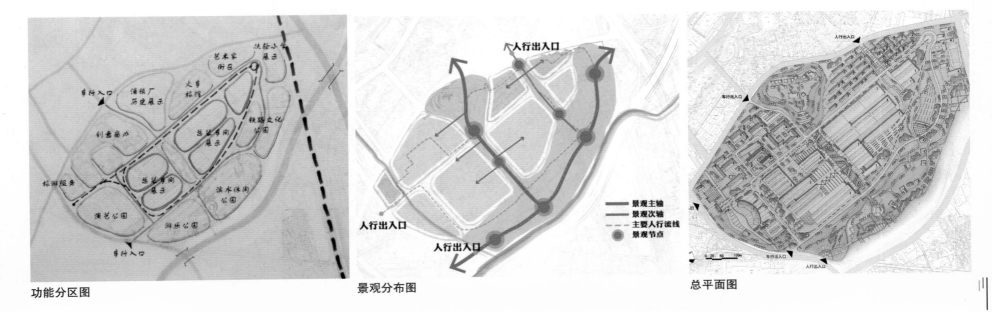

功能分区图

景观分布图

总平面图

第五小组
DEVELOPMENT RESEARCH AND PLANING PROGRAMMING

小组成员：倪一舒　王世鑫　葛立星　史吉康

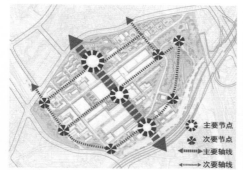

主要节点
次要节点
主要轴线
次要轴线

规划轴线图

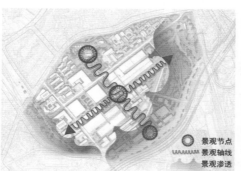

景观节点
景观轴线
景观渗透

景观分布图

旅游服务
文化创意办公
现代办公
滨水步行商业
公园
职工宿舍

功能分区图

车行道
人行道
地下车库入口

交通流线图

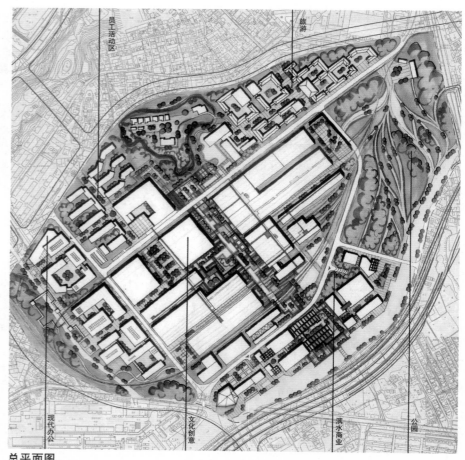

员工活动区　　旅游

现代办公　　文化创意　　滨水商业　　公园

总平面图

南京工业大学　郑州大学　山东建筑大学　苏州大学

2017 城乡规划专业四校联合毕业设计作品集

工业更新

3

终 期 答 辩 成 果

南京工业大学　郑州大学　山东建筑大学　苏州大学
2017 城乡规划专业四校联合毕业设计作品集

工业更新

南京工业大学 ｜ 毕业设计小组

1. 铁轨上的创客
设计成员：秦鑫晨　何晓川

2. 循轨·"溯"园
设计成员：王河燕　李金辉

3. Over the railroad
设计成员：辛佳明　王芃坤

4. 浦厂记忆：挖掘·植入·激活
设计成员：倪一舒　王世鑫

5. 多元碰撞——城市综合活力空间
设计成员：杨明霞　张瑞琳
指导教师：方　遥

铁轨上的创客

南京工业大学
Nanjing Tech University

设计成员：秦鑫晨　何晓川
指导教师：方　遥

第一阶段 构思图

第二阶段 草图

第三阶段 定稿图

　　调研感悟：这次联合毕设的调研是与苏州大学、山东建筑大学、郑州大学三所学校的同学一起合作完成的。大家互相学习，互相帮助，在摸索中前进，共同进步。作为课题的发起学校，我们展现出良好的东道主精神，提供现状资料，并且他们在宁期间，带领大家一起参观南京的相关工业遗产更新案例。最后，以小组为单位进行了现状调研的汇报，收获颇丰。

　　设计感悟：通过这次城市历史风貌区的工业遗产更新规划设计，我们掌握了许多关于历史风貌建筑改造、工业厂房改造与功能置换以及整个厂区的功能定位与发展策略的知识。在图纸绘制的过程中，相对以往，工作量较大，合理的分工、各司其职使整个过程顺利了许多。最后，初期、中期以及终期三次汇报层层递进，在汇报的主次、结构、时间掌握上都有所进步，也通过和各位专家老师的沟通了解到，在真正的项目实践过程中功能、实施等是至关重要的。这是一次从校园作业像实际项目操作的良好过渡。

　　设计说明：以"技艺传承"、"科技创新"与"风貌延续"为主旨，形成历史风貌、功能、业态、主题活动之间的相互融合与演进，打造工艺展示、文化塑造、精品休闲、创意办公、文化观演、时光穿梭跑盘等多元化业态相复合的活力园区。历史与现代的碰撞：基地将虚拟VR技术作为园区整体经济链发展的核心，将传统工艺、文化融入VR虚拟观演中，并配合VR技术科研办公与VR产品展示零售，带动整个园区的经济发展。此外，在厂房改造的过程中，现代元素的嵌入，历史元素的提取再利用，均使整个展示体验办公区焕然一新，毫不违和。与基地南北两侧的小肌理建筑形成鲜明的对比，大肌理与小肌理的碰撞，大空间与小空间的互动，使整个园区更加富有活力。

■项目背景分析

区位分析

[宏观区位]
江苏，简称"苏"，省会南京，位于中国大陆东部沿海，介于东经116°18′~121°57′，北纬30°45′~35°20′之间。公元1667年因江南省东西分置而建省，得名于"江宁府"与"苏州府"之首字。

江苏横跨江南北，拥江滨海，经济繁荣，教育发达，文化昌盛，地跨长江、淮河南北，京杭大运河从中贯过，兼有中原、江淮、金陵、吴四大多元文化，是中国古代文明的发祥地之一。江苏地处中国大陆东部沿海地区中部，长江、淮河下游，东濒黄海，北接山东，西连安徽，东南与上海、浙江接壤。

[中观区位]
南京位于长江下游中部地区，江苏省西南部，是国家区域中心城市（华东），中国东部战区司令部驻地（21），长三角辐射带动中西部地区发展的国家重要门户城市，也是"一带一路"战略与长江经济带战略交汇的节点城市。南京都市圈核心城市。

[微观区位]
浦口区位于南京市西北部，是国家重要医药基地，华东地区先进制造业基地、科教基地，辐射苏北、皖东等地区的综合性城市。与六合区共同构成南京江北新区，浦口区是南京跨江联动发展的江北都市拓展区和江北新市区。南京都市圈合作的前沿阵地。

中观区位分析图

老山

地铁3号线

加入东部高新科技组团

长江

文化串联与影响

基地

自然影响

联系南都都高区合作发展

形成跨江影响力

浦口火车站

中山码头

地铁1号线

地铁10号线

地铁4号线

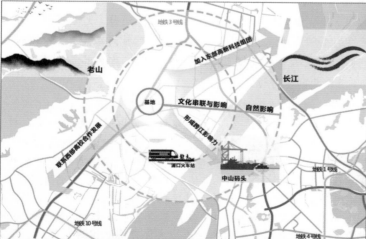

上位规划分析

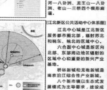

[江北新区2030城镇体系结构图]
城镇体系结构：2030年形成"中心城·副中心城·新城·新市镇"的城镇等级体系。
1. 中心城：由浦口、高新、大厂两个组团组成。
2. 副中心城：由珠州组团和长产业板块组成。
3. 新城：桥林、龙泊。
4. 新市镇：竹镇、金牛湖、马鞍、横梁、星甸、汤泉、永宁、八卦洲。

[江北新区城镇空间布局结构图]
根据城镇增长边界，按照集中集聚、公交引导开发和多中心布局的原则，形成"一轴、两带、三心、四廊、五组团"的城镇空间布局结构。
一轴：指沿江城镇发展主轴，两带分别指外华山水生态带，沿江生态带、三心指浦口、雄州综合型城市中心及大厂生产性服务业型中心，四廊：指方山—八卦洲、马汉河—八卦洲、龙王山—八卦洲、龙山—三桥西—模形麻。

[江北新区公共活动中心体系图]
江北中心城是江北新区服务都市圈北部、镇扬苏北和皖东、城北的区域中心。六合城中心城是服务区域西北部、东部周边地区辐射的区域中心和副都会的新兴产业基地。桥林新城和龙泊新城镇南沿江综合性作新城。八个新市镇以生态式发展构建成为主导要素，建设成为各具特色的田园城镇。

区域发展分析

PuKou

720,000

¥ CNY 43,000

10% popilaton works in High tech Development zone. Pukou plays an importmentrole

3/10 population in Pukou are higher education students

45% High-tech industry output value accounted for higher proportion of all industrial output value

8.8% 67,000
Last year, the region's total output value of high-tech industry totaled 67.391 billion yuan, an increase of 8.8

Nanjing University of Information Science & Technology

Nanjing High - Tech Development Zone

Nanjing University

GaoLiu industrial area

Nanjing University

Nanjing Institute RailwayTechnology

FOXCONN

Zhujin tixin community

Qiaolin industrial area

ShiQiao industrial area

历史沿革

车厂的前世今生与展望

浦厂百年

Jingfu railway planning 中美合资浦镇铁路车辆厂

Joint railway repair factory

Mathian Steam locomotive 承办新汽机车修理

Assembly locomotive 承办浦口车辆总装

民国政府定都南京

"一五"计划时期

Manufacture 21 locomotive in Nanjing Factory 1958年8月2日 诞生"21"形列车

21 世纪时期 主流客快提速车辆

Comprehensive factory

未来创新时期
Build makerspace for everybody
Emancipation the space

integration 整合
搭建
idea
孤立
限制

浦厂印象

铁轨上的创客 1
MAKER ON THE TRACK
南京市浦口区浦镇车辆厂历史风貌区规划设计

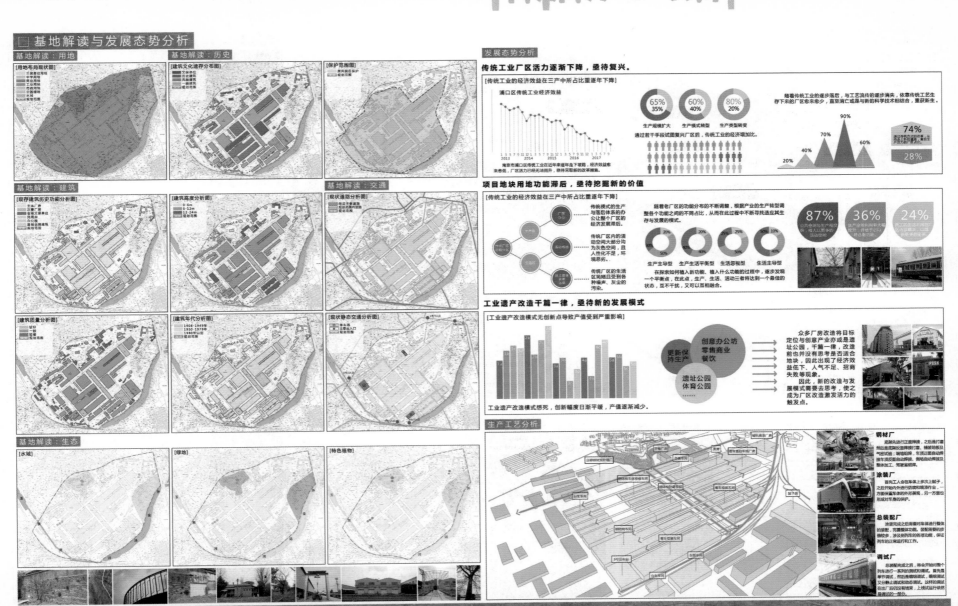

基地解读与发展态势分析

基地解读：用地
[用地布局现状图]

基地解读：历史
[建筑文化遗存分布图]

[保护范围图]

基地解读：建筑
[现存建筑历史功能分析图]

[建筑高度分析图]

[现状道路分析图]

[建筑质量分析图]

[建筑年代分析图]

[现状静态交通分析图]

基地解读：生态
[水域]

[绿地]

[特色植物]

发展态势分析

传统工业厂区活力逐渐下降，亟待复兴。

[传统工业的经济效益在三产所占比重逐年下降]

浦口区传统工业经济效益

随着传统工业的逐步落后，与工艺流传的逐步满失，依靠传统工艺生存下来的厂区愈来愈少，直至消亡或是与新的科学技术相结合，重获新生。

通过若干手段试图复兴厂区后，传统工业的经济增加值对比。

南京市浦口区传统工业在近年来衰落年逐年下降趋势，经济效益态来愈低，厂区活力已经无法回升，亟待采取新的改革措施。

65% 35% 生产规模扩大
60% 40% 生产模式转型
80% 20% 生产类型转变

74% 28%

项目地块用地功能滞后，亟待挖掘新的价值

[传统工业的经济效益在三产中所占比重逐年下降]

传统模式的生产与落后的体系内的公建与厂区的经济发展滞后。

传统厂区内的活动空间大部分均为灰空间，且人性化不足，环境影响。

传统厂区的生活区简陋且受到各种噪声、灰尘的污染。

随着老厂区的功能分布的不断调整，根据产业的生产型调整各个功能之间的不同比，从而在此过程中不断寻找适应其生存与发展的模式。

生产主导型 生产生活平衡型 生活怨型 生活主导型

在探索如何植入新功能、植入什么功能的过程中，亟待发现一个平衡点，在此点上，生产、生活、活动三者将达到一个最佳的状态，互不干扰，又可以互相融合。

87% 公共全域均设生产活动空间；他人以更多的活动空间

36% 生产企业利用率大厂区已开始变大

24% 员工劳动力不足

工业遗产改造千篇一律，亟待新的发展模式

[工业遗产改造模式无创新点导致产值受到严重影响]

众多厂房改造将目标定位与创意产业亦或是遗址公园，千篇一律，改造前也并没有思考是否适合地块，因此出现了经济效益低下，人气不足、招商失败等现象。

更新保持生产 创意办公坊 零售商业 餐饮 遗址公园 体育公园 ……

因此，新的改造与发展模式需要去思考，使之成为厂区改造激发活力的触点。

工业遗产改造模式想死，创新幅度日渐平缓，产值逐渐减少。

生产工艺分析

钢材厂
底面先进行正直碾撬，之后晶打量然后是应版打坚管接缝打靠，精细地板及气密试验；调喷超喷，车顶主面自动涂装于喷反压自动保护及零件加工、驱装备碾撬。

涂装厂
涂装工人会在车体上多次上腻子，之后开始内外进行防腐和隔喷作业，一方面使整车体的外形美观，另一方面也形成对车身的保护。

总装配厂
油漆完成之后需要对车体进行整体的配制、完整整体的连接，顶配调整的调配步骤，涉及到内车的系统化调，保证列车的正常运行工作。

调试厂
总装配完成之后，将会开始对整个列车进行一系列的测试和调试。首先是举行测试，之后还进行动态测试，涉及到列车的系统调试，这样的调试会在出厂前没有做好准备，上线试运行依然是测试的一部分。

铁轨上的创客 ②
MAKER ON THE TRACK
南京市浦口区浦镇车辆厂历史风貌区规划设计

学校：南京工业大学 组员：麦森笙 阿赫川 指导老师：方遥

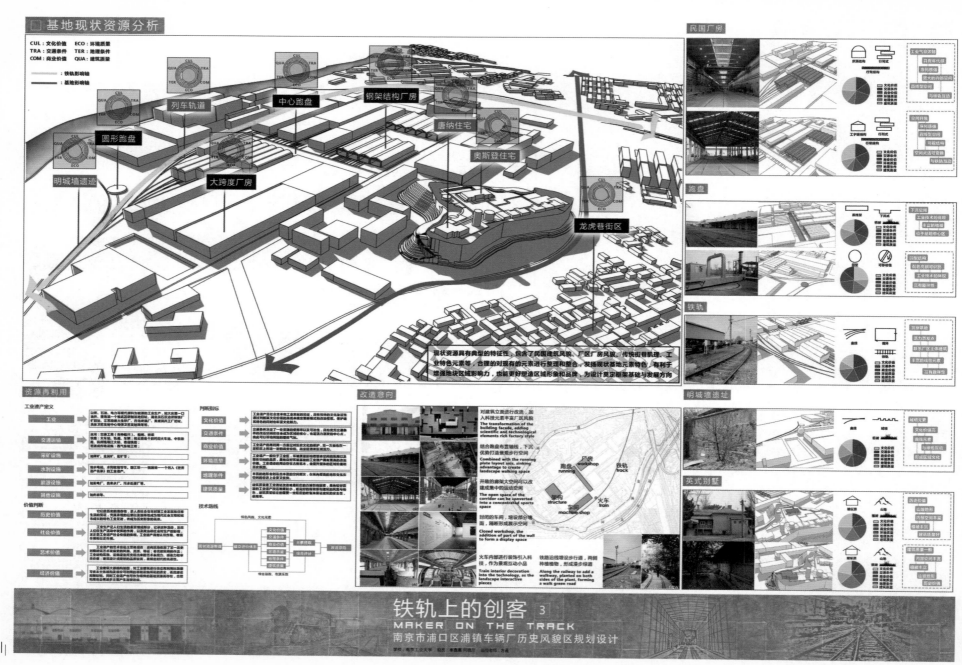

铁轨上的创客 3
MAKER ON THE TRACK
南京市浦口区浦镇车辆厂历史风貌区规划设计

相关理论及案例分析

相关理论

[理论一：从城市规划的角度理解工业复兴]

复兴的命题是衰败工业地区紧紧联系在一起的，这些衰败的地区往往污染严重，生态矛盾突出，社会问题也突出，经济活力低下。城市规划师基于这些地区的复兴角度进行研究，探讨有机更新相关机制，较为代表性的提法为棕地（Brownfield）。定义是指："那些由于现实的和预见的污染而导致未来的再开发变得极为困难的废弃的或者正在使用的工业及商业用地。"

[理论二：国内外城市工业复兴的理论比较]

研究角度	国外	国内
城市规划研究	对于鲁尔地区的更新：Robert Shaw从可持续发展的规划思想角度评介；Prof.Klaus R.Kunzmann 从城市事件的角度发表了多篇文章阐述了埃姆舍公园国际建筑展；Ursula von petzzai 分析了侧重于物质空间环境的区域规划与产业发展之间的关系。	张玲玲、夏柏树在《东北地区老工业基地改造的发展策略》一文中提出了"新城市—工业社区"理论；周陶洪在《旧工业区城市更新策略研究》中提出了综合发展理念即经济、社会、文化、生态等不同侧面；俞孔坚、方海丽在《中国工业遗产初探》中梳理了中国近现代工业发展历程，甄别潜在的工业遗产。
工业建筑保护与再利用研究	Lawrence Halprin 在美国旧金山的吉拉德里广场的设计实践中，提出了建筑"再循环"的理论；博物馆常常作为工业遗产保护与利用的主体，吸引了不少研究者的关注，如 Bowditch J，Hendricks J，DeCorte B 等。	庄简狄在《旧工业建筑再利用若干问题研究》一文中从可持续发展角度设计再利用的途径；王建国、戎俊强在《城市产业类历史建筑及地段的改造再利用》一文中系统阐述了再开发利用的方式和改造设计的技术措施；丁旺旺在《旧工业景观浅析》一文中提到工业遗产的概念，并且提出了分级保护的思想，这是中国工业遗产保护的样板。
后工业景观研究	Kirsten Jane Robinson 在《探索中的德国鲁尔区城市生态系统》：实践战略手法中对德国鲁尔区城市生态规划设计的探究，探讨了德国目前正在进行的生态策略和新的规划范式；Weilacher.U在《Between landscapearchitecture and land art》一书中提述了废弃工业环境中的大地艺术和景观设计实践。后工业景观的再影响为；Naill Kirkwood 编辑的《人工场地：对后工业景观的再利用》一书今为止对废弃场地更新的汇集百家言论的专著。	王向荣在《从工业废弃地到绿色公园——后工业景观设计思想与手法初探》论述了后工业景观设计理念涉及美学、艺术、生态、历史和相关人文科学的丰富设计思想，探讨了设计在运用中的独特手法；蒋旺旺在《后工业景观浅析》论文中提到工业遗产的概念，并且提出了分级保护的思想与思想；李辉在《工业遗产景观初步研究的范式与思想》中提出了综合性地类利用将未来大地之主要载体，工业景观形态走向"第四自然"。

[理论三：城市工业复兴的实践研究]

公共开放空间模式	→	将厂区的灰色空间打开，结合遗留下的工业构筑体，整体形成一个开放的活动空间，将立体构筑与活动空间相结合，柔与硬的撞击，形成别具一格的开放空间。
博览馆与会展中心		厂区遗留下的"房"，房子较大，适宜做对大空间有需求的功能建筑。
文化设施		每一个老厂区都会有自己独特的生产工艺以及文化遗存，借此将复兴后的厂区以文化为主打要素，打造文化设施。
创意产业园		以创新型产业作为工业复兴的激发点，将原来失去活力的厂区打造为以创意产业为载体的复兴产业园，并通过以大空间的设计，引入更多的创新型产业。
商业		以厂区保留建筑为载体，引入典型带动经济效益的商业功能，从而提升整个厂个区的人群体力。
综合功能		将以上多项相结合进行结合，从人、建筑、生态三个方面找寻一个活力平衡点。

[理论四：影响工业改造更新的因素分析]

- 地区经济与政策的相互作用促进了第二产业向第三产业的转变，同时，地区经济的发展为其改造更新提供了物质基础，国家、地区政策为改造更新起到了导向性的作用。
- 工业建筑遗产曾是我国某一时期新技术、新材料、新结构的代表，是城市发展脉络的重要一环。工业遗产里整形象和历史意义的见证。
- 工业产在改造更新时，可利用位于城市中心区区域完善的基础设施、交通网成熟、环境状态等优势，同时要考虑时何更好地利用再城市滨水区一等这一资源景观之优势。
- 文化创意产业又是一种知识密集型的产业，强调人的创造性，工业厂区不仅具有易于激发人的创造力的文化氛围，更有锁定成形的厂房，高层易于分层和设置夹层的灵活处理空间。

项目名称	上海创邑•河	上海M50创意园	上海国际时尚中心	苏州第一丝厂
选择业态	创意产业	创意产业	商业	旅游示范基地

案例分析

[东郊记忆]

[项目简介]

东郊记忆，位于成都市东二环外侧建设南支路1号，由成都传媒集团投资近20亿元在原红光电子管厂旧址上改建而成的现代文化产业新型园区，2011年9月29日盛大开园。原名为"成都东区音乐公园"，2012年11月改为东郊记忆。

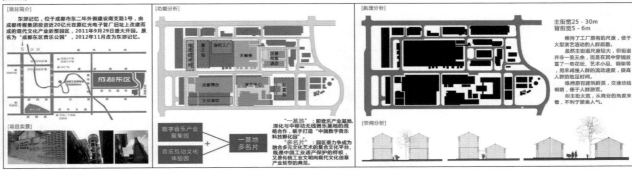

数字音乐产业聚集区 + 音乐互动文化体验园 → 一基地 多名片

- **一基地**：即音乐产业基地，深化与中移动无线音乐基地的战略合作，联手打造"中国数字音乐科技孵化园"。
- **多名片**：园区致力于成为融合多元文化艺术的复合文化平台，既是继承工业遗产保护的样板，又是传统工业文明向现代文化创意产业转型的典范。

[肌理分析]

主街道宽25-30m，背街宽5-6m

延续了工厂原有的尺度，便于大型演艺活动的人群疏散。虽然主街道尺度较大，但街道并非一览无余，而是在其中穿插布置了一些花坛、艺术小品、铜架等，用来减慢人群的流动速度，提高人群的驻足时间。

维持原有道路肌理，交通动线明朗，便于人群游览。

但主街太宽，从商业的角度来看，不利于聚集人气。

[南京1912]

[项目简介]

南京1912街区被命名为中国特色商业街，据不完全统计，2009年全年共接待游客近百万人次。节日高峰客流达5-6万人次，曾创下平安夜10万人次。南京1912的政府班子、和平大本营、世界交会之地，受西风东渐之影响。建筑、社会风貌都带着中西合璧的味道，这样一种历史经验和历史情怀，自然成为时尚消费的最佳背景。

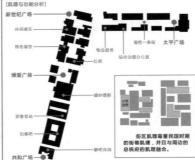

[肌理与功能分析]

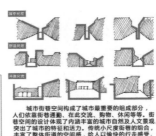

城市街巷空间构成了城市最重要的组成部分，人们依靠街巷通衢，在此交流、购物、休闲等等。街巷空间的设计体现了内涵丰富的城市自然及人文景观，突出了城市的特征和活力。传统小尺度街巷的组合，丰富了整体街道的空间感，给人以愉悦的行走感受。不同的尺度感与不同的建筑功能相匹配，更加完美的凸显出建筑功能的优势，给人以舒适的活动空间与建筑前的缓冲空间。

[宽窄巷子]

[项目简介]

宽窄巷子位于四川省成都市青羊区长顺街附近，由宽巷子、窄巷子、井巷子平行排列组成，全为青瓦坡屋顶的四合院落，这里也是成都遗留下来的较成规模的清朝古街道，与大慈寺、文殊院一起并称为成都三大历史文化名城保护街区。

以成都生活精华为线索，在保护老成都原真建筑风貌的基础上，形成汇集民俗生活体验、公益博览、高档餐饮、宅院酒店、娱乐休闲、特色策展、情景再现等业态的"院落式情景消费街区"和"成都城市怀旧旅游的人文游憩中心"。

[业态类型分析]

	06:00 8:00 10:00 12:00 14:00 16:00 18:00 20:00 22:00
文化活动	
滨水体验	
广场绿地	
工业遗产	
酒店旅馆	
购物	
餐饮	
休闲	
休憩	
服务	

[业态分析]

经营业态比例（按数量分）

- 餐饮
- 西餐
- 咖啡厅
- 茶室
- 文化艺术类
- 购物
- 酒店
- 整形休闲

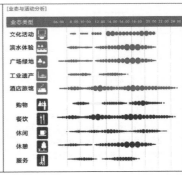

主要商铺

街道	宽巷子 区	窄巷子 区	井巷子 区
功能定位	"老生活"区 以院落体闲为主题	"慢生活"区 以品牌休闲为主题	"新生活"区 以时尚年轻为主题
业态业种	餐馆、茶馆为主：以精品酒店、私房餐饮、特色西餐、各地特色企业会所、SPA为主题的情景消费院落区	西餐、咖啡为主：以各国西餐、各地品牌客栈、轻便餐饮、品牌饰品、艺术休闲、特色文化主题店为主的精品生活社区区	酒吧、夜店为主：以酒吧、夜店、甜品店、娱乐、小型特色零售、轻便餐饮、创意时尚为主题的时尚动感娱乐区
目标客群	怀旧休闲客群	主题精品消费的目的性消费客群	针对都市年轻人客群

[空间分析]

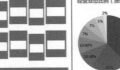

宽窄巷子街巷空间为了狙条线性空间的单调，每隔30到50米之间，结合景观空间及院落单元，以历史文化材为基础设置了19个空间节点，每个节点空间都能给游客带来不一样的体验。

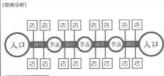

功能定位与发展策略

功能定位

[STEP 1: SWOT分析]

S 优势
1.拥有丰富的自然资源
2.具有特色的历史风貌
3.拥有丰富的历史元素
4.厂房保留完整,可以用于开发

W 劣势
1.厂房改造具有一定的施工难度
2.基地内部交通较差,基地可达性差
3.基地面临拆迁问题,要重塑地区活力

O 机遇
1.位于长江三角洲经济核心城市
2.紧密联系南京高科技开发区
3.振兴浦口的经济活力区域
4.邻近浦口区各大高校的产业合作

T 威胁
1.多元素的混合使用,要做到井然有序
2.如何突出基地特色,打造社区品牌
3.新型产业良好的融入原有基地框架

[STEP 2: 风貌因子潜力分析]

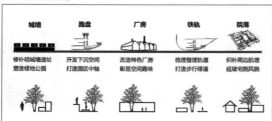

城墙 / 跑盘 / 厂房 / 铁轨 / 院落

修补明城墙遗址 / 开发下沉空间 / 改造特色厂房 / 梳理整理轨道 / 织补周边肌理
塑造绿色公园 / 打造园区中轴 / 彰显空间趣味 / 打造步行绿道 / 延续宅院风貌

[STEP 3: 定位与空间组织剖析]

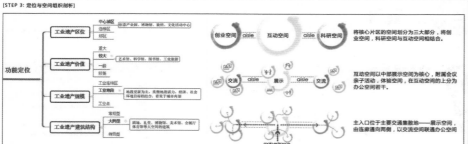

将核心片区的空间划分为三大部分,将创业空间,科研空间与互动空间相结合。

互动空间以中部展示空间为核心,附属会议亲子活动、体验空间,在互动空间的上分为办公空间若干。

主入口位于主要交通集散地——展示空间,由连廊通向两侧,以交流空间联通办公空间

[STEP 4: 总体定位]

浦厂工匠技艺传承的纪念点
新城科技创新体现的产业园
龙虎历史风貌延续的展示面

积累 → 时间 → 发展 → 时间

发展策略

[PART 1: 酒店地块策划——采菊东篱下,悠然见南山。]

绿地分布

问卷

2/3 亮点需求度

调查结果显示,超过2/3的受访者认为将酒店作为园区亮点打造能更好的提升该片区的价值和影响力。

酒店选址

结构策划

[PART 2: 公园地块策划——生态复兴,与轨并行]

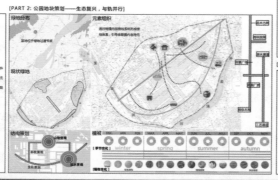

绿地分布 / 元素组织

现状绿地

结构策划

DEC JAN FEB MAR APR MAY JUN JUL AUG SEP OCT NOV
winter / spring / summer / autumn

[PART 3: 体验+办公复合地块策划——基于VR虚拟现实技术的体验消费与科研办公]

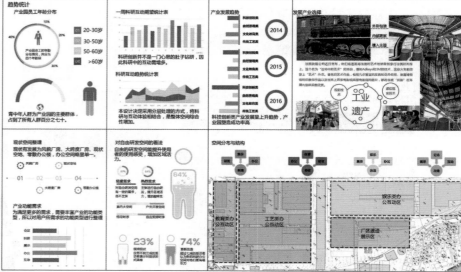

趋势统计

产业园员工年龄分布

01 20-30岁
02 30-50岁
03 50-60岁
04 >60岁

青年中年人群为产业园的主要群体,占到了所有人群百分之七十。

一周科研互动期望统计表

科研创新并不是一门心思的闭门钻研,因此科研的互动期望需求增加。

产业发展趋势

2014 / 2015 / 2016

发展产业选择

工业遗产

现状空间整理

对自由研发空间的看法

空间分布与结构

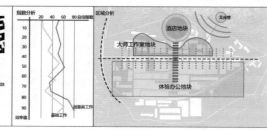

产业功能需求

23% / **74%**

[PART 4: 大师工作室地块策划——空山新雨后,天气晚来秋。]

设计理念

创作 / 休憩 / 工作

区块特色

吸取龙虎巷组团肌理

功能比例

指数分析 / 区域分析

酒店地块 / 大师工作室地块 / 体验办公地块

[PART 5: 流水商业地块策划——东南形胜,江吴都会,钱塘自古繁华。]

案例整理 / 发展启示 / 发展模式

大尺度与小尺度缩放

指数分析 / 区域分析

酒店地块 / 流水商业地块

铁轨上的创客 5
MAKER ON THE TRACK
南京市浦口区浦镇车辆厂历史风貌区规划设计

□ 方案生成

[STEP 1]: 街巷延伸并梳理路网——有机延伸，内部串联。

有机的将龙虎巷现状巷道向基地内部延伸，连接内部人行出入口延伸基地现状北面道路，与西侧车行路相交，形成车行出入口。整理现状内部道路，保留主体路网框架，沿铁轨线路增设道路形成环路。

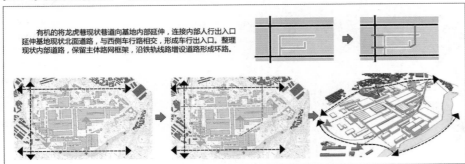

[STEP 2]: 将传统肌理与厂区肌理灵活组合——大小兼理，空间对比。

将基地现状肌理进行一定的梳理和调整，将龙虎巷风貌区的小尺度肌理延续到基地北面地块，围绕基地内原有山地形成小尺度片区，基地内部厂房保持原有大尺度肌理，南部沿水部分也采用小尺度。形成鲜明对比。

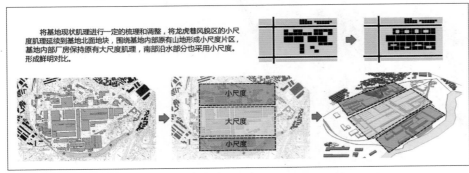

[STEP 3]: 突出现状地势优势打造区域核心——因地制宜，塑造核心。

基地原有山体作为景观制高点，可以作为区域核心区域打造，利用盘原有的下沉绿道特色，将下沉区域打造为地下活动区域和串联区域，作为整个区域的主轴线。

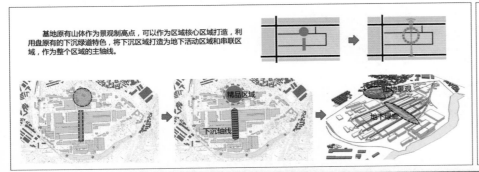

[STEP 4]: 顺应轨道增设绿地打造绿地体系——丰富景观，衔接网络。

梳理基地内部绿地现状资源，以老山余脉，东南绿地，金汤河为主要资源，通过沿铁轨增设景观绿带，串联各组团的同时，将基地原有景观资源引入内部，形成绿地体系，突出跑盘山体一线的中心轴线。

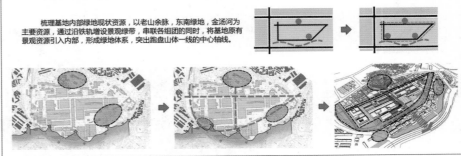

[STEP 5]: 结合现状历史点设置公共空间——借景置地，特色营造。

公共空间的选择地点，是具有一定历史元素的场地，通过对元素的组合和再利用，塑造具有历史风貌特色的公共空间。这些公共空间分布于园区各功能区之间，起到过渡和空间收放的作用。

水塔　跑盘　扶轮小学　城墙　火车

攀岩广场　下沉广场　扶轮广场　火车头广场　城墙广场

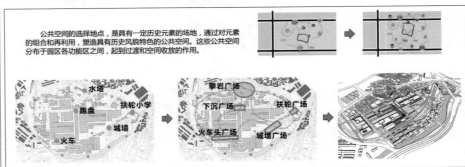

[STEP 6]: 在步行体系中设立服务设施覆盖全园——节点打造，辐射全园。

公共服务与管理空间选择位于基地出入口附近，辐射覆盖整个园区，为整个园区提供相应的服务与管理。同时公共服务设施作为园区次轴的节点，与园区主要不行道路相结合，便于使用和到达。

引导　管理

主体体验办公区

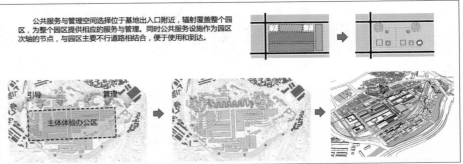

铁轨上的创客 6
MAKER ON THE TRACK
南京浦市浦口区镇车辆厂历史风貌区规划设计

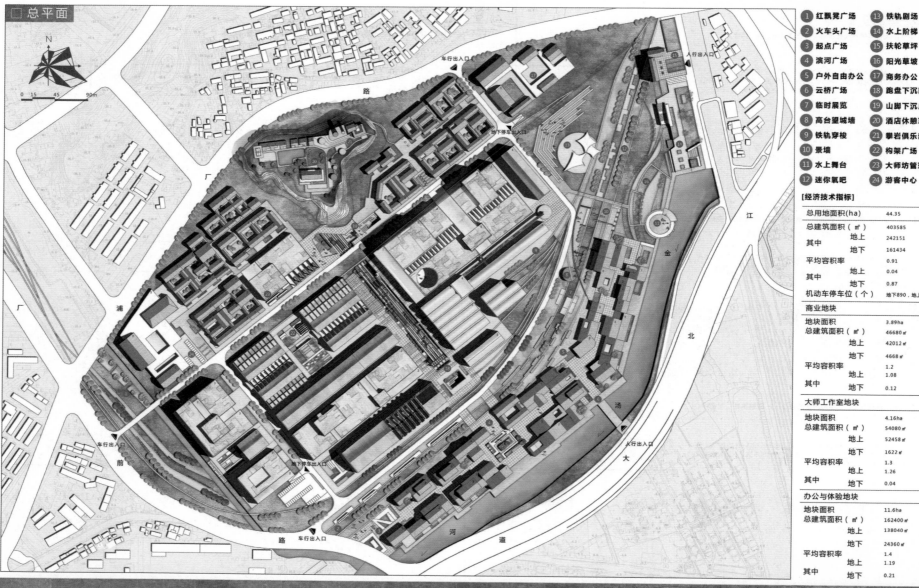

■ 总平面

① 红飘凳广场	⑬ 铁轨剧场
② 火车头广场	⑭ 水上阶梯
③ 起点广场	⑮ 扶轮草坪
④ 滨河广场	⑯ 阳光草坡
⑤ 户外自由办公	⑰ 商务办公
⑥ 云桥广场	⑱ 跑盘下沉隧道
⑦ 临时展览	⑲ 山脚下沉广场
⑧ 高台望城墙	⑳ 酒店休憩草坪
⑨ 铁轨穿梭	㉑ 攀岩俱乐部
⑩ 景墙	㉒ 构架广场
⑪ 水上舞台	㉓ 大师坊管理处
⑫ 迷你氧吧	㉔ 游客中心

[经济技术指标]

总用地面积(ha)		44.35
总建筑面积（㎡）		403585
其中	地上	242151
	地下	161434
平均容积率		0.91
其中	地上	0.04
	地下	0.87
机动车停车位（个）		地下890，地上200

商业地块

地块面积		3.89ha
总建筑面积（㎡）		46680
	地上	42012 ㎡
	地下	4668 ㎡
平均容积率		1.2
其中	地上	1.08
	地下	0.12

大师工作室地块

地块面积		4.16ha
总建筑面积（㎡）		54080
	地上	52458 ㎡
	地下	1622 ㎡
平均容积率		1.3
其中	地上	1.26
	地下	0.04

办公与体验地块

地块面积		11.6ha
总建筑面积（㎡）		162400 ㎡
	地上	138040 ㎡
	地下	24360 ㎡
平均容积率		1.4
其中	地上	1.19
	地下	0.21

铁轨上的创客 [7]
MAKER ON THE TRACK
南京市浦口区浦镇车辆厂历史风貌区规划设计
学校：南京工业大学　组员：蔡越巍 柯铜川　指导老师：方遥

□ 鸟瞰图

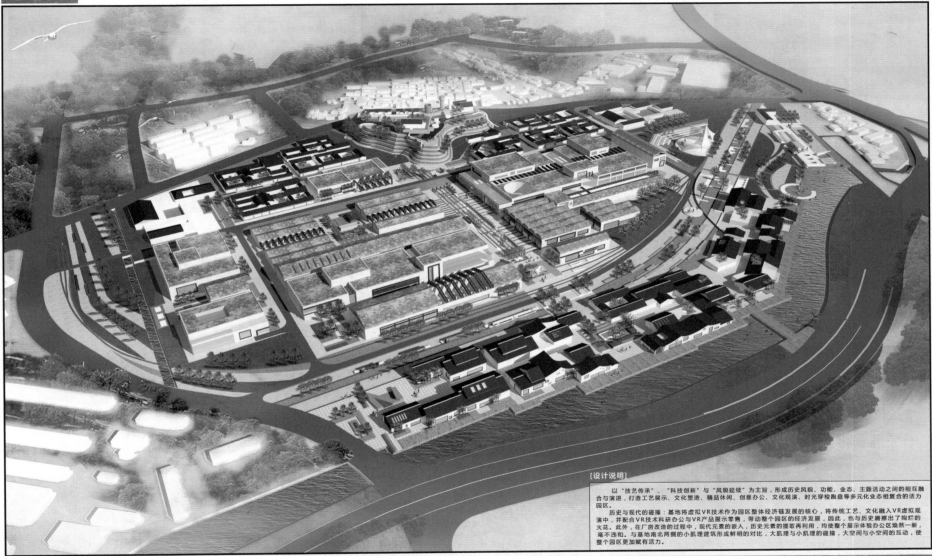

[设计说明]

以"技艺传承"、"科技创新"与"风貌延续"为主旨，形成历史风貌、功能、业态、主题活动之间的相互融合与演进，打造工艺展示、文化塑造、精品休闲、创意办公、文化观演、时光穿梭跑盘等多元化业态相复合的活力园区。

历史与现代的碰撞：基地将虚拟VR技术作为园区整体经济链发展的核心，将传统工艺、文化融入VR虚拟观演中，并配合VR技术科研办公与VR产品展示零售，带动整个园区的经济发展，因此，也与基地历史擦出了绚烂的火花。此外，在厂房改造的过程中，现代元素的嵌入，历史元素的提取再利用，均使整个展示体验办公区焕然一新，毫不违和。与基地南北两侧的小肌理建筑形成鲜明的对比，大肌理与小肌理的碰撞，大空间与小空间的互动，使整个园区更加赋有活力。

铁轨上的创客 8
MAKER ON THE TRACK
南京市浦口区浦镇车辆厂历史风貌区规划设计

学校 南京工业大学 组员 秦森蕊 何锦川 指导老师 方遥

方案分析

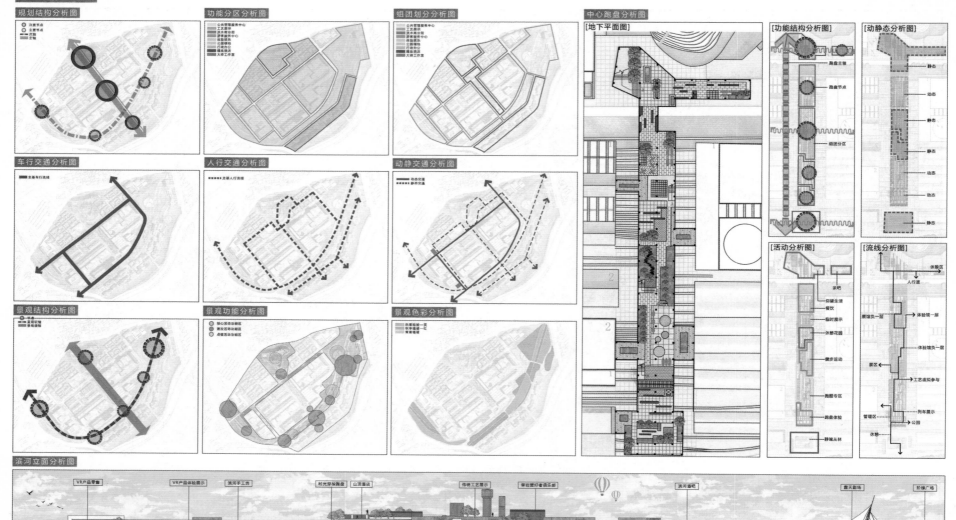

规划结构分析图

功能分区分析图

组团划分分析图

中心跑盘分析图
[地下平面图]

[功能结构分析图]

[动静态分析图]

车行交通分析图

人行交通分析图

动静交通分析图

[活动分析图]

[流线分析图]

景观结构分析图

景观功能分析图

景观色彩分析图

滨河立面分析图

铁轨上的创客 9
MAKER ON THE TRACK
南京市浦口区浦镇车辆厂历史风貌区规划设计

□ 历史文化保护解析

	保护方法	平面图	效果图	功能分析
[8-13号厂房]	通过现代元素玻璃的嵌入，将历史厂房与其他厂房相接连，赋予更新后所需的现代化功能。			
[扶轮小学]	保留原扶轮小学的主楼，并对其进行修复还原，并在周边对景观进行处理。			
[韩纳住宅]	在保留原有建筑的基础上，置换其功能，结合周边的探索将其改造为学术俱乐部，提升整体活力度。			
[奥斯登住宅]	置换历史建筑的功能并结合组团的整体功能，置换为商业与餐饮的功能，成为主体建筑。			
[跑盘]	借助保留跑盘，并将他下挖打造光穿梭隧道，并于周边的改造厂房相连，使空间多角度，富显自身变化，并保留跑盘的相关运作原理，使之成为一个可以运动的节点。			
[明城墙遗址]	用保护与复兴的眼光去维修，并在其周围赋予它保护的创新点。			
[水塔]	保留水塔，并改造为户外攀岩塔，周边结合它打造攀岩馆并赋予它娱乐性，使之成为活力点。			
[防空洞]	防空洞本身是一个很有趣味的功能，结合外部环境将其改造保护，赋予它积极的功能。			

□ 科创办公模式解析

办公模式布局

办公模式与空间的关系解析

联办空间 / 生活空间 / 地域特色 / [技术支撑]

学习空间 中庭空间 运动空间 自然采光设计 自然通风设计 绿化置入
入口直接采光 原始通风环境 垂直绿化

创意交流 图书馆 娱乐空间
置入中庭空间采集自然光 排风管热压、风压通风 种植地绿化

工作空间 种植空间 餐饮空间
天窗采光 天井自然通风 中庭绿化

作品展示 表演空间 商业空间
导光管采光 配合机械通风协和工作 移动容器种植

创意体验 交通空间 体验空间

铁轨上的创客 10
MAKER ON THE TRACK
南京市浦口区浦镇车辆厂历史风貌区规划设计

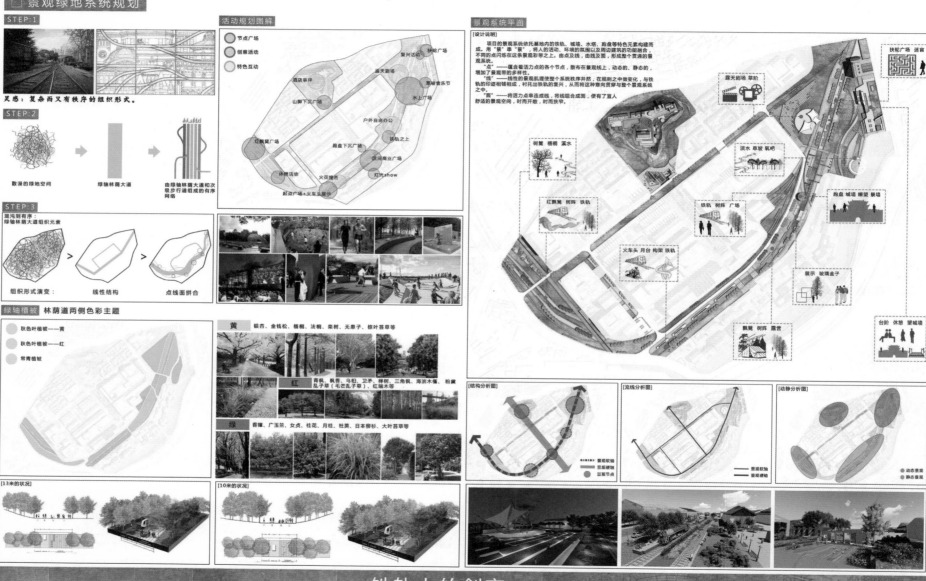

铁轨上的创客 11
MAKER ON THE TRACK
南京市浦口区浦镇车辆厂历史风貌区规划设计

□ 鸟瞰图

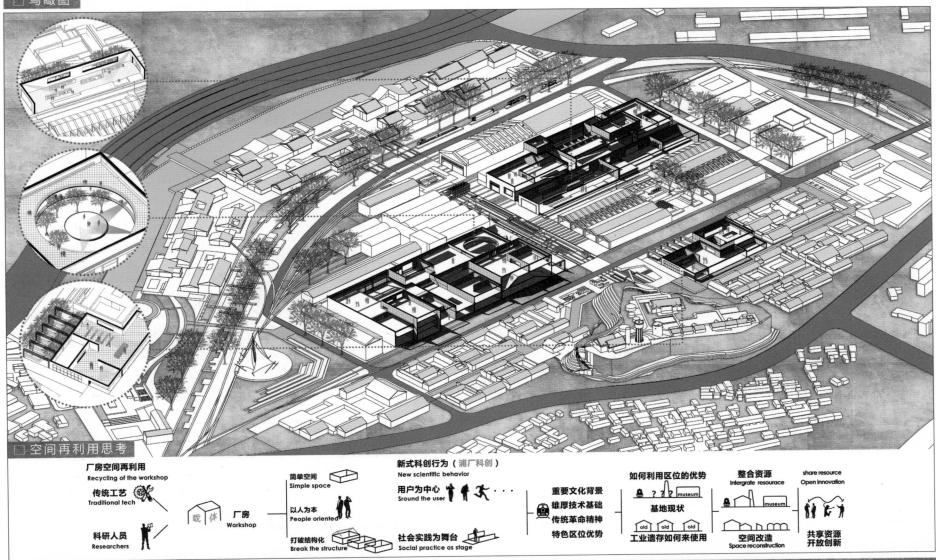

□ 空间再利用思考

厂房空间再利用
Recycling of the workshop

传统工艺
Traditional tech

科研人员
Researchers

载体 厂房
Workshop

简单空间
Simple space

以人为本
People oriented

打破结构化
Break the structure

新式科创行为（浦厂科创）
New scientific behavior

用户为中心
Sround the user

社会实践为舞台
Social practice as stage

重要文化背景

雄厚技术基础
传统革命精神
特色区位优势

如何利用区位的优势

？？？ museum

基地现状

old old old

工业遗存如何来使用

整合资源
Intergrate resourace

museum

空间改造
Space reconstruction

share resource
Open innovation

共享资源
开放创新

铁轨上的创客 12
MAKER ON THE TRACK
南京市浦口区浦镇车辆厂历史风貌区规划设计

学校：南京工业大学　组员：秦森富 何晓川　指导老师：方遥

||035

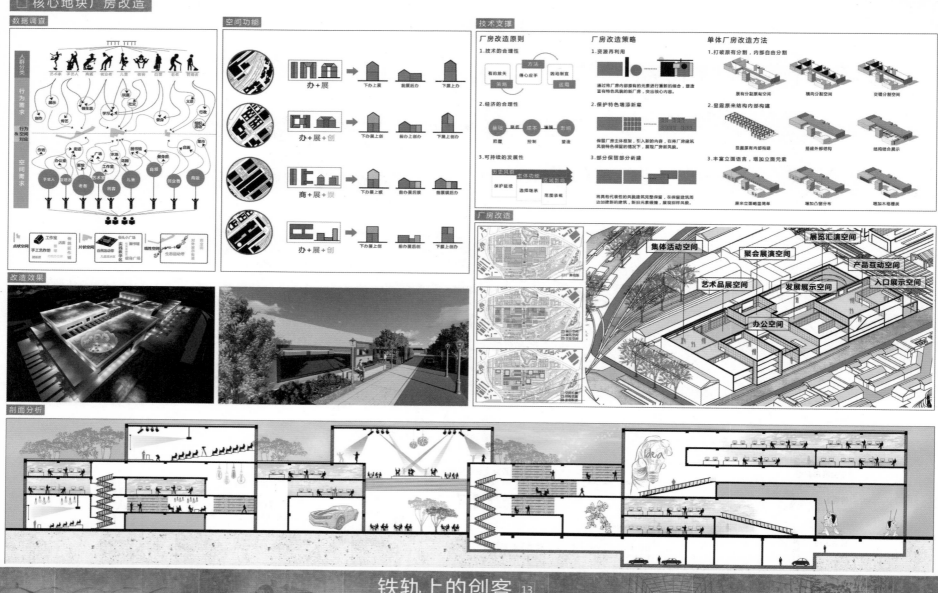

□ 核心地块厂房改造

数据调查

空间功能

办+展
办+展+创
商+展+娱
办+展+创

技术支撑

厂房改造原则
1.技术的合理性
2.经济的合理性
3.可持续的发展性

厂房改造策略
1.资源再利用
2.保护特色增添新意
3.部分保留部分新建

单体厂房改造方法
1.打破原有分割,内部自由分割
2.显露原来结构内部构建
3.丰富立面语言,增加立面元素

厂房改造

集体活动空间　展览汇演空间
艺术品展空间　聚会展演空间
发展展示空间　产品互动空间
办公空间　入口展示空间

改造效果

剖面分析

铁轨上的创客 13
MAKER ON THE TRACK
南京市浦口区浦镇车辆厂历史风貌区规划设计
学校 南京工业大学

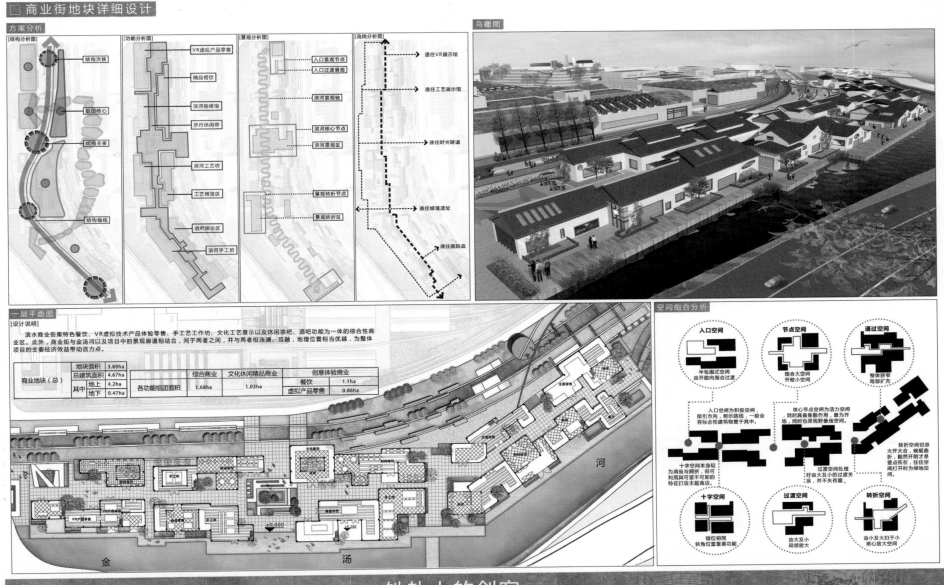

商业街地块详细设计

方案分析

[结构分析图]
结构次核
组团核心
结构主核
结构轴线

[功能分析图]
VR虚拟产品零售
精品餐饮
滨河咖啡馆
步行休闲带
滨河工艺坊
工艺博览区
酒吧娱乐区
滨河手工坊

[景观分析图]
入口景观节点
入口过渡景观
滨河景观轴
滨河核心节点
滨河景观区
景观转折节点
景观转折区

[流线分析图]
通往VR展示馆
通往工艺展示馆
通往时光隧道
通往城墙遗址
通往圆跑盘

鸟瞰图

一层平面图

[设计说明]
　滨水商业街集特色餐饮、VR虚拟技术产品体验零售、手工艺工作坊、文化工艺展示以及休闲茶吧、酒吧功能为一体的综合性商业区。此外,商业街与金汤河以及项目中的景观廊道相结合,同于两者之间,并与两者相连通、互融,地理位置相当优越,为整体项目的主要经济效益带动活力点。

商业地块（总）	地块面积	3.89ha		
	总建筑面积	4.67ha		
	其中	地上	4.2ha	
		地下	0.47ha	

各功能组团面积	综合商业	文化休闲精品商业	创意体验商业	
	1.68ha	1.03ha	餐饮	1.1ha
			虚拟产品零售	0.86ha

金　　汤　　河

空间组合分析

入口空间
半包围式空间
由开敞向围合过渡
入口空间为积极空间
指引方向,明示路线,一般会有标志性建筑物置于其中。

节点空间
围合大空间
开敞小空间
核心节点空间为活力空间,同时具备集散作用,是开场,同时也是视野最佳空间。

通过空间
整体狭窄
局部扩充
转折空间切急大开大合,蜿蜒曲折,翻然开朗是要点所在,往往空间打开时为绿地空间。

十字空间
错位相同
转角位置重新功能
十字空间本身较为拥挤与拥挤,但可利用其可望不可即的特征打造主题商店。

过渡空间
由大及小
局部放大
过渡空间处理好由大及小的过度关系,并不失有趣。

转折空间
由小及大归于小
核心放大空间

☐ 别墅酒店地块详细设计

平面图

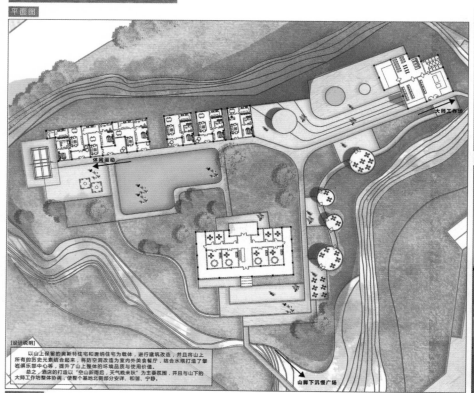

大师工作坊

休闲运动

山脚下沉慢广场

[设计说明]
　　以山上保留的奥斯特住宅和唐纳住宅为载体，进行建筑改造，并且将山上所有的历史元素结合起来，将防空洞改造为室内外美食餐厅，结合水塔打造了攀岩俱乐部中心等，提升了山上整体的环境品质与使用价值。
　　总之，酒店的打造以"空山新雨后，天气晚来秋"为主要氛围，并且与山下的大师工作坊整体协调，使整个基地北侧部分安详、和谐、宁静。

方案分析图

[功能分析图]

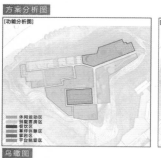

休闲运动区
别墅客房区
管理区
草坪休憩区
攀岩区
平台观景区

[流线分析图]

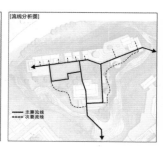

主要流线
次要流线

[景观分析图]

景观节点
景观主轴
景观次轴

鸟瞰图

活动分析

[攀岩俱乐部]

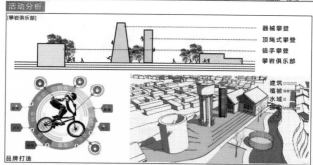

器械攀登
顶绳式攀登
徒手攀登
攀岩俱乐部

建筑
植被
水域
攀岩

品牌打造

[泳池草坪娱乐区]

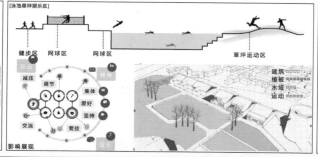

健步区　网球区　网球区　草坪运动区

减压　调节　集体　爱好　坚持　交流　竞技

建筑
植被
水域
运动

影响展现

[室内外餐饮休闲区]

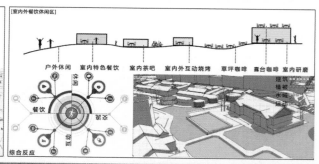

户外休闲　室内特色餐饮　室内茶吧　室内外互动烧烤　草坪咖啡　露台咖啡　室内研磨

餐饮　休闲　娱乐　互动

建筑
植被
水域
运动

综合反应

铁轨上的创客 15
MAKER ON THE TRACK
南京市浦口区浦镇车辆厂历史风貌区规划设计

学校：南京工业大学　组员：秦森莉 柯响川　指导老师：方遥

□ 大师工作室地块详细设计

鸟瞰图

[大师工作坊平面图1：200]

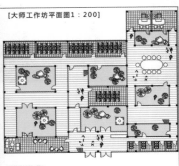

[设计说明]

大师工作坊地块保留了基地北侧龙虎巷的建筑肌理，并融入现代的元素，使之融入地块环境当中，整体组团营造出"采菊东篱下，悠然见南山"的氛围，相对其他地块相对宁静。

大师工作坊主要包含了办公、会议、休息、孵化器等功能，其中，与组团相嵌的生态园，对具有较高的要求，既要满足工作坊使用者的休憩功能，更要烘托出幽静，婉转的景观气质。

总之，大师工作坊将带动基地北部组团的发展，并与周边环境相融合。

工作坊组团分析

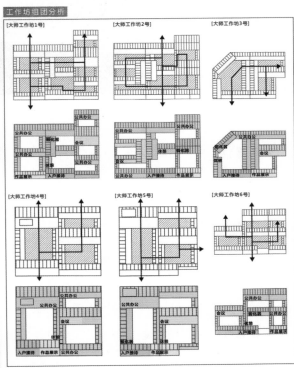

方案分析

[功能结构分析]

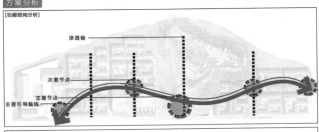

- 渗透轴
- 次要节点
- 主要节点
- 主要引导轴线

[景观结构分析]

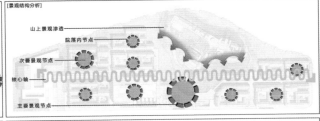

- 山上景观渗透
- 院落内节点
- 次要景观节点
- 核心轴
- 主要景观节点

[交通流线分析]

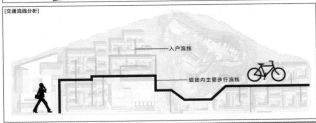

- 入户流线
- 组团内主要步行流线

[空间肌理分析]

- 文保单位建筑肌理
- 大师工作坊肌理
- 共享中心肌理

运营模式分析

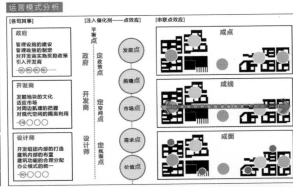

历史是延续的，保护历史传统就是要保护原有的东西，包括原有的空间环境、文化环境、视觉环境以及社会网络结构等所谓的历史文脉"。

保护历史风貌就不仅仅是延续原有的物质环境，同时也包含着对于社会网络和生活网络的延续。

因此，此地块保留了基地北侧龙虎巷的建筑肌理，并且与山上保留建筑体量相近，保护了基地本身遗留的肌理。

运营模式

循轨 · "溯" 园

南京工业大学
Nanjing Tech University

设计成员：王河燕　李金辉
指导教师：方　遥

第一阶段 草图

第二阶段 中期草图

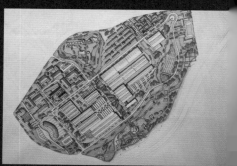

第三阶段 定稿

调研感悟：踏入浦镇车辆厂的第一感觉就是厂区十分有年代感，不同年代的厂房、办公建筑、各类设施用房以不同尺度和面貌呈现在面前，和另外三所学校的同学一起调研、交流，在现场交流设计中想要着重表达与注意的方面，收获颇丰，也留下了十分深刻的印象。

设计感悟：在这次联合毕设中，掌握了以历史风貌区为背景的设计应当注意的地方，对历史风貌区的普通建筑改造、大体量厂房建筑的改造、内部功能的重新策划等方面有了较为深刻的理解，对设计思路的梳理、工作方法与计划的制订、图面效果的表达、汇报技巧与逻辑的提升等诸多方面都有了长足的进步，一次联合毕设的磨砺甚至抵得上大学前四年所有课程设计的训练。

设计说明：本次规划地块位于南京市浦口区顶山街道，属于浦镇车辆厂东区，规划用地面积约44.35公顷，北临龙虎巷历史街区，南临江北大道快速路以及居住区，西邻浦厂西区，东临津浦铁路南段以及居住区，位于江北新区中心区的东北角处。设计从地块与周边关系、地块内部问题和本身特点出发，从问题导向、目标导向以及价值导向三个角度进行规划设计，从三个角度综合得出规划定位：以浦厂历史沿革为线索，以铁轨线路为载体、展现铁路历史与文化，集文化展示、休闲娱乐、创新商办为一体的铁路文化主题公园。

通过利用铁轨线路等方式，循着铁路轨迹，追溯浦厂铁路文化，塑造开敞的公共活动空间。

在分区上考虑动静结合，整体东部片区为动态区，主要供外来游客与本地居民活动，提供半坡酒店、艺术街区、铁路博物馆、演艺中心与儿童游乐等功能空间；整体西部片区为静态区，主要供办公人员、企业孵化使用，提供创客空间、创意办公、综合服务、浦厂生产展示等功能。

南京工业大学 城规1201 王河燕10 李金辉24

循轨·"溯"园

—— 南京市浦口区浦镇车辆厂历史风貌区规划设计

01 基地现状概况

I 上位规划

Part1 南京市浦口区总体规划

浦口区发展战略：高标准规划建设江北副城中心区，提升服务周边地区的综合服务能级；注重生态和历史文化资源的保护与利用，挖掘特色资源，借助滨江优势，塑造特色滨江岸线。江北副城浦口区定位为南京城市副中心和区域辐射服务功能的集中承载地区，是高度发达的现代都市化地区。
产业引导：工业上以高新区、三桥工业园为主体构筑副城工业板块，重点发展汽车及零部件、轨道交通装备、电子信息及软件等产业。旅游业上划定五大旅游区，基地处于民国风情文化旅游区内。

Part2 江北新区规划

新区职能为全国重要的科技创新基地和现代先进产业基地，南京都市圈的北部服务中心与综合交通枢纽。临近江北中心区，南侧规划一条东西向江北大道快速路，位于浦镇文化旅游文化次轴上所在地区定位为凸显民国文化、蓬含工业遗产的城市宜居组团。

Part3 浦口火车站片区规划

高度控制在24M以内
地块西侧与南侧为绿地
地块西侧建筑60-100M
地块其他建筑24M以内
浦镇机厂历史文化核心
位于浦浦铁路文化走廊
四向分布展览组团
临近公共服务枢纽
东北侧与龙虎巷和看
与浦口火车站联系

东北侧为龙虎巷历史街区
西侧为北侧为居民住区
地块内控制东南侧绿廊
控制地块中部绿廊
东北侧与革山衔相接
与江北中心区功能组团

II 区位条件

基地在南京位置

基地位于南京市江北新区范围内，距离南京城区仅一江之隔，距离大合27KM，溧水58KM，周围有多条铁路线经过，交通便捷。

基地在江北新区位置

基地位于江北新区内，紧邻江北中心区与老山休闲片区，东临科技创新片区，处于江北新区范围的核心区附近，区位条件优越。

基地在浦口火车站片区位置

基地位于浦口火车站片区内，东侧为铁路线，临近规划11号地铁线，与浦口火车站和老山风貌区形成景观廊线。

现状滨河街景立面

III 基地分析

现状功能分析 | 建筑高度分析 | 建筑质量分析 | 建筑肌理分析

建筑年代分析 | 内部道路分析 | 建筑遗存分析 | 建筑风貌分析

IV 现状问题

SWOT分析

S
1.历史悠久，建筑保存较为完整
南京浦镇车辆厂始建于1908年，是全国为数不多的具有百年生产历史的铁路制造基地。
2.历史资源丰富，建筑类型多样
拥有建厂以来不同历史时期的厂房建筑和较为完善的铁路设施，包含了英式别墅、扶轮学校、浦子口城墙遗址、大小水塔、战场防空洞、烟囱、老树等历史资源。

W
1.功能单一，配套缺乏
厂区内缺少商业配套，厂区工作人员日常购等基本活动不方便。
2.空间环境差，绿地等开放空间缺乏—硬质场地居多，绿地率低。
3.缺乏公共活动空间—园内缺乏共享、开放的交流空间

O
1.交通便捷
地块附近有公共交通场站，周边道路四通八达，地块通达度较高。
2.地理位置优越—北靠老山，南临长江，西侧紧邻江北大道快速路，便于旅游观光和周边地区的游客来往。
3.历史底蕴深厚—位于浦浦铁路文化走廊之内，津浦铁路—龙虎巷的历史文化核心。

T
1.高铁产业发展迅速，产业亟待升级转型
2.落后的厂区条件已经不能满足现代高新制造业的需求

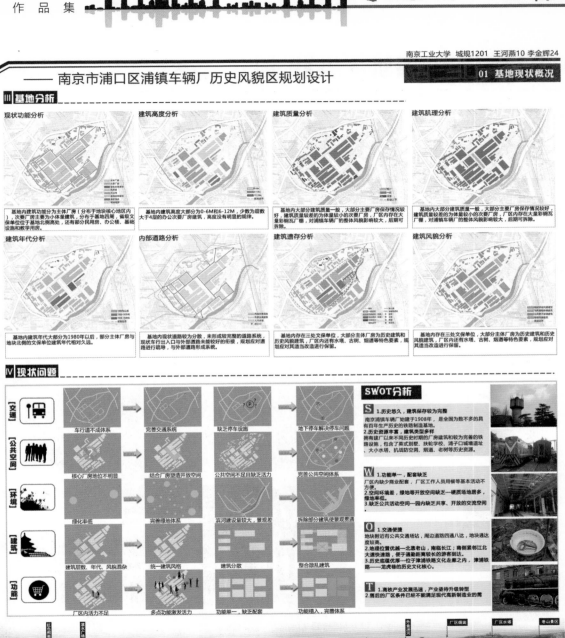

南京工业大学 城规1201 王河燕10 李金辉24

循轨·"溯"园

—— 南京市浦口区浦镇车辆厂历史风貌区规划设计

02 地块周边研究

I 区域背景

南京市GDP位列前十，人均GDP位列前五，经济发展状况逐年递增，保持增长态势。

城区生产总值 & 人均地区生产总值
城镇居民人均可支配收入(元)

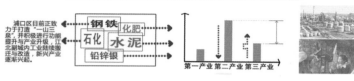

浦口区目前正致力于打造"一山三泉"，并积极进行功能提升与产业升级，江北剩城内工业加速搬迁与改造，新兴产业逐渐兴起。

钢铁 化肥
石化 水泥
铅锌银

第一产业 第二产业 第三产业

浦镇机车厂南邻浦口火车站，北望老山风景区，然而基地周边建设相对较大，缺乏可供休闲与游憩的公共空间。

浦镇机车厂

公园绿地

公园绿地

广场绿地

II 浦口火车站风貌研究

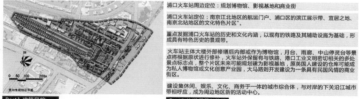

浦口火车站周边定位：规划博物馆、影视基地和商业街

浦口火车站定位：南京江北地区的航运门户、浦口区的滨江展示带、宜居之地、南京北地区的文化特色片区。

重点发掘浦口火车站的历史和文化内涵，以现有的铁路及其辅助设施为基础，形成具有特色历史的景观带。

火车站主体大楼外部维修后部或作为博物馆，月台、雨廊、中山停灵台等景点将根据现状进行修补，火车站外保留与铁路、港口工业文明密切相关的多处景点标志点，整个片区未来可能规划增多基地，原英国人建的仓库可能成为私人博物馆或文化创意产业园，大马路则开发建设为一条具有民国风情的商业街区。

建设集休闲、娱乐、文化、商务于一体的城市综合体，与对岸的下关沿江城市带相呼应，成为浦口地区新的活动中心。

Part1 建筑风貌

火车站主体大楼采用木质门窗，红色瓦片和、淡黄色墙面，售票处采用灰色墙面、灰色瓦顶、拱门等元素。

浦口火车站的清末初时的风貌使之成为小有名气的影视基地，在浦口火车站拍摄的电影、电视剧有《孙中山》、《国歌》、《情深深雨濛濛》、《金粉世家》和《北平小姐》等。

Part2 轨道保留与改造

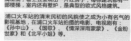

浦口火车站建筑中的月台、雨廊等附属建筑采用了钢筋混凝土的结构，是南京最早采用钢混结构的建筑之一。

浦口津浦路12号的7栋民国建筑和1栋1950年代的公寓楼，位于候车室大楼的西北侧，是当年津浦铁路管理局的高级职工宿舍楼，属浦口区不可移动文物，这此建筑为清水红砖砌墙，屋顶采用红色金属屋面，看上去呈现出一片红房子，每栋建筑都有一部楼梯，室内还有整秒门，是典型的欧式红色楼。

III 基地周边概况

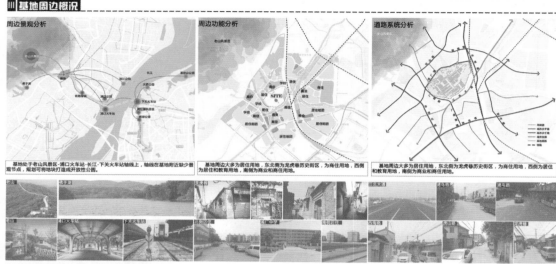

周边景观分析

基地处于老山风景区-浦口火车站-长江-下关火车站轴线上，轴线在基地附近缺少景观节点，规划可将地块打造成开放性公园。

周边功能分析

基地周边大多为居住用地，东北侧为龙虎巷历史街区，为商住用地，西侧为居住和教育用地，南侧为商业和商住用地。

道路系统分析

基地周边大多为居住用地，东北侧为龙虎巷历史街区，为商住用地，西侧为居住和教育用地，南侧为商业和商住用地。

IV 周边肌理研究（龙虎巷历史街区）

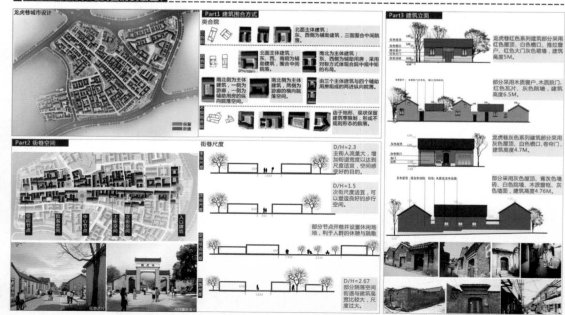

Part1 龙虎巷城市设计

Part1 建筑围合方式

类合院

北面主体建筑；东、西侧为辅助建筑，三面围合中间院落。

南北侧为主体建筑；东、西侧为辅助建筑，围合中间院落。

南北侧为主体建筑，一侧为游廊，两侧为辅助用房的两进纵向院落空间。

由三个主体建筑与四个辅助用房组成的两进纵向院落。

受于地形，网状保留建筑等限制，形成不规则形态的院落。

保留
新建

Part2 街巷空间

街巷尺度

空间节点
院落空间
中心节点
主要空间
次要空间
入口节点

D/H=2.3 主街人流量大，增加街道宽度以达到尺度适宜，空间感受好的目的。

D/H=1.5 次街尺度适宜，可以塑造良好的步行空间。

部分节点开敞并设置休闲场地，利于人群的休憩与眺望。

D/H=2.67 部分院落空间，街道与建筑宽比较大，尺度过大。

Part3 建筑立面

龙虎巷红色系列建筑部分采用红色屋顶、白色檐口、推拉窗户，红色大门灰色裙墙，建筑高度5M。

部分采用木质窗户、木质院门、红色瓦片，灰色院墙，建筑高度6.5M。

龙虎巷灰色系列建筑部分采用灰色屋顶、白色檐口、卷帘门，建筑高度4.7M。

部分采用灰色屋顶、青灰色墙砖、白色窗框、木质窗框，灰色墙面，建筑高度4.76M。

南京工业大学 城规1201 王河燕10 李金辉24

循轨·"溯"园

—— 南京市浦口区浦镇车辆厂历史风貌区规划设计

03 历史文化溯源

I 历史区位

在津浦铁路位置

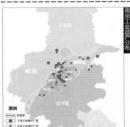

南华工业遗产分布

周边铁路相关风貌区

浦镇车辆厂位于津浦铁路的重点—南京浦口的北部，是津浦铁路的机修段。浦镇机厂是津浦线上的必经之处，商贸繁荣，商肆林立。

南京工业遗产集中分布于鼓楼、玄武、建邺、秦淮和雨花区内，浦口有两处一类工业遗产厂区，一处为浦镇车辆厂，一处为永利䤁厂。

浦镇车辆厂周边的铁路资源非常丰富，有浦口火车站、龙虎巷、浦口码头、英式仓库，津浦铁路过江口，而浦镇车辆厂自身则是铁路线上的编组站和修理站。浦口区津浦铁路段是我国保存最完整、体系最完整、特色鲜明的铁路文化遗产地区。

II 历史沿革

Part1 浦厂发展

浦镇车辆厂成立；配件生产、桥梁、轮渡、驳船及机械设备维修；天津技术人员定居浦镇 **1908**

组织进口铁路机车车辆 **1929**

制造客车和货车 **1958**

研发制造城轨列车 **1999**

现代化城轨制造基地 **2012**

Part2 浦镇机厂大事记

建成投产，工厂一直由英国人把持。	六月工人大罢工。	3月成立浦镇厂中华工会。	11月成立南京第一个共产党小组。	2月8日至9日京厦"二七"大罢工。1月9日工人就待遇进行罢工。	12月下，南京学生联合会与浦镇工会组成工学联合会	11.11委员王荷波等张作霖逮捕牺牲。国民政府收购浦镇厂控制。	10.08许立安等名共产党员牺牲，后在雨花台起义。	2.26汪精卫于月圆村密出卖情报给川岛芳子。	日军占领浦厂。	国民政府收回工厂。	"七二"笑工反内战。	中华人民和国政府接管浦镇机厂。
1908	1919	1920	1922	1923	1925	1927	1930	1932	1937	1945	1948	1949

Part3 历史事件

A 历史事件1——孙中山就任

1912年元旦，孙中山先生就任临时大总统时，乘坐专列由上海到南京西站，进入南京总统府，中国从此结束皇权，走向共和。

B 历史事件2——孙中山灵柩

1929年5月28日上午10点，孙中山灵柩驶入浦口站，孙中山灵柩安放于特制四轮软车上，由专门人员将推出车站，送上运送灵柩的"威胜"号军舰，载运孙中山的灵车车厢后来被送进浦镇车辆厂作为永久纪念。

C 历史事件3——孙传芳逃离

1927年，北伐军攻占南京，军阀孙传芳从这里逃离。

D 历史事件4——国民党逃离

1949年4月，国民党败退，炸毁车站，整座车站仅存四方形钢筋水泥外壳；同年5月，解放军建好上海，南京铁路工人修复了第一台机车，命名为"上海友谊号"，从浦口火车站驶往上海。

III 综合现状分析

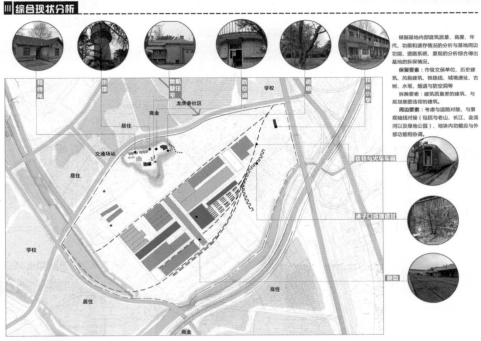

根据基地内部建筑质量、高度、年代、功能和遗存情况的分析与基地周边功能、道路系统、景观的分析综合得出基地的拆除情况。

保留要素：市级文保单位、历史建筑、风貌建筑、城墙遗址、古树、水塔、烟道和防空洞等。

拆除要素：建筑质量差的建筑与规划意图违背的建筑。

周边要素：考虑与道路对接、与景观轴线对接（包括与老山、长江、金汤河以及绿地公园）、地块内功能应与外部功能相协调。

IV 特色要素提取

浦子口城墙

浦镇机厂建造于万峰门内，后期厂区围墙搭建在浦子口城墙的断垣上，现存的城墙遗址约100米，为区级文保单位。

历史建筑

8-13号厂房六跨相连，外观保留英式建筑面貌，21-22号厂房二跨相连，始建于1952，大部分梁架为木结构为主。

奥斯登住宅与韩纳住宅为英人厂长奥斯登、总工程师韩纳等高级管理人员住宅，扶轮小学为民国十年建筑。

铁轨

浦镇机厂现存大量的铁路线，大部分为厂区内机车制造与修理的轨道，另延伸出厂外有与铁路线接较作为机车的检修线路及试运行线路。

碾盘

铁路工业特有的大作业工具，现在厂区内有两处大型碾盘，一处连接北山包与南部金汤河，宽度约26米。

人防工程防空洞

此人防工程1980年竣工，总面积约9403平方米，地下室约3144.5平方米，浦镇车辆厂内有多个出入口，但处于弃置状态。

其他资源

浦镇机厂内存有较多资源，包括水塔、烟囱等构筑物，老树、金汤河等自然景观资源以及火车头等。

现状天际线

60M
35M
24M
12M

循轨·"溯"园

—— 南京市浦口区浦镇车辆厂历史风貌区规划设计

南京工业大学 城规1201 王河燕10 李金辉24

04 工业遗产保护与再利用研究

I 相关定义

工业遗产

工业建筑遗产		
生产空间	生活空间	
机械	工厂	仓库
住房	宗教场所	教育场所
店铺	车间	磨坊	矿山

工业遗产具有历史价值、技术价值、社会意义、建筑或科研价值的工业文化遗存。联合国教科组织对工业遗产的界定是：工业遗产不仅包括磨坊和工厂，而且包含由新技术带来的社会效益与工程意义上的成就，如工业市镇、运河、铁路、桥梁以及运输和动力工程的其它物质载体。

工业遗产保护与再利用定义

工业遗产再利用即将旧工业建筑改造后重新利用，即改造性再利用，它是伴随着对近代建筑遗产保护意识的扩大而展开的。

改造是指除建筑物基本维护之外，利用新的材料和技术对建筑内部空间和外形进行改建以满足不断发展变化的新功能需要。改造后可以保持原来的功能，也可以达入新功能。

再利用主要是指旧工业建筑在其生命周期内，根据城市发展、原有社会、经济关系及历史人文特色等状况而进行的有目的的、有计划的改造，综合利用和再开发的行为，同时隐含为了使得现有建筑满足新用途已经在设计和结构上进行改造，并保留其具有历史文化特征的工业元素，创造出经济、文化、历史或生态效益。

II 工业遗产保护与再利用历程

20世纪60年代 — 国外
- 1973年
- 1978年
- 1984年
- 2003年
- 2004年 — 国内
- 2007年
- 2009年

20世纪60年代	尤斯城火车站存废问题引发了英国全国性的工业遗产保护活动的召开
1973年	成立了第一届国际产业考古学会议的召开
1978年	英国产业考古学委员会正式成立
1984年	国际工业遗产联合保护委员会正式成立
2003年	联合国教科文组织将工业遗产列入世界遗产目录
2004年	英国的铁桥峡谷被列入世界遗产名录
2007年	《下塔尔宪章》对工业遗产的定义概念进行了基本完善
2009年	《无锡建议》遗产保护的概念首次被提出
	《关于加强工业遗产保护的通知》
	文化部颁发了《文物建筑修缮暂行办法》将"工业遗产"列入文物

TICCIH

III 工业遗产再利用模式

工业遗产保护与再利用模式分为博物馆模式、休闲街区模式和主题公园模式。
改造成为博物馆可分为标本式开发和原生态开发两种，改造成为休闲街区可分为商业消费区与创意产业园两种。

改造模式	博物馆模式		休闲街区模式		主题公园模式
	"标本"式开发	原生态开发	商业消费街区	创意产业园	
钢铁制造	亨利钢铁厂，上海钢铁十厂	北杜伊斯堡景观公园（帝意钢铁公司）	关税同盟，沈阳铁西	奥博豪森有色金属加工区、国际建筑展埃姆舍公园
船厂	广东中山岐江公园				亚历山大鱼鱼童工
仓储转运中心	萨尔布吕肯市港口岛公园	汉堡仓库街，纽约南街，纽约苏荷，悉尼岩石区海港，日本函馆港，新石区，上海"登瑞酒店袋鼠工作室"，克兰烟草码头	巴塞罗那克兰开海港，美国巴尔的摩内港，法国马赛仓储建筑群，上海创意仓库	
码头	美国路易斯维尔布河滨公园		奥伯豪森中心购物区		伦敦新康科迪亚码头
铁路终点站	卡尔菲尔德科学与工业博物馆				
煤气厂		美国西雅图煤气厂			维也纳煤气厂
污水厂		美国丹佛市污水厂公园			
煤矿厂	苏格兰中部工业博物馆	诺德斯特恩公园，唐山南湖公园			
纺织厂				上海春明创意创业园	美国马萨诸塞州罗维尔
电站辅机厂				上海滨江创意产业园	
采石场	希腊狄俄尼索斯采石场露天博物馆			美国加州萨克拉门托河谷绿景园	
玻璃厂					天津万科水晶城
水泥厂	广州芳村花卉公园				美国波士顿摩天水泥总厂
酿酒厂					北京阿拉里奥艺术中心
其他		荷兰西城公园，德国环状公园，旧金山吉拉德里广场，韩国金鱼渡公园，日本	旧金山吉拉德里广场，北京	英国卡菲尔德区，巴黎麦淇巧克力厂

IV 工业遗产改造实例

Part1 广州岐江公园

- 红盒子
- 绿房子
- 船坞
- 琥珀水塔

功能的转变与分布

红色区域是工业遗产，大部分关于原造船厂的景观节点都分布在这片区域。

黄色区域为休闲娱乐区，这片区域主要有中山美术馆。

绿色区域是自然生态区，这片区域的主要功能是让游园者婚戏、散步。

1.原有元素的保留
自然要素：水体、古树 人工要素：铁轨、机器

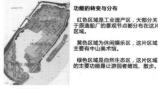

2.工业遗产的利用
船坞：保留的钢架船坞中抽屉式地插入了游船码头和公共服务设施

水塔：琥珀水塔、骨骼水塔

烟囱与龙门吊：一组超现实的脚手架和挥灯而雨的工人雕塑结合到保留的烟囱之场景之中

3.新元素的增加
直线路网：为场地增加新的直线路网

滨河栈道：栈桥式增加亲水性

红盒子：红色的围合物，空间节点

绿房子：树篱组成的5×5模数化的方格网，与直线的路网相穿插，高近3m，创造私密空间喷泉、雕塑、湖心亭等

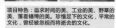

项目特色：追求时间的美、工业的美、野草的美、落差错落的美，珍惜足下的文化，平常的文化，曾经被忽视而逝去的文化。

设计者认为，"创造良好而富有含意的环境的上策是保留过去的遗留"。

Part2 成都东郊记忆——音乐主题公园

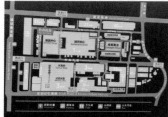

国内首家数字音乐产业聚集区和以音乐为主题的体验公园，由原来的"二园"——音乐产业集聚园和音乐文化体验园上升到"一基地，多名片"的文化创意产业园。

"一基地"即原国字音乐数字基地，深化与中国移动无线音乐基地的战略合作，联手打造"中国数字音乐科技乐园"；

"多名片"即在音乐名片之外，园区要力争成为融合多元文化艺术的复合文化平台，成为中国工业遗产保护的样板。

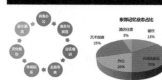

东郊记忆业态占比

- 休闲业态约占35%（涵电影院、KTV、水吧、游戏室、创意小商店等）；
- 文化餐饮约占15%；
- 办公业态占20%（无线音乐基地、企业办公）；
- 艺术创意25%（工作室、画家展览等）
- 酒店约占5%

园区以商务办公、演艺展览、音乐培训为支撑，辅以文化餐饮、酒店等商业配套，打造集商务、休闲、娱乐为一体的新形态商业街区。

遗存类型	改造方案
临街广场、步行道的1-2层的厂房	改造成以中西餐厅、咖啡吧、创意小商铺的业态为主的，主题鲜明、装修精致、富有情调的休闲商业空间，形成连续的商业界面，与开放空间形成互动，如着重DIY创意集市、音乐集市、明星店、酒吧工坊、文化餐饮。
位于相对僻静的独栋建筑	改造成为外表朴实，内部装修奢华的主题酒店、会所等，如易墅墅海酒店、东区坦博忆，24间
体量较大、层高高的大型车间或通廊形较大的无遮天车间	通常可改造成能被观演和展示的空间，内部功能较性化，可普微小型话剧场、电影放映厅、艺术展示等，如演艺中心、音乐呈现、剧立方、KTV、FBA娱乐体验馆、1899个入驻厅房等
特殊构筑物及大型设备设施	由于这些设备工业文化特征明显、标志性较强，可作为园区的装饰性景观进行改造

Part3 创意产业类特征分析

1.业态分析——配比

业态分类	占比	组分占比	占比
商业业态	50-70%	餐饮类	40%左右
		零售类	40%左右
		文化娱乐类	20%左右
创意业态		10-20%	
其他类		10-20%	

分类	特征描述
餐饮类	通常以咖啡馆、酒吧、西餐厅等西化性时尚餐饮为主，辅以一些三五好友聚会的餐厅、茶楼、具有小资情调的，中高档消费
零售类	一般以突出特色和设计感的原创设计为主，如服饰、手表、箱包、家饰等，中高档消费；其次是创意小商品，如中国风的特色工艺品、摆件等装饰用品，以及一些文化相关产品，如从古玩字画到图书音像等的特色产品；商品价值较高、设计感强、种类丰富可供选择性大，档次提升表现出独特的文化性
文化娱乐类	电影院、剧场、游艺、演出、展览等文化娱乐设施为主

2.业态分析——商业
临街广场、步行道的1-2层厂房改造形成连续的商业界面

与开放空间形成互动

以中西餐厅、咖啡馆、创意小商铺类的业态为主

3.业态分析——酒店会所
通常选在相对僻静的场所

多为小型的独栋建筑改造而成

外表朴实，内部装修奢华

精品酒店的客房数通常在50家左右，具有很强的设计感和文化性

4.业态分析——剧院剧场
规模较大、层高高的大型车间，通常被改造成能被观演的空间

内部的能弹性化，可普微小型话剧场、电影放映映、艺术展示、企业年会等用途

5.业态分析——创意办公
通常由3层以上的厂房改建而成，内部空间向比较灵活，可根据企业自要进行划分

主要面向创意设计类的中小型企业单位或个人工作室

南京工业大学 城规1201 王河燕10 李金辉24

循轨·"溯"园

—— 南京市浦口区浦镇车辆厂历史风貌区规划设计

05 功能定位

I 目标导向——区域要求

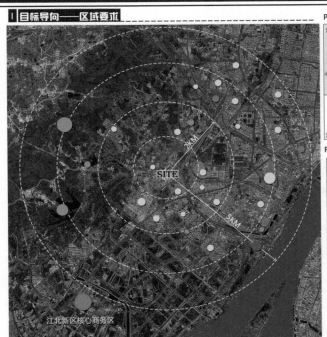

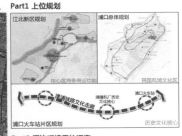

SITE

3KM
5KM

江北新区核心商务区

Part1 上位规划

江北新区规划　　浦口总体规划

核心区高等商业区　民国风情文化区

浦口火车站片区规划

镇江路文化走廊　浦镇机车厂历史文化园　浦口火车站

历史文化核心

Part2 周边环境用地评定

用地类型	个数	用地面积	密度等级
2km范围内			
居住	9	430ha	
商业	1	19ha	
旅游	1	30ha	
公共空间	0	——	
教育	6	100ha	
社区服务	3	5ha	
2-5km范围内			
居住	10	980ha	
商业	3	200ha	
旅游	1	96ha	
公共空间	4	1920ha	
教育	1	40ha	
社区服务	1	10ha	

用地需求度　公共空间 > 旅游 > 社区服务 > 商业 > 教育 > 居住

II 问题导向——公众诉求

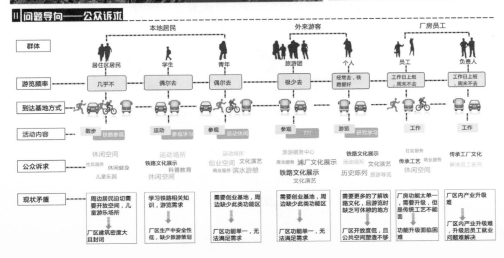

本地居民　　　　　外来游客　　　　厂房员工

群体	居住区居民	学生	青年	旅游团	个人	员工	负责人
游览频率	几乎不	偶尔去	偶尔去	极少去	经常去,铁路爱好厅	工作日上班,周末不去	工作日上班,周末不去

功能策略——功能互融

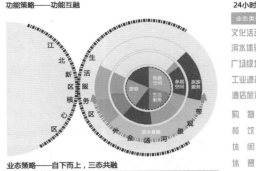

江北新区核心区　生活服务　外金汤河景观带

业态策略——自下而上,三态共融

业态类型	核心项目	目标客群
日常生活态 占比20%	生活超市、便民市场	儿童乐园、滨水游憩公园、小型体育场馆	周边居民、学生
文化体验态 占比65%	铁路文化公园、铁路文化、浦厂文化展示馆、文化演艺中心、创意办公(孵化器)	艺术家工作室、娱乐会所、创业中青年、历史陈列室	游客、中塞端本地居民、独立艺术及设计师、铁路文化爱好者
旅游服务态 占比15%	游客服务中心、纪念品商店、火车主题旅馆	设计咨询、策略策划机构	游客、部分设计咨询类公司

社区服务:创意办公:文化体验:游客服务
=15%: 25%: 40%: 20%

24小时铁路文化园

业态类型	文化活动
演水体验	
厂场绿地	
工业遗产	
酒店旅馆	
购物	
餐饮	
休闲	
休憩	
服务	

III 价值导向——地位突出

百年机车制造厂

编号	名称	创建时间	备注
1	唐山机车车辆厂	1881年	全国第一铁路厂
2	北京二七车辆厂	1897年	
3	哈尔滨车辆厂	1898年	已搬迁拆除
4	大连机车车辆厂	1899年	
5	青岛机车车辆厂	1899年	
6	青岛四方机车车辆厂	1900年	
7	武汉江岸车辆厂	1901年	已搬迁
8	戚墅堰机车车辆厂	1905年	
9	石家庄车辆厂	1905年	
10	南口机车车辆厂	1906年	
11	百年机车车辆厂	1906年	
12	天津机车车辆机械厂	1909年	

唐山机车车辆厂是中国铁路机车车辆工业系统第一家企业,于1976年唐山大地震受到损坏,于1986年迁新厂。

北京二七车辆厂是中国有独资铁路货车制造、修理企业,是中国铁路货运车辆及特种铁路车辆制造基地之一,现今历史痕迹不明显。

大连机车车辆厂工厂经过六次技术改造,逐步发展成为能够独立制造具有世界先进水平内燃机车的现代化企业,生产、历史保留。

太原机车车辆厂创立于1901年,原为阎锡山的太原兵工厂,其历史可以追溯到光绪二十四年(1898),正逐渐搬迁。

青岛四方机车车辆厂是中国轨道交通装备制造行业的骨干企业,是中国有铁路的重要生产基地和出口基地,保留部分老厂房。

威墅堰机车车辆厂是中国铁路主要的轨道交通运输装备制造和服务基地,历史痕迹不明显。

石家庄车辆厂于2014年底完成搬迁,保留了大量历史元素如水塔、铁轨等。

南口机车车辆厂伴随着中国第一条自有铁路京张铁路的修筑,于1906年诞生的,由詹天佑创建,目前保留大量历史要素。

浦镇车辆厂目前保留了大量历史元素如水塔、历史建筑、防空洞、跑盘、城墙遗址等。

天津机车车辆机械厂建厂90多年,目前厂房更新历史痕迹较不明显。

12个百年机车制造厂中仅剩5个保留较多历史元素,大部分已经更新或搬迁,浦镇车辆厂更是处于传承百年精神的重要地位。

IV 功能定位

目标导向		问题导向		价值导向	
上位规划	民国风情、文化核心		功能单一、缺乏开敞空间、人车混行		浦厂精神、铁路文化积淀
			缺乏停车设施、特色要素未能合理利用		历史建筑、铁路铁道
区域需求	公共空间、旅游服务		厂区开放度低、人车混行		防空洞、城墙遗址、大小水塔、大小跑盘

以浦厂历史沿革为线索、以铁轨线路为载体、展现铁路历史与文化,集文化展示、休闲娱乐、创新商办为一体的铁路文化主题商业。

循轨·"溯"园

南京工业大学 城规1201 王河燕10 李金辉24

—— 南京市浦口区浦镇车辆厂历史风貌区规划设计

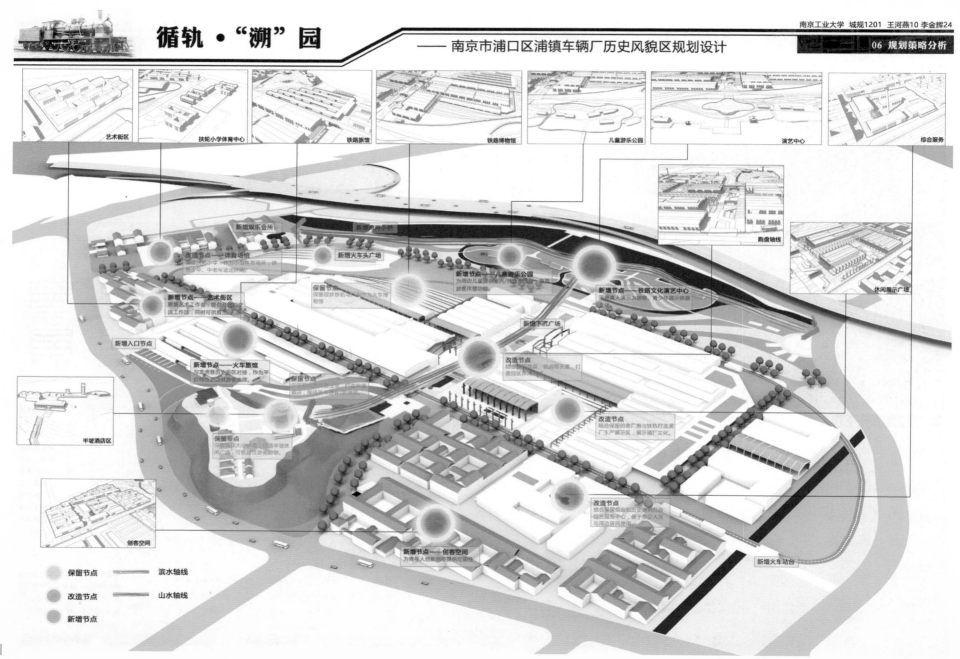

艺术街区

扶轮小学体育中心

铁路旅馆

铁路博物馆

儿童游乐公园

演艺中心

综合服务

跑盘轴线

休闲展示广场

新增娱乐会所

新增美河小桥

新增火车头广场

改造节点——体育场馆

新增节点——艺术街区

新增节点——儿童游乐公园

保留节点

新增节点——铁路文化演艺中心

新增下沉广场

新增入口节点

新增节点——火车旅馆

改造节点

保留节点

改造节点

改造节点

保留节点

半坡酒店区

创客空间

新增节点——创客空间

新增火车站台

保留节点　　　滨水轴线

改造节点　　　山水轴线

新增节点

循轨·"溯"园

—— 南京市浦口区浦镇车辆厂历史风貌区规划设计

南京工业大学 城规1201 王河燕10 李金辉24

07 规划总平面图 1∶1800

技术经济指标

项目名称	数据指标
规划总用地	44.35ha
总建筑面积	350000㎡
容积率	0.79
绿地率	44.2%
建筑限高	24m
建筑密度	38.3%
地上停车位	150个

循轨 · "溯" 园

—— 南京市浦口区浦镇车辆厂历史风貌区规划设计

南京工业大学 城规1201 王河燕10 李金辉24

08 规划分析

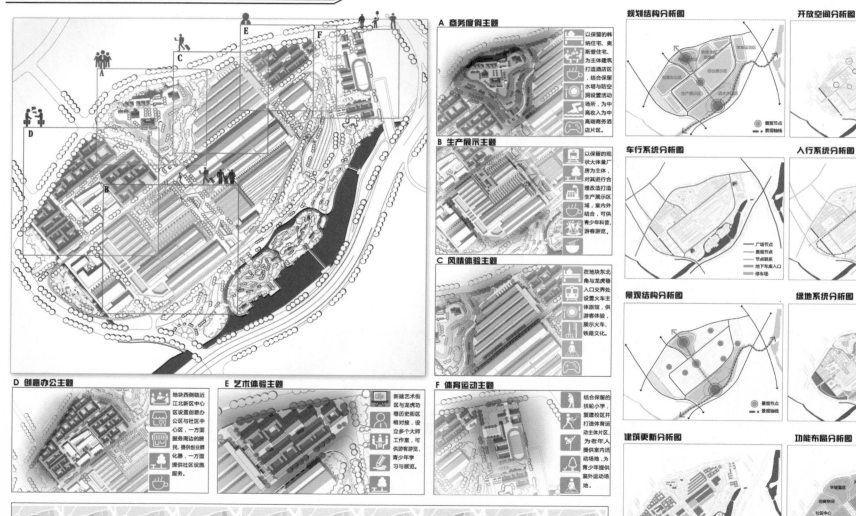

A 商务度假主题

以保留的韩纳德住宅、奥斯登住宅、为主体建筑打造酒店区区，结合保留水塔与防空洞设置水上活动场所，为中高收入为中高端商务酒店片区。

B 生产展示主题

以保留的现状大体量厂房为主体，对其进行合理改造打造生产展示区城，室内外结合，可供青少年科普、游客游览。

C 风情体验主题

在地块东北角与龙虎巷入口交界处设置火车主体旅馆，供游客体验、展示火车、铁路文化。

D 创意办公主题

地块西侧临近江北新区中心区设置创意办公区与社区中心区，一方面服务周边的居民，提供创业孵化器，一方面提供社区设施服务。

E 艺术体验主题

新建艺术街街区与龙虎功巷历史街区相对接，设立多个大师工作室，可供游客游览、青少年学习与展览。

F 体育运动主题

结合保留的扶轮小学，复建校区并打造体育运动主体片区，为老年人提供室内活动场地，为青少年提供室外运动场地。

| 毕坡酒店区区 Banpo Hotel area | 铁路主题旅馆区 Railway theme hotel area | 滨水休闲区 Waterfront tour area | 体育运动区 Sports recreation area | 浦厂历史文化展示区 Cultural display area | 铁路博物馆 Railway museum | 都市生活区 Urban living area | 艺术街区 Art district | 浦厂生产展示区 Production display area | 创意办公区 Creative office area |

规划结构分析图

开放空间分析图

车行系统分析图

人行系统分析图

景观结构分析图

绿地系统分析图

建筑更新分析图

功能布局分析图

南京工业大学　城规1201　王河燕10 李金辉24

循轨·"溯"园

——南京市浦口区浦镇车辆厂历史风貌区规划设计

09 规划鸟瞰图

设计说明

　　本次规划地块位于南京市浦口区顶山街道，属于浦镇车辆厂东区，规划用地面积约44.35公顷，北临龙虎巷历史街区，南临江北大道快速路以及居住区，西邻浦厂西区，东临津浦铁路南段以及居住区，位于江北新区中心区的东北角处。

　　设计从地块与周边关系、地块内部问题和本身特点出发，从问题导向、目标导向以及价值导向三个角度进行规划设计，从三个角度综合得出规划定位为：以浦厂历史沿革为线索，以铁轨线路为载体，展现铁路历史与文化，集文化展示、休闲娱乐、创新商办为一体的铁路文化主题公园。

　　通过利用铁轨线路等方式，循着铁路轨迹，追溯浦厂铁路文化，塑造开放的公共活动空间。

　　在分区上考虑动静结合，整体东部片区为动态区，主要供外来游客与本地居民活动，提供半坡酒店、艺术街区、铁路博物馆、演艺中心与儿童游乐等功能的分区；整体西部片去为静态区，主要供办公人员、企业孵化使用，提供创客空间、创意办公、综合服务、浦厂生产展示等功能。

循轨·"溯"园

—— 南京市浦口区浦镇车辆厂历史风貌区规划设计

南京工业大学 城规1201 王河燕10 李金辉24

10 创客空间区详细设计

项目位置

流线分析

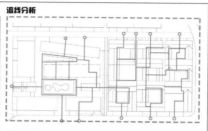

功能分析

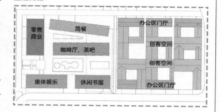

设计说明:

　　创客区包括创业孵化与综合服务两个部分,创业孵化区为周边中青年提供创业交流机会,院落空间的组织更易于创业者之间的交流;综合服务区集零售商业、餐饮、休闲娱乐(茶吧、书屋、康体)于一体,不仅便于创客区内办公人员的使用,也为周边居住区提供综合性服务。

　　办公区为新建小体量建筑,体量与龙虎巷建筑体量协调,平面布置灵活,流线明确。

　　综合服务区结合现状保留烟囱、厂房等特色元素设置,形成特色休闲片区,功能分区明晰。

一层平面图 1:500

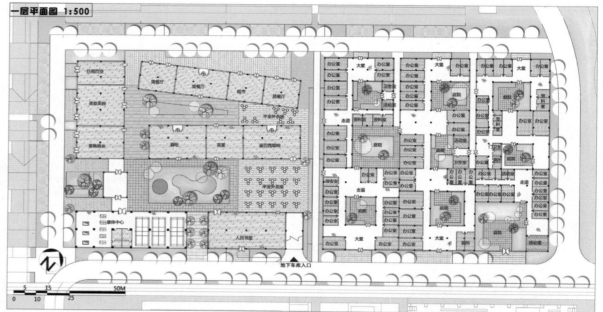

综合服务节点透视

办公区节点透视

片区鸟瞰图

南京工业大学 城规1201 王河燕10 李金辉24

循轨·"溯"园

—— 南京市浦口区浦镇车辆厂历史风貌区规划设计

11 铁路旅馆区详细设计

项目位置

设计说明：

铁路旅馆区包括生活服务、火车主题居住、休闲娱乐三个方面，生活服务功能与龙虎巷功能对接，服务周边居民；火车主题居住包括豪华标间与特色青年旅社，服务人群广泛；休闲娱乐功能包括茶室、酒吧、咖啡厅等，为住客提供休闲娱乐的空间。

铁路旅馆区采用火车、风雨连廊、月台等元素，打造特色片区，月台之间通过公共空间或通道进行连接，空间灵活，富有情趣。

功能分析

高端住宿区
青旅住宿区
休闲娱乐区　生活服务区

流线分析

通往半坡酒店
通往艺术街园
通往都市生活区

旅社住宿区
高端住宿区

火车居住平面放大

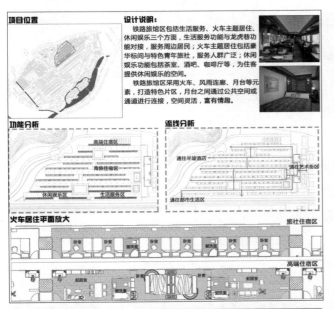

一层平面图 1:500

5　15　50M
0　10　25

风雨连廊透视

月台透视图

住宿透视图

循轨·"溯"园

南京工业大学 城规1201 王河燕10 李金辉24

—— 南京市浦口区浦镇车辆厂历史风貌区规划设计

I 现状铁路设施

对外铁轨

内部生产检修铁轨

保留跑盘

- 铁轨（通往外部）
- 现状保留跑盘
- 铁轨（内部）
- 现状圆形跑盘
- 现状核心跑盘
- 现状检修铁路

II 现状问题及改造可能性分析

现状问题

李大爷：
浦镇车辆厂几乎是看着我长大的，对它非常有感情，有时候想去里面坐一坐，但是没有那样的设施，铁轨承载着浦厂历史的变迁，现在并不便于外来游客的参观，该改造改搬了！

小王（浦口小学学生）：
有时候老师会组织我们去浦镇车辆厂感受铁路文化，但是去了以后里面太杂乱了，轨道上还有火车来回运行，感觉好危险，而且铁路完全被地面掩盖了，没有什么特色。

何先生（游客）：
我个人对铁路文化非常感兴趣，也去过很多铁路风貌的公园，其实浦厂是非常有底蕴的，不过现在的模式似乎并不能将其深厚的文化韵味展现给大家，还是挺可惜的。

愿景

- 休闲
- 健身
- 参观
- 餐饮
- 特色
- 休闲

升级公园

浦厂管理者：
浦镇车辆厂是一个百年机车厂，历史悠久，现在看着浦口老火车站和龙虎巷都在进行保护，浦厂也面临产业升级，我个人也是非常希望把浦厂完整保留下来的，毕竟浦厂承载了老一辈的精神。

员工：
浦厂老了，存在许多问题，确实许多功能、便利店要走到厂区外面去买的，而且厂区周边卫生状况也比较差，环境需改善，如果改造成文化公园我愿意出一份力，为大家展示浦厂文化。

改造成主题公园的可行性

便民
主题公园将植入公共活动娱乐设施，有利于居民强身健体，方便居民生活，并为老人、青少年和儿童设置不同的活动节点，便于多种人群的使用，且可增加绿化面积，有效改善局部小气候。

旅游
主题公园将重点打造铁路文化节点，利于宣传铁路文化且可对周边青少年科普浦厂文化。

增加旅游业，促进经济增长。由于公园是以铁路为主题建造的兼具游览性质的小游园，在公园内开发多个展厅，吸引众多游客前来参观体会，相应的建设以铁路文化为主题的餐饮、旅游，销售与铁路文化相关的图书、纪念品等，有效提高经济效益。

文化
宣扬文化氛围，提升城市形象。主题公园的建设，是浦厂对铁路文化宣扬的一个重要着力点。在主题公园内设置各种类型的图片、文字、影片等等，向游客展示并且详细介绍浦厂及铁路相关的文化事件如"二七"大罢工等，让人们从各方面了解铁路文化。

III 铁路设施改造方法

保护
保护原有遗存是文化重构的一种基本方式。如保留原有火皮、火车头、灯塔、站台、铁轨、货物装卸机、钢架结构、枕木等遗存，展示前工业文化的痕迹，塑造有历史记忆与人文精神的场所。

恢复
通过尊重场地内自然植被、生物疗法处理污染土壤、材料的循环利用，污染的就地处理等方式改善土壤及周围的环境，重新建立场地的生态平衡。

使用恢复、更新的设计手法，将废弃铁路场地内有价值的构筑物重塑、再利用，采取整体保留、部分保留和构建保留的方式，承接对自然场地的尊重。同时在铁轨节点处恢复部分标志性的场景，增加线性空间的停留感、驻足感。

链接
链接列车、货物、旅客、微地貌等相关因子，构成完整体系，增强场地的可读性。

整合
与沿线地域文化的整合，结合风景道的概念，有效发挥铁路线运输和观光的双重作用，为宣传地域文化起到积极作用。

拓展
以铁路遗存为核心，拓展文化活动内容，构成功能健全（游息、观赏、乐学等功能），形式多样（原貌展示、文化陈列、符号标识等功能）的特色公共活动空间，以突出地域文化特色。

以人的需求为出发点，采用旅游与休闲的开发模式对场地进行规划设计。
技术上：双轨单线，变单轨双线（双轨列车单线运行，变单轨列车双线运行）；运营上：大站少停，变小站多停；观赏上：静态看铁路，变动态看历史。

巴特西·贝尔特斯公园（原废弃高速铁路线）
区位：巴黎12区
改造时间：1987年
改造后功能：商业步行街（酒吧、咖啡厅、图书馆、新增电影院）

台冶·桑西西
区位：奥地利
改造时间：1999年
改造后功能：由改造商业观光线路改造为旅游线路

亚特兰大·贝尔特环公园Beltline——23km
区位：亚特兰大
改造时间：2005年
改造后功能：社区交流空间、慢道、自行车道、休闲步道、草木景观

波士顿·Minuteman自行车道——11km
区位：剑桥·莱克辛顿
改造时间：1992年
改造后功能：自行车道、休闲步道、草木景观

IV 铁路改造案例

Part1 纽约高线公园

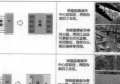

高线公园

改造方法

（1）周边区域联动发展+ 先期控制
a.高线建设之前，周边地区的保护更新已启动，为高线的再开发提供了适宜的土壤。
b.开发前，政府通过特殊条例先行控制，确保提供舒适公共空间。

（2）历时性保护+ 新旧融合
a.保留高线各历史时期的特征。
b.旧设施赋予新功能，新设施汲取传统特征。

（3）"公众主导"的保护+ 开发
"高线之友" 组织（HLF）全程参与项目的保护、开发、管理并起主导作用。

改造成果

Part2 伯明翰铁路公园

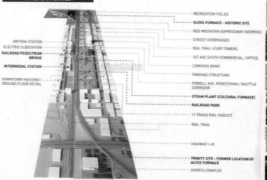

- RECREATION FIELDS
- SLOSS FURNACE - HISTORIC SITE
- RED MOUNTAIN EXPRESSWAY OVERPASS
- STREET OVERPASSES
- RAIL TRAIL STAIR TOWERS
- 1ST AVE SOUTH COMMERCIAL / OFFICE
- COMPASS BANK
- AMTRAK STATION
- ELECTRIC SUBSTATION
- RAILROAD PEDESTRIAN BRIDGE
- PARKING STRUCTURE
- INTERMODAL STATION
- POWELL AVE. PEDESTRIAN / SHUTTLE CORRIDOR
- DOWNTOWN HOUSING / GROUND FLOOR RETAIL
- STEAM PLANT (CULTURAL FURNACE)
- RAILROAD PARK
- 11 TRACK RAIL VIADUCT
- RAIL TRAIL
- HIGHWAY I-65
- TRINITY ST - FORMER LOCATION OF ALYCE FURNACE
- SPORTS COMPLEX

公园的主要设计目的是让其成为环境核特质之间的，且片区环绕着铁路，为游客提供真实性的感官体验的所在。

由其观点是要开发一条人造湖泊，形成水流体系，将整个公园慢慢引导至南向；同时，该水流体系还被用来蓄积雨水，当其流经公园的时候，还可以对水进行生物性过滤。

人工湖泊产生的物料可以被用来在铁轨旁构建造小山丘，这样，列车呼啸而过的时候，可以欣赏到与其有着同样风貌且更为更高的风景，铁路高架桥两端设置了发光二极管，当火车行进的时候，发出的光芒会映照大地产生了火车行动轨迹。

南京工业大学 城规1201 王河燕10 李金辉24

循轨 · "溯" 园

—— 南京市浦口区浦镇车辆厂历史风貌区规划设计

13 专题一：铁路设施活动策划

I 铁路设施利用分布

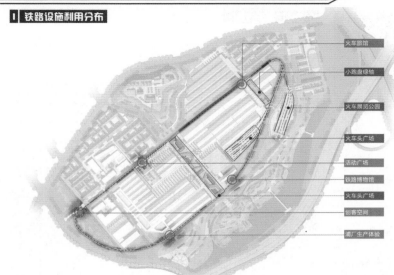

火车旅馆
小跑盘绿轴
火车展览公园
火车头广场
活动广场
铁路博物馆
火车头广场
创客空间
浦厂生产体验

II 节点透视图

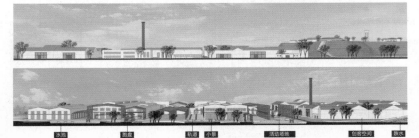

水池　测盘　轨道　小景　活动场地　创客空间　跌水

III 人群活动分析

为了解决浦镇车辆厂地块功能结构单一、绿地景观尤为缺乏、公共活动空间严重不足的问题，地块植入都市休闲、铁路旅馆、滨水休闲等新功能来激发活力，吸引周边居民以及游客前来活动。

行为活动
1. 休息　4. 学习
2. 休闲　5. 参观
3. 体验　6. 游憩

调查人物　需求程度
1. 游客　　高
2. 学生　　中
3. 艺术工作者　低
4. 亲少年居民
5. 中老年居民

生产展示
都市生活
铁路旅馆
浦厂历史展览
铁路博物馆
滨水绿地

行为活动与需求度
特定人群与需求度
高中低

IV 人群线路分析

A 艺术工作者
休息-半坡酒店　餐饮-工作餐
休闲-滨水游憩　办公-艺术创作

B 青少年居民
学习-博物馆　餐饮-简餐
休闲-滨水游憩　锻炼-日常健身

C 中老年居民
锻炼-广场舞　学习-日常阅读
休闲-滨水游憩　交谈-唠嗑聊天

D 游客
科普-博览　餐饮-简餐
休闲-滨水游憩　购物-纪念品

节点意向简图

在这里创作很有氛围，而且可以跟不同人群交流，能激发灵感。

这里有很多场地可以活动，还有好多展览馆，能学到好多东西。

这里广场很大，可以跳舞，滨水步道也很好，还有很多文化活动室，很方便。

铁路博物馆很有意思，能够看到好多老火车头和车厢，很感兴趣。

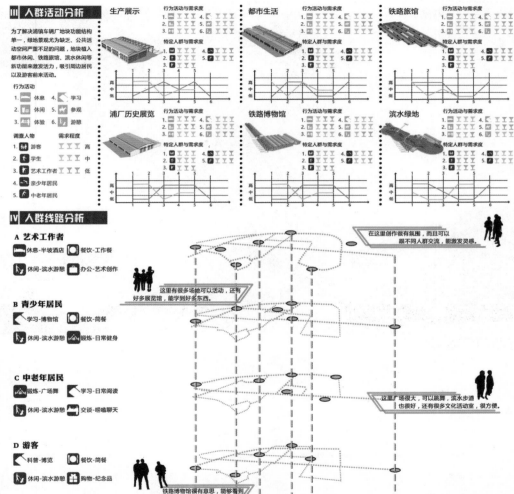

入口大广场
铁路博物馆
综合服务
艺术街区
半坡酒店

循轨·"溯"园

—— 南京市浦口区浦镇车辆厂历史风貌区规划设计

Ⅰ 局部鸟瞰图

Ⅱ 厂房利用

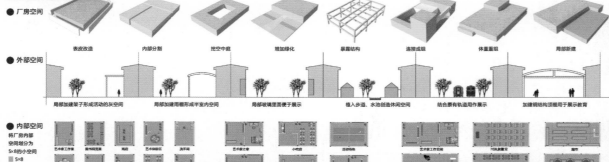

● 厂房空间

表皮改造　内部分割　挖空中庭　增加绿化　暴露结构　连接成组　体量重组　局部新建

● 外部空间

局部加建架子形成活动的灰空间　局部加建雨棚形成半室内空间　局部玻璃里面便于展示　植入步道、水池创造休闲空间　结合原有轨道用作展示　加建钢结构顶棚用于展示教育

● 内部空间

将厂房内部空间划分为5×8的小空间

5×8　×2　×3

铁路改造

现状铁路　观光体验火车　生态步行道　结合小品作为景观节点　涉水景观道　保留原有铁轨，放置火车头及车厢，用作博物展览

Ⅲ 改造厂房游线图

改造厂房区范围
小火车流线及站点
厂房外部流线
厂房内部流线

通过保留改造了总装车间、城轨总装车间、8-13号厂房、油漆车间等多个厂房，植入生产展示、都市休闲、铁路博物馆、浦厂历史沿革展览馆等新功能，更好地为前来参观游览的居民、学生、游客以及办公人员提供科普教育、休闲娱乐、博物展览等服务，更好地保护和弘扬浦厂文化。

原8-13号厂房，外表复原了厂房的百叶窗、墙砖、墙漆，与始建时期原有风貌保持一致，对其内部进行功能置换，植入铁路博物馆的功能。通过室内展览火车车厢的形式来科普浦镇车辆厂制造车厢的文化底蕴。

原城轨总装车间，通过暴露一部分钢构架来展示其宽大的内部空间，功能上定位为城市休闲区，提供休闲餐饮、室内体育活动，棋类文化活动等服务。

通过加建风雨连廊，营造半室内的空间，为人们的活动提供了更加多样的空间，可以在灰空间内进行社交活动甚至是游戏娱乐活动。

原油漆车间与钢结构车间，通过加建雨棚来塑造室内的展览空间，采光良好，能够进行一些文化展示等活动，更好地宣传和弘扬浦厂文化与精神。

原修理车间，通过拆除立面和屋顶，只保留钢结构立柱的形式来界定空间，营造了独立而开敞的活动空间。通过将屋顶透明化来为各类活动提供便利。

通过暴露厂房结构，将室内空间室外化，打通内部与外部的隔绝，为连续的系列活动提供便利，避免活动因为空间限制而被打断。

南京工业大学　城规1201　王河燕10　李金辉24

循轨·"溯"园

—— 南京市浦口区浦镇车辆厂历史风貌区规划设计

15 专题三：主要轴线设计

轴线局部鸟瞰图

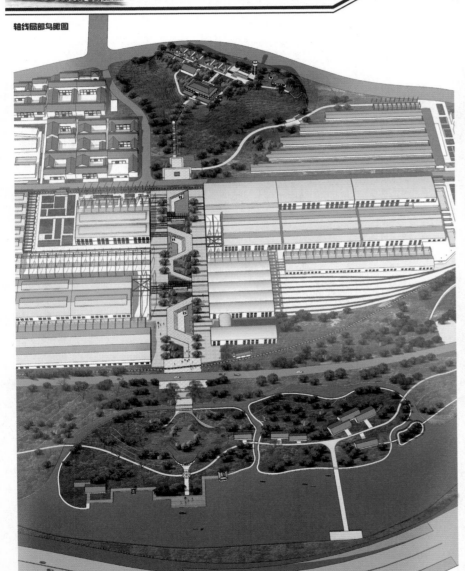

I 半坡酒店区

韩纳住宅透视

半坡休闲广场透视

奥斯登住宅透视

设计说明：

半坡酒店区结合现状保留的韩纳住宅、大小水塔与奥斯登住宅打造高端服务的酒店片区，目标人群为江北新区的商务人群与外来游客。

奥斯登住宅保留接待所的功能性质与其红色的建筑色调，对室内进行装饰；韩纳住宅保留较为完好，外部缺损可进行适当休闲，作为半坡酒店休闲中心。

结合大小水塔打造半坡休闲广场，并设置座椅、水池等供游客休憩，小水塔内部进行改造，作为小型展示厅。防空洞可改造成为山顶瞭望塔，并设置简易商店供内外人员使用。

半坡酒店区域属于半开放区域，限时开放利于游客参观，也保证高端居住的质量。

II 跑盘改造区

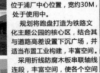

下沉广场透视

跑盘改造透视

下沉广场透视

设计说明：

主轴上跑盘是一个亮点，其现状也是整个浦厂的特色，位于浦厂中心位置，宽约30M，处于使用中。

规划将跑盘打造为铁路文化主题公园的核心区，结合其与道路高差设置下沉广场，并适当布置工业构筑，丰富空间。

采用折线防腐木板串联轴线连段，丰富空间，使各个空间产生联系。

跑盘南侧结合现状保留铁轨设置小火车候车站台，供游览火车上下客。

III 滨河休闲区

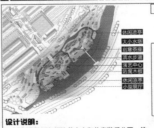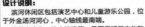

演艺中心内部透视

演艺中心外部透视

设计说明：

滨河休闲区包括演艺中心和儿童游乐公园，位于外金汤河河心，中心轴线最南端。

演艺中心为一处大地建筑，是展示浦厂文化和铁路文化的核心功能，目标人群是青少年及游客，普及铁路相关知识，展示铁路文化与浦厂发展。

循轨·"溯"园

—— 南京市浦口区浦镇车辆厂历史风貌区规划设计

南京工业大学 城规1201 王河燕10 李金辉24

16 专题四：生态滨水岸线分析

滨水活动分析

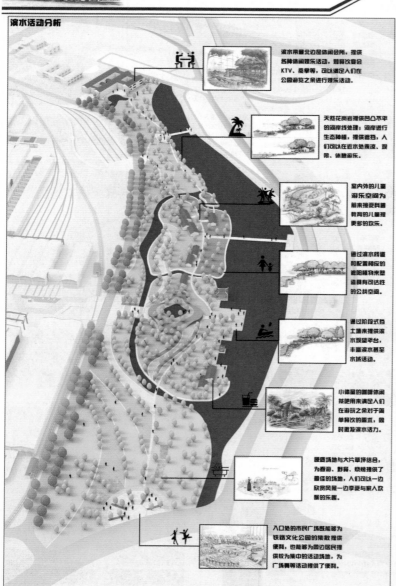

滨水带最北边是休闲会所，提供各种休闲娱乐活动，期满饮宴会KTV、桑拿等，可以满足人们在公园游览之余进行娱乐活动。

天然花岗岩提供凹凸不平的滨岸线处理：滨岸进行生态种植，提供遮荫，人们可以在近水处嬉滨、观景、休憩游乐。

室内外的儿童游玩空间为前来接受启蒙教育的儿童提供更多的欢乐。

通过滨水栈道和配套相应的遮阳雨狗来塑造具有可达性的公共空间。

通过阶段式挡土墙来提供滨水观景平台，丰富滨水甚至水城活动。

小体量的咖啡休闲茶吧既来满足人们在游玩之余对于简单餐饮的需求，同时激发滨水活力。

硬质场地与大片草坪结合，为露游、野餐、烧烤提供了最佳的场地，人们可以一边欣赏风景一边享受与家人欢聚的乐园。

入口处的市民广场既能够为铁路文化公园的集散提供便利，也能够为周边居民提供较为集中的活动场地，为广场舞等活动提供了便利。

滨水带分区图

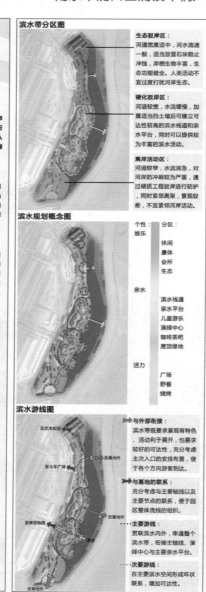

生态驳岸区： 河道宽度适中，河水流速一般，适当放置石块阻止冲蚀，岸栖生物丰富，生态功能健全。人类活动不宜过度打扰河岸生态。

硬化驳岸区： 河道较宽，水流缓变，加置适当挡土墙可建立可达性较高的滨水栈道和亲水平台，同时可以提供较为丰富的滨水活动。

离岸活动区： 河道较宽，水流湍急，对河岸的冲击较为严重，通过硬质工程驳岸进行防护，同时紧邻高架，景观较差，不宜紧邻河岸活动。

滨水规划概念图

个性	分区：
娱乐	休闲 / 康体 / 会所 / 生态
亲水	滨水栈道 / 亲水平台 / 儿童游乐 / 演绎中心 / 咖啡茶吧 / 屋顶绿地
活力	广场 / 野餐 / 烧烤

滨水游线图

与外部衔接：
滨水带既要求景观有特色、活动利于展开，也要求较好的可达性，充分考虑主次入口的安排布置，便于各个方向游客到达。

与基地的联系：
充分考虑与主要轴线以及主要节点的联系，便于园区整体流线的组织。

主要游线：
贯联滨水内外，串连整个滨水带，衔接主轴线、演绎中心与主要亲水平台。

次要游线：
在主要滨水区形成环状联系，增加可达性。

至艺术街区 / 至火车广场 / 至基地外 / 至景观轴线 / 至基地外

滨水空间定义：

是指与河流、湖泊、海洋毗邻的土地或建筑所构成的特定空间区域，即城镇临近水体的部分，范围包括水域空间以及与之相邻的陆域空间。

滨水空间的问题与成因：

P1：滨水区生态环境的恶化。
R1：水消耗大，管理落后，缺乏规划。
P2：工程化水岸截弯取直，失去灵性。
R2：掠夺式造地，过分强调防洪。
P3：过度开发、可达性差、风貌丧失。
R3：缺整体战略规划引导，缺乏精细化管理，过度场地化。
P4：滨水区公共活动的缺失。
R4：利益化管理，缺乏公共协调，缺乏对人性需求考虑和人性化设计。
P5：地域特色缺缺乏，景观尺度失控。
R5：缺乏对特色的尊重和理解，过度设计，盲目美化。
P6：管理混乱，局部利益遭到短视。
R6：缺乏区域观念性的滨线划定，缺乏公共参与和有效的监督。

滨水空间设计四要素：护岸边坡、绿地和广场、滨水建筑、交通系统

A边坡要求： 垂直型：节约用地通常适用于河道狭窄的水网城市。

B绿地与广场： 开放式大型绿地密集型景观绿带，通过以绿地。

C滨水建筑： 建筑通让与滨水建筑高度相协调满足滨水开敞空间，绿化、滨水活动组织的用地要求。

D交通系统： 与外部交通连接顺畅：保持滨水可达性。出入口：可通过通道、广场、绿地等形式。道路等级：远近结合。停车：外部停车场+地面停车场+地下停车场。内部建连续慢行系统：人车分流，保持内部贯通性。

立体交通：道路：高架、隧道。停车：地下停车、立体停车楼。

设计原则：
A地域性：地域特征的延续、历史文化的延续、景观内容的延续。
B生态性：滨水绿化体系、尊重、依从自然。
C多样性：用地功能多样性、空间形式多样性、适用对象广泛性。
D亲水性：滨水建筑、水体引入、视觉通廊。

河滩改造的四种类型

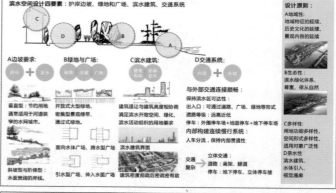

A滨水休闲公园： 以滨水体为主题，提供通河景观廊道与景观将公园内部主要节点连接起来。

B康体休闲公园： 利用河道地形的高点，设置社区健身休闲与儿童娱乐功能。在水面宽阔处设计广场和草坪，满足人的使用需求和亲水的愿望。

C文化娱乐公园： 集休闲娱乐、滨河观景于一体，提供静谧的休闲空间，闹中取静。

D滨河健身公园： 以健身休闲、水中观景为主，营造安静优雅、舒适恰人的环境，视线通透的林下空间。

水生态处理措施

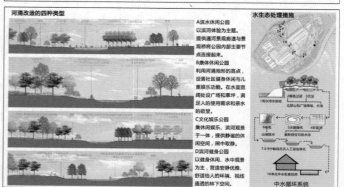

中水循环系统

滨水空间特征

滨水空间是城市中尤为重要和独特的组成部分，主要为人们提供一个舒适、安全、怡人的亲水环境，增进市民之间的人际交流。

A水体造就的自然资源特性： 生态多样性：滨水空间是典型的生态交错带，是人们观赏、考察的特殊区域。滨水气候：当水体达到一定数量，占据较大空间时，水域附近常呈现出宜人的小气候。

B滨水区的人文特征： 水乃生命之源，人观水、近水、亲水、傍水而居的趋势，天性由来已久的。在当代，有划船、漂流之水船、水边冥想、瑜伽等活动。

C滨水空间固有的景观特征： 河道景观属于典型的带状空间，因水流作用形成蜿蜒河道、缓坡堤等空间形态；具有导向性和内聚力，空间秩序较强，利于沿岸形成序列的空间节点。

Over the railroad

南京工业大学
Nanjing Tech University

设计成员： 辛佳明　王芃坤
指导老师： 方　遥

第一阶段 构思图

第二阶段 草图

第三阶段 定稿

　　设计感悟： 作为本科最后一次设计，过程充满乐趣，同时也不免一些遗憾。此次设计最大特点在于四校联合，我们在设计的同时能够充分与其他学校的师生交流，可以发现明显的设计差异。这个过程中，我们能弥补自己的不足，向其他学校的同学学习。并且，在设计思路上我们也能充分得到拓展，充分听取其他学校同学新颖的想法，也能得到其他学校老师各不相同的指导意见，非常有意义。在汇报过程中，我们能与各个学校的同学充分交流，也参观了其他学校的建筑学院，同时跟他们建立了友谊。

　　设计说明： 本次设计中，我们并没有采用传统的工业区更新手法。设计保留了原有的生产功能，将厂区部分对外开放给游客。这样可以让火车的整个装配过程像演出一样展示在公众面前。如此一来，把传统的浦厂火车工艺制造与手工工艺展示相结合，它不仅具有展示、游览的作用，还兼具生产功能。甚至，游客可以从室外体验到整个火车装配过程，而毫不影响内部工作。给游览者和客户一种亲自参与生产过程的感觉，提供了独特的文化体验。厂区特殊的结构意味着其功能分区的特殊性。设计中，我们把厂区分为开放区与非开放区，而在开放区中又将厂区重点设置于半开放区——将厂区中部一条完整的生产线展现在游览观众面前。基地北侧基本为辅助用房，楼房较为零散、单体建筑面积相对于厂房比较小，布置零落，因此将背部区域的建筑设置为开放区，也因此能从北侧公路得到良好的交通联系。基地中部从西至东为一条完整的生产流线，同时又靠近开放区。因此，我们将这一条完整的带状厂房设置为半开放区，将技术与文化、现代化的生产和游客独特体验紧密联系了起来。

over the railroad 1

历史沿革

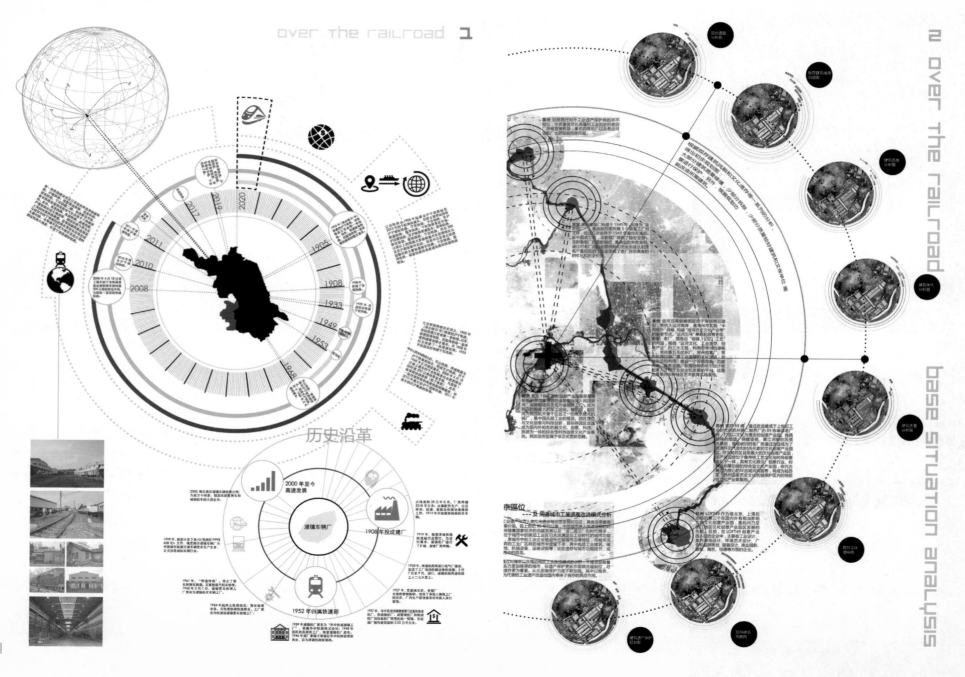

2 over the railroad base situation analysis

基地现状评估
Base Status Evaluation

我们把团块状的基地逐步分解、展开、平铺，类似于球体展开为平面的做法，标注纬线。分样标进行逐块拆解、各个分析，再将数据累计和叠加，得出最后建筑评定结果

肌理平铺
Construction Fabric

文化遗存
　一般建筑
　风貌建筑
　历史建筑
　文保建筑

交通结构
Transportation Structure

◯　交通节点
　　综合流线
|　工作流线
　　货运流线
　　参观流线
　　休憩流线

建筑质量
Construction Quality

　质量较差
　质量一般
　质量较好

建筑高度
Construction Height

　0-6m
　6-12m
　12-24m

开放空间
Open Space

　开放程度

建筑风貌
Construction Scene

　集中工艺区
　传统风貌区
　传统工艺区
　中心风貌区
　跑盘风貌区

绿地景观
Landscape Space

流线通阻
Traffic Flow and Congestion

根据建筑肌理以及各单独建筑之间的空间，进行流线阻塞分析，为道路设置、厂房改造提供理论基础。

（数值越高为通畅）

价值评估
Value Assessment

综合以上进行信息叠加得出价值评估结果指导厂房拆迁及改造

样标地块
Base Samples

通过对基地分割不同地段，也就是不同样标，来分析各个地块自身的指标，更详细地阐述数据。

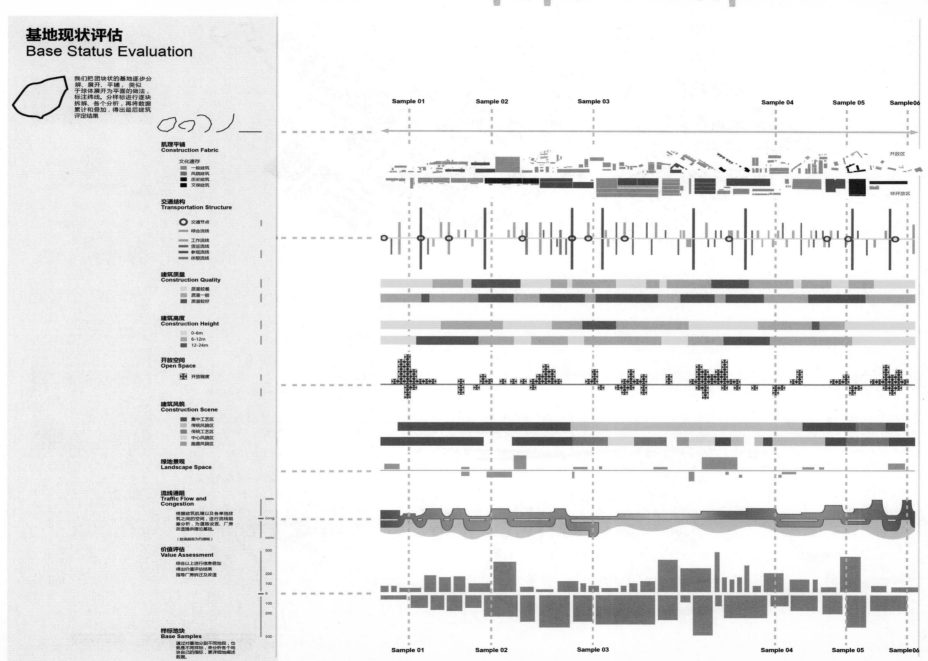

Sample 01　　Sample 02　　Sample 03　　　Sample 04　Sample 05　Sample06

Museo Ferrari
MARANELLO

法拉利工厂—— 在不断的更新中，将
游玩与生产二者合一

Ferrari' sFactory
RenzoPiano[Italy],JeanNouvel[France],MarcoVisc
onti[Italy],[Italy],90s-ongoing

• High quality design: Renzo Piano - wind
tunnel, Jean Nouvel - assembly hall,
Massimiliano Fuksas - office building and
Marco Visconti - restaurant.
• Solar panel system installed on the roof
of the Engine Mechanical Machining plant
generates 213,895 kWh per year, Ferrari
is almost completely self-sufficient in
energy production.
• Cogeneration power station that burns
natural gas to produce electricity, hot water
from the exhaust and cold water from a
heat driven chiller, all with 79% efficiency.
• Outside sources are renewable.
Reduction in CO2 emissions of 40%.
• "Green areas" in the industrial
complexes, with new plantations of trees.

"The quality of our cars cannot be separated
from the lives of the people working at the
Ferrari plant. What keeps together the workers
manual skill, their humanity, the work of those
who carry out the processes and those who
supervise them and the care they produce is the
special care we take over the environment. Light,
air, vegetation, relaxation areas, cleanliness,
functionality and regulated temperatures
contribute not only to the qulaity of work and
life, but also to creativity and the excellence of
the product. The architectural project is also
accompanied by investments and programs
aimed at improving safety at the workplace and
environmental sustainability."

Luca Cordero di
Montezemolo, former President

位置：意大利—罗马—莫得那镇—马拉内罗

穿过法拉利工厂的大门，你就如同走进了一座建
筑博物馆。你的左手边是一座风洞式的建筑，由
意大利建筑师伦佐·皮亚诺（Renzo Piano）设
计。这座由巨大的灰色管状物和立方体构成的颇
具现代感的建筑，专门用于法拉利汽车的空气动
力学检测。右手边则是由马可·威斯康蒂（Marco
Visconti）设计的发动机和其他零部件生产车间，
庞大的三座玻璃体建筑与闲置的绿地交相辉映，
融为一体。

再往下就是由刚刚赢得普利兹克奖（the Pritzker
Prize）的法国设计师吉恩·努维尔（Jean
Nouvel）所设计的组装车间。这座由闪光金属
和镜面玻璃构成的建筑夺边，就是法拉利过去的
汽车厂房。这座砖石结构的房屋建造于20世纪
40年代，由法拉利创始人恩佐·法拉利（Enzo
Ferrari）于"二战"后亲自创建。每当夜幕降临时，
位于旧厂房上空标志性的法拉利红被点亮了，为
努维尔的设计灵感蒙上了一层神秘色彩。

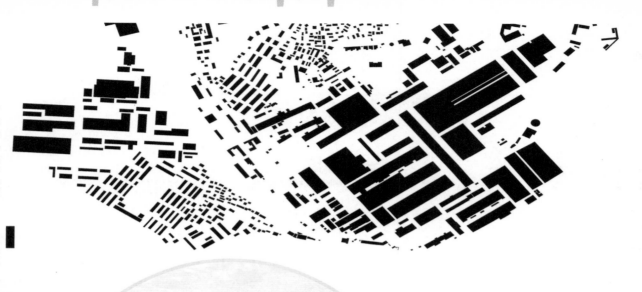

理念形成

思考 — 透明工厂？ 开放型厂区？

旅游型火车生产厂区

可以将技术与文化、现代化的生产和游客独特体验紧密联系起来，让火车的
整个装配过程像演出一样展示在公众面前。

把传统的浦厂火车工艺制造与手工工艺展示相结合，它不仅具有展示、游览
的作用，还兼具生产功能。甚至，游客可以从室外体验到整个火车装配过程，而毫
不影响内部工作。给游览者和客户一种亲自参与生产过程的感觉，提供了独特的文
化体验。

整体改造意向 2 — 流线分层、功能分层

如何保证生产流线不被打断？

铁路生产流线纷繁复杂，调研过程中已经出现了扰乱生产秩序的情况。

想法：生产流线位于一层，将游览路线以及配套服务、展览、餐
饮、教育等功能皆布置于 2 层以上，互不干扰

VW

大众汽车德累斯顿玻璃工厂——易北河
畔的艺术

大众的玻璃工厂共使用约 20000 块玻璃、60000
吨混凝土和 16000 吨钢材。这座 L 形的透明工
厂总占地面积 8.3 公顷，与德累斯顿市最大的森
林公园毗邻。据介绍这座玻璃工厂的 600 万欧元
预算被用于外围区域的设计和保护，使得整个玻
璃工厂与外部环境完美和谐地统一。

为了让辉腾的车主感受到独特的文化，玻璃工
厂里被单独划分出了一个区域，为那些亲自来德
累斯顿的车主提供一些与众不同的服务。来这里提
车的辉腾车主们可以通过摄像机观看自己的新车
生产的全过程，也可以参加新车实际展示与讲解。

作为玻璃工厂标志的 40 米高的玻璃塔，辉腾的
成品就停放在那里等待客户来提取。离开玻璃塔，
经过走廊和被称为"取车人桥梁"的地方，车主
们就会看到自己的新车。

而在提车之前，大众玻璃工厂还会为车主进行一
次特别的交车仪式。新辉腾缓缓的从玻璃门中驶
出，伴随着音乐和烟雾，气象万千。

这种独一无二的礼遇不但给予了车主绝对的满足
感，同时也给予了参与者一次最特别的提车体验。
同时玻璃工厂还承载着一种汽车文化，而对于这
些手工制造的汽车来说，不仅是一辆传统意义的
汽车，也是一种特别的手工艺品。

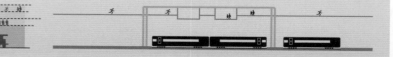

基地区位
Base Location

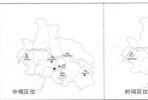

中观区位　　　　　时间区位

内部条件分析
Internal Condition Analysis

优势一：区位交通
A1: Transportation

南京市华东地区地区经济区上海以南城市以外的副中心城市，是国家重要的区域中心城市。

作为江苏的省会城市，在江苏省区域城镇规划体系中，南京都市圈被列为重点建设的三大都市圈之首。同时，南京与上海的距离同时能够提供仅次于上海的区域性服务（包括综合服务和管理职能），有自己相对独立的经济影响和辐射腹地，具备成为一个相对独立的区域中心城市的各方面基础和条件。

高速公路——南京的高速公路是江苏省高速公路主骨架网的重要组成部分，车行4小时内可以到达省内各城市，车行4小时便可到达上海，拥有便捷的公路交通。

高速铁路——宁沪高铁给铁路运输带来很大的便捷，南京作为铁路重要枢纽站，有着举足轻重的作用。

航天线路——禄口国际机场的建设给航空交通带来便捷。

优势二：主题优势
A2: Theme

类似的主题游览厂区都有着鲜明的主题，例如法拉利主题乐园以法拉利独特的历史以及运动机制造作为吸引人眼的竞争主体。青岛啤酒厂以其特有的酿酒工艺和中国酒文化的传承作为差异竞争的主体。

浦镇车辆厂以其独特的铁路主题和火车文化优势，作为差异化竞争的主题，在全国范围内都是独创的，其衍生的火车岛站，例如火车模型、列车制造流程体验等，都可以给游客的人带来独一无二的体验。

同时，配合文化馆、博物馆的布置，可以有效地传承中国铁路工业和文化的传承与发展。

Heterogeneity

Homogeneity

主题差异化可以带来有力竞争优势

Steam Locomotive　　Bullet Train

优势三：环境优势
A2: Environment

南京作为六朝古都，十朝都会，历史悠久，蕴造出古都独有的个性特征：

浦镇车辆厂历史风貌区位于浦口顶山街道南门地区，始建于1908年，是全国为数不多的具有百年与百年历史产的铁路制造基地。

浦镇车辆厂历史风貌区内除了拥有建厂以来不同历史时期的厂房建筑和完善的铁路设施景观，该历史风貌区总体格局完整，历史文化资源丰富，生产工艺别致，具有较高的保护利用价值。

Landscape 17.4%

Leisure 46.5%

Heritage 13%

各类景观类型构成比例列表

外部条件分析
External Condition Analysis

原因一：发展需求
R1: Development

工业遗产作为人类文化进步与历史发展的见证，具有非常重要的多重价值。

大量的城市旧工业厂区都以被"推倒重建"的方式进行城市物质空间的更新，其范能较快地解决城市产业结构转型与工业土地闲置等问题，但却带来了对工业记忆不可挽回的破坏，大量工业遗产被摧毁，人们的记忆无处依存。

越来越多的城市希望通过对工业遗存的更新和再利用，改变市民对"工业废墟"的偏见，利用功能转型的方式实现其在新城市构架中的呈现，从而使工业遗存作为城市新陈代谢的一部分，成为对城市历史的一种回眸和膜拜。

《南京历史文化名城保护规划》(2010-2020 年)
关键词：工业遗产、价值、文化遗存、保护更新

上位规划确定：全国机车车辆厂生产基本，南京重要的近代工业遗存，生产工艺流程别致、具有较高可塑性的百年制造园区。

原因二：三无劣势
R2: Inferior

Function	功能结构单一
Internal	内部交通混乱
Renovation	厂房亟待更新

厂区结构以只有生产及配套为主，运营模式单一。缺少对厂区参观路线以及服务设施的规划。

厂区占地约39.41公顷，范围较大，但内部交通较为混乱，需要梳理。

厂区内厂房老旧，外观破损，需要对其进行统一整理和更新，以达到再利用的目的。

原因三：三种优势
R3: Superiority

Culture	文化底蕴深厚
Intellecture	火车智慧
Policy	相关政策支持

拥有不同历史时期的厂房建筑和完善的铁路设施，还有英式别墅、扶轮学校、浦口城域遗址等历史资源。

拥有本身独特的铁路主题，形成差异性竞争的优势，能有效观别特定并且稳定的游览人群。

南京作为省会城市，优先享有省内的基础设施资源和相关政策扶持，且市内也出台相关政策支持。

定位研究
Positioning Research

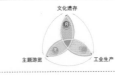

火车主题
创意作坊
俱乐部
会议接待
教育培训

文化空间

厂房建筑
扶轮学校
环境激发

康体养生
休闲度假
商业服务
餐饮美食
低碳宜居

服务支持
铁轨城域

新型的工厂形态和发展模式：类似青岛啤酒、法拉利创意工厂的旅游型生产厂区。
——游览、休闲、博物、生产一体化厂区

文化遗存

主题游览　　工业生产

文化遗产之谷——历史变革展览，传承景展创新的勤力之谷
主题游览之谷——铁路要主题，功能多元丰富的旅游之谷
工业生产之谷——产面交融其生，生产持衡营展的活力之谷

"智" I
E R
"避" "工"

功能构思：
主导功能：铁路主题博物、火车爱好者俱乐部、传统工艺
流程体验、厂区参观、制新建展、会议接待
辅助功能：文化体验、商业服务、餐饮居住、游憩休闲

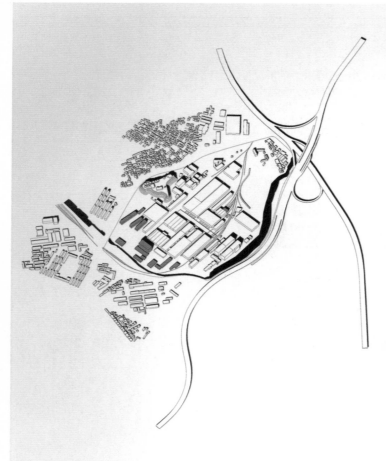

1. 现状建筑及周边肌理

基地北侧为龙虎塘历史街区，以明清老旧房屋为主。基地西侧为小区，位于基地东侧和南侧的为新建高架。水系从基地西北部向南延伸至西南角，再转折流至东北部。

2. 建筑保留及功能区域划分

设计中，我们把厂区分为开放区与非开放区，而在开放区中又将厂区重点设置于半开放区——将厂区中部一条完整的生产线展现在游览群众面前。此设计中便出现参观流线与生产流线相互不交织的设计要求。我们因此将新建厂房置于原有老厂房的上层部位，将游览流线上置的同时保留原有下层生产流线，因而互不影响。

3. 厂房结构升级及建筑加建

在新建建筑中，我们尝试将来自"铁路"和"工业"的特色元素，以条状为主，穿插各个厂房，贯穿开放和半开放的游览区，在保留原有中轴线的基础上，打造工业的管道感和铁路的交织感，并形成自己的主题。

设计并不想破坏原有从南至北的完整的中轴线以及跑盘特色，我们设想结合铁路的蜿蜒感来营造新建建筑铁路的主题。因此我们将加建的上层建筑分为三层，形成主题不同的三条观览线：文化线——列车相关文化展示、火车爱好友俱乐部、列车模型发烧友会所。智慧线——历史展示、列车制造工艺展示。中心观览线——厂区总览平台、教育区、服务性餐饮。

4. 绿地及水面景观设计

景观设计依托原有跑盘形成的中心轴线设置，在不打破其中轴线的前提下做到与建筑边缘咬合，与新建建筑呼应。基地入口设置2处入口景观，以偏离的同心圆为主元素，人行道斜插其中。而位于水岸的环形亲水平台则以退台方式环绕水中，增添景观变化和游览趣味性。山坡景观主要以其原有生态景观为主，重新整理上下路与基地其他的步行道的关系。

5. 各建筑细节深化

新建建筑将以什么样的形态出现成为了聚焦之处。我们尝试将特色来自"铁路"和"工业"的元素，条状为主，穿插各个厂房，贯穿开放和半开放的游览区，保留原有中轴线的基础上，打造工业的管道感和铁路的交织感，并形成自己的主题。

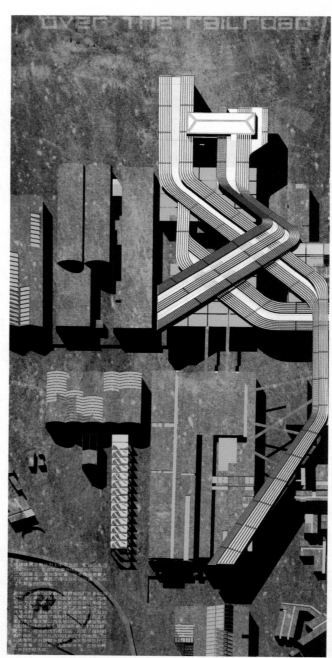

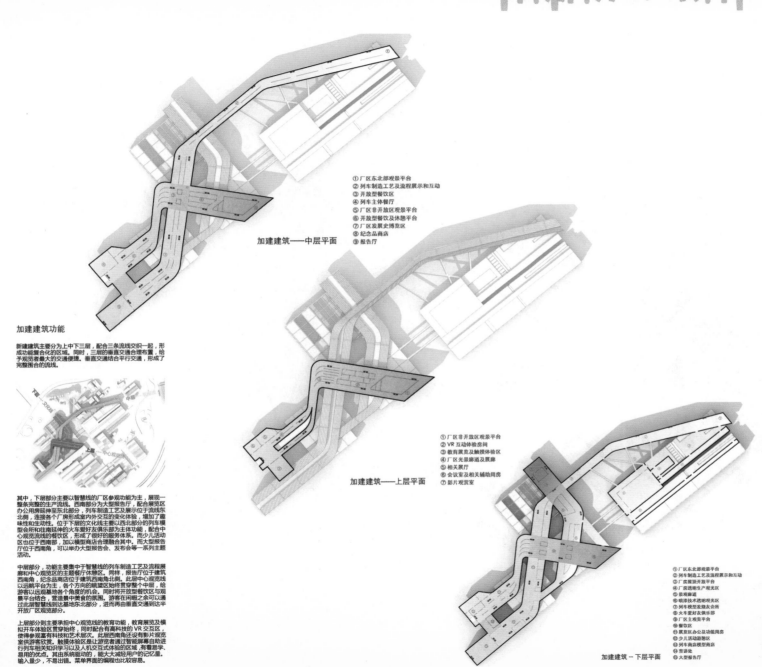

① 厂区东北部观景平台
② 列车制造工艺及流程展示和互动
③ 开放型餐饮区
④ 列车主体餐厅
⑤ 厂区非开放区观景平台
⑥ 开放型餐饮及休憩平台
⑦ 厂区发展史博览区
⑧ 纪念品商店
⑨ 报告厅

加建建筑——中层平面

加建建筑功能

新建建筑主要分为上中下三层，配合三条流线交织在一起，形成功能复合化的区域。同时，三层的垂直交通合理布置，给予观览者最大的交通便捷。垂直交通结合平行交通，形成了完整围合的流线。

其中，下层部分主要以智慧线的厂区参观功能为主，展现一整条完整的生产流线。西南部分为大型报告厅，配合展览区办公用房延伸至东北部，列车制造工艺及展示位于流线东北侧，连接各个厂房形成室内外交互的变化体验，增加了趣味性和生动性。位于下层的文化线主要以西北部分的列车模型会所和往南延伸的火车爱好友俱乐部为主体功能，配合中心观览流线的餐饮区，形成了很好的服务体系。而少儿活动区也位于西南部，加以模型商店合理融合其中。而大型报告厅位于西南角，可以举办大型报告会、发布会等一系列主题活动。

中层部分，功能主要集中于智慧线的列车制造工艺及流程展廊和中心观览的主题餐厅休憩区。同样，报告厅位于建筑西南角，纪念品商店位于建筑西北角。此层中心观览线以远眺平台为主，各个方向的眺望区始终贯穿整个中层，给游客以远观基地各个角度的机会。同时将开放型餐饮区与观景平台相结合，营造景中美食的氛围。游客在闲暇之余可以通过此层智慧线到达基地东北部，进而再由垂直交通到达半开放厂区观览部分。

上层部分则主要承担中心观览线的教育功能，教育展览及模拟开车体验区贯穿始终，同时配合有高科技的VR交互区层次，使得参观富有科技和艺术层次。此层西南角还设有影片观览室供游客欣赏。触摸体验区是让游客通过智能屏幕屏自助进行列车相关知识学习以及人机交互式体验的区域，有着易学、易用的优点。其由系统驱动的，能大大减轻用户的记忆量，输入量少，不易出错。菜单界面的编程也比较容易。

① 厂区非开放区观景平台
② VR互动体验房间
③ 教育展览及触摸体验区
④ 厂区光景廊道及展廊
⑤ 相关展厅
⑥ 会议室及相关辅助用房
⑦ 影片观赏室

加建建筑——上层平面

① 厂区东北部观景平台
② 列车制造工艺及流程展示和互动
③ 厂房距眺开开平台
④ 厂房远眺生产观光区
⑤ 景观廊道
⑥ 喷漆技术透明观光区
⑦ 列车模型发烧友会所
⑧ 火车爱好友俱乐部
⑨ 厂区主观光平台
⑩ 餐饮区
⑪ 展览区办公及功能用房
⑫ 少儿活动辅助区
⑬ 列车商品模型商店
⑭ 查询处
⑮ 大型报告厅

加建建筑——下层平面

加建建筑理念

厂区特殊的结构意味着其功能分区的特殊性。设计中，我们把厂区分为开放区与非开放区，而在开放区中又将厂区重点设置于半开放区——将厂区中部一条完整的生产线展现在游览群众面前。此设计中便出现出参观流线与生产流线相互不交织的设计要求。我们因此将新建厂房至于原有老厂房的上层部位，将游览流线上置的同时保留原有下层生产流线，因而互不影响。

浦镇车辆厂本身具有"火车"这个独特的主题，如何在设计中体现其独特的主题使其更有竞争力成为了设计关注的重点。纵观 COBE 设计的纸岛综合体以及赫尔佐格和德梅隆设计的德国音乐厅，都有其独特的风格。

设计并不想破坏原有从南至北的完整的中轴线以及跑盘特色，我们设想结合铁路的蜿蜒感来营造新建建筑铁路的主题。因此我们将加建的上层建筑分为三层，形成主题不同的三条观览线：

文化线——列车相关文化展示、火车爱好友俱乐部、列车横型发烧会所。

智慧线——历史展廊、列车制造工艺展示。

中心观览线——厂区总览平台、教育区、服务性餐饮。

文化线为一层，口朝基地西北部，形成对外的良好交通环境，给出入火车俱乐部、列车横型会所的人群提供了一个方便快捷的交通。

智慧线贯穿于整个半开放区，从厂区西南部延伸至东北部，连接厂区与廊道，起引导游客流线、连接分散的厂房形成完整游览线路的作用，为厂区最重要的游线。

中心景观线为三层，朝向基地东南区域封闭区。尽管游客无法参观封闭区的工作生产，但仍然可以通过三层的光景平台一瞰厂区全景。同时，中心光缆线还提供基础的餐饮休憩服务，是基地重要的服务轴。

加建建筑效果

南京浦镇车辆厂建于1908年，是全国为数不多的具有百年生产历史的铁路制造基地。目前该厂属于中国中车集团的全资子公司，是我国专业研发、制造铁路客货车和城轨机车的大型企业。本次设计对象为浦镇车辆厂的主厂区部分。基地位于浦口区顶山街道南门地区，规划范围东至浦浦铁路，西至玉泉河，南至朱家山河，北至规划浦厂路，用地面积约为39.8公顷。

本次设计中，我们并没有按照传统的工业区更新手法。设计保留了原有的生产功能，将厂区部分对外开放给游客。这样可以将技术与文化、现代化的生产和游客独特体验紧密联系了起来，让火车的整个装配过程像演出一样展示在公众面前。如此一来，把传统的浦厂火车工艺制造与手工工艺展示相结合，它不仅具有展示、游览的作用，还兼具生产功能。甚至，游客可以从室外体验到整个火车装配过程，而毫不影响内部工作。给游览者和客户一种亲自参与生产过程的感觉，提供了独特的文化体验。

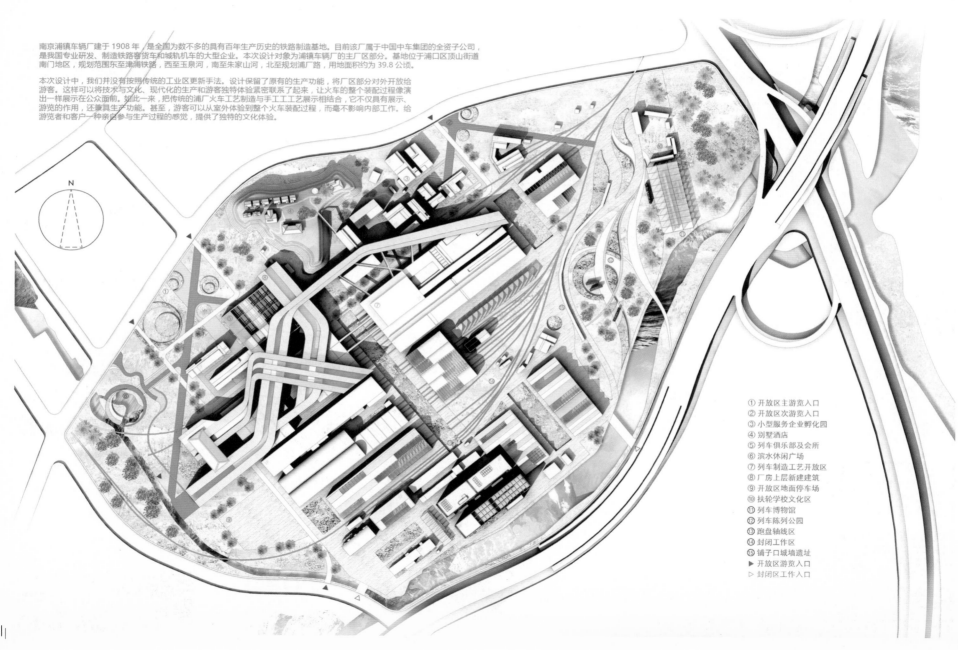

① 开放区主游览入口
② 开放区次游览入口
③ 小型服务企业孵化园
④ 别墅酒店
⑤ 列车俱乐部及会所
⑥ 滨水休闲广场
⑦ 列车制造工艺开放区
⑧ 厂房上层新建建筑
⑨ 开放区地面停车场
⑩ 扶轮学校文化区
⑪ 列车博物馆
⑫ 列车陈列公园
⑬ 跑盘轴线区
⑭ 封闭工作区
⑮ 铺子口城墙遗址
▶ 开放区游览入口
▷ 封闭区工作入口

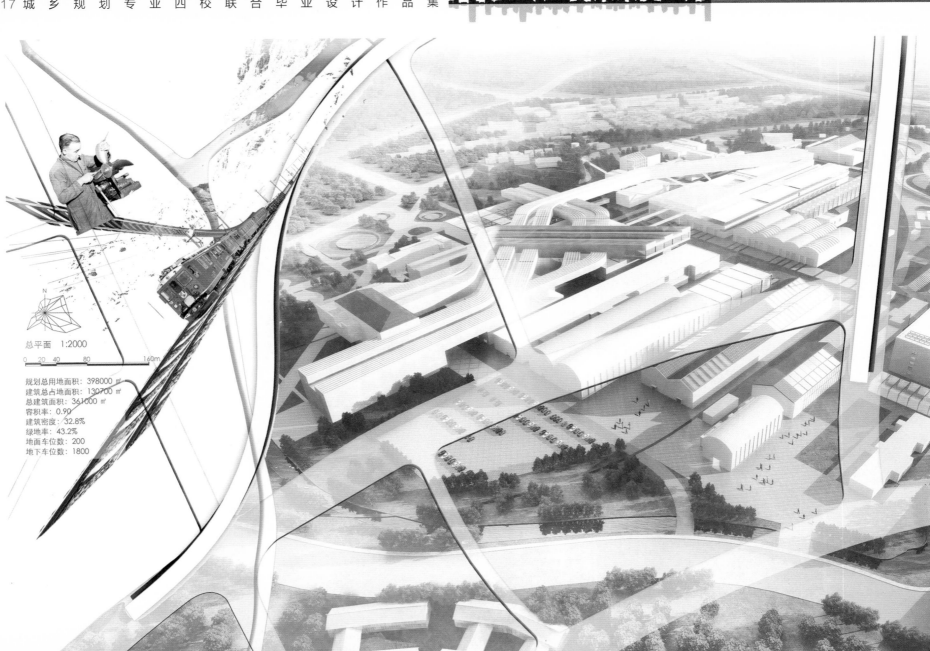

N

总平面 1:2000

0 20 40   80   160m

规划总用地面积：398000 ㎡
建筑总占地面积：130700 ㎡
总建筑面积：361000 ㎡
容积率：0.90
建筑密度：32.8%
绿地率：43.2%
地面车位数：200
地下车位数：1800

9

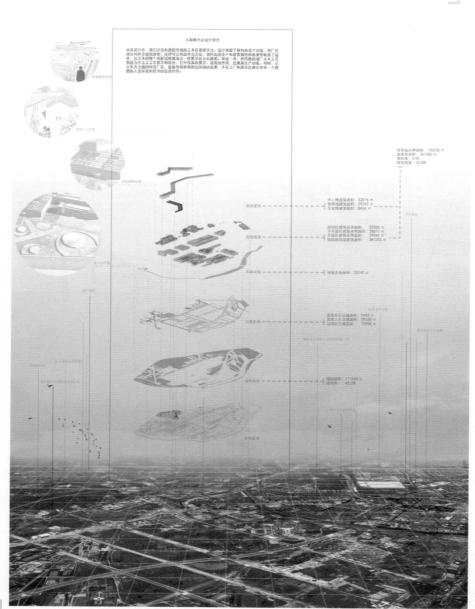

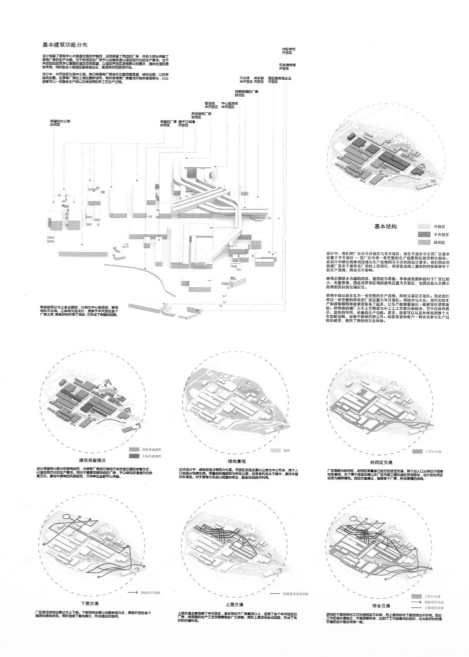

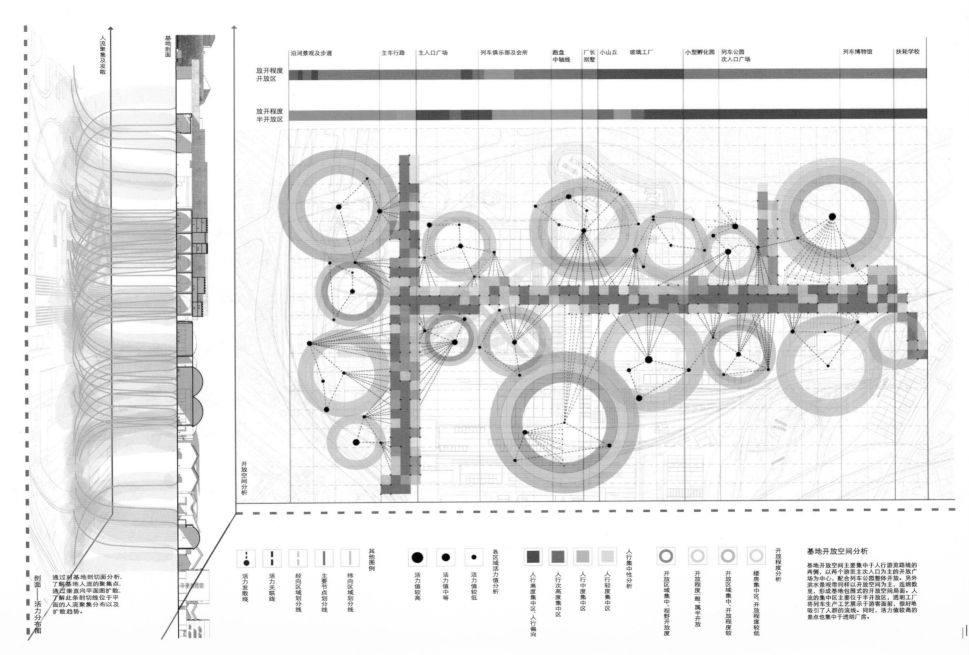

沿河景观及步道　　主车行路　　主入口广场　　列车俱乐部及会所　跑盘中轴线　厂长别墅　小山丘　玻璃工厂　小型孵化园　列车公园次入口广场　　列车博物馆　　扶轮学校

放开程度
开放区

放开程度
半开放区

开放空间分析

人流聚集及发散

基地剖面

剖面——活力分布图

通过对基地剖面切面分析，了解基地人流的聚集点，通过垂直向平面图扩散，了解此条剖切线位于平面的人流聚集分布以及扩散趋势。

其他图例

活力发散线　活力关联线　经向区域划分线　主要节点划分线　纬向区域划分线

各区域活力值分析

活力值较高　活力值中等　活力值较低

人行集中性分析

人行高度集中区、人行偏向　人行次高度集中区　人行中度集中区　人行轻度集中区

开放程度分析

开放区域集中、开放程度高　开放区域集中、视野开放　开放区域集中、开放程度较低　楼房集中区、开放程度较低

基地开放空间分析

基地开放空间主要集中于人行游览路线的两侧，以两个游览主次入口为主的开放广场为中心，配合列车公园整体开放。另外滨水景观带同样以开放空间为主，连绵数年里，形成基地包围式的开放空间局面。人流的集中区主要位于半开放区，透明工厂将列车生产工艺展示于游客面前，很好地吸引了人群的流线。同时，活力值较高的景点也集中于透明厂房。

鸟瞰图　Aerial View

国内工业遗产改造现状

工业遗产作为人类文化进步与历史发展的见证，具有非常重要的多重价值。自20世纪90年代以来，中国城市进入快速发展的时期，伴随着国家经济的迅猛发展以及"退二进三"的时代需求，原来位于城市中的旧工业区已无法满足后工业时代的城市功能需求，原城市中的工业企业被迫外迁至城市边缘地区，而被关闭和遗弃的工业厂区则在城市中遗留下来，其中包括工业建筑、机械设备等，这些遗存与城市功能脱节，成为城市中的孤岛，同时，在工业区周围，曾伴随工业时代的发展的原工业区的配套生活区也只能被迫融入新的城市格局中，从而产生了经济、环境等诸多社会问题。

由于国内城市建设理论存在滞后性，而且关于城市工业遗产的更新实践较晚，对于此类项目的策划和具体设计都缺乏系统的理论指导，这也导致了不少工业遗产更新项目成为了一种城市过度开发，在设计中盲目地效仿国外成功案例，过分地注重外形，并一厢情愿地赋予其理想化的市场愿景，而对于如何提升其经济价值并逐步实现工业区的复兴等问题上却关注甚少，生搬硬套式的改造方式非但不能实现工业区的时代复兴，更违背了城市发展原则和市场经济的运作规律，从而难以得到当今社会的认可，这种情况在国内屡见不鲜。

随着人类自然观的不断进步，可持续发展思想得到全人类的普遍认同，旧工业建筑因其自身具有的历史与空间价值，正越来越多的受到人们的重视，并不断推进着对其进行相应保护与改造再利用的理论与实践研究，取得了不少研究成果。

近年来，随着城市建设水平的不断提高，对城市内原有的旧工业厂区进行适宜现代城市功能与结构的更新调整已成为城市更新领域中不可或缺的重要议题。贾樟柯导演指导的电影——二十四城记，记录了位于成都东郊的一家大型国营军工厂在城市更新过程中将土地置换给房地产开发商、异地搬迁的过程。并通过穿插访谈记录的形式，从侧面反映了曾为计划经济时代奉献一生的产业工人的历史命运，并追溯了在激进的城市更新过程中那些几尽被遗忘的工业时代记忆。这样的穿插记述的拍摄手法实际上正隐喻出"推倒重建"式旧工业区更新与工业文明延续的现实矛盾，发人反思。

局部效果图 Partial Rendering

跑盘区域

工作区域

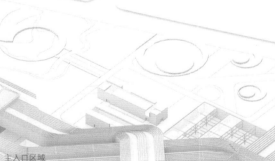

会所区域

孵化园区域

主入口区域

场地分析图 Site Analysis Diagram

基地周边建筑肌理

建筑肌理

主要设计结构

开放区建筑
半开放建筑
封闭区建筑

主要交通结构

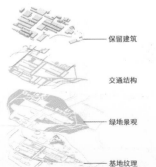

工作交通
车行主线
人行辅线

立体结构分析

保留建筑

交通结构

绿地景观

基地纹理

建筑炸开分析

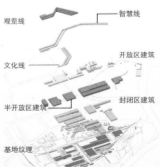

观览线　智慧线

文化线　开放区建筑

半开放区建筑　封闭区建筑

基地纹理

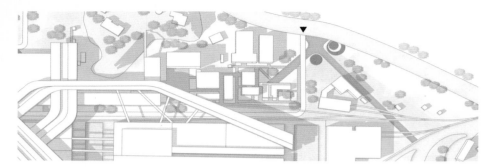

次游览入口景观

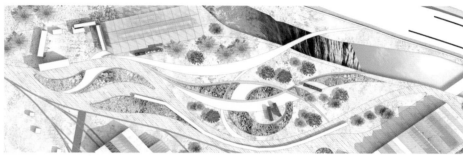

列车公园景观

主游览入口景观

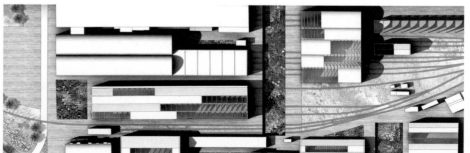

厂区局部放大

设计理念

本次设计中，我们并没有采用传统的工业区更新手法。设计保留了原有的生产功能，将厂区部分对外开放给游客。这样可以将技术与文化、现代化的生产和游客独特体验紧密联系起来，让火车的整个装配过程像演出一样展示在公众面前。

如此一来，把传统的浦厂火车工艺制造与手工工艺展示相结合，它不仅具有展示、游览的作用，还兼具生产功能。甚至，游客可以从室外体验到整个火车装配过程，而毫不影响内部工作。给游览者和客户一种亲自参与生产过程的感觉，提供了独特的文化体验。

工业遗产改造更新作为城市有机发展的一部分，也是旧城复兴的一种策略，它的开发基本上是企业注入资金加上政府扶持的搭配模式。对于政府来说，对旧工业区的再利用更多的是一种使命和责任，而对于开发商而言，利益往往是占主导地位的。

现今有不少一二线城市出现这样的问题，不少废弃工业区的开发议案都更倾向于拆除和重建，即便是借着工业改造，开发方也期望保留最少的旧建筑以最大化可用的建筑面积，这从开发商的角度是很容易理解的，国内的不少工业改造项目确实成了一种展示性的摆设，微薄的收益让不少开发商望而却步，我们认为这种现象产生的原因不仅与上文提到的城市功能供需关系有关，也和区位联系、交通体系、拆迁方式、商业政策等诸多方面有关。

国内另一批改造项目则在更宏观的层面表现出不足，城市的自我调节作用使其即便在工业区废弃的情况下也能维持趋于合理的城市构架，不少的旧工业区的"复兴"计划往往把项目作为一种地标性的议案，其决策也时常处于出更优先的地位，这对于原有的城市构架或多或少的存在着一些影响，一座城市或是一个区域，在短期看来其居民、消费者、文化工作者等数量不会存在跳跃性的变化，只强调工业区自身的个异性往往使得周边区块处于一种尴尬的地位，就如同海绵吸走了周围水分一般。工业遗产作为城市中的一个组织器官，如何在区域层面上实现城市机能的整体优化，是比如何凸显自身个异性更值得探讨的问题。

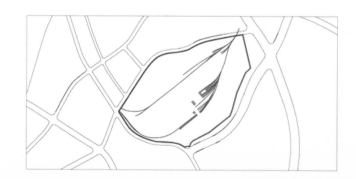

over the railroad

列车博物馆 承担了列车文化展示的功能，将实体列车展示于展览馆中。通过列车的发展史给游览者直观的体验。同时，展览馆以透明化的材质为主，既保证了通透性与良好的采光，又使得室内外视线连通。在公园内漫步的人们也可以直观地看到玻璃体内部的机车。而包围式的玻璃建筑又能很好地遮挡风雨，同时也是室内观览的绝佳场所。

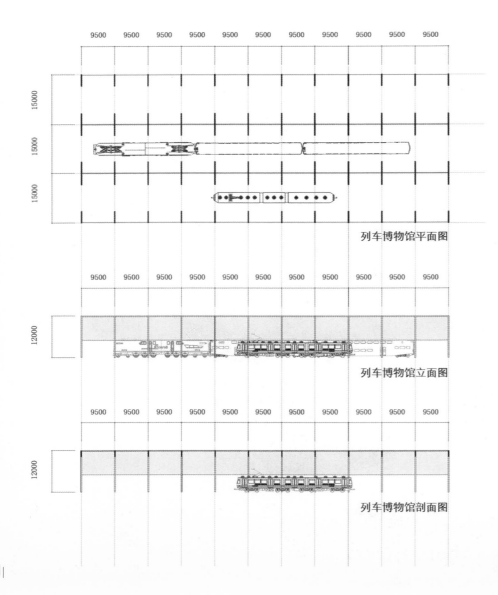

列车博物馆平面图

列车博物馆立面图

列车博物馆剖面图

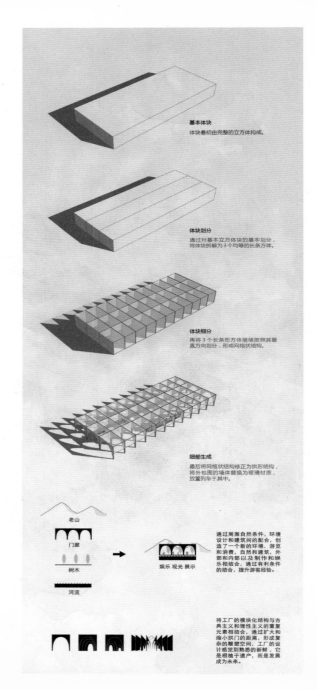

基本体块
体块最初由完整的立方体构成。

体块划分
通过对基本立方体块的基本划分，将体块拆解为3个均等的长条方体。

体块细分
再将3个长条形方体继续按照其垂直方向划分，形成网格状结构。

细部生成
最后将网格状结构修正为拱形结构，将外包围的墙体替换为玻璃材质，放置列车于其中。

老山
门廊
树木
河流

娱乐 观光 展示

通过周围自然条件，环境设计和建筑间的配合，创造了一个新的环境，游览和消费，自然和建筑，外部和内部以及制作和娱乐相结合，通过有利条件的结合，提升游客经验。

将工厂的模块化结构与古典主义和理性主义的重复元素相结合，通过扩大和缩小拱门的距离，形成复杂的雕塑空间，工厂的设计感觉到熟悉的新鲜，它是根植于遗产，而是发展成为未来。

列车博物馆空间意向图

列车博物馆内部效果图

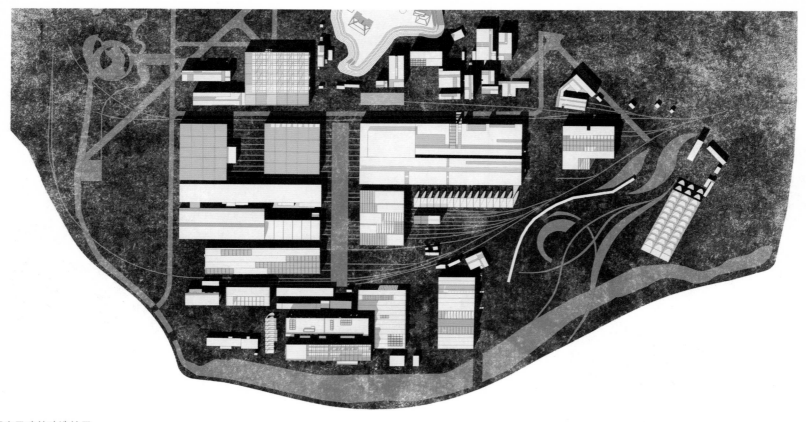

保留厂房及建筑改造效果

方案保留大部分厂区，在原有厂房基础上进行结构改造升级。基地中部从西至东为一条完整的生产流线，同时又靠近开放区。因此我们将这一条完整的带状厂房改造为半开放的玻璃工厂。将技术与文化、现代化的生产和游客独特体验紧密联系了起来，让生产能够像演出一般展现在游客面前。把传统的浦厂火车工艺制造与手工工艺展示相结合，它不仅具有展示、游览的作用，还兼具生产功能。甚至，游客可以从室外体验到整个火车装配过程，而毫不影响内部工作。给游览者和客户一种亲自参与生产过程的感觉，提供了独特的文化体验。

厂区特殊的结构意味着其功能分区的特殊性。设计中，我们把厂区分为开放区与非开放区，而在开放区中又将厂区重点设置于半开放区——将厂区中部一条完整的生产线展现在游览群众面前。基地北侧基本为辅助用房，楼房较为零散、单体建筑面积相对于厂房比较小，布置零落，因此将背部区域的建筑设置为开放区，也因此能从北侧公路得到良好的交通联系。基地中部从西至东为一条完整的生产流线，同时又靠近开放区。

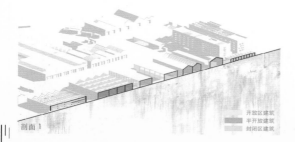

剖面 1

开放区建筑
半开放建筑
封闭区建筑

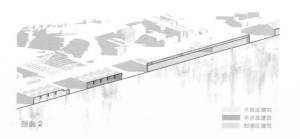

剖面 2

开放区建筑
半开放建筑
封闭区建筑

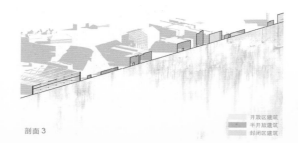

剖面 3

开放区建筑
半开放建筑
封闭区建筑

中轴线跑盘区效果

小透视

研究综述:

世界范围内对工业遗产的保护最早起步于英国,作为工业文明的诞生地,英国早在1955年便提出了"工业考古学"的概念,工业考古学的主要研究对象是工业革命时期的机械类遗存和纪念物,为此制定了详尽的筛选标准和数据库,工业考古的一系列工作萌发了人们对工业遗产保护的意识。1973年,第一届国际工业纪念物大会(FICCIM)的召开引起国际学者对工业遗产的广泛关注;1978年国际工业遗产保护委员会(TICCIH)在瑞典成立,成为世界上第一个致力于促进工业遗产保护的国际性组织,该组织后于2003年7月在俄罗斯下塔吉尔召开会议,讨论并通过了专门针对工业遗产保护工作的《下塔吉尔宪章》,对工业遗产的概念做了界定,同时提出了对于工业遗产的价值认定、记录、研究等工作的重要性以及工业遗产立法保护、维修保护、宣传展示、教育培训等方面的原则、规范、方法及其他指导性意见。2006年,国际古迹遗址理事会将该年"国际古迹遗址日"的主题定为"保护工业遗产",使工业遗产保护成为全球共同关注的重要课题。

我国对于工业遗产保护的研究直到20世纪九十年代初步得到关注,由于国家"退二进三"的调整政策,大量城市中的工业厂区被废弃,城市发展面临着新的问题,在这一背景下,2006年4月18日,由中国古迹遗址保护协会、江苏省文物局、无锡市人民政府主办的第一届"中国工业遗产保护论坛"在无锡举行,该论坛讨论产生了《无锡建议—注重经济高速发展时期的工业遗产保护》草案,并于6月2日正式公布,《无锡建议》是根据我国工业遗产保护的现状,在学习借鉴西方国家工业遗产保护的先进理念和科学内涵的基础上,对我国工业遗产的概念、工业遗产保护的内容、面临的威胁、实现的途径、目标和前景等都作了精辟的阐述,这也一定程度上标志着我国工业遗产保护工作进入了新的篇章。

目前我国对于工业遗产相关课题的研究逐渐增多,主要集中在城市发展战略与城市规划、工业景观设计、工业文化旅游、工业遗产保护利用等几个角度,相关研究主要包括:

北京大学景观设计研究院的俞孔坚、方碗丽在《中国工业遗产初探》中,对工业遗产的内涵和范围进行了界定,通过明确工业遗产的价值揭示了保护工作的紧迫性,并且对国内外的相关理论及实践做了梳理,以便进一步开展保护工作;清华大学周陶洪在其硕士论文《旧工业城市更新策略研究》中,提出了基于经济、社会、文化、生态的综合更新策略,并针对北京旧工业区现状,提出了建设性的策略和建议。

清华大学的贺旺在《后工业景观浅析》中提出了新的视角和思路,在以工业区为范围的工业景观保护中提出了独到的见解;王向荣、任京燕在《从工业废弃地到绿色公园——后工业景观设计思想与手法初探》一文中,论述了后工业景观设计的具体手法。

深圳大学李蕾蕾在《逆工业化与工业遗产旅游开发:德国鲁尔区的实践过程与开发模式》中介绍了德国鲁尔区工业遗产旅游开发的具体实践,对鲁尔区旅游开发模式进行了详尽的总结,提出值得国内学术界探讨的议题。

重庆大学的阎波、邓蜀阳在《2010世博会背景下城市滨水工业遗址的更新思考》中,通过具体的方案设计,阐释了在延续城市文脉以及尊重原有物质条件的基础上,对城市滨水工业遗址的更新思路及手段。

设计意义:

通过梳理城市旧工业厂区更新的相关理论与实践发展,提出我国城市旧工业厂区更新实践中出现的问题,并期望通过引入不同的更新理将这些问题有效解决。在探讨城市旧工业厂区进行不同的更新的潜力之后,分析其更新要素、提出对其进行更新的原则与目标。以成都"东郊记忆"为案例,分析其具有特色的更新设计中的成败,从而获得城市旧工业厂区更新的启示,以达到构建具有实际操作性的城市旧工业厂区更新策略框架,推动所在的城市片区从经济、文化、社会多层面发展,以此提高城市更新的效率与质量。

研究多理论引指导下的城市旧工业厂区更新,有助于正确认识城市旧工业厂区更新的整体目标与核心价值,真正以人为本的对城市旧工业厂区进行多层次多角度的更新;有助于对城市旧工业厂区进行城市设计的策略提供更新颖的思维向度;有助于推进旧工业遗产保护,达到城市更新与文化延续的和谐交融。

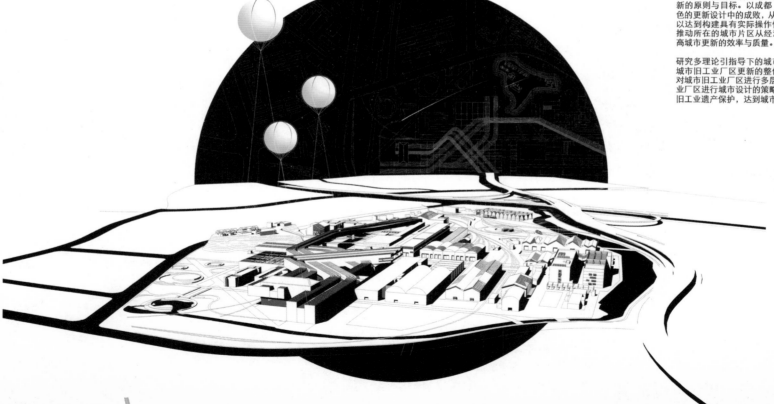

厂区生产流线分析

主产区
机修区
动力区

动力区
生产区
机修区

①钢材预处理
②车体及转向架结构生产
③客车组装调试
④喷涂处理
⑤喷涂处理
⑥试验
⑦特种车生产线

南车南京浦镇车辆有限公司

南车南京浦镇车辆有限公司建于 1908 年，具有百年制造历史，是中国从事轨道交通装备研究和制造的专业化生产企业，是中国铁路装备制造业大型一档企业。注册资金 118078 万元，年销售收入 80 亿元。，总占地面积：3268 亩，是中央企业中国南车股份公司旗下的重点企业、中国铁路客车研制基地、中国城市轨道交通车辆生产定点企业。

公司占地面积近 2000 亩，公司现有员工 5200 余人，工程技术人员近 1500 人，拥有各类设备 1864 台，产品遍及 18 个路局和地方铁路。公司产品包括 25B、25G、25K、25T 各个速度等级产品以及系列转向架、制动机、客车轴承等核心部件。公司管理扎实。建立了 ERP、办公自动化（OA）、生产管理信息系统以及 PDM 产品信息系统，各项管理工作在业内处于领先水平。

厂区生产流线对于结构的影响

车辆厂的生产区主要集中于基地西南部分，包含喷漆处理区、客车组装区、车体及转向架结构生产区以及特种车辆生产线。因此非开放区的设定参考了厂区原有的功能布置，尽可能的不打断主生产区的流线。把动力区和机修区迁移，形成西北部分的开放区。

厂区本身中部是一条完整的生产流线，即车体生产—架构生产—总体组装—喷漆—调试。此条生产线从西南部贯穿整个基地至东北部，形成一条完整的参观流线。将此条生产线作为可以供游客观览的半开放区，既可以保证参观的完整性，整齐直线的厂房又可以形成封闭的边界，达到便于管理的目的。方案保留大部分厂区，在原有厂房基础上进行结构改造升级。基地中部从西至东为一条完整的生产流线，同时又靠近开放区。因此我们将这一条完整的带状厂房改造为半开放的玻璃工厂。

列车公园小透视

加建建筑小透视

加建建筑剖透视

浦厂记忆：挖掘
植入·激活

南京工业大学
Nanjing Tech University

设计成员：倪一舒　王世鑫
指导老师：方　遥

调研感悟：本次设计我组一共对浦厂进行了两次系统的调研，第一次调研不能说是走马观花但也算不上细致，主要是对浦厂有了一个大概的印象，站在厂房前听着机器的轰鸣，感受到浓浓的历史气息与工业感、山顶花园的别墅、巨大的厂房、独具特色的跑盘以及厂区北侧龙虎巷的津派建筑都给我们留下了深深的印象，但仅靠深刻的印象并不能达到生成方案的目的，为此我们进行了第二次调研。这一次我们带着明确的目的，调研了厂房的建筑质量、建筑年代以及历史风貌建筑的位置和厂区内的道路系统及特色节点，这两次调研可以说是感性与理性的结合，通过感性的印象激发灵感想法，通过实打实的调研使想法能够合理地落实到位，我们认为这是我们今后做设计所要遵循的规则。

设计说明：本次设计对象为浦镇车辆厂的主厂区部分，基地位于浦口区顶山街道南门地区。在保留浦镇车辆厂的历史风貌的同时引入了科创办公、商业、铁路生态公园、旅游服务等功能。以"行驶在水面"的铁路将其串联起来。共四处观景节点，充分展现浦镇车辆厂历史风貌及景观。

第一阶段 构思图

第二阶段 优化构思图

第三阶段 定稿图

浦厂记忆：挖掘·植入·激活

南京市浦口区浦镇车辆厂规划更新设计
组员：倪一舒 王世鑫 指导老师：方遥 南京工业大学

前期分析 | **Memory of Puchang 01**

区位环境

基地位于长江三角洲 的南京市，南京是长江三角洲的南翼经济中心。

基地位于南京市江北新区，距离市中心1.5小时车程。

基地接近离南京市江北新区中心区，距离中心区20min的车程。

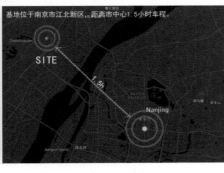

规划技术路线

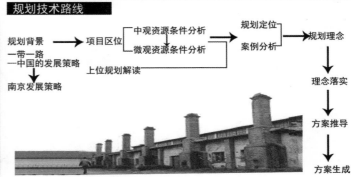

中观资源条件分析

省保、市保文物示意图　　历史文化特色地段分布图　　自然资源分布图　　特色街道分布图

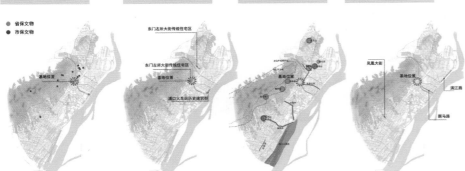

现代风貌特色地段分布图　　资源条件汇总分布

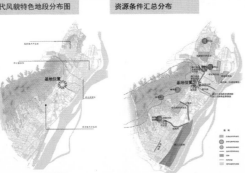

省保、市保文物——高度的保护价值
基地周边有多处省保市保文物，其中基地内部包括两座省保单位，有极高的保护价值。

历史文化地段——内涵丰富深邃
基地浦厂自身就是历史文化地段，除此之外的左所大街、龙虎巷、浦口火车站这些历史建筑都具有其独特的价值以及深邃的历史内涵。

自然山水资源——枕山面江得天独厚
浦厂背靠老山，面向长江紧靠金沟河，应充分利用此优越的自然条件，做出优质的规划。

特色街道——各具特色
浦厂周边有三条特色街道，分别与历史地段、滨江和江浦老城有关，会对此区域的旅游业造成一定带动作用。

现代风貌地段——初现雏形
自2000年以来浦口进入了快速发展时期，值得关注的是浦厂北侧以及南侧的两处开发区，都是以技术为主导的产业园集聚区。

上位规划解读

江北新区总体规划（2014-2030）
土地利用规划图

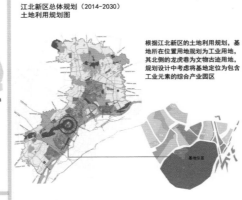

根据江北新区的土地利用规划，基地所在位置用地规划为工业用地，其北侧的龙虎巷为文物古迹用地，规划设计中考虑将基地定位为包含工业元素的综合产业园区

江北新区总体规划（2014-2030）
产业布局引导图

根据江北新区总体规划的产业引导规划，基地附近浦口的商业中心、老山风景区以及高新产业园区，基地定位中应充分考虑这些节点对基地的发展影响

江北新区总体规划（2014-2030）
特色风貌保护规划图

根据上位规划中的保护体系，基地位于特色风貌区域中的核心保护区在规划设计中应注意基地内风貌的保护，在最大化保存原有风貌的前提下完成更新升级

江北新区总体规划（2014-2030）
空间景观结构图

浦厂位于浦江风光带最西侧，紧邻老山风景区，靠近浦江风光带的城市发展轴，在规划中应考虑老山以及浦口城市发展轴对基地的影响

浦厂记忆：挖掘·植入·激活

南京市浦口区浦镇车辆厂规划更新设计
组员：倪一舒 王世鑫 指导老师：方遥 南京工业大学

规划定位 | **Memory of Puchang 02**

微观环境分析

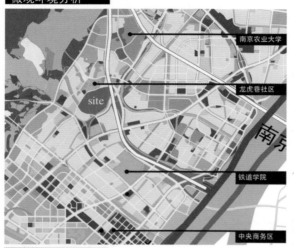

南京农业大学
龙虎巷社区
site
铁道学院
中央商务区

2km
1km
往老山风景区
site
往中央商务区

可达性分析
基地与周边商业区与居住区的可达性强。基地2km范围内有两处地铁站点，此外向南道路通向南侧居住片区与浦口商业中心区。

老山智慧谷
中心区
商住片区
高新产业园区
铁道学院
经适房区

用地性质分析
浦厂组团占地1374公顷，其中R类用地占1044公顷占比76%，配以一定的B类用地67公顷占比4.8%与教育设施用地34公顷，是以居住功能为主的组团。

功能片区定位
基地位于老山片区与居住片区的交界处，功能定位上结合旅游与居住服务功能，结合浦厂旧址的因素与上位规划中的工业定位，功能定位上再结合工业园区。

浦厂组团定位

高新产业园 High tech Industrial Park
南北产业园区连接纽带的节点，是江北新区高新产业带的重要节点。

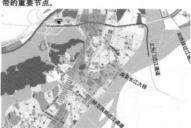

老山 Laoshan Mountain
接受老山的景观渗透，作为老山旅游的先导开发将辅助提升老山未来的旅游服务能级。

浦口商业中心 Pukou business center
紧邻浦口商业中心受到浦口商业中心的经济辐射，成为生活环境优越、服务品质高端的商业副中心。

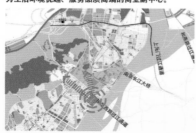

南京主城 Nanjing City
南京主城向江北地区辐射的过渡地区，是江北地区面向南京城区的门户形象。

基地定位

浦镇车辆厂建厂
随着津浦铁路的运输日益繁忙，为应付需求浦镇机厂进行了扩建
浦口和下关之间修建火车轮渡，大量工人与物资像江北集聚，浦厂亦随之发展
城市经济的发展与城市产业结构开始转型，浦厂收益开始走低。
浦镇机厂旧址被确定为第一批12项新发现不可移动文物

过去 1908年 | 1919年 | 1930年 | 1978年 | 2009年

将来

工业遗存，需要城市遗产再造

旅游服务 tourism services
公园 Park
创意办公 Creative office
高新现代办公 High-tech modern office
步行商业 Pedestrian commerce

集创意办公、高新产业、旅游服务、生活、商业娱乐为一体的综合产业园。

浦厂记忆：挖掘·植入·激活

南京市浦口区浦镇车辆厂规划更新设计
组员：倪一舒 王世鑫 指导老师：方遥 南京工业大学

案例分析 | **Memory of Puchang 03**

案例分析：深圳葵涌印染厂改造概念设计

案例特色：该项目位于深圳市龙岗区葵涌街道的旧工业园区，距深圳主城区39.5km，为旧印染厂的改造更新概念设计。该案例的改造特色在于厂房全部保留了原有的外形，在内部重新填入建筑体量，厂房内部的半开放空间设计与其外部空间的结合，达到了保存原厂区风貌，功能却焕然一新的效果。

选择原因：本次浦厂的规划愿景是保留浦厂的文脉完成对浦厂功能的更新升级，无论是规划愿景还是规划理念、规划手法，此案例对我们的规划设计都有着宝贵的借鉴意义。

区位图

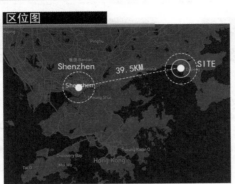

平面图

设计理念

元素植入激活建筑

户外空间，自然与公共性

理念落实策略

多样化功能的植入

内部空间外部化

植入元素改造建筑

植入立面

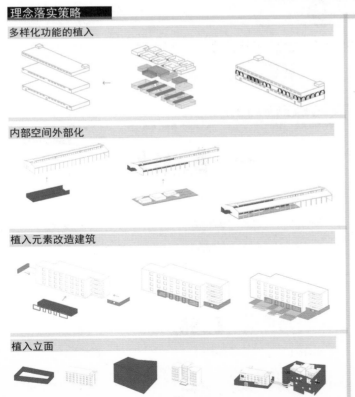

方案改造一览

山城　谷城

山城

谷城

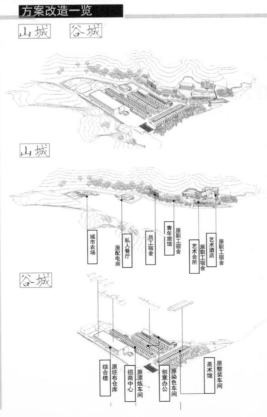

方案改造效果图

染色车间————创意办公楼　（现代化办公元素植入）

漂炼车间————招商中心　（半开放空间的打造）

整装车间————美术馆　（艺术元素植入）

员工宿舍————艺术酒店　（立面植入）

浦厂记忆：挖掘·植入·激活

南京市浦口区浦镇车辆厂规划更新设计
组员：倪一舒 王世鑫 指导老师：方遥 南京工业大学

核心理念 | **Memory of Puchang 04**

规划理念　　挖掘 植入 激活

挖掘

挖掘提取地块有潜力的元素，并根据元素的潜力给出初步意向

挖掘提取地块内有潜力，但存在一些问题的元素

挖掘基地内的各类元素，按发展潜力大致将这些元素分为两类

有较大特色及发展潜力，但未经规划开发

有发展潜力，但存在一些问题

区位特征 ＋ 特色价值 ＋ 开发程度 ＋ 自身潜力 ＋ 功能配套

综合以上五方面的评价，找出基地内有规划潜力以及需要规划改变现状的元素，并将这些元素分为四种类型：

核心带动型　门户特色型　特色潜力型　发展潜力型

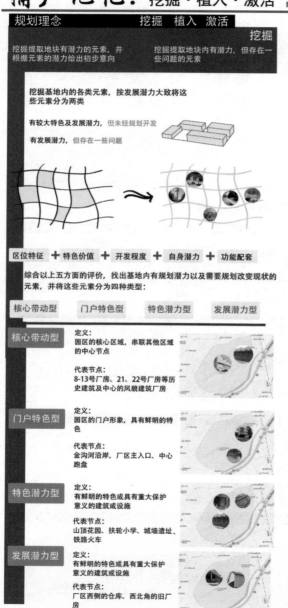

核心带动型
定义：园区的核心区域，串联其他区域的中心节点
代表节点：8-13号厂房、21、22号厂房等历史建筑及中心的风貌建筑厂房

门户特色型
定义：园区的门户形象，具有鲜明的特色
代表节点：金沟河沿岸、厂区主入口、中心跑盘

特色潜力型
定义：有鲜明的特色或具有重大保护意义的建筑或设施
代表节点：山顶花园、扶轮小学、城墙遗址、铁路火车

发展潜力型
定义：有鲜明的特色或具有重大保护意义的建筑或设施
代表节点：厂区西侧的仓库、西北角的旧厂房

植入

植入肌理强化轴线，提升结构韵律。植入功能应对需求，实现特色复兴

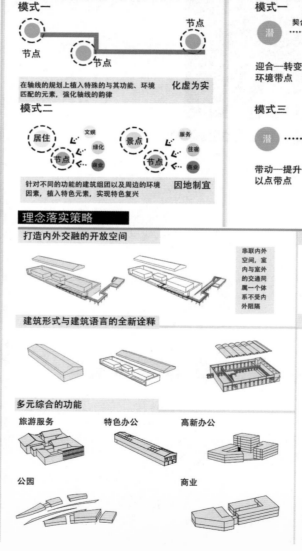

模式一
节点　节点　节点
在轴线的规划上植入特殊的与其功能、环境匹配的元素，强化轴线的韵律　化虚为实

模式二
居住　文娱　绿化　节点　商业　景点　节点　服务　住宿　商业
针对不同的功能的建筑组团以及周边的环境因素，植入特色元素，实现特色复兴　因地制宜

理念落实策略

打造内外交融的开放空间
串联内外空间，室内与室外的交通同属一个体系不受内外阻隔

建筑形式与建筑语言的全新诠释

多元综合的功能
旅游服务　特色办公　高新办公
公园　商业

激活

通过多样化的功能规划，迎合各方需求，充分把握机遇，实现园区功能的激活

通过挖掘园区的特色空间以点带点，以点集群集群激活园区的灰色空间

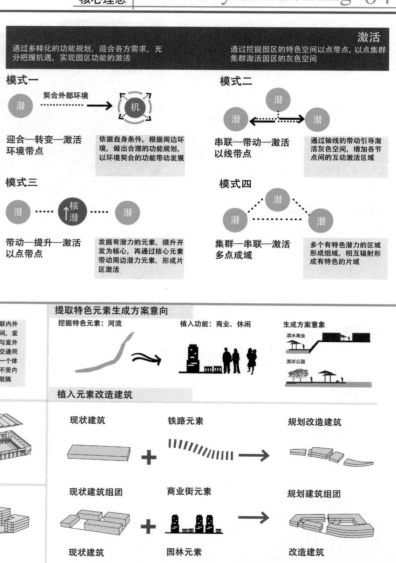

模式一
潜→机 契合外部环境
迎合—转变—激活 环境带点
依据自身条件，根据周边环境，做出合理的功能规划，以环境契合的功能带动发展

模式二
串联—带动—激活 以线带点
通过轴线的带动引导激活灰色空间，增各节点间的互动激活区域

模式三
核潜
带动—提升—激活 以点带点
发掘有潜力的元素，提升开发为核心，再通过核心元素带动周边潜力元素，形成片区激活

模式四
集群—串联—激活 多点成域
多个有特色潜力的区域组成域，相互辐射形成有特色的片域

提取特色元素生成方案意向
挖掘特色元素：河流　植入功能：商业、休闲　生成方案意象
滨水商业　滨河公园

植入元素改造建筑
现状建筑 ＋ 铁路元素 → 规划改造建筑
现状建筑组团 ＋ 商业街元素 → 规划建筑组团
现状建筑 ＋ 园林元素 → 改造建筑

浦厂记忆：挖掘·植入·激活

南京市浦口区浦镇车辆厂规划更新设计
组员：倪一舒 王世鑫 指导老师：方遥 南京工业大学

现状分析 | **Memory of Puchang 05**

基地映像

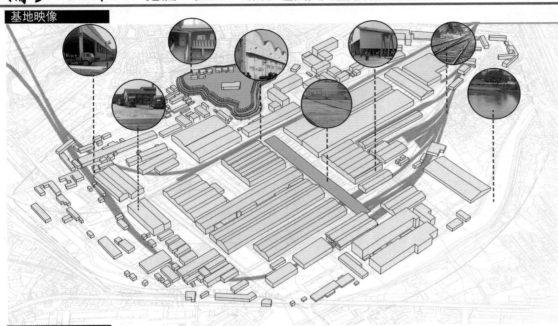

山顶花园 Peak Garden
[浦厂的制高点]沿着基地的中央轴线以北，尽端是浦厂的制高点山顶花园。

别墅 Villa
[浦厂记忆]山顶花园上是曾经的厂长奥斯登和总工程师韩纳的住宅，已被列为文保单位。

铁路 Railway
[世纪的经历]上世纪初轰鸣而来的津浦铁路带来了龙虎巷的繁荣，也带来了铺镇车辆厂的发展。

火车 Train
[历史的印记]轰鸣而来的火车见证了浦镇车辆厂的兴荣，如今成为了这段历史的印记。

车厂 Factory
[历史的记忆]随着津浦铁路运输的日益繁忙，浦镇机车厂规模不断扩大，铁路工人不断增多。

跑盘 Run Disk
[浦厂的轴线]远远看去长长的绿轴是浦厂的跑盘，将各个部件运送到各车间，也是整个厂区的中心轴线。

龙虎巷 Peak Garden
[历史的印记]当初北下的津浦铁路修建工人于浦厂北侧形成了街区，并取名为龙虎巷，含藏龙卧虎之意

建筑 Architecture
[特色津派]龙虎巷里最早的建筑建于清光绪三十四年，之后建起了一幢幢具有清式风格的民居。

扶轮小学
[世纪的经历]同津浦铁路一样也是上世纪的产物。如今浦厂繁荣不在，学校已不是学校。

城墙遗址
[沧海桑田]曾经坚不可破的城墙如今只剩冰山一角孤独地伫立在浦厂的角落。

自然风光 Beauty
[依山傍水]跑盘轴线的南北两侧分别是金汤河与小山，浦厂可以说是依山傍水。

历史积韵 History
[浦厂的轴线]厂区内有多处历史建筑与文保建筑及厂区自身悠久的历史，有着丰厚的历史积蕴。

基地现状分析

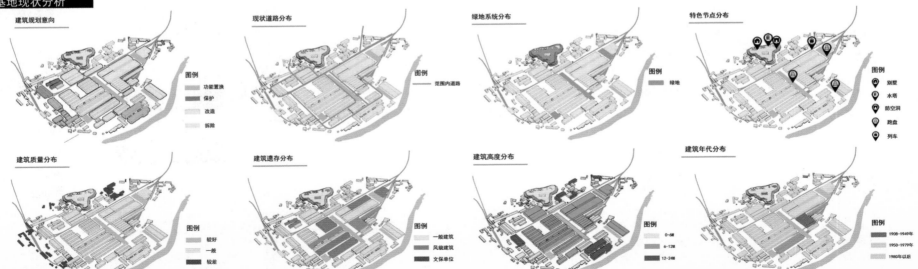

建筑规划意向 | 现状道路分布 | 绿地系统分布 | 特色节点分布

图例
功能置换
保护
改造
拆除

图例
范围内道路

图例
绿地

图例
别墅
水塔
防空洞
跑盘
列车

建筑质量分布 | 建筑遗存分布 | 建筑高度分布 | 建筑年代分布

图例
较好
一般
较差

图例
一般建筑
风貌建筑
文保单位

图例
0-6M
6-12M
12-24M

图例
1908-1949年
1950-1979年
1980年以后

浦厂记忆：挖掘·植入·激活

南京市浦口区浦镇车辆厂规划更新设计
组员：倪一舒 王世鑫 指导老师：方遥 南京工业大学

规划意向 | Memory of Puchang 06

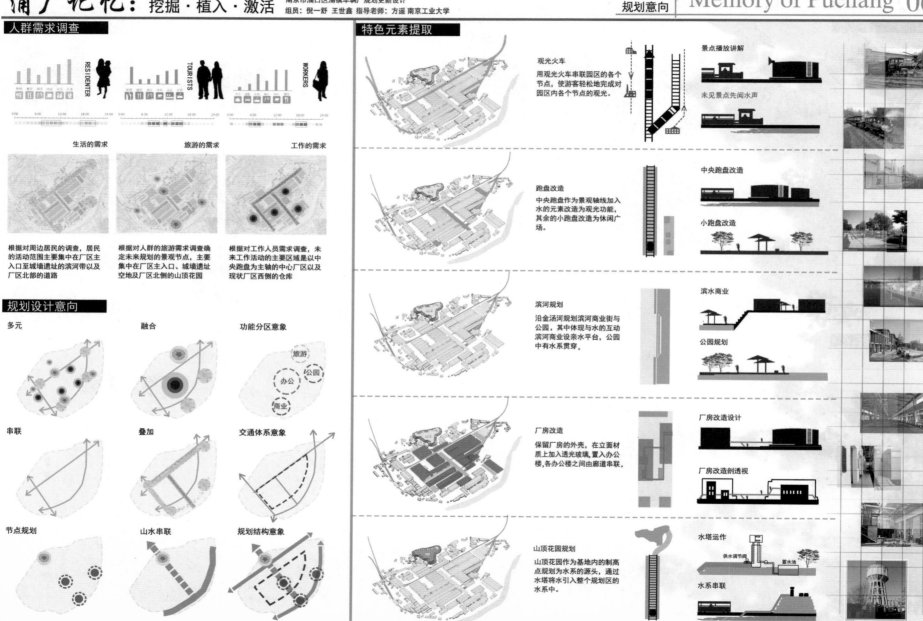

人群需求调查

RESIDENTER

TOURISTS

WORKERS

生活的需求　　旅游的需求　　工作的需求

根据对周边居民的调查，居民的活动范围主要集中在厂区主入口至城墙遗址的滨河带以及厂区北部的道路

根据对人群的旅游需求调查确定未来规划的景观节点，主要集中在厂区主入口、城墙遗址空地及厂区北侧的山顶花园

根据对工作人员需求调查，未来工作活动的主要区域是以中央跑盘为主轴的中心厂区以及现状厂区西侧的仓库

规划设计意向

多元　　融合　　功能分区意象

旅游
公园
办公
商业

串联　　叠加　　交通体系意象

节点规划　　山水串联　　规划结构意象

特色元素提取

观光火车
用观光火车串联园区的各个节点，使游客轻松地完成对园区内各个节点的观光。

景点播放讲解

未见景点先闻水声

跑盘改造
中央跑盘作为景观轴线加入水的元素改造为观光功能，其余的小跑盘改造为休闲广场。

中央跑盘改造

小跑盘改造

滨河规划
沿金汤河规划滨河商业街与公园，其中体现与水的互动滨河商业设亲水平台，公园中有水系贯穿。

滨水商业

公园规划

厂房改造
保留厂房的外壳，在立面材质上加入透光玻璃，置入办公楼，各办公楼之间由廊道串联。

厂房改造设计

厂房改造剖透视

山顶花园规划
山顶花园作为基地内的制高点规划为水系的源头，通过水塔将水引入整个规划区的水系中。

水塔运作

供水调节阀
蓄水池

水系串联

浦厂记忆：挖掘·植入·激活

南京市浦口区浦镇车辆厂规划更新设计
组员：倪一舒 王世鑫 指导老师：方遥 南京工业大学

轴线生成 | **Memory of Puchang 07**

■ 滨河轴线

滨河沿岸作为基地的特色元素发掘，拆除了大量现状影响沿岸景观通透性的建筑，在东南角的空地新建公园，公园与商业街的建筑肌理注入不同元素，最终构建各具特色融为一体的滨河岸线。

■ 步行轴线

步行轴线由被步行廊道与步行交通串联的三处广场节点构成，三处活动空间分别通过保留、改造、拆除新建不同的改造手段建设，是园区主要的人行活动轴线。

Step1 拆除
■ 现状建筑不能构成较有特色的滨河岸线，保留少许建筑其余拆除

Step2 分区规划注入建筑元素
■ 分区设计建筑形态，公园区建筑注入铁路的流线形元素，商业街区建筑注入广场组团元素

Step3 强化轴线
■ 在商业街与公园的部分建筑增设线形屋顶绿化，进一步强化轴线肌理

Step4 串联整合
■ 规划设计道路与建筑细部以及滨河走道，整合商业街至公园成为完整具有特色的滨河岸线

Step1 规划节点
■ 在浦厂的西部中心及东部规划三处公共空间节点，分别为原货仓、原厂房与小跑盘

Step2 保留整合
■ 保留原货仓的建筑，翻新整合使其成为组团式的现代办公组团

Step3 拆除新建
■ 拆除中央厂房部分建筑，新建下沉广场，将东侧的小跑盘改造成绿地广场

Step4 串联整合
■ 加入线性步行廊道，强化轴线感串联新规划的三处活动空间节点

浦厂记忆：挖掘·植入·激活

南京市浦口区浦镇车辆厂规划更新设计
组员：倪一舒 王世鑫 指导老师：方遥 南京工业大学

轴线生成 | Memory of Puchang 08

■ 北侧轴线

■ 北侧轴线贯穿办公组团、山顶花园与旅游服务组团，是基地最北边的轴线，通过拆除整合更新建筑肌理，再通过分区注入建筑元素的方式，形成各具特色却又协调统一的轴线节点。

Step1 拆除

■ 现状建筑体量较小且规划不成体系，拆除中间部分碎小的建筑，形成串联的开放空间

Step2 整合

■ 将现状建筑整合形成小组团，节点建筑形成轴线的收尾围合

Step3 串联

■ 将东西组团的轴线串联，形成贯穿基地东西的轴线。

Step4 注入元素

■ 根据各组团功能注入配合其功能的建筑元素，办公区注入现代元素，旅游服务区注入园林元素

■ 中央轴线

■ 中央轴线作为现状存在的轴线肌理，规划中主要新增了特色节点增加了轴线的趣味性，同时将轴线最北段也是厂区制高点的山顶花园作为基地活水的源流，贯穿轴线引流入园区。

Step1 拆除

■ 拆除现状影响景观通透性的较大体量建筑，形成通透的景观廊道

Step2 节点规划

■ 改造山顶花园、中心跑盘，新建下沉广场规划成为中心轴线上的景观节点

Step3 引水

■ 由山顶花园的水塔将水下引，贯穿中心轴线汇入南侧的金沟河

Step4 注入元素

■ 改造山顶花园、中心跑盘，新建下沉广场规划中成为心轴线上的景观节点

浦厂记忆：挖掘·植入·激活

南京市浦口区浦镇车辆厂规划更新设计
组员：倪一舒 王世鑫 指导老师：方遥 南京工业大学

平面图

Memory of Puchang 09

总平面1:1800

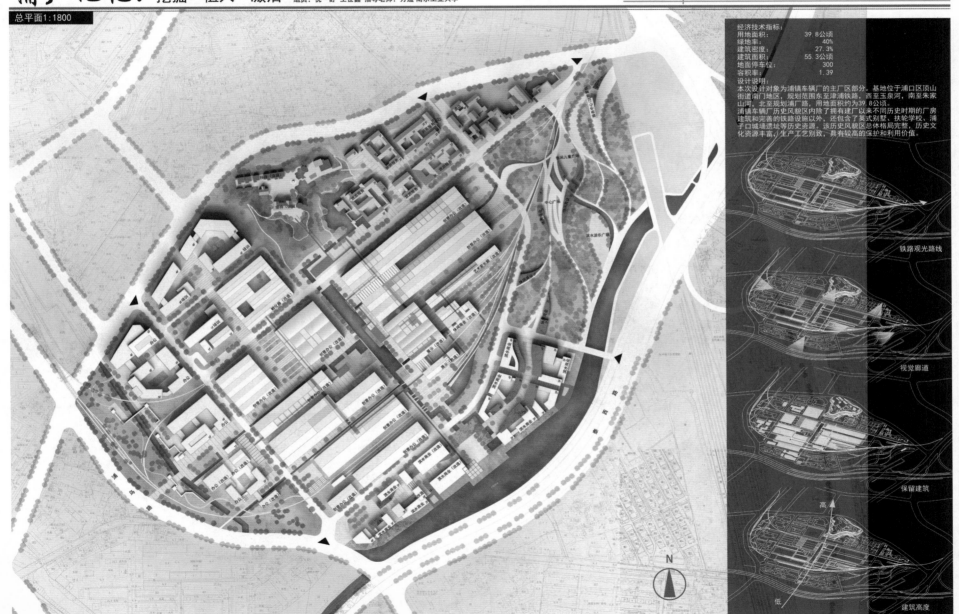

经济技术指标：
用地面积：　　　　　39.8公顷
绿地率：　　　　　　40%
建筑密度：　　　　　27.3%
建筑面积：　　　　　55.3公顷
地面停车位：　　　　300
容积率：　　　　　　1.39

设计说明：
本次设计对象为浦镇车辆厂的主厂区部分。基地位于浦口区顶山街道南门地区，规划范围东至津浦铁路，西至玉泉河，南至朱家山河，北至规划浦厂路，用地面积约为39.8公顷。
浦镇车辆厂历史风貌区内除了拥有建厂以来不同历史时期的厂房建筑和完善的铁路设施以外，还包含了英式别墅、扶轮学校、浦子口城墙遗址等历史资源。该历史风貌区总体格局完整，历史文化资源丰富，生产工艺别致，具有较高的保护和利用价值。

铁路观光路线

视觉廊道

保留建筑

建筑高度

高

低

N

浦厂记忆：挖掘·植入·激活

南京市浦口区浦镇车辆厂规划更新设计
组员：倪一舒 王世鑫 指导老师：方遥 南京工业大学

综合分析 | Memory of Puchang **10**

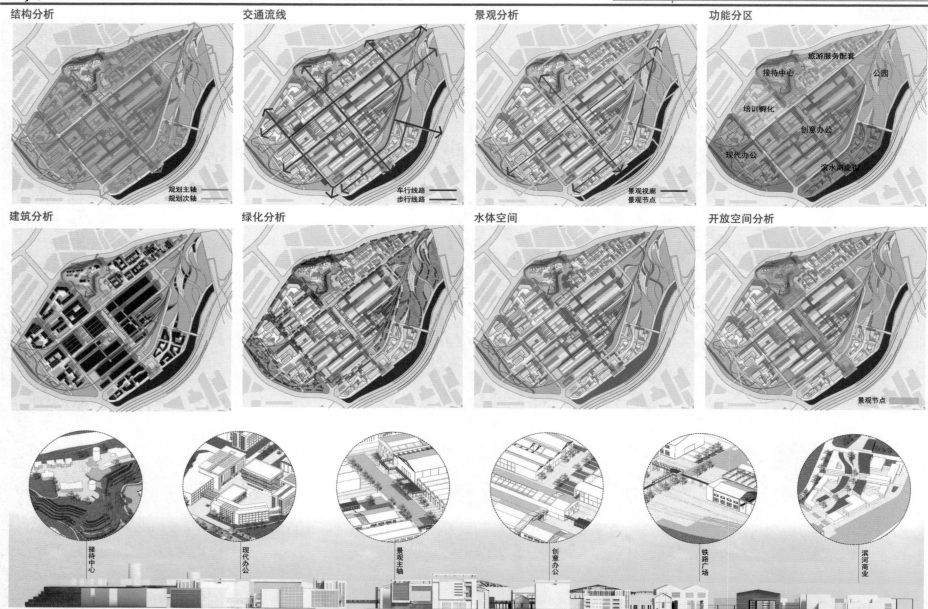

结构分析

规划主轴 ——
规划次轴 ——

交通流线

车行线路 ——
步行线路 ——

景观分析

景观视廊 ——
景观节点

功能分区

旅游服务配套
接待中心
公园
培训孵化
创意办公
现代办公
滨水商业街

建筑分析

绿化分析

水体空间

开放空间分析

景观节点

接待中心

现代办公

景观主轴

创意办公

铁路广场

滨河商业

浦厂记忆：挖掘·植入·激活

南京市浦口区浦镇车辆厂规划更新设计
组员：倪一舒 王世鑫 指导老师：方遥 南京工业大学

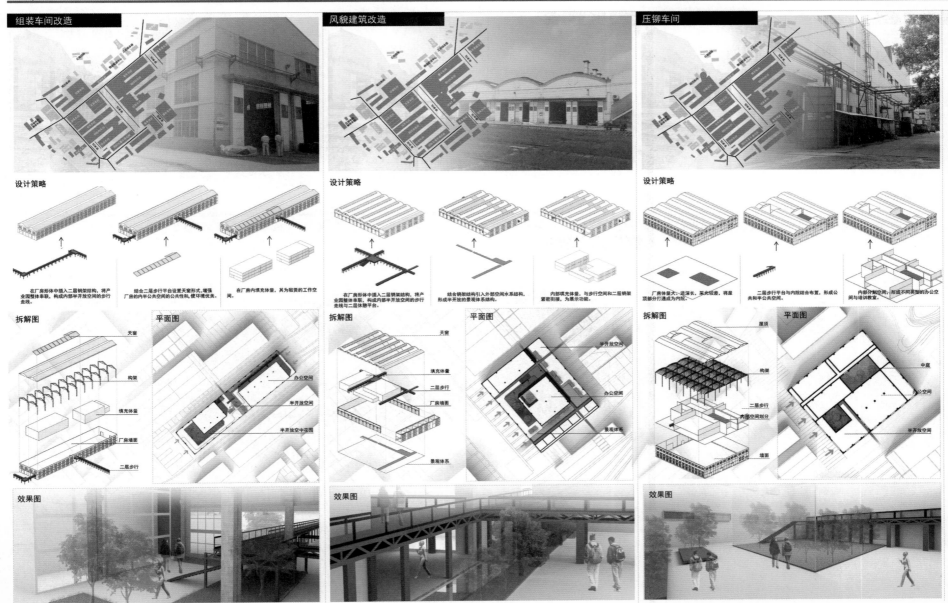

组装车间改造

风貌建筑改造

压铆车间

设计策略

在厂房形体中插入二层钢架结构，将产业园整体串联，构成内部半开放空间的步行走线。

结合二层步行平台设置天窗形式，增强厂房的内半公共空间的公共性和，使环境优美。

在厂房内填充体量，其为租赁的工作空间。

设计策略

在厂房形体中插入二层钢架结构，将产业园整体串联，构成内部半开放空间的步行走线与二层休憩平台。

结合钢架结构引入外部空间水系结构，形成半开放的景观体系结构。

内部填充体量，与步行空间和二层钢架紧密衔接，为展示功能。

设计策略

厂房体量大、进深长，采光较差，将屋顶部分打通成为内院。

二层步行平台与内院结合布置，形成公共和半公共空间。

内部分割空间，形成不同类型的办公空间与培训教室。

拆解图

天窗
构架
填充体量
厂房墙面
二层步行

平面图

办公空间
半开放空间
半开放空中花园
景观体系

拆解图

天窗
填充体量
二层步行
厂房墙面
景观体系

平面图

半开放空间
办公空间
景观体系

拆解图

屋顶
构架
二层步行
内部空间划分
墙面

平面图

中庭
办公空间
半开放空间

效果图

效果图

效果图

浦厂记忆：挖掘·植入·激活

南京市浦口区浦镇车辆厂规划更新设计
组员：倪一舒 王世鑫 指导老师：方遥 南京工业大学

规划改造综合 | Memory of Puchang **12**

设计模式

□ 建筑改造模式

去表皮　　　填充体量　　　搭架　　　玻璃材质

□ 公共空间营造模式

建筑围合　　　绿化营造　　　下沉　　　利用现状

□ 办公组团模式

连接　　　突出主要　　　围合　　　连接

□ 二层步道模式

吊机改造　　　制造架台改造　　　高差　　　节点平台

□ 铁路改造模式

绿化　　　水系　　　步道　　　观光

□ 滨水商业模式

空中花园　　　流线型　　　建筑高度　　　观光

□ 山上改造模式

水面　　　广场　　　入口　　　保护

火车观光组织模式

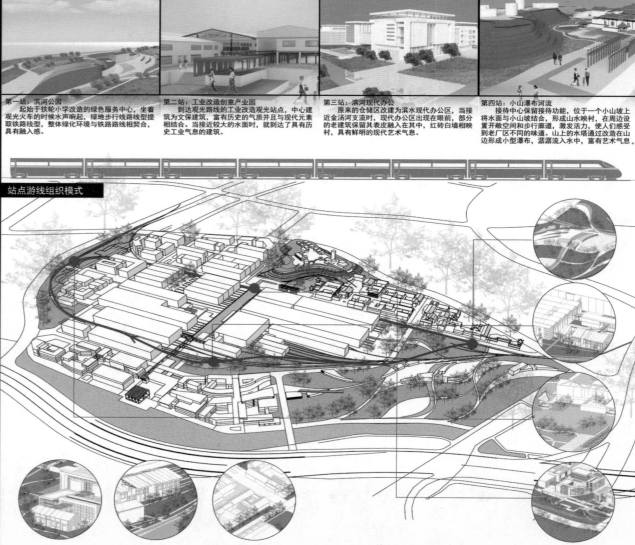

□ 林间　　　□ 工业　　　□ 融合　　　□ 山水

第一站：滨河公园
起始于扶轮小学改造的绿色服务中心，坐着观光火车的时候水声响起，绿地步行线路线型提取铁路线型，整体绿化环境与铁路路线相契合，具有融入感。

第二站：工业改造创意产业园
到达观光路线的工业改造观光站点，中心建筑为文保建筑，富有历史的气质并且与现代元素相结合。当接近较大的水面时，就到达了具有历史工业气息的建筑。

第三站：滨河现代办公
原来的仓储区改建为滨水现代办公区，当接近金汤河支流时，现代办公区出现在眼前，部分的老建筑保留其表皮融入其中，红砖白墙相映村，具有鲜明的现代艺术气息。

第四站：小山瀑布河流
接待中心保留接待功能，位于一个小山坡上将水面与小山坡结合，形成山水映村，在周边设置开敞空间和步行廊道，激发活力，使人们感受到老厂区不同的味道。山上的水塔通过改造在山边形成小型瀑布，潺潺流入水中，富有艺术气息。

站点游线组织模式

浦厂记忆：挖掘·植入·激活

南京市浦口区浦镇车辆厂规划更新设计
组员：倪一舒 王世鑫 指导老师：方遥 南京工业大学

交通分析 | Memory of Puchang 13

道路剖面

横断面a-a

9m 2m 6.5m 2m 5m

横断面b-b

9m 1.8m 7m 8.5m

横断面c-c

4.5m 2m 4m 2m 4.5m

横断面c-c

2.5m 2m 2m 2.5m

24m 3.5m 1m 3.5m 4m 9m

交通分析

车行交通
地下停车出入口
步行交通
公共节点
公共节点

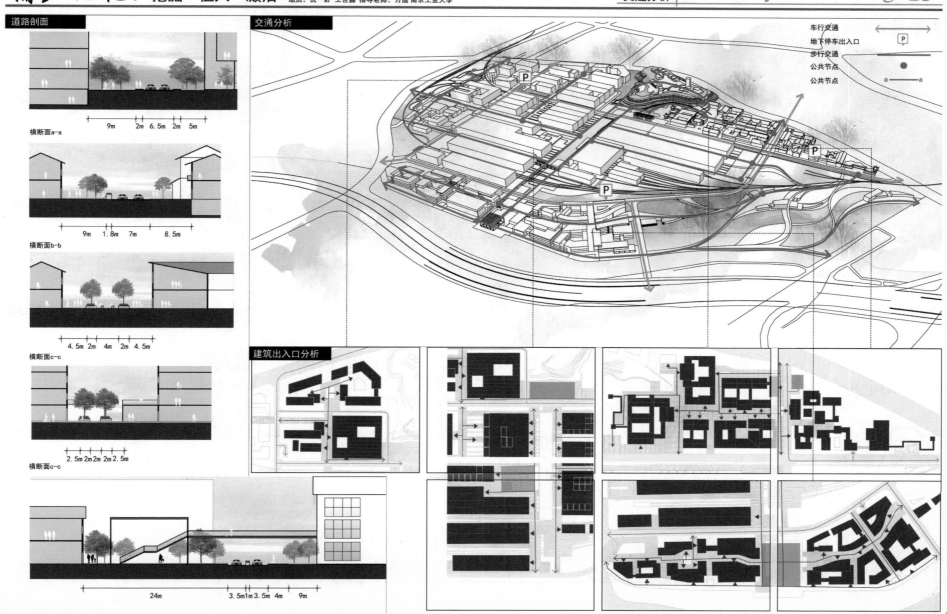

建筑出入口分析

浦厂记忆：挖掘·植入·激活

南京市浦口区浦镇车辆厂规划更新设计
组员：倪一舒 王世鑫 指导老师：方遥 南京工业大学

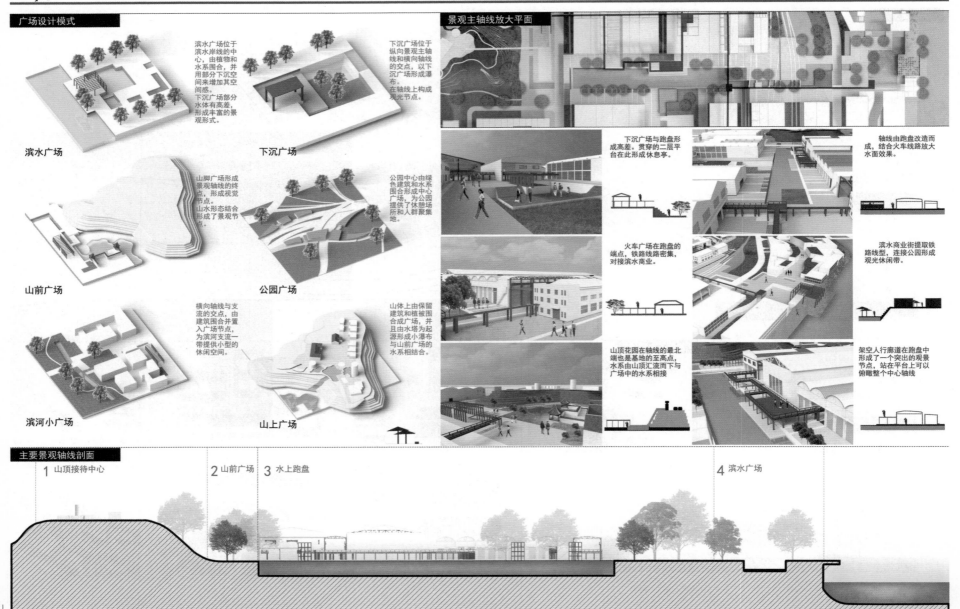

广场设计模式

滨水广场位于滨水岸线的中心，由植物和水系围合，并用部分下沉空间来增加其空间感。下沉广场部分水体有高差，形成丰富的景观形式。

滨水广场

下沉广场位于纵向景观主轴线与横向轴线的交点，以下沉广场形成瀑布。在轴线上构成观光节点。

下沉广场

山脚广场形成景观轴线的终点，形成视觉节点。山水形态结合形成了景观节点。

山前广场

公园中心由绿色建筑和水系围合成中心广场，为公园提供了休憩场所和人群聚集地。

公园广场

横向轴线与支流的交点，由建筑围合并置入广场节点，为滨河支流一带提供小型的休闲空间。

滨河小广场

山体上由保留建筑和植被围合成广场，并且由水塔为起源形成小瀑布与山前广场的水系相结合。

山上广场

景观主轴线放大平面

下沉广场与跑盘形成高差。贯穿的二层平台在此形成休息亭。

火车广场在跑盘的端点，铁路线路密集，对接滨水商业。

山顶花园在轴线的最北端地也是基地的至高点，水系由山顶流而下与广场中的水系相接。

轴线由跑盘改造而成，结合火车线路放大水面效果。

滨水商业街提取铁路线型，连接公园形成观光休闲带。

架空人行廊道在跑盘中形成了一个突出的观景节点，站在平台上可以俯瞰整个中心轴线

主要景观轴线剖面

1 山顶接待中心　　2 山前广场　　3 水上跑盘　　　　　　　　　4 滨水广场

浦厂记忆：挖掘·植入·激活

南京市浦口区浦镇车辆厂规划更新设计
组员：倪一舒 王世鑫 指导老师：方遥 南京工业大学

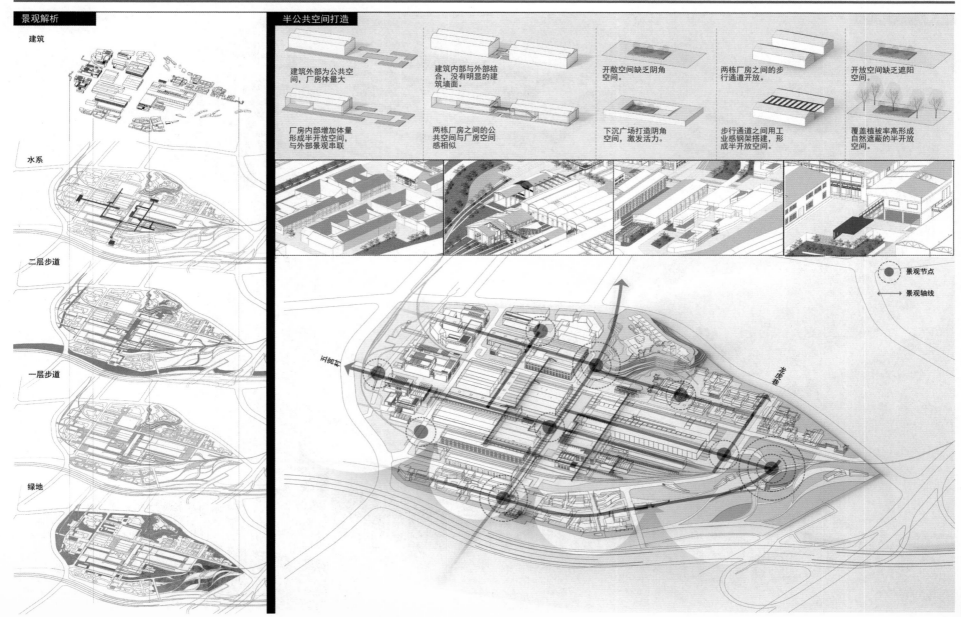

景观解析

建筑

水系

二层步道

一层步道

绿地

半公共空间打造

建筑外部为公共空间，厂房体量大

厂房内部增加体量形成半开放空间，与外部景观串联

建筑内部与外部结合，没有明显的建筑墙面。

两栋厂房之间的公共空间与厂房空间感相似

开敞空间缺乏阴角空间。

下沉广场打造阴角空间，激发活力。

两栋厂房之间的步行通道开放。

步行通道之间用工业感钢架搭建，形成半开放空间。

开放空间缺乏遮阳空间。

覆盖植被率高形成自然遮蔽的半开放空间。

景观节点

景观轴线

浦厂记忆：挖掘·植入·激活

南京市浦口区浦镇车辆厂规划更新设计
组员：倪一舒 王世鑫 指导老师：方遥 南京工业大学

效果图 | Memory of Puchang 16

鸟瞰图

多元碰撞——城市综合活力空间

南京工业大学
Nanjing Tech University

设计成员：杨明霞　张瑞琳
指导老师：方　遥

第一阶段 构思图

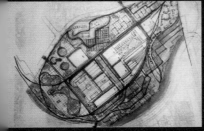

第二阶段 草图

第三阶段 定稿图

调研感悟： 俗话说"读万卷书不如行万里路"，通过一个星期对重庆和成都两个城市的实地调研，使我们对两地的城市特色及生活氛围有了深刻的体会。尤其是通过对两地历史风貌区的实地调研，切身体会了两地对历史风貌区保护的成果，对历史风貌区保护这一课题有了新的理解与认识。同时，对历史风貌区的保护模式及实施成果有了深刻的体会。

设计感悟： 经历了长达三个多月毕业设计的学习与成长，我们收获颇丰。从初期对设计题目"历史风貌区规划设计"的探索与理解，到对基地的熟悉与设计方向的发散延伸，最终在指导老师的帮助下，寻找到对设计对象合适的定位。这是一个自我探索、研究、选择的过程。在与兄弟学校的同学们设计交流与探讨的过程中，我们也观察到不同学校间的特色教学模式，学习到他们对于设计进程的精准把控以及对于设计本身的充满想象的发散思维。我们顺利地完成了这次毕业设计的所有工作，也是对这五年的课程学习作出了一个总结。但这并不是学习的终点，即将步入工作岗位的我们，将会在工作中继续不断地学习，充实自己。

设计说明： 旨在将浦镇车辆厂历史风貌区打造成城市综合活力空间。立足区域，面向周边居民以及外来游客，融合休闲运动、文化创意、工业历史三个重要元素，将历史风貌区转化为城市基础设施。立足四大提升原则——"历史传承、文化演绎、形象提升、创新注入"，力求达到在宜居城市中扮演一个富有意义的多重的综合性角色的目的。

浦镇车辆厂历史风貌区规划设计

多元碰撞——城市综合活力空间（理论分析）

历史包袱or文化财富

WHAT? 工业遗产的定义

工业遗产由工业文化遗存组成，这些遗存拥有历史的、技术的、社会的、建筑的或者是科学上的价值。这些遗存由建筑物、构筑物和机器设备、车间、工厂、矿山、仓库和储藏室、生源生产、传送、使用和运输以及所有的地下构筑物及所在的场所构成，与工业相联系的社会活动场所（如住宅、宗教朝拜地、教育机构）也包含在工业遗产范畴之内。

——国际工业遗产保护大会《下塔吉尔宪章》

VS.

WHY? 为什么要保护？

```
                  工业遗产价值
    ┌───────┬───────┬───────┬───────┬───────┐
  历史价值  社会价值  科学技术价值 艺术美学价值  经济价值
```

HOW? 怎样确定工业遗产？

工业遗产评价体系

法律、条例名称	对象	对象的价值标准
联合国教科文组织（UNESCO）世界文化遗产的标准	文化遗产	创造性、人文价值、特殊文化的证明建筑、技术、景观的历史典范、难于保存的脆弱证据、与重大事件、信仰、文艺作品关联
国际工业遗产保护协会（TICCIH）《下塔吉尔宪章》	工业遗产	历史价值、社会价值、科技价值、审美价值、稀有性价值
国际古迹遗址理事会（ICOMOS）特定类别工业遗产的专项标准之一	铁路	创造性工程产生于技术革新、反作用于科技进步的代表性、价值突出是保存的价值景象下社会经济发展遗存
国际古迹遗址理事会（ICOMOS）特定类别工业遗产的专项标准之二	煤矿	智慧与创造力、对技术进步于生活影响、历史的突出特别、促进社会经济发展、机械结构的景象性
国务院《文物保护法》	可移动文物不可移动文物	历史价值、艺术价值、科学价值
《历史文化名城保护规划规范》历史文化街区保护	历史文化街区、历史文化建筑	历史文化遗存丰富、风貌由历史遗物构成、历史文化街区面积不小于1万m²、历史建筑占地面积占保护区内总建筑占比、培育利的60%以上

年代久远度

历史年代久远或在工业发展史的关键时期建设着景的工业遗产有相对显著的历史价值。根据对中国工业发展史料的研究，可以将近、现代中国工业发展划分为以下几个主要阶段。

时代	时段	主要历史事件
近代工业	1840-1894	近代工业的萌起
	1895-1911	近代工业初步发展，外国资本涌入
	1912-1936	私营工业迅速发展
	1937-1948	抗战时期，工业全面衰退
现代工业	1949-1952	中华人民共和国成立、工业全面复苏
	1953-1957	一五期间，苏联援建红色工业、工业快速发展
	1958-1976	曲折前进、工业发展停滞
	1978-2013	迅速发展时期，工业产业调整与重新定位

HOW? 如何保护和再利用工业遗产以及相关案例

博物馆模式

这种模式是把工业遗产的建筑、机器设备等改造成为博物馆的形式，以展示普经的工业生产流程，从中活化工业遗产的历史和真实感，同时也使游客和公众增加对工业遗产的认同感，有利于公众参与到更多的工业遗产保护中来。

UNESCO-Welterbe Zollverein
关税同盟煤矿博物馆区

关税同盟煤矿-焦化厂是德国第三个被联合国教科文组织认定为世界文化遗产的工业遗产地。它除了是一项反映20世纪30年代采矿业先进水平的博物馆外，其典型的包豪斯风格的工业建筑也是吸引游客的一大亮点。

公共游憩空间模式

这种模式是指在工业旧址上建造一些诸如城市主题公园、广场等便于公众参与的休闲和娱乐的场所，突出工业文化主题，增强地区活力，从而有利于对工业建筑遗产地的可持续保护。

Landschaftspark Duisburg-Nord
北杜伊斯堡景观公园

北杜伊斯堡景观公园是由钢铁厂改造形成的工业景观区，其前址是炼铁厂和煤矿及钢铁设施，使周边地区严重污染，公园设计将其原用途渠结合，将工业遗产与生态绿地交织在一起。游客亦可在此进行攀岩、深度潜水以及体验如变形金刚般的灯光秀。

与购物旅游相结合的综合开发模式

这种模式是指把工业遗产改造为一个购物中心，并配备咖啡馆、酒吧、健身及儿童娱乐场所等，集购物、娱乐、休闲于一体的综合开发模式，这种模式很好地保护和再利用了工业遗产，在为人们展示当年的工业建筑与工业设备时，也为政府和社会带来经济效益和环境效益。

德国奥博豪森市的旅游中心购物区

德国奥博豪森市的旅游中心购物区，将壮观的工业设备改建成购物中心，闲置的旧厂房和仓库经过适当改造，成为韵味十足的咖啡馆、酒吧、餐厅、影视娱乐中心等；宽敞的工业场地改造为可供人们健身的体育中心和网球场等。废旧的矿坑被改造成为普滚落漆的人工湖。

区域一体化模式

这种模式是对一个区域内的工业遗产进行开发的模式，即对工业遗产进行多目标的区域综合整治，开发工业遗产旅游，这表现在区域性旅游路线、市场营销推广、景点规划与组合等各方面。

工业遗产旅游之路——德国鲁尔区

工业遗产旅游之路分布在鲁尔区16个城市中，共拥有25个主要景点，包括15个博物馆或博物馆群，5个景观公园，4个文化体验中心以及1片历史街区。这些景点的原始功能并非全是工业生产：其中采矿区及设备7处，钢铁、化工、焦化、机械等重工业6处，轻工业及公共建筑3处，基础设施4处，老城区2处，剧院2处，新建1处。

南京工业大学 建筑学院 城市规划1201
学生：杨明霞 张瑞琳 指导老师：方遥

浦镇车辆厂历史风貌区规划设计

多元碰撞 ——城市综合活力空间（观光轻轨线路）

区域一体化模式

根据2014年公示的《南京市鼓楼区总体规划(2010-2030)》，建议将原津浦铁路线改造为有轨电车线路，起点为南京站，终点为南京西站。规划设置6处站点，但具体位置和站名尚未定。据介绍，一旦这条轻轨建成，不仅对鼓楼东西线交通是一个补充，而且将打造成一条历史观光线路。

这一项规划中，观光轻轨线路主要集中在长江东岸，而长江西岸，南京浦口火车站及南京北站同样面临面貌整改。在中国铁路百年史上，浦口火车站和津浦铁路占有很重要的地位。因为它是中国最早最长的一条铁路，而浦口火车站是它南端的终点。车站大楼座落在浦口江边，远瞰南京下关，平吞江濑，实为浦口境内一大观。在此段津浦铁路沿线，浦口火车站、铁道学院、浦镇车辆厂、龙虎巷等一系列彰显民国文化、蕴含工业遗产的历史建筑都是我们宝贵的资源。

津浦铁路改造——观光轻轨

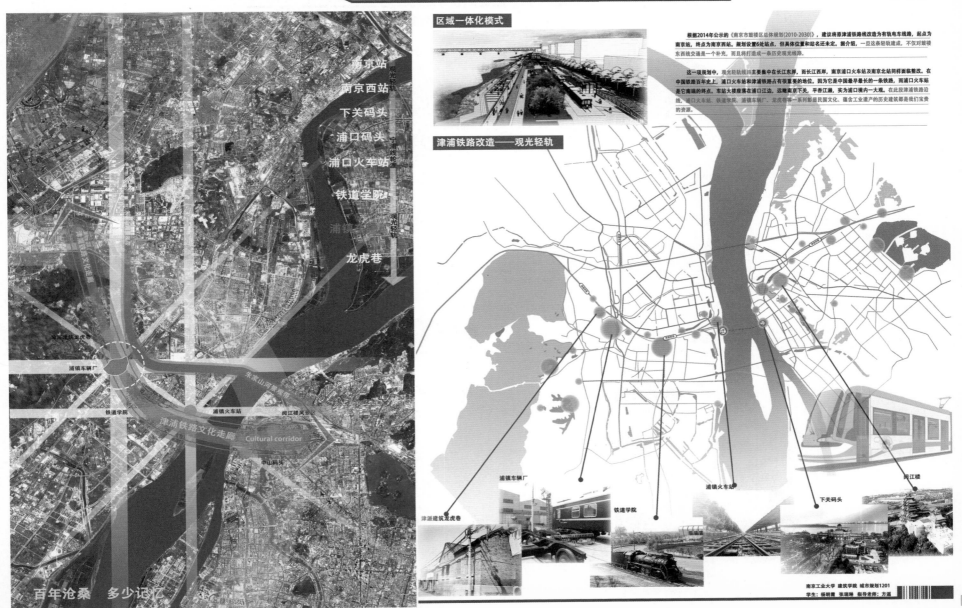

南京工业大学 建筑学院 城市规划1201
学生：杨明霞 张瑞琳 指导老师：方遥

浦镇车辆厂历史风貌区规划设计

多元碰撞——城市综合活力空间（现状分析）

区位分析

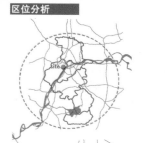

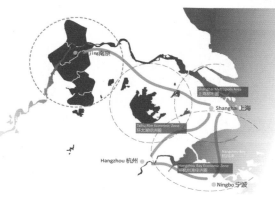

区位：浦镇车辆厂历史风貌区位于南京市浦口区顶山街道南门地区，地处南京市江北新区，江北新区是国家级新区，新一轮《江北新区总体规划》正在实施。浦镇车辆厂位于"浦口火车站片区"，规划所在地区的总体定位为凸显民国文化、蕴涵工业遗产的城市宜居组团。人口规模19.9万人。未来将构建"一廊、两带；双核、多片区"的规划结构，其中"一廊"为津浦铁路文化走廊；"两带"即朱家山河景观带和滨江风光带；双核是浦镇机厂—龙虎巷历史文化核心、老浦口综合服务核心。多片区为各居住社区、滨江公共服务活动区、铁道学院、浦镇机厂—龙虎巷历史风貌区、沿山绿地公园，机遇与挑战并存。

生产工艺

南京浦镇车辆厂建于1908年，具有百年制造历史，是中国从事轨道交通装备研究和制造的专业化生产企业，是中国铁路装备制造业大型一档企业。公司始终以发展民族工业和打造自主品牌为己任，致力于现代新型轨道交通运输装备的开发与制造，成为中国铁路空调双层客车研制基地、中国城市轨道交通车辆生产定点企业。

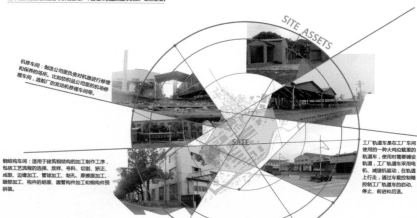

SITE ASSETS

机修车间：制造公司里负责对机器进行修理和保养的场所。比如钞钓厂是公司里面的机修车间、造船厂的发动机修理车间等，通过车间进行精密控制机厂轨道车的启动、停止、前进和后退。

钢结构车间：适用于建筑钢结构的加工制作工序，包括工艺流程的选择、放样、号料、切割、矫正、成型、边缘加工、管球加工、制孔、摩擦面加工、端部加工、构件的组装、直管构件加工和钢构件预拼装。

工厂轨道车是在工厂车间使用的一种大吨位载重的轨道车，使用时需要铺设轨道电动机，减速机驱动，在轨道上行走，通过车载控制器精密控制工厂轨道车的启动、停止、前进和后退。

交通分析

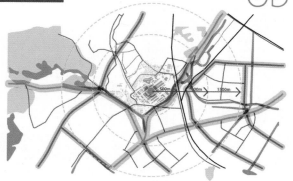

规划交通：
浦镇车辆厂位于江北新区浦口火车站片区，规划区规划4条轨道交通线，包括轨道交通4号线、轨道交通11号线、轨道交通15号线和宁天城际线，轨道交通站点8处，分别为珍珠泉站、大桥站、柳州路站、新马路站、浦江东站、浦东路站、浦口公园站及柳州南路站。

历史沿革
Historical Origin

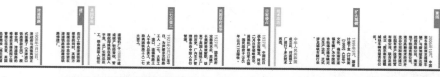

SWOT

Strengths 优势
1. 地理位置优越，交通便利
浦镇车辆厂位于江北新区中心区，未来交通设施发达。
2. 历史悠久，建筑保存较好
浦镇车辆厂始建于1908年，是全国为数不多的具有百年历史的铁路制造基地。
3. 历史资源丰富，建筑形式多样
厂区内拥有建厂以来不同历史时期的长放建筑和完善的铁路设备，包含了英式别墅、扶轮学校、城墙遗址等历史资源。

Weakness 劣势
1. 功能单一
厂区内几乎均为工业厂房，缺乏配套设施。
2. 空间环境差，缺乏公共空间
厂区内厂房拥挤，空间落后，缺乏共享、开放的公共空间。

Opportunit 机遇
新规划的调整
厂区位于江北新区中心区位置以及浦口火车站规划片区内，片区一体化发展形势良好。

Threaten 挑战
产业单一化发展
近几年厂区由于产业单一，年利润下降，面临产业转型与技术提升的困境。

微观区位：基地所在地段位于老山脚下，朱家河畔，山水特色突出，自然资源优越。北邻龙虎巷，人文要素丰富。新规划调整后，基地处于居住板块，自身发展方向多样。

南京工业大学 建筑学院 城市规划1201
学生：杨明霞 张瑞琳 指导老师：方遥

浦镇车辆厂历史风貌区规划设计

多元碰撞——城市综合活力空间（现状分析）

现状综合分析图

水资源　铁轨　生态资源　历史资源

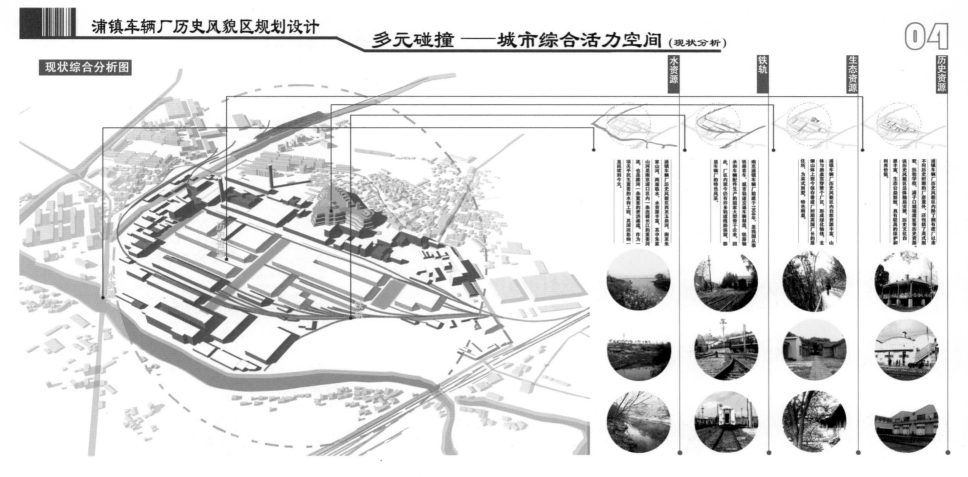

现状认知 >> 现状分析

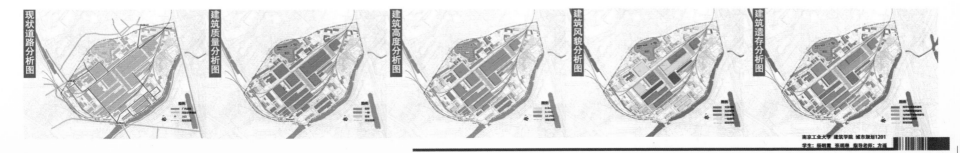

现状道路分析图　建筑质量分析图　建筑高度分析图　建筑风貌分析图　建筑遗存分析图

南京工业大学 建筑学院 城市规划1201
学生：杨明霞 张琪琪　指导老师：方遥

浦镇车辆厂历史风貌区规划设计

多元碰撞——城市综合活力空间（发展定位）

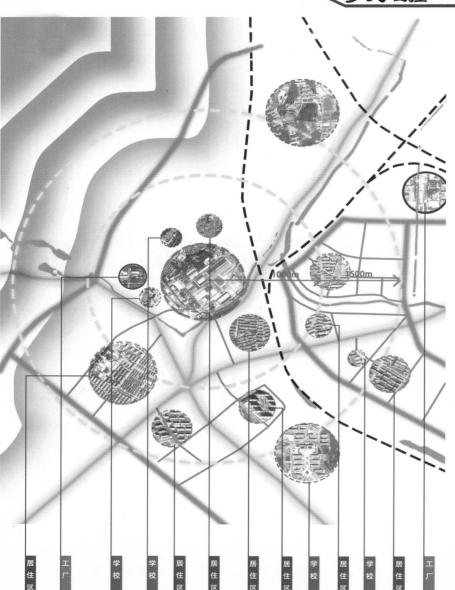

居住区｜工厂｜学校｜学校｜居住区｜居住区｜居住区｜居住区｜学校｜居住区｜学校｜居住区｜工厂

1000m　1500m

上位规划

[浦镇车辆厂历史风貌区]

定位：凸显民国文化、蕴含工业遗产的城市宜居组团。

[浦镇车辆厂历史风貌区]

定位：凸显民国文化、蕴含工业遗产的城市宜居组团。津浦铁路铁路文化和浦镇机械厂老工业遗产文化，将被重点打造，整个片区将通过改造，彰显浓郁民国风情，成为一条让人瞬间穿越回民国的街区。

[浦镇车辆厂历史风貌区]

定位：全国机车车辆生产基地，南京重要的近代工业遗存、生产工艺流程别致、具有较高可塑性的百年制造园区。

自身潜力

浦镇车辆厂历史风貌区内除了拥有建厂以来不同历史时期的厂房套间外，还包括了英式别墅、扶轮学校、浦口古城墙遗址等历史资源。该历史风貌区总体格局完整，历史文化资源丰富，生产工艺别致，具有较高的保护和利用价值。

1——大跨度厂房
2——风貌历史建筑
3——津派建筑
4——钢架结构

社会宏观

谨慎的城市更新

从20世纪70年代起，欧洲开始特别重视旧建筑的保护、改造和再利用。文物建筑和普通的旧建筑，都是构成地方特征和维系原有社会经济文化延续的载体。在旧建筑改造上，遵循"旧知旧，新知新，控制体量，改善功能"的方针。

当城市意识到推土机式的旧城改造对旧城结构肌理尺度，对历史文化毫无保留的摧残时，修旧知旧的理念悄然渗入市中心的旧厂房改造中。

改造匹配性分析

	旧厂房、旧仓库	创意产业
建筑形态	结构空间，框架结构建筑具有连续的空间感，建筑材料、多为混凝土墙面展示、流露材料的展示易于挖掘艺术美感	强调空间纵深感，可自由分割分隔，以提高利用率，工作环境适宜创作思想态
地段环境	市中心，多处于老居民区的氛围之中，生活配套设施均为完善	闹中取静，出行方便，满足SOHO要求
功能配套	老式厂房、改常内有配置，无法满足传统办公物业的硬件要求	对网络、交通有较高要求，电梯、中央空调需要度低
文化传承	人文气息，历史遗迹	文化创意，艺术设计

发展定位

产业运营模式

INVOLVEMENT

区位环境

From "Right in Nanjing" to "In the core area of Nanjing"

从周边环境出发，基地周边多为居住区与学校，作为一个生活片区，严重缺乏生活配套设施，如合理的开放空间、绿化环境等。

NEW

交通

New form of the Old Science & Technology Park

基地位于津浦铁路旁，是有百年历史文化、现铁路沿线行走为主线，无轨道交通站。

SMART

规划

Smart People and the Smart Park

上位规划皆将浦镇车辆厂定位在位于民国文化居住组团的，体现工业遗产文化的百年制造厂。

GREEN

建筑形态

Beautiful Environment & Low-carbon Green

浦镇车辆厂自身建筑多为厂房，为大跨度的钢结构，与新兴创意产业办公功能较为相符。

创意办公

公共开放空间

运动公园　工业文化

南京工业大学 建筑学院 城市规划1201
学生：杨明露 张璐琳 指导老师：方遥

浦镇车辆厂历史风貌区规划设计

多元碰撞 ——城市综合活力空间（方案生成）

综合定位

将浦镇车辆厂历史风貌区打造成城市综合活力空间。立足区域，为周边居民提供一个复合的互动交流场所。面向社会，成为津浦铁路文化走廊上的一个休憩点。

历史风貌区——础设施

论文参照

不仅仅为了游客：论历史城市景观在当代宜居城市中扮演的"基础设施"角色

历史中心在当代城市中正逐渐成为以追求城市旅游经济为目标的"主题公园"，这一做法值得商榷——其继承了过去陈旧的功能主义观念，自20世纪60年代以来，被许多批评家广为诟病——其局限性在于太过理念化和实践不足，比如滥用城市历史和实证论分析技术以及对居住空间的忽略。将当代城市视为并操作主题公园和高度专门化的城市区域的拼接物构筑起来，这将在一定程度上破坏城市真正的宜居条件，与之相反，历史中心可以可以作为一种"城市基础设施"，在当今城市中扮演一个富有意义的、多重的、综合性的角色。

案例：近20年热那亚历史内城的更新

举措1：为城市制定的策略规划，一个针对历史中心的可操作性规划。	举措2：增加城市实体和人口的多元性。	举措3：从历史中心到历史城市中的一个新型结构角色。	举措4：历史中心作为当今城市环境的基础设施。
热那亚通过改善公共空间的一系列举措（改善道路铺地、增加公共和期前设施、通过测量建筑外立面来美化城市景观、设立无车区），从而对建成遗产的复兴和激励转变产生间接的影响。	在老城峰值城区原址上建立起建筑学院，学生们开始融续过各别该区域，并以长套的评测方法活用民宅。这是一步提高了当地繁华起化产业的复兴。	对历史中心的城市规划导向转变成为一种对特定物件的再确定，不是强调"量未干"特殊的技术设计指导原则。这一步骤消解的情感：一个改变当前城市区域宜居条件的潜力。	新城规划的意义在于将历史中心作为一种"城市的基础设施"考虑，并进一步强调其特征，一种对被消除的情感；一种对历史中心以被环境的真实。
综论：吸引了新居民和新的城市市用户进入到历史中心，从而在现在城市更新过程中扮演了重要角色。	综论：导致了20世纪和90年代一种"拼凑型"（patchy）的再认定。也源原出了其他社会群体的融入。	综论：历史意义成为一种工具，它能协助周边区域进行价值分配和成功定旨，也改变当前城市规划中的一个主题和复兴规划的一个作用。	

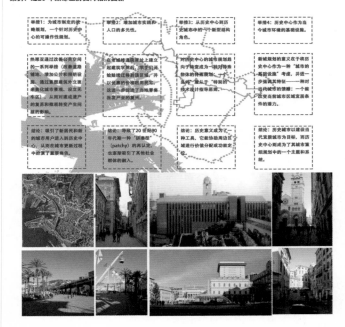

总体规划布

龙虎卷居住区
规划片区A
规划片区B
学校
展划片区C
展划片区E
展划片区F
展划片区D
展划片区G

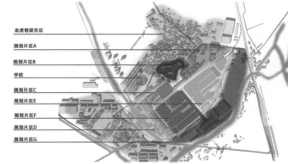

适应性分析　将场地划分为7个调查区域，根据各区现状结合策划功能，进行适宜性分析。

部分区域	现状功能	建筑形态	特色元素	规划适宜
A	管理办公	砖房	紧邻车行道，面向龙虎卷社区	商业片区
B	商业居住	砖房	山丘，文保单位	历史风貌区
C	次要厂房	钢架厂房/砖房	大跨度厂房，与整体风貌不协调	休闲居住片区
D	次要厂房	砖房	与整体风貌不协调，紧邻居住区与学校	开放式活动片区
E	主体厂房	钢架厂房	多为风貌建筑，大跨度厂房	文创办公区
F	主体厂房	钢架厂房	多为风貌建筑，大跨度厂房	室内活动片区
G	次要厂房	钢架厂房/砖房	与整体风貌不协调，临水	滨水休闲片区

设计过程分析

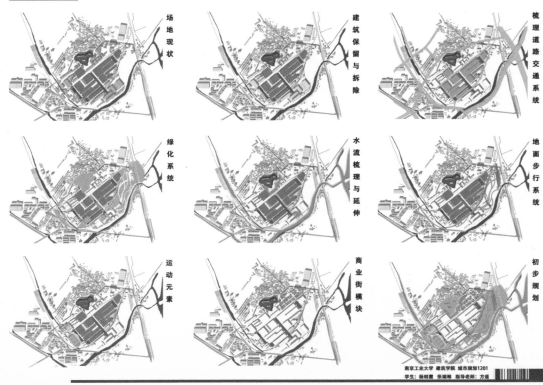

场地现状　建筑保留与拆除　梳理道路交通系统
绿化系统　水流梳理与延伸　地面步行系统
运动元素　商业街模块　初步规划

南京工业大学 建筑学院 城市规划1201
学生：杨明蔷 张瑞琳 指导老师：方遥

浦镇车辆厂历史风貌区规划设计

多元碰撞 —— 城市综合活力空间（理念指导）

保障

娱乐

文化

商业

生态

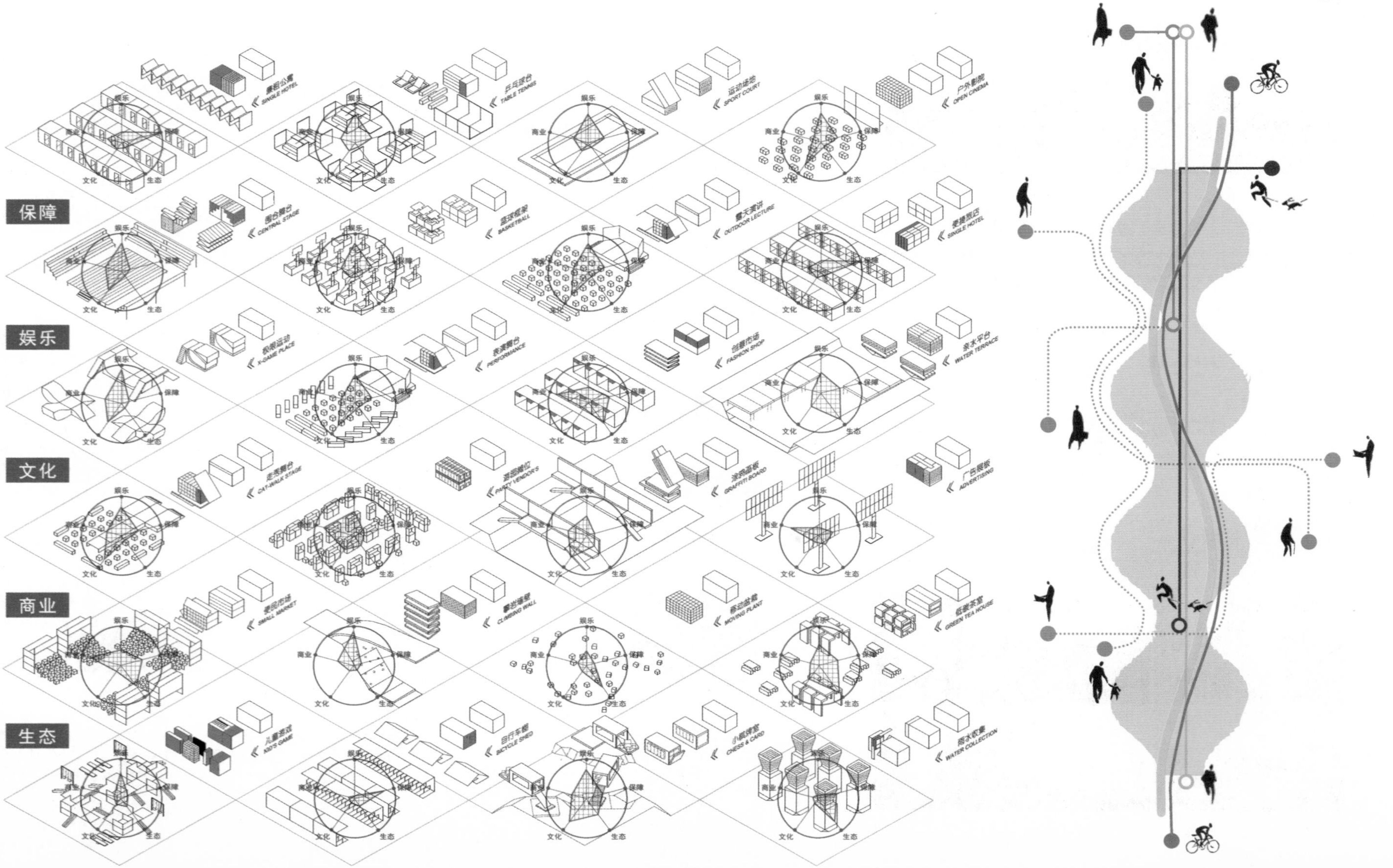

南京工业大学 建筑学院 城市规划1201
学生：杨明蕾 张瑞琳 指导老师：方遥

浦镇车辆厂历史风貌区规划设计

多元碰撞——城市综合活力空间 (总平面)

08

1. 室外球场
2. 服务商店
3. 标准足球场
4. 球场看台
5. 休假住宿区
6. 游泳馆
7. 羽毛球馆
8. 网球馆
9. 乒乓球馆
10. 多功能赛馆
11. 配套服务
12. 儿童游乐场
13. 游客服务管理中心
14. 儿童托管中心
15. 历史文化中心
16. 风貌商业街
17. 文创办公楼
18. 创意展示中心
19. 文创办公楼
20. 配套餐饮娱乐中心
21. 休闲漫步道
22. 自由活动场
23. 创意市集
24. 文创办公楼
25. 便民市场
26. 入口广场
27. 轨道历史展示馆
28. 城墙展示活动场

经济技术指标

总用地面积	44.35 公顷
建筑占地面积	13.24 公顷
总建筑面积	27.87 公顷
容积率	0.63
建筑密度	29.85%
绿地率	62.31%
地面停车位	300 个

总平面 1:2000

N

设计说明：旨在将浦镇车辆厂历史风貌区打造成城市综合活力空间。立足区域，面向周边居民以及游客，融合运动、文化、历史三个重要元素，将历史风貌区转化为城市基础设施。

立足四大提升原则，历史传承、文化演绎、形象提升、创新注入，力求达到在宜居城市内扮演一个富有意义的多重的综合性角色的目的。

南京工业大学 建筑学院 城市规划1201
学生：杨明蕾 张璐琳 指导老师：方遄

浦镇车辆厂历史风貌区规划设计

多元碰撞 ——城市综合活力空间（综合分析）

09

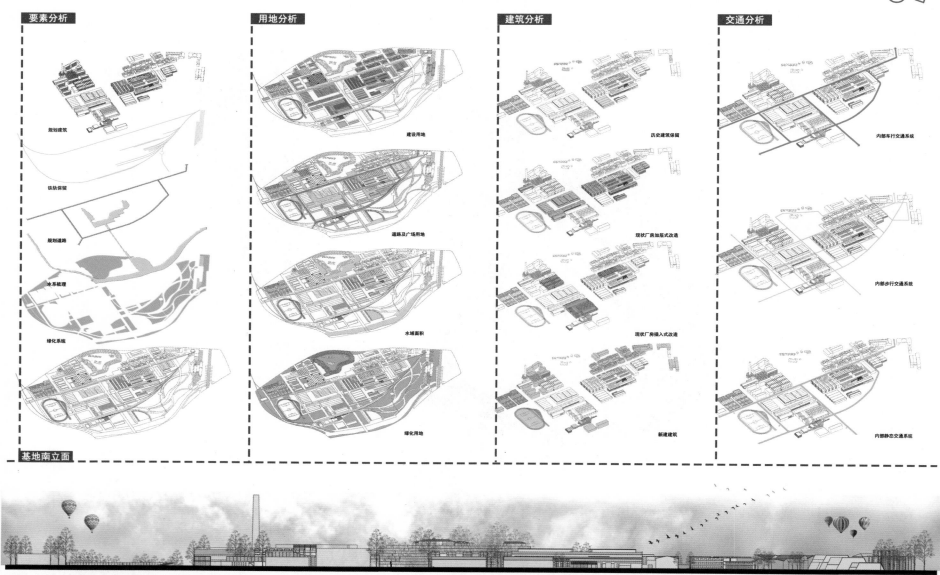

要素分析

规划建筑

铁轨保留

规划道路

水系梳理

绿化系统

用地分析

建设用地

道路及广场用地

水域面积

绿化用地

建筑分析

历史建筑保留

现状厂房加层式改造

现状厂房插入式改造

新建筑

交通分析

内部车行交通系统

内部步行交通系统

内部静态交通系统

基地南立面

南京工业大学 建筑学院 城市规划1201
学生：蒋明亮 张瑞琳 指导老师：方遥

浦镇车辆厂历史风貌区规划设计

多元碰撞 —— 城市综合活力空间 (功能分区)

商业街平面

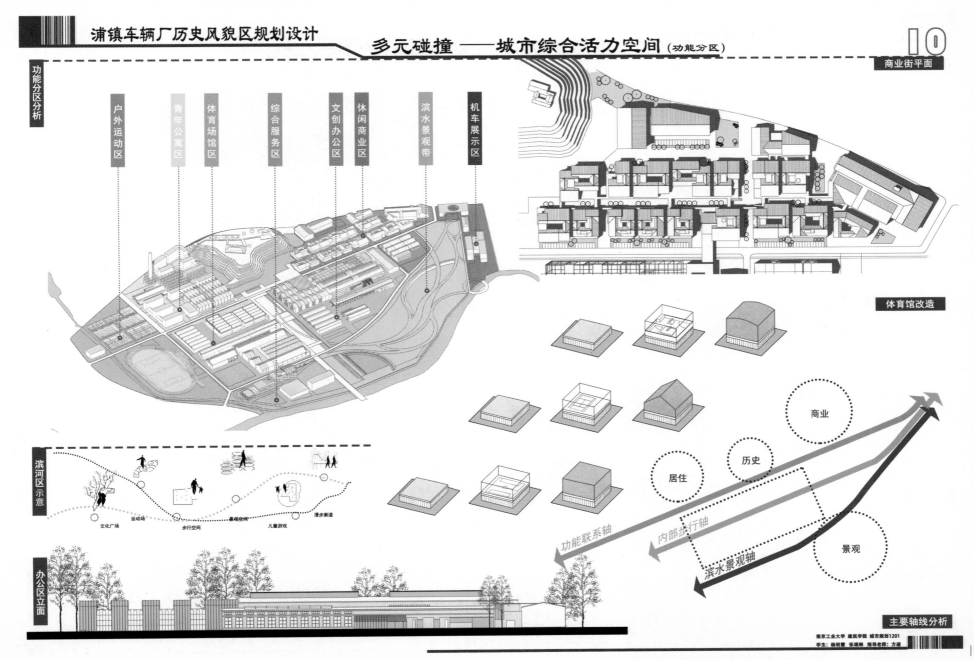

功能分区分析

户外运动区
青年公寓区
体育场馆区
综合服务区
文创办公区
休闲商业区
滨水景观带
机车展示区

体育馆改造

滨河区示意

文化广场　运动场　步行空间　景观空间　儿童游戏　漫步廊道

办公区立面

商业

历史

居住

景观

功能联系轴

内部步行轴

滨水景观轴

主要轴线分析

南京工业大学 建筑学院 城市规划1201
学生: 杨明嘉 张璐琳 指导老师: 方遥

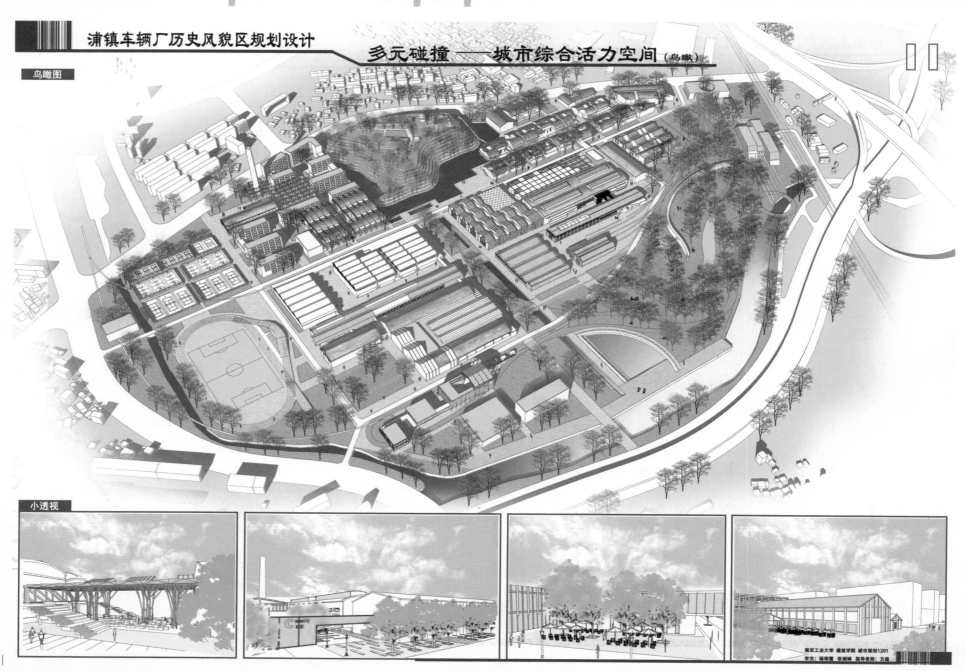

浦镇车辆厂历史风貌区规划设计

多元碰撞——城市综合活力空间（鸟瞰）

鸟瞰图

小透视

浦镇车辆厂历史风貌区规划设计　**多元碰撞 —— 城市综合活力空间**（节点透视）　12

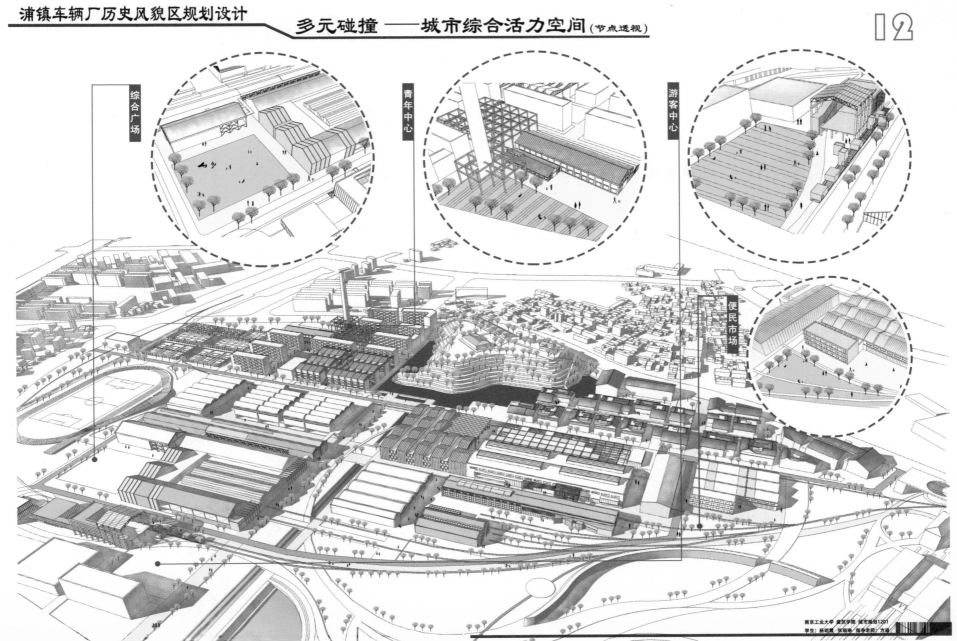

综合广场

青年中心

游客中心

便民市场

南京工业大学 建筑学院 城市规划1201
学生：杨明真 张瑞琦　指导老师：方遥

201

浦镇车辆厂历史风貌区规划设计　多元碰撞——城市综合活力空间（节点功能分析）

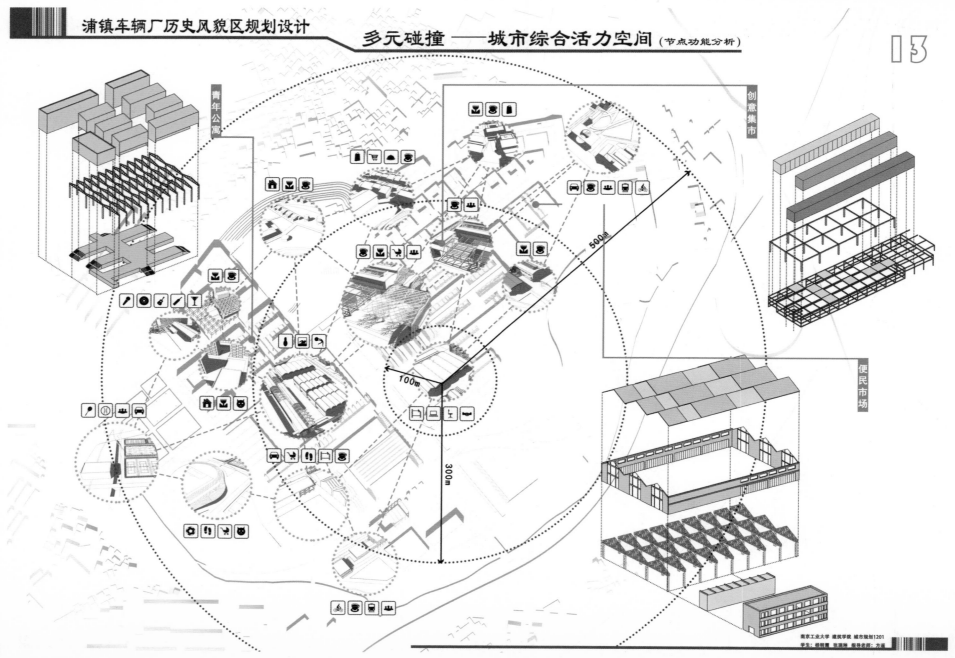

南京工业大学 建筑学院 城市规划1201
学生：杨明霞 张璐琳 指导老师：方遥

浦镇车辆厂历史风貌区规划设计　　**多元碰撞 —— 城市综合活力空间**（建筑专题分析）

14

厂房改造 >> 建筑形体改造

加法

打破墙体限制，通过插入体块，形成外凸的空间，增加采光与通风空间，满足改造后新功能对空间的使用要求，并形成丰富的立面效果。

减法

打破墙体限制，通过内控的方式，形成向内凹陷的空间，增强内部空间与外部空间相联系的过渡空间，增加空间多样性与趣味性，为多样的活动提供趣味场所，并形成丰富的立面效果。

形态

通过加法、减法等不同空间改造手法对原有厂房大空间进行改造，形成错落有致，内外通透的空间格局，同时打破空间的多样性以引导不同活动的发生，形成活力场所。

厂房改造 >> 内部空间组合

活动空间　　停留空间

餐饮空间　　入口空间

通过内部加层、加建的方式对厂房内部大空间进行再造，将空间职能细化，满足现代办公需求。

厂房改造 >> 空间剖面示意

厂房为满足机车生产装配的需求层高多高于10米，为使厂房空间更加符合改造后的空间需求，同时可以从中获得更大的经济效益，通过加层的方式对厂房内部空间进行分层，形成与新功能相匹配的层高，兼顾经济与人性化双重要求。

厂房改造 >> 内部空间再组织

现状厂房内部大通空间　　　插入新体块　　　新体块再分割　　　确定内部庭院空间　　　绿化植入，形成内部生态空间

内部空间改造示意

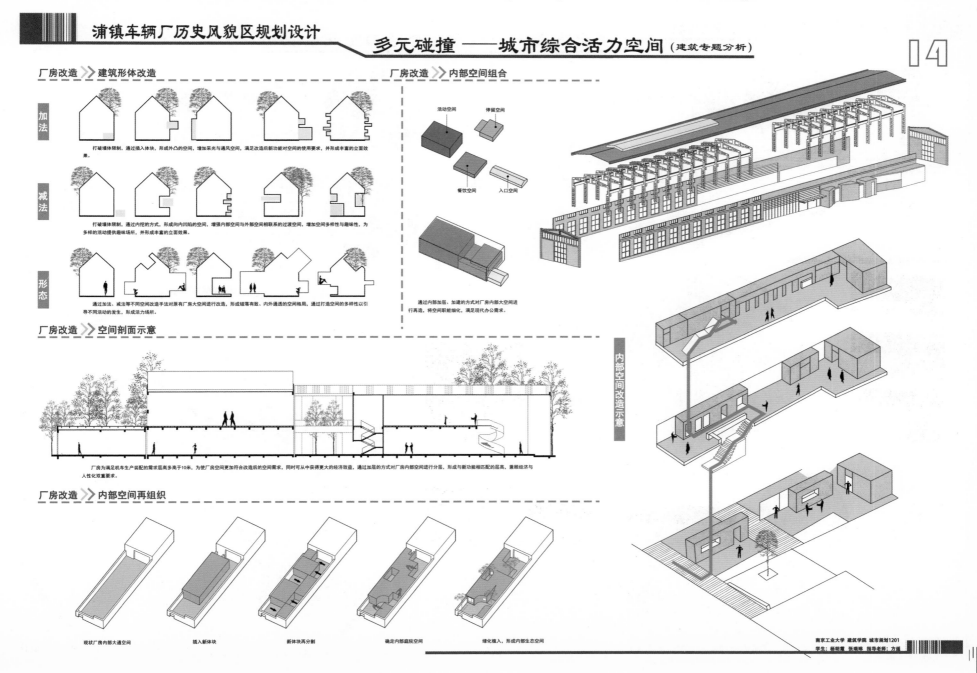

南京工业大学 建筑学院 城市规划1201
学生：杨明霞 张瑞琳 指导老师：方遥

浦镇车辆厂历史风貌区规划设计

多元碰撞——城市综合活力空间（活动分析）

民国商业街

基地山体东侧，与龙虎巷隔街相望处，为民国风情商业街，沿街设有步行出入口，与龙虎巷相对。整体建筑风格与龙虎巷民宅相仿，多为两层砖房，由贯穿的二层平台连接起各个建筑。

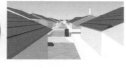
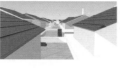

自由式活动场

在滨河公园划分一个广场，为自由式活动场所，设置碗型滑板场，滑板设施更换著跑道内侧，由浅色混凝土制成，和红色塑胶跑道形成鲜明对比。作为具有运动功能的综合公园，在游戏设施的选择上也力求提供多样的活动内容。
该碗型滑板场可供青少年进行山地自行车、滑板和滑板车运动，滑板设施能满足各层次滑板者的使用需求，让滑板者在这个安全、创新的环境中从一个滑板新手成长为具有专业水平的滑板选手。

游戏浅水池

在水池里设置球网，形成小型足球场，给参与者带来刺激的体验，同时也可作游泳场地使用。打破传统游戏活动的界限，赋予传统游戏活动新的活力。

轨道展览馆

在原扶轮学校遗址处，建立轨道展览馆，以中国轨道发展史与浦镇车辆厂历史轨迹为主题，陈列不同年代的车型，向大众科普轨道的发展，让大众能深入了解其文化与成就。
同时作为整个游逸终点，展览馆也销售浦镇车辆厂纪念品，以供游客选择。

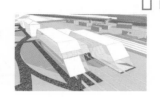

车厢餐饮体验区

对现有铁轨保留，并陈列淘汰车辆进行展示，且对车厢进行内部改造，功能转换为餐饮体验，让居民与游客在工作、运动之余能体验在火车车厢里用餐，感受原浦镇车辆厂的历史与文化。
与之相隔的是城墙文化展示区，对现存城墙遗址进行修复并扩建，使其充分展示。

滨河休闲野炊区

在滨河一侧绿地设有野餐和烧烤设施，供周边居民与游客工作运动之余，能一边欣赏河边景观，一边享受闲暇时光。场地提供灶台以及可以租赁的炊具和器材，场地设置垃圾清理区、公共厕所等设施。

游客管理服务中心
儿童托管中心

在主入口处设置游客管理服务中心，并紧邻设置儿童托管中心，方便居民以及游客托管儿童，进行各自活动。在游客中心对面绿地设置儿童室外游乐场，与一系列成人活动场馆相近，方便就近管理儿童。

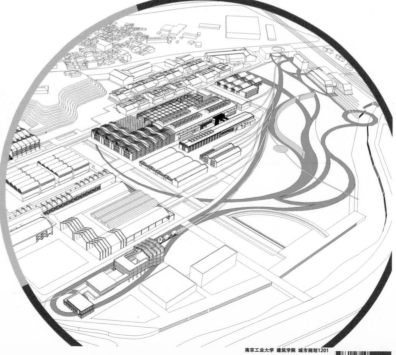

南京工业大学 建筑学院 城市规划1201
学生：杨明鑫 张瑞琳 指导老师：方遥

浦镇车辆厂历史风貌区规划设计

多元碰撞——城市综合活力空间（运动场专题）

资源型运动公园（城市运动公园）

资源型运动公园旨在对公共区域的秀丽风景和自然资源或历史资源加以保护和利用。 此类公园是街区运动公园及城市运动公园的一个补充，可供整个城市居民及外来游客使用，而不只面向一个社区。 此类公园也可满足其周边居民对街区运动公园及社区运动公园的需求。

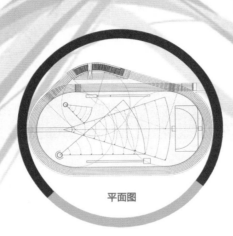

平面图

标准跑道

跑道延展

3D 图

场地规划

室外体育场

3D 跑道

3D 跑道成为公园景观的一部分，这里修设有完善的运动器材，可以为人们提供舒适而惬意的运动场地。 设计理念是为跑步者打造一个具有挑战性的额外场地作为标准跑道的补充，进而提高跑步者的竞争力和竞赛竞赛。

在 " 弯曲度作用 " 下，设计师设计出一条有坡度的立体跑道。 这条立体跑道与看台区结合在一起，在保留原有设施的前提下还增添了新的功能。 斜坡跑道不仅给枯燥的运动场注入了新鲜元素，更为假跑的人们提供了新的联系选择，可谓一举两得。 截取了圆形跑道长边的一条切线，然后让它们咋垂直方向缓缓升起，形成一个缓坡，缓坡下方是一个面积为 350 平方米的室内空间，这里设有两间更衣室、两家商店、健身室和公共厕所。 平坦跑道和斜坡跑道之间的看台区可以容纳 300 人，坐在看台区的观众可以获得极佳的观赏视角。

绿道设计

比选 彩色沥青

（1）性能稳定
具有良好的路用性能，在不同的温度和外部环境作用下，其高温稳定性、抗水损坏性及耐久性均非常好，且不出现坑形沥青横到落等现象，与基层粘结性良好。

（2）维护方便
具有色泽鲜艳持久、不褪色、能耐 77 摄氏度的高温和 -23 摄氏度的低温。

（3）具有较强的吸音功能
汽车轮胎在马路上高速滚动时，不会因空气压缩产生强大的噪音，同时还能吸收来自外界的其他噪音。

（4）具有良好弹性和柔性
"脚感" 好，最适合老年人散步，且冬天还能防滑，再加上色彩主要来自石料自身颜色，也不会对周围环境造成大的危害。

侧立面图

整体立面图

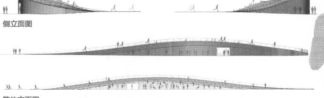

绿道设计

南京工业大学 建筑学院 城市规划1201
学生：杨明雅 张瑞琳 指导老师：方遥

南京工业大学　郑州大学　山东建筑大学　苏州大学

2017 城乡规划专业四校联合毕业设计作品集

郑州大学　毕业设计小组

1. 双产＆双线

设计成员：何　静　孙亚萍

2. 社区回馈视野下的工业遗产适应性更新探索

设计成员：姚嘉琦　张宏伟

3. 昔日铁路工厂，今朝城市客厅——消费文化语境下的工业遗产再利用

设计成员：刘儒林　王晶晶

4. 复·兴："城市缩影"视角下的工业遗产改造

设计成员：史吉康　葛立星

5. 工业遗址游乐场

设计成员：杨名明　付　玥

指导教师：史晓华

双产 & 双线

郑州大学
Zhengzhou University

设计成员：何　静　孙亚萍
指导教师：史晓华

　　设计感悟： 回顾这次设计过程，联合毕设给我们最大的感触就是各个小组之间的交流、分享所带来的惊喜、收获。在每次交流想法的过程中，总能碰撞出新的思路和解决现有问题的方法，这也给了我们很多动力。此外，通过这次对工业遗产历史风貌区的更新设计，我们也大胆地拓展了思路，期望寻求一种在更新同时可以创造性地保护原有生产工艺的思路，而且在保护为主的基础上给出具体的更新策略。

双产 & 双线

南京浦镇车辆厂历史风貌区城市设计
THE IDEA OF SMED (SingleMinuteExchange of Die)

解课
读题 **1**

文化解读

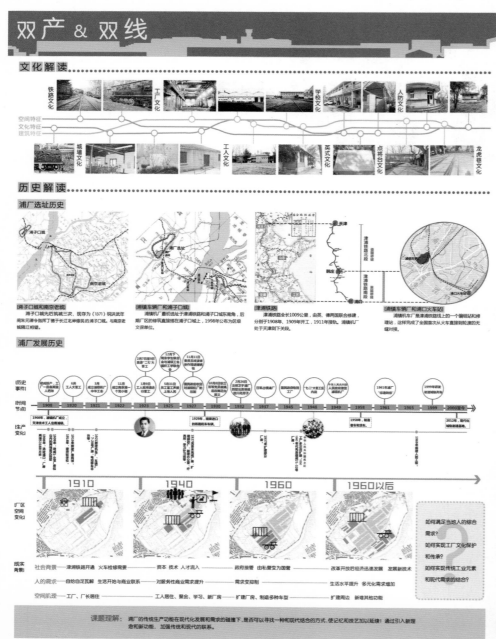

铁路文化　　工厂文化　　学校文化　　人防文化

空间特征
文化特征
建筑特征

城墙文化　　工人文化　　英式文化　　点将台文化　　龙虎巷文化

历史解读

浦厂选址历史

浦子口城和南京老城
浦子口城先后筑城三次，现存为（1371）明洪武年间朱元璋命华云龙为了御于长江岸修筑的浦子口城。与南京老城隔江相望。

浦镇车辆厂和浦子口城
浦镇机厂最初选址于津浦铁路和浦子口城东南角，后期厂的修筑选在浦子口城上，1998年公布为区级文保单位。

津浦铁路
津浦铁路全长1009公里，由英、德两国联合修建，分别于1908年、1909年开工，1911年接轨。浦镇机厂处于天津到下关处。

浦镇车辆厂和浦口火车站
浦镇机厂是津浦铁路线上的一个偏镇组和修理站，这样就完成了全国首次从火车直接到轮渡的无缝对接。

浦厂发展历史

历史事件
时间节点
生产变化
厂区空间变化

1910　　1940　　1960　　1960以后

现实需求

如何满足当地人的综合需求？
如何实现工厂文化保护和传承？
如何实现传统工业元素和现代的结合？

社会背景—— 津浦铁路开通 火车检修需要　　资本 技术 人才流入　　政府接管 由私营变为国营　　改革开放后经济迅速发展 发展新技术

人的需求—— 自给自足瓦解 生活开始与商业联系　　对服务性需求提升　　需求受抑制　　生活水平提升 多元化需求增加

空间肌理—— 工厂、厂长居住　　工人居住、聚会、学习、新厂房　　扩建厂房、制造多种车型　　扩建建筑 新增其他功能

课题理解： 浦厂的传统生产功能在现代化发展和需求的链接下，是否可以寻找一种和现代结合的方式，使记忆和技艺加以延续？通过引入新理念和新功能，加强传统和现代的联系。

区位解读

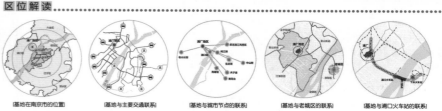

(基地在南京市的位置)　(基地与主要交通联系)　(基地与城市节点的联系)　(基地与老城区的联系)　(基地与浦口火车站的联系)

上位解读

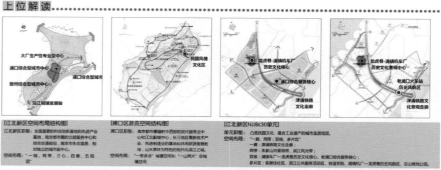

[江北新区空间布局结构图]
江北新区职能：全国重要的科技创新基地和先进产业基地，南京都市圈的北部服务中心和综合交通枢纽，南京市生态宜居和对接过江通道的城市副中心。
空间布局：一轴、两带、三心、四廊、五组

[浦口区游览空间结构图]
浦口区职能：南京都市圈辐射中西部的现代服务中心和口江北旅游中心，长三角区域高新技术产业、先进制造业功能基地和沿河游览旅游宜居之地。
空间布局：一带多点城镇空间和一山两片非城镇空间。

[江北新区NJJBc30单元]
单元职能：凸显民国文化、结合工业遗产的城市宜居组团。
空间布局：一廊、两带、双核、多片区
双核：浦镇车辆厂—龙虎巷历史文化核心；老浦口门服务核心。
多片区：各居住社区、江口公共活动中心、铁道学院、浦镇机厂—龙虎巷历史风貌区、沿山峰地公园。

规划面积：39.8ha

基地位于南京市浦口区顶山街道内，处于江北新区沿江部分，与老城区隔江相望，是浦口区、旅域区、建城区三者的交汇处，区位条件优越。

浦镇车辆厂建于1908年，是全国少数不多的具有百年生产历史的珍贵制造基地。目前该厂属于中车集团的全资子公司，是我国典型专业研发、制造铁路客车和城轨机车的大型企业。浦镇机厂旧址于2009年12月28日，被南京市文物局纳入到"第三次全国文物普查南京新发现"名录，也为第一批12项新发现各居已经被确定为不可移动文物。

本次设计对象为浦镇车辆厂的主生产区部分，规划西到东至津浦铁路，西至玉泉河，南至朱家山河，北至规划浦厂路。

2 龙虎巷　　**3** 朱家山河　　**4** 玉泉河　　浦厂　　**5** 规划浦厂路　　**1** 津浦铁路

双产 & 双线

南京浦镇车辆厂历史风貌区城市设计
THE IDEA OF SMED（SingleMinuteExchange of Die）

解课读题 2

文献解读

工业遗产保护研究

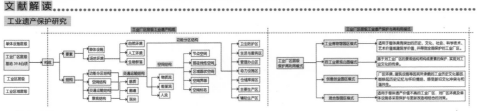

相关理论研究

案例解读

"活态遗产视角下"的福建马尾造船厂

1. 案例概况

福建马尾船政(现为福州马尾造船厂)始建于同治五年(1866年)，是清末洋务派兴办的第一座军工造船产业。目前为全国重点文物保护单位。福州的马尾船厂部分保留旧有的厂房和设备形态，展示造船工业的历史与文化价值。工业遗产是典型的"活态遗产"，工业设备、工艺流程以及相关工业技术处于连续的使用中，使其科技价值得以延续。

2. 造船厂活态遗产保护的必要性

1. 我国工业遗产的保护与更新目前更多的采取了企业停产后改造成为文化创意产业园"静态遗产"的模式，"活态遗产"的保护与更新研究则是我国尚需探索的策略

2. 造船厂目前运营前景良好，所在区位也率城市建设的核心地带，城市开发与文化遗产保护的矛盾并不尖锐。作为申报世界遗产名录的候选遗产，以"活态遗产"视角的保护优先考虑

3. "活态遗产"的保护方式适可以避免由于企业整体搬迁带来的几千职工上班的矛盾的"远出行"等城市问题

4. 马尾船政工业遗产在生产工艺工方面具有无固定生产线、分区生产、集中组群的特征。工业遗产的现状特征属于优秀近代工业建筑与一般工业建筑并存的情况

3. 造船厂活态遗产保护策略

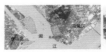

4. 造船厂活态遗产保护展示

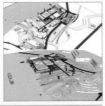

现状交通流线图：现状交通、步行、紫线流线及景观节点具有良好的串联关系。

现状功能分区图：现状功能分区包括办公、仓库区、办公区自然风貌区、船舶维修区。

现状造船工艺流线图：造船工艺流线从合船一起列加工一涂装一组装一装配一厂房等过程。

展示结构图：展示和生产区相辅相成——系列加工与三个展示区分别以不同的主题定位。

船厂鸟瞰图：造船厂改造效果图，以及各展示节点。各开放空间相互释放。

产业解读

南京旧工业空间转化

浦厂产业背景

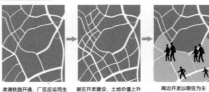

津浦铁路开通，厂应运而生　新区开发建设，土地价值上升　周边开发以居住为主　工业三废排放，环境有待整治　厂内外搬迁，城市记忆缺失

浦厂变迁：后工业社会兴起，浦厂作为传统工业将会迁出城市，带来大片空地和失业人员，其更新改造影响到整个城市的更新和改造。

浦厂产业需求

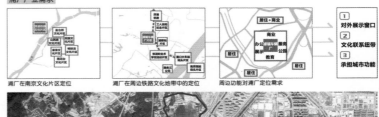

浦厂在南京文化片区定位　浦厂在周边铁路文化地带中的定位　周边功能对浦厂定位需求

产业定位：
1 对外展示窗口
2 文化联系纽带
3 承担城市功能

SITE

双产 & 双线

南京浦镇车辆厂历史风貌区城市设计

周边现状
历史遗存

研究 现状 **3**

THE IDEA OF SMED（SingleMinuteExchange of Die）

周边现状

[周边交通现状] 基地周边交通便捷，东南角紧邻紫邻高架桥，是多条重要过境交通交汇点。此外，基地周边邻三条铁路线路、与铁路线路的交汇较为较近。

[周边景观资源] 基地西依老山，处于老山宗脉，自然景观良好。基地内部山脉花园归属老山余脉；周边有珍珠泉公园、庄旭昊、舌手湖公园等自然景区；基地东南侧与长江景观带相邻，东西直线距离约为4公里。

[周边公共服务设施] 基地周边的公共服务设施包含医院、中小学、技术学校、公园等。其中绝大部分为文化教育设施；高等技校较繁等，其中经托铁道交通专业的院校较多，有南京铁道职业学院、南京铁道职业技术学院、南京铁道车辆高级技校等。

[基地周边铁路资源] 基地周边的铁路资源非常丰富，有浦口火车站、工人宿舍含龙虎巷、浦江码头等。浦镇车辆厂则是铁路线上的编组站和修理所，完成了从火车到轮渡的无缝对接，浦口区浦镇路段也成为了我国保存最完整、体系最完整、特色鲜明的铁路文化遗产。

历史遗存解读

综合现状图

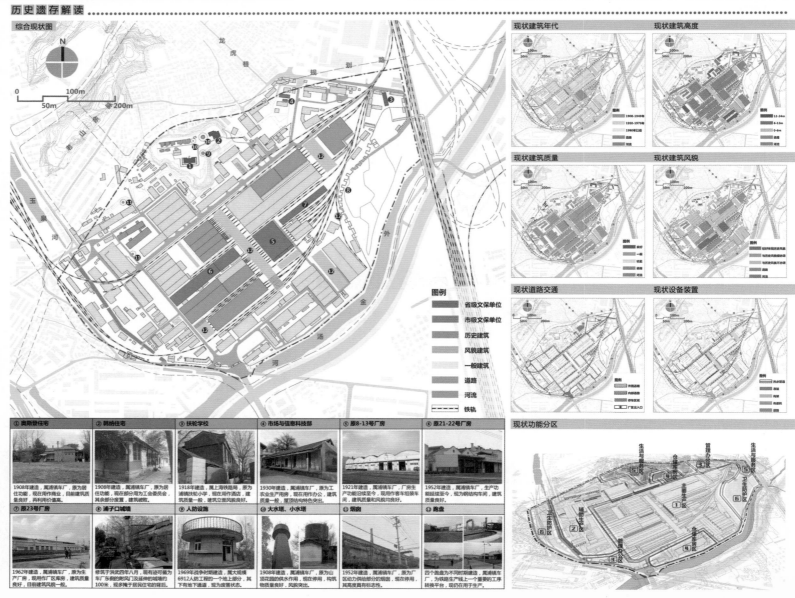

图例
- 省级文保单位
- 市级文保单位
- 历史建筑
- 风貌建筑
- 一般建筑
- 道路
- 河流
- 铁轨

现状建筑年代 | 现状建筑高度

现状建筑质量 | 现状建筑风貌

现状道路交通 | 现状设备装置

现状功能分区

① 奥斯登住宅
1908年建造，属浦镇车辆厂，原为居住功能，现在用作商业，目前建筑质量良好，再利用价值高。

② 韩纳住宅
1908年建造，属浦镇车辆厂，原为居住功能，现在部分用为工会委员会，其余部分废置，建筑破败。

③ 扶轮学校
1918年建造，属上海铁路局，原为浦镇扶轮小学，现在用作办公，建筑立面风貌良好。

④ 市场与信息科技部
1930年建造，属浦镇车辆厂，原为工厂功能部分用房，现在用作办公，建筑质量一般，屋顶结构特色突出。

⑤ 原8-13号厂房
1921年建造，属浦镇车辆厂，厂房生产能力延续至今，现用作客车组装车间，建筑质量和风貌均较好。

⑥ 原21-22号厂房
1952年建造，属浦镇车辆厂，生产功能延续至今，现为钢结构车间，建筑质量良好。

⑦ 原23号厂房
1962年建造，属浦镇车辆厂，原为生产功能，现用作厂房商业，建筑质量良好，目前建筑风貌一般。

⑧ 浦子口风墙
修筑于洪武四年八月，现有可追溯可辨别的风门口及延伸可辨的城墙约100米，现多掩于居民住宅的背后。

⑨ 人防设施
1969年战争时期建造，属大规模6912人防工程的一个地上部分，其下有地下通道，现为废置状态。

⑩ 大水塔、小水塔
1908年建造，属浦镇车辆厂，原为山顶花园的供水作用，现在停用，构筑物质量良好，风貌突出。

⑪ 烟囱
1952年建造，属浦镇车辆厂，原为厂区动力供给部分的烟囱，现在停用，其高度具有标志性。

⑫ 廊盘
四个廊盘为不同时期建造，属浦镇车辆厂，为铁路生产线上一个重要的工序转换平台，现仍在用作生产。

双产 & 双线

南京浦镇车辆厂历史风貌区城市设计
THE IDEA OF SMED（SingleMinuteExchange of Die）

研究现状 **4**

生产流程
读现状评估

现状空间

客车生产工艺示意

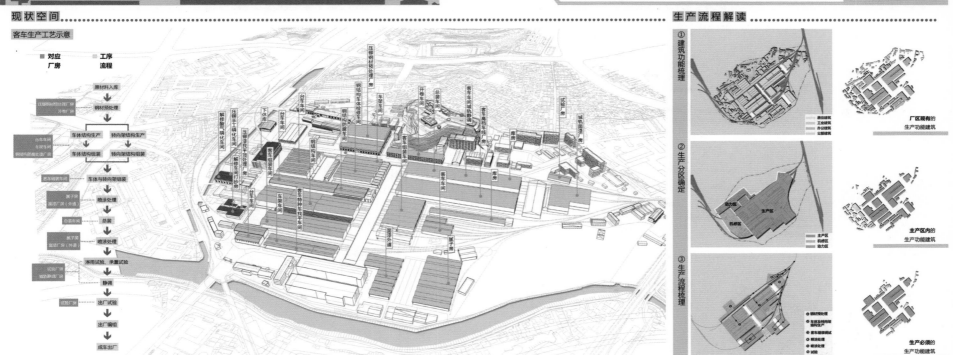

生产流程解读

① 建筑功能梳理
厂区现有的生产功能建筑

② 生声分区确定
主产区内的生产功能建筑

③ 生声流程梳理
生产必须的生产功能建筑

现状评估

A 基地特征

B 基地矛盾

C 基地问题及策略

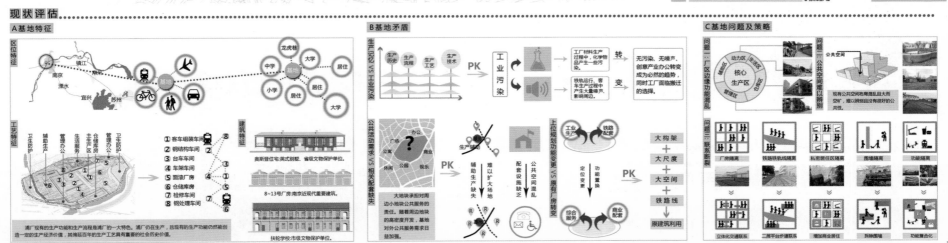

双产 & 双线

南京浦镇车辆厂历史风貌区城市设计
THE IDEA OF SMED (SingleMinuteExchange of Die)

特色引入
华丽总结　　概念 生 5
概念解析　　成

概念引入

"快速换线" » "双产双线"

① 对外展示窗口
② 文化联系纽带
③ 承接城市功能

产业1+1：保留活态火车生产技艺的应用产业；
依托铁路文化及生产工艺展示的服务性产业。

流线1+1：活态保留的生产工艺流程线；
文化记叙和工艺呈现的旅游服务线。

经前期分析，浦口区津浦铁路段是国内保存最完整、体系最完整、特色鲜明的铁路文化遗产段，浦镇车辆厂作为这条线上的编组站和修理站，是唯一活态存在且工艺完整的重要构成部分，具有重要价值。因此，以保留和呈现厂区生产工艺为切入点，结合其他历史要素资源及周边地块发展，我们试图寻求一种更新途径，能在长久保有厂区生产技艺和记忆的同时，引导地块承担城市功能，注入新的活力。

"快速换线"

（SMED, Single Minute Exchange of Die）：也叫快速换模，指确一机种和后一机种的转换，就是在最短的停机线时间内因产品形态更换所需要的时间。SMED全称是"六十秒即时换模"，一种快速而有效的切换方法。浦镇车辆厂的生产流程就是依托跑盘来实现快速换线的生产流程，跑盘上的操作过程即是换线作业。

例：（下料）

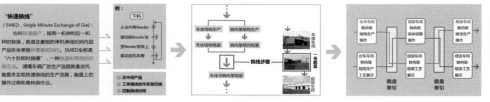

中期调整

中期理念及方案

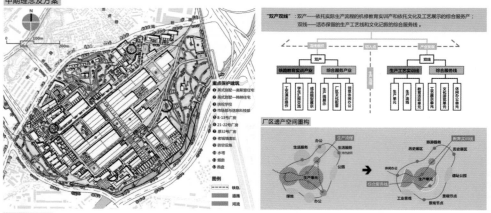

"双产双线"：双产——依托实际生产流程的机修教育实训产和依托文化及工艺展示的综合服务产；双线——活态保留的生产工艺和文化记叙的综合服务线。

厂区遗产空间重构

中期调整意向

① 对生产流程及技艺进行理想化保留，以传统技艺展示为主。
② 明确更新的配套服务对象，提高厂区的整体性功能。
③ 生产功能和基地功能的区分和联系可以进一步研究。

概念解析

"双产" & "双线"

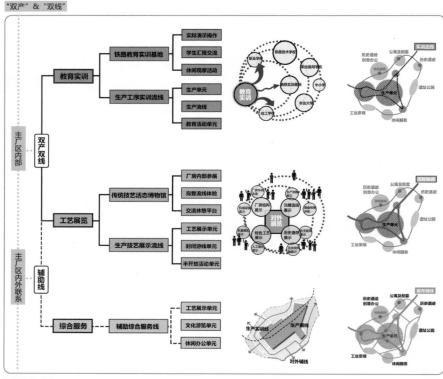

产业发展考量

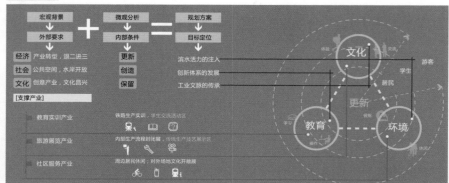

双产 & 双线

南京浦镇车辆厂历史风貌区城市设计
THE IDEA OF SMED（SingleMinuteExchangeof Die）

策略更新 **6**

空间策略

现状建筑

历史要素

保留建筑

更新建筑

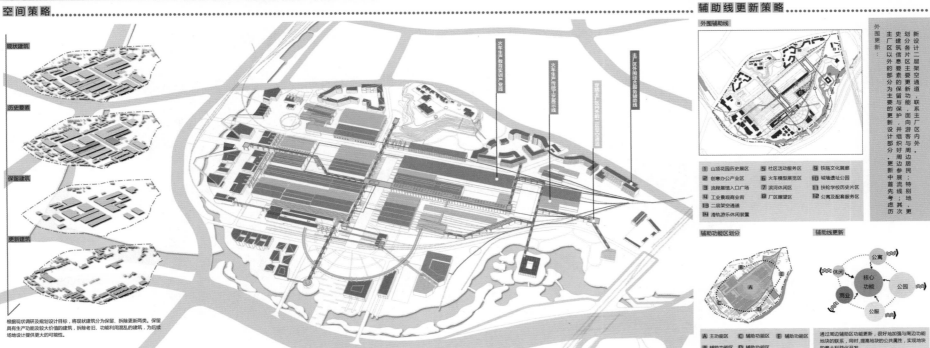

火车生产教育实训产业线

火车生产传统工艺展示线

主厂区外围综合服务辅助线

根据现状调研及规划设计目标，将现状建筑分为保留、拆除更新两类。保留具有生产功能及较大价值的建筑，拆除老旧、功能利用混乱的建筑，为后续场地设计提供更大的可能性。

辅助线更新策略

外围辅助线

① 山顶花园历史展区	⑤ 社区活动服务区	⑨ 铁路文化展廊
② 创意办公产业区	⑥ 火车模型展览区	⑩ 城墙遗址公园
③ 流程展馆入口广场	⑦ 滨河休闲区	⑪ 扶轮学校历史片区
④ 工业景观商业街	⑧ 厂区瞭望区	⑫ 公寓及配套服务区
⑬ 二层架空通道		
⑭ 滑轨游乐休闲装置		

新设计二层架空交通道，联系主厂区内外，划分各片区主要更新功能，面向游客与周边居民；特别地，对历史建筑信息要素的保留与保护，并组织好周边展流线；主厂区以外的部分为主要的更新设计部分，更新中首先考虑其历史

辅助功能区划分

Ⓐ 主功能区 　Ⓒ 辅助功能区 　Ⓔ 辅助功能区
Ⓑ 辅助功能区 　Ⓓ 辅助功能区

辅助线更新

通过周边辅助区功能更新，很好地加强与周边功能地块的联系，同时，提高地块的公共属性，实现地块的最大利益化开发。

双线策略

铁路生产实训线

实训线路

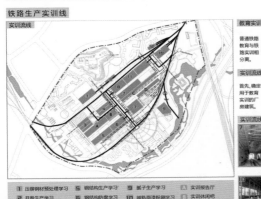

① 压铆钢材预处理学习	⑤ 钢结构防腐学习	⑨ 轮子生产学习	Ⓐ 实训报告厅
② 开卷生产学习	⑥ 钢结构防腐学习	⑩ 轨道油漆粉刷学习	Ⓑ 实训休闲吧
③ 台车生产学习	⑦ 客车组装学习	⑪ 客车生产学习	Ⓒ 实训展览厅
④ 车架生产学习	⑧ 总装生产学习	⑫ 检修试验学习	Ⓓ 实训实验室

教育实训模型

普通铁路教育与铁路实训相分离。

工业生产与教育实训基地相结合。

重新整合生产空间，使产业链重生。

实训流线实施

首先，确定用于教育实训的厂房建筑。

其次，确定实训中的公共活力因子。

最后，实训活力因子连成产业链。

实训流线愿景

传统工艺展示线

展示流线

① 前厅	④ 车架生产展示	⑧ 总装生产展示	⑫ 检修试验展示
② 压铆钢材预处理展示	⑤ 钢结构生产展示	⑨ 轮子生产展示	
③ 开卷展示	⑥ 客车组装展示	⑩ 客车生产展示	
	⑦ 台车生产展示	⑪ 城轨面漆粉刷展示	

展示流线模型

现代生活与传统工业隔离。

植入保存、改造，强化三种介质。

重新整合生产空间，使生产记忆重现。

展示流线实施

首先，确定传统生产流线。

其次，分割生产空间确定展示区。

最后，展示部分完成完整生产线。

展示流线愿景

双产 & 双线

南京浦镇车辆厂历史风貌区城市设计
THE IDEA OF SMED（SingleMinuteExchange of Die）

展方
示案

总平面图

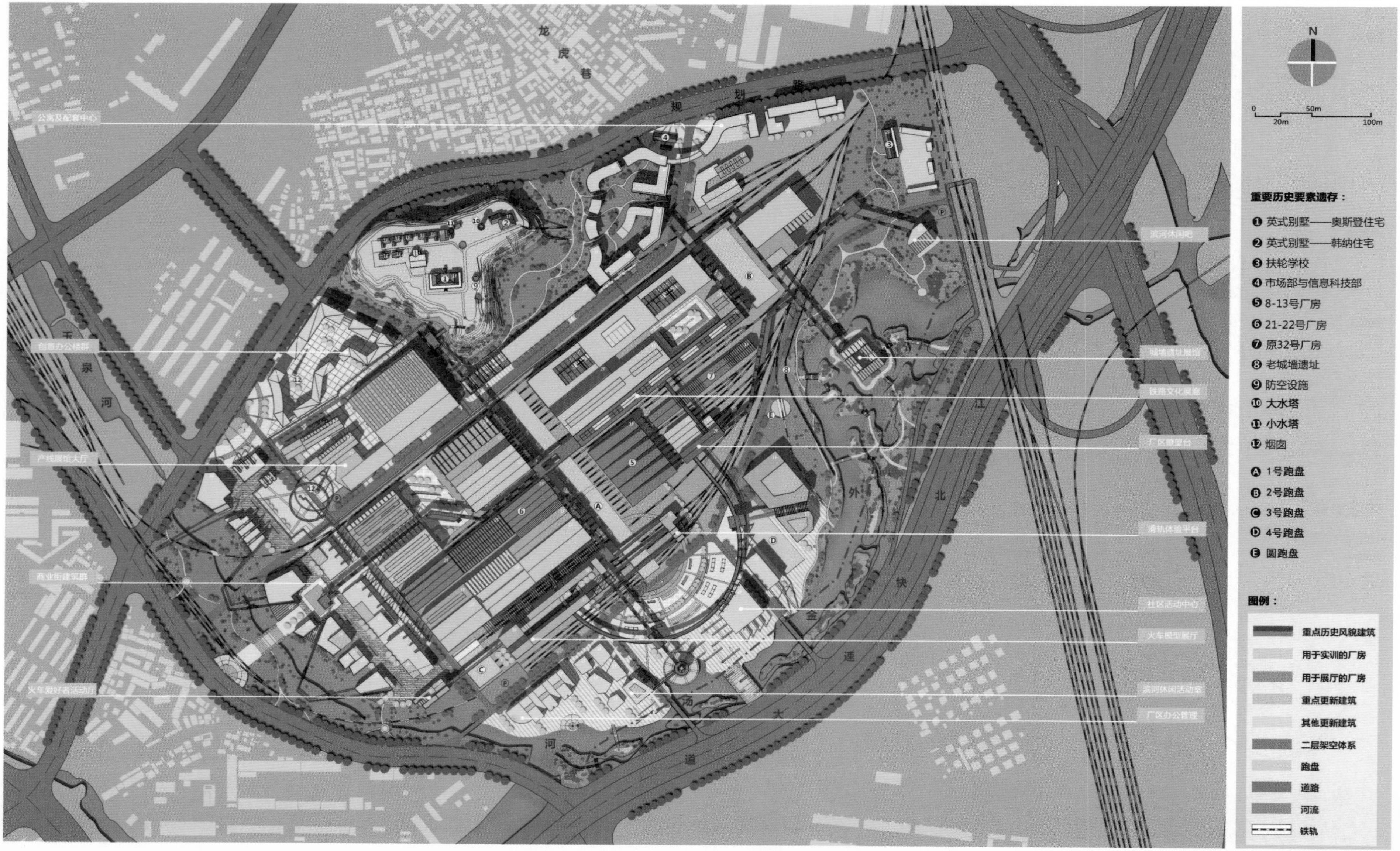

N

0 50m
20m 100m

重要历史要素遗存：
① 英式别墅——奥斯登住宅
② 英式别墅——韩纳住宅
③ 扶轮学校
④ 市场部与信息科技部
⑤ 8-13号厂房
⑥ 21-22号厂房
⑦ 原32号厂房
⑧ 老城墙遗址
⑨ 防空设施
⑩ 大水塔
⑪ 小水塔
⑫ 烟囱

Ⓐ 1号跑盘
Ⓑ 2号跑盘
Ⓒ 3号跑盘
Ⓓ 4号跑盘
Ⓔ 圆跑盘

图例：
重点历史风貌建筑
用于实训的厂房
用于展厅的厂房
重点更新建筑
其他更新建筑
二层架空体系
跑盘
道路
河流
铁轨

公寓及配套中心
商办办公楼群
产线展销大厅
商业街建筑群
火车爱好者活动厅

减河休闲吧
碉堡遗址展厅
铁路文化展厅
厂区瞭望台
滑轨体验平台
社区活动中心
火车模型展厅
减河休闲活动室
厂区办公管理

龙虎巷
规划路
千泉河
外金
北
快速金汤道
汤河道

双产 & 双线

南京浦镇车辆厂历史风貌区城市设计

THE IDEA OF SMED（SingleMInuteExchange of Die）

展方
示案 日

专项分析图

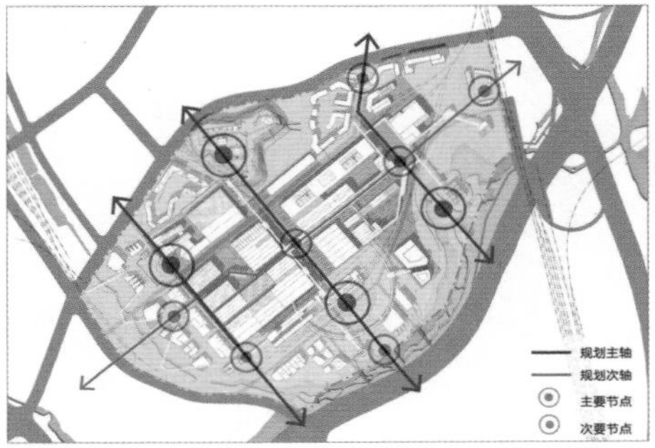

规划结构分析

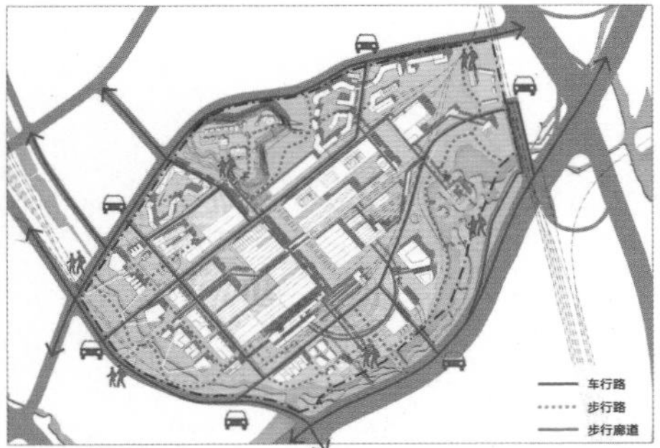

道路交通分析

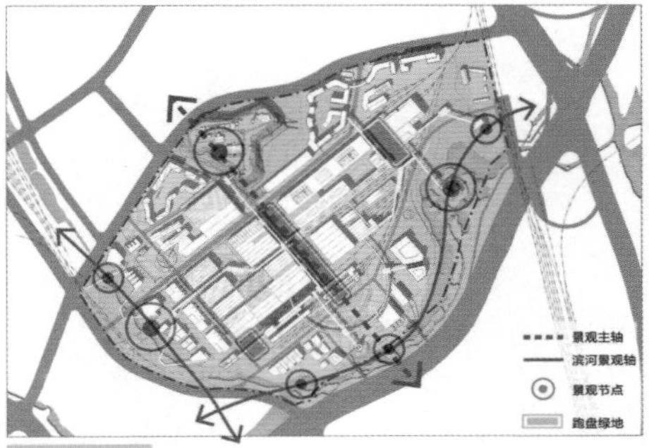

绿化空间分析

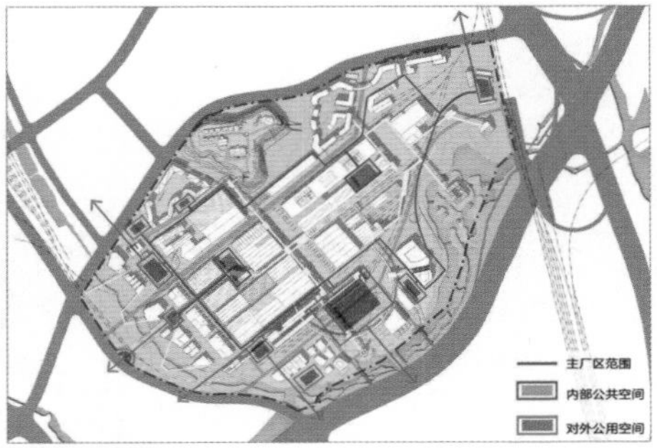

开敞空间分析

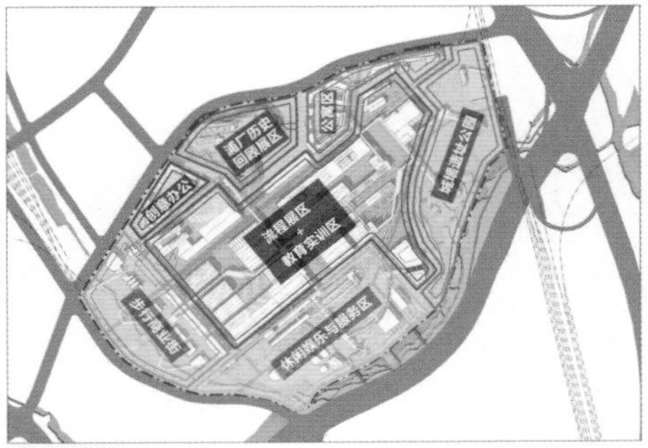

基地主题分析

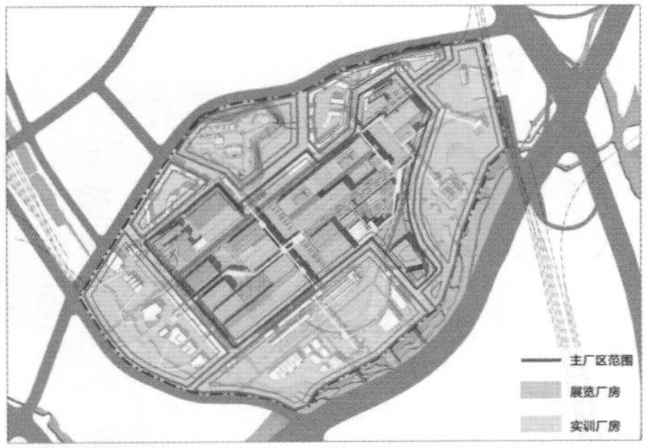

核心区主题分析

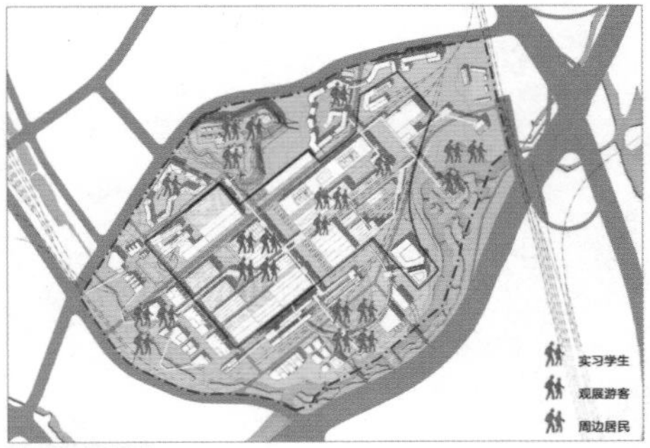

人群活动分析

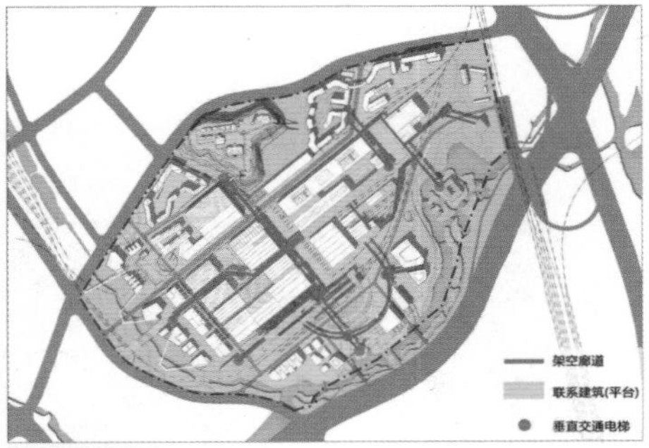

架空廊道分析

主要界面展示

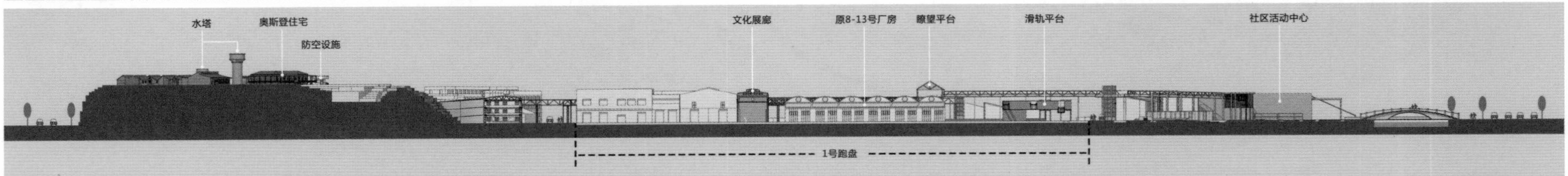

水塔　奥斯登住宅　防空设施　文化展廊　原8-13号厂房　瞭望平台　滑轨平台　社区活动中心

1号跑盘

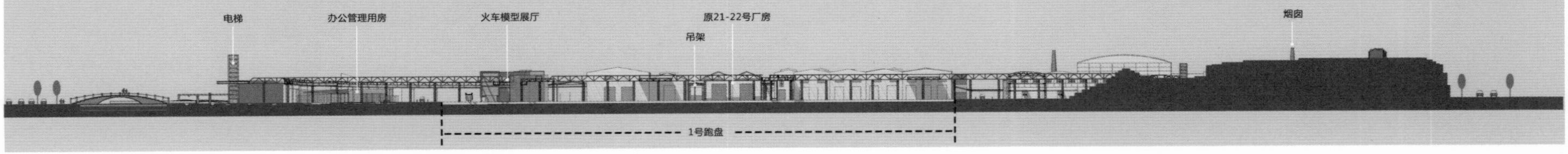

电梯　办公管理用房　火车模型展厅　原21-22号厂房　吊架　烟囱

1号跑盘

双产 & 双线

南京浦镇车辆厂历史风貌区城市设计
THE IDEA OF SMED（SingleMinuteExchange of Die）

展方示案 9

鸟瞰图

双产 & 双线

南京浦镇车辆厂历史风貌区城市设计
THE IDEA OF SMED（SingleMinuteExchange of Die）

展方
示案 10

双线展示—教育实训线

广区西侧吊架景观

主厂区内部小广场

山顶花园前厂房框架

总装车间改造

浦厂文化展廊

创意文化墙

轴测图

实训流线示意图

1 → 2 → 3 → 4 → 5 → 6 → 7 → 8 → 9 → 10 → 11 → 12 → 13 → 出厂编组

双线展示—工艺展示线

双线的实际操作——依托跑盘转换实现"快速换线"

跑盘换线示意图

1号跑盘
2号跑盘
圆跑盘

起到转换作用用的跑盘

1号跑盘
2号跑盘
圆跑盘

基地现存牵车台

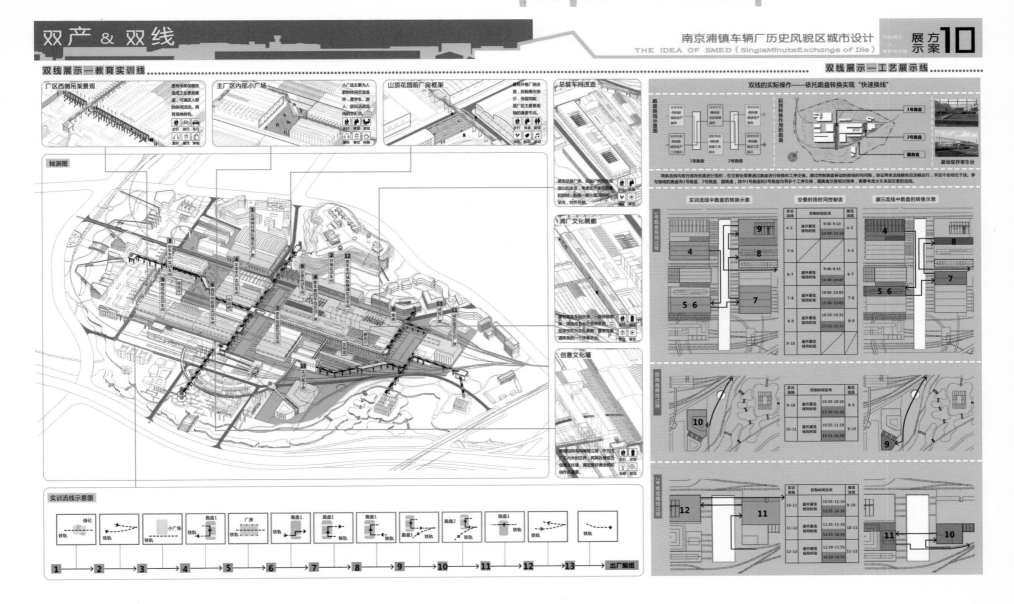

实训流线中跑盘的转换示意 | 交叠时段时间控制表 | 展示流线中跑盘的转换示意

双产 & 双线

南京浦镇车辆厂历史风貌区城市设计
THE IDEA OF SMED（SingleMinuteExchange of Die）

展方 示案 11

北侧入口广场

北侧入口为基地的主要的次入口，靠近观览大厅与休闲商业街，是大群落集区。

步行　骑行　车行
办公　餐饮　购物

展览大厅前广场

集合观览活动与购物商业活动为一体的小广场，起到分流与强化入口的作用。

步行　骑行　车行
绿化　交通　游乐

室外观览步行道

观览流线设置在第二展厅与第三展厅之间的室外联系步道，不影响实训流线的畅通，辅以地面和标识引导。

步行　观览　绿化

公寓区入口广场

步行　骑行　车行
住宿　观览

东北侧入口为公寓区主要入口，同时包含有文保单位，是住人人群、周边居民的活动集散空间。

主厂区休闲展场

结合不同人服务动作业与拆装工艺、铆钉工艺室外展场为一体，人们在休闲活动的同时可以通过玻璃窗参观生产工艺。

步行　交谈
学习　观览

腻子房改造景观

腻子实训车间与展厅之间的过渡空间，框架式景观可将沿河自然景观渗透入中心广场。

步行　交流
游乐　景观

轴测图

1 压铆冲材料预处理技艺展厅
2 开锌技艺展厅
3 台车声技艺展厅
4 车架生产技艺展厅
5 钢结构技艺展厅
6 钢结构防腐技艺展厅
7 客车组装技艺展厅
8 总装技艺展厅
9 上漆技艺展厅
10 城轨园区技艺展厅
11 客车车间城轨技艺展厅
12 试线技艺展厅

服务大厅
展览服务大厅
展风厅

实训流线示意图

| 步行路 | 展厅 步行路 | | 小广场 铁轨 | 跑盘1 铁轨 | 厂房 铁轨 | 跑盘1 铁轨 | 跑盘1 铁轨 | 跑盘1 铁轨 | 跑盘2 铁轨 | 跑盘1 铁轨 | 铁轨 跑盘 | 展厅 |

服务大厅 → 1 → 2 → 3 → 4 → 5 → 6 → 7 → 8 → 9 → 10 → 11 → 12 → 服务大厅

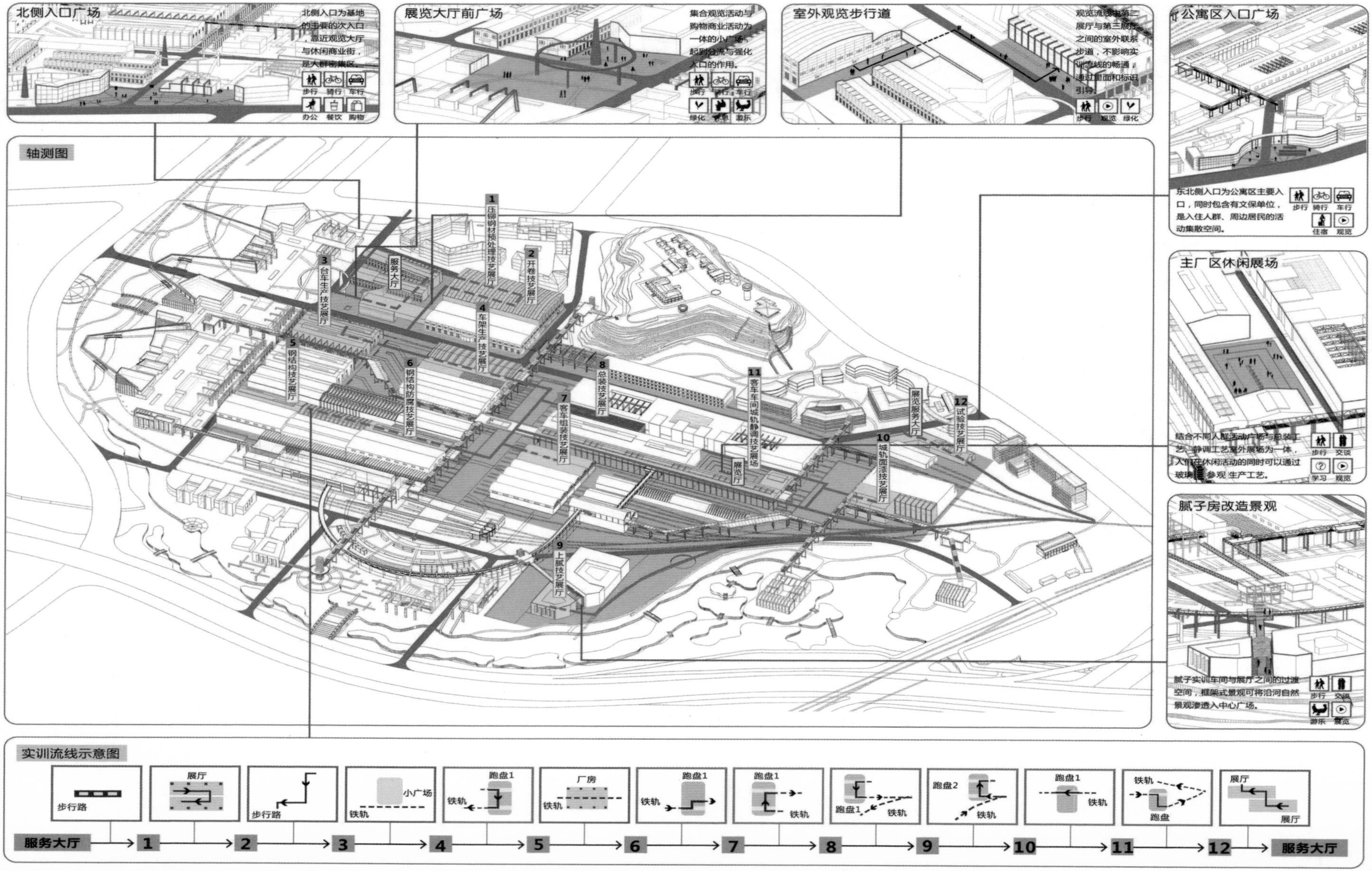

双产 & 双线

南京浦镇车辆厂历史风貌区城市设计
THE IDEA OF SMED (SingleMinuteExchange of Die)

展方12
示案

主厂区内外联系—架空廊道

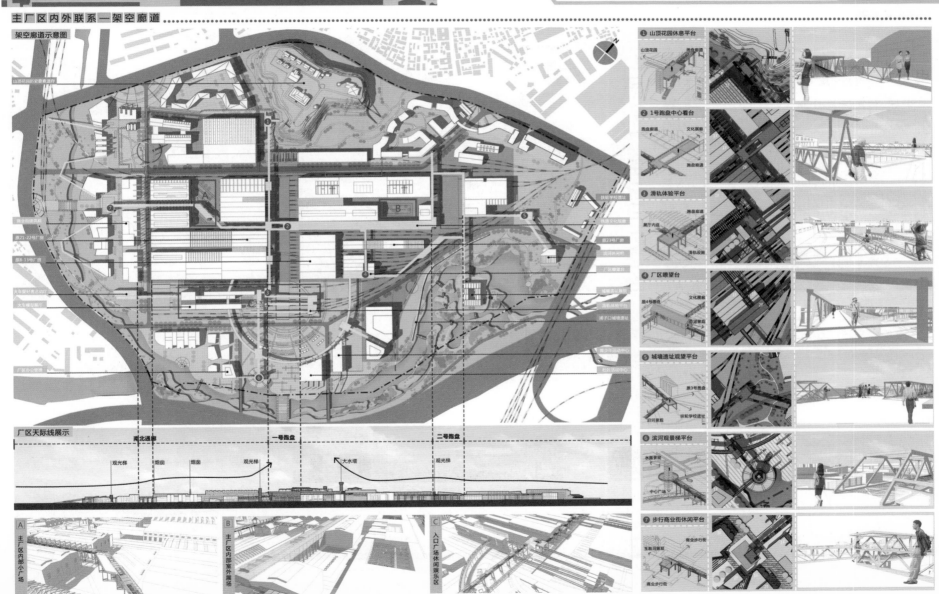

① 山顶花园休息平台
② 1号跑盘中心看台
③ 滑轨体验平台
④ 厂区瞭望台
⑤ 城墙遗址观望平台
⑥ 滨河观景梯平台
⑦ 步行商业街休闲平台

双产 & 双线

南京浦镇车辆厂历史风貌区城市设计
THE IDEA OF SMED（SingleMinuteExchange of Die）

一号跑盘节点

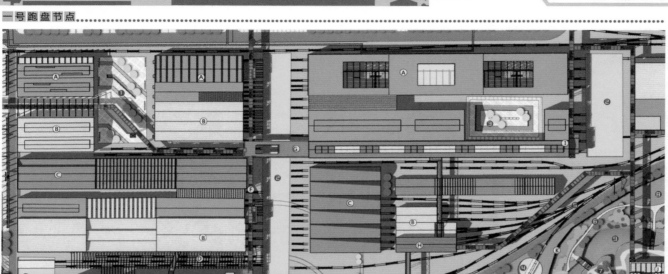

场景设想

场景一： 核心区之跑盘功能多

场景二： 核心区之综合广场欢乐多

场景三： 核心区之入口广场风景多

场景四： 核心区之交叉路口构架多

节点概况：

该节点位于基地中心，主要功能为教育实训和工业展示。汇集两股主要人流，实现两股人流的交叉和分配。两股人流通过铁轨和跑盘实现厂房之间的转换。节点区域内布置两个公共性广场，实现两盘人流的交流活动和休憩，其中包括周边居民的交流活动和休憩。

功能构成：

休闲　　实训　　展示

空间构成：

开敞空间构成：

① 综合活动广场
② 长跑盘
③ 学生活动广场
④ 圆跑盘
⑤ 铁轨
⑥ 公园小道
⑦ 景观小岛
⑧ 城墙遗址公园
⑨ 朱家山河

构筑物构成：

Ⓐ 生产展示车间
Ⓑ 教育实训车间
Ⓒ 重点文化建筑
Ⓓ 展示构架
Ⓔ 火车模型展厅
Ⓕ 二层参观廊架
Ⓖ 二层驻留平台
Ⓗ 厂区瞭望台
Ⓘ 铁路文化展廊
Ⓙ 城墙遗址展馆
Ⓚ 城墙遗址

重要建筑立面

1号跑盘西侧原立面

1号跑盘东侧原立面

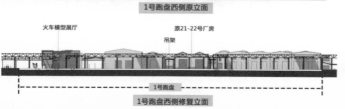

火车模型展厅　　　　　原21-22号厂房
　　　　　　　吊架

1号跑盘

1号跑盘西侧修复立面

文化展廊　　原8-13号厂房　瞭望平台　　滑轨平台

1号跑盘

1号跑盘东侧修复立面

双产 & 双线

南京浦镇车辆厂历史风貌区城市设计
THE IDEA OF SMED (SingleMinuteExchange of Die)

展方示案 14

入口广场节点

场景设想

节点概况：

该节点位于基地东南角，是基地的重要出入口。该节点汇集三股人流——参观、实训、休闲，满足三股人流的入口需求并巧妙地实现三股人流的分流和疏散。入口广场提供多种多样的收放广场空间，以及下沉及上升空间，提供不一样的视觉冲击和感受，满足不同人群的功能需求和体验需求。同时，巧妙利用入口河流的景观优势，提供各种不同亲水平台，为人群创造接近自然、陶冶情操的机会。

功能构成：

游憩	休闲	展示	服务	零售

空间构成：

开敞空间构成：　　　　　　　　构筑物构成：

① 主入口大桥　　　⑦ 广场雕塑　　　Ⓐ 入口眺望台　　　Ⓖ 滨河活动室
② 入口景观广场　　⑧ 商盘　　　　　Ⓑ 社区活动中心　　Ⓗ 滑轨廊道
③ 圆形眺望广场　　⑨ 入口小桥　　　Ⓒ 廊道驻足平台　　Ⓘ 二层廊道
④ 圆形亲水广场　　⑩ 景观水池　　　Ⓓ 滑轨体验平台
⑤ 广场构筑物　　　⑪ 水景路步　　　Ⓔ 火车模型展厅
⑥ 扇形下沉广场　　⑫ 亲水小岛　　　Ⓕ 厂区办公管理

场景一： 入口广场之滨河公园欢乐多

场景二： 入口广场之中心广场热闹多

节点界面透视

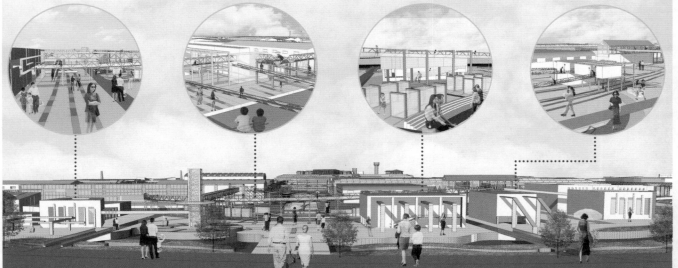

场景三： 入口广场之火车体验刺激多

场景四： 入口广场之参观廊道美景多

双产 & 双线

南京浦镇车辆厂历史风貌区城市设计
THE IDEA OF SMED（SingleMinuteExchange of Die）

展方示案 **15**

西区商业节点

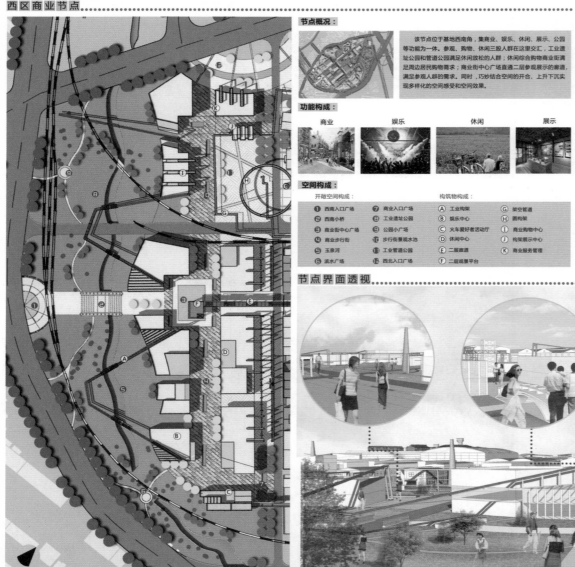

节点概况：

该节点位于基地西南角，集商业、娱乐、休闲、展示、公园等功能为一体。参观、购物、休闲三股人群在这里交汇，工业遗址公园和管道公园满足休闲放松的人群；休闲综合购物商业街满足周边居民购物需求；商业街中心广场直通二层参观展示的廊道，满足参观人群的需求。同时，巧妙结合空间的开合、上升下沉实现多样化的空间感受和空间效果。

功能构成：

| 商业 | 娱乐 | 休闲 | 展示 |

空间构成：

开敞空间构成：
① 西南入口广场
② 西南小桥
③ 商业街中心广场
④ 商业步行街
⑤ 玉泉河
⑥ 流水广场
⑦ 商业入口广场
⑧ 工业遗址公园
⑨ 公园小广场
⑩ 步行街景观水池
⑪ 工业管道公园
⑫ 西北入口广场

构筑物构成：
Ⓐ 工业构架
Ⓑ 娱乐中心
Ⓒ 火车爱好者活动厅
Ⓓ 休闲中心
Ⓔ 二层廊道
Ⓕ 二层观景平台
Ⓖ 架空管道
Ⓗ 圆构架
Ⓘ 商业购物中心
Ⓙ 构架展示中心
Ⓚ 商业服务管理

场景设想

场景一：西区商业之逛街欢乐多

场景二：西区商业之逛街欢乐多

节点界面透视

双产 & 双线

南京浦镇车辆厂历史风貌区城市设计
THE IDEA OF SMED（SingleMinuteExchange of Die）

展方示案 **16**

北区综合节点

场景设想

场景一： 北区节点之参观展示乐趣多

场景二： 北区节点之创意办公创意多

场景三： 北区节点之山边公园美景多

场景四： 北区节点之青年公寓欢乐多

节点概况：

该节点位于基地北边，集办公、文化、实训、展示、公园等功能于一体。综合汇集参观、实训、办公、文化、住宿五股人流，其中展示大厅和广场分散参观和实训的人群；办公广场疏散办公人群；东北入口广场疏散文化、住宿人群。多样的空间处理手法，带来丰富的空间感受。

功能构成：

办公	公寓	文化	公园

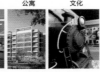

空间构成：

开放空间构成：

① 西北入口广场
② 工业管道公园
③ 展示入口广场
④ 创意办公广场
⑤ 创意办公入口广场
⑥ 山体
⑦ 山体公园
⑧ 公寓院落空间
⑨ 东北入口广场

构筑物构成：

Ⓐ 商业服务管理
Ⓑ 构架展示中心
Ⓒ 教育实训厂房
Ⓓ 创意办公群体
Ⓔ 综合会展大厅
Ⓕ 产业展示厂房
Ⓖ 二层观景平台
Ⓗ 景观廊架
Ⓘ 重要文化建筑
Ⓙ 水塘
Ⓚ 公寓建筑群
Ⓛ 防空设施

节点界面透视

社区回馈视野下的工业遗产适应性更新探索

郑州大学
Zhengzhou University

设计成员：姚嘉琦　张宏伟
指导教师：史晓华

设计感悟：三个多月的时间一眨眼就结束了，亦如整个匆匆而逝的本科生涯。记得毕设刚开始时老师说了一句话："不管你们接下来是走上工作岗位还是选择继续读书，也许都难再有一次能像这样尽情发挥自己设计理想或者抒发情怀的机会了。"很庆幸在最后的毕业设计加入四校联合小组，认识了一群有趣的伙伴与优秀老师，领略了两座城市不同的文化与风景，把之前四年积累下的设计热情在浦镇车辆厂这块小小的土地上肆意挥洒。三个多月来老师耐心的指导与队友的协作配合，是这次联合毕业设计中最大的感动。

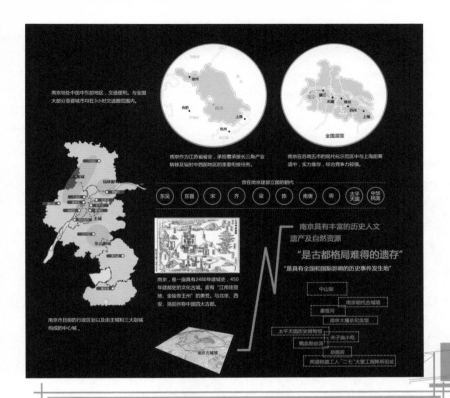

南京地处中国中东部地区,交通便利。与全国大部分重要城市均在3小时交通范围圈内。

南京作为江苏省省会,承担着承接长三角产业转移及辐射中西部地区的重要传输任务。

南京在苏南五市的现代化示范区中与上海距离适中,实力雄厚,综合竞争力较强。

曾在南京建都立国的朝代

| 东吴 | 东晋 | 宋 | 齐 | 梁 | 陈 | 南唐 | 明 | 太平天国 | 中华民国 |

南京具有丰富的历史人文遗产及自然资源

"是古都格局难得的遗存"

"是具有全国和国际影响的历史事件发生地"

南京,是一座具有2480年建城史,450年建都史的文化古城。素有"江南佳丽地、金陵帝王州"的美誉。与北京、西安、洛阳并称中国四大古都。

南京市目前的行政区划以及由主城和三大副城构成的中心城。

中山陵
南京明代古城墙
秦淮河
南京大屠杀纪念馆
太平天国历史博物馆
夫子庙小吃
鸭血粉丝汤
总统府
两浦铁路工人"二七"大罢工指挥所旧址

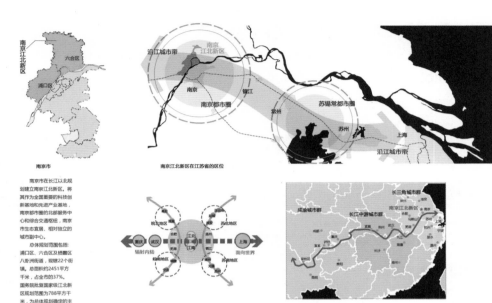

南京江北新区

六合区
浦口区

南京市

南京市在长江以北规划建立南京江北新区。将其作为全国重要的科技创新基地和先进产业基地。南京都市圈的北部服务中心和综合交通枢纽,南京市生态宜居、相对独立的城市副中心。总体规划范围包括:浦口区、六合区及栖霞区八卦洲街道,现辖22个街镇,总面积约2451平方千米,占全市的37%。国务院批复国家级江北新区规划范围为788平方千米,为总体规划确定的主要建设区域。

江北新区区域协调示意图

南京都市圈
沿江城市带
南京
镇江
常州
苏锡常都市圈
苏州
上海
沿江城市带

南京江北新区在江苏省的区位

长三角城市群
南京江北新区
长江中游城市群
成渝城市群

南京江北新区在长江经济带中的区位

01 规划背景

社区回馈视野下的工业遗产适应性更新探索

南京浦镇车辆厂历史风貌区城市设计 The Urban Design of Historic District in Nanjing Puzhen Company

早期津浦铁路局路徽

浦镇车辆厂的成立

1898年,英、德资本集团背着中国,在伦敦举行会议,擅自决定承办津浦铁路(天津至江浦)。清政府屈服于帝国主义的压力,于1908年签订了借款合同,并将津浦铁路改为津浦铁路。津浦铁路全长1009公里,北段自京奉铁路天津总站以南两路接轨处起,至山东韩庄,长626公里;南段自韩庄至浦口的浦口火车站,长383公里。两段分别于1908年7月和1909年1月开工,1911年9月接轨。
英国方面提出由中英合资在津浦铁路南段建造铁路修建厂。厂址最终选择在长江北岸江浦县(原浦口旧城)西南隅浦镇万峰门内(即今南门镇)。工厂名为浦镇机厂,隶属津浦铁路局南段管理局。

具有百年历史的机车制造厂	
1881年	唐山机车车辆厂
1897年	北京二七车辆厂
1898年	哈尔滨车辆厂
1899年	大连机车车辆厂
1899年	太原机车车辆厂
1900年	青岛四方机车车辆厂
1901年	武汉江岸车辆厂
1905年	成都机车车辆厂
1905年	石家庄车辆厂
1906年	南口机车车辆厂
1908年	南京浦镇车辆厂
1909年	天津机车车辆机械厂

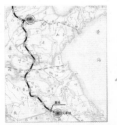

津浦铁路修建用时四年,一气呵成,是旧中国铁路最为华彩的篇章,是华北通往华东的主要干线,在徐州与陇海线交会。

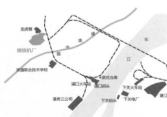

浦镇机厂周边的铁路资源非常丰富,有浦口火车站、工人浴会区、龙虎巷、浦口码头等,而浦镇机厂自身是铁路线上的编组站和修理站,这样就第次完成了从火车到轮渡的无缝对接。

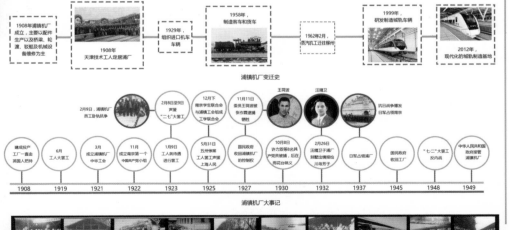

1908年浦镇机厂成立,主要以配件生产以及桥梁、轮渡、驳船及机械设备维修为主

1908年
天津技术工人定居浦厂

1929年
组织进口机车车辆

1958年
制造客车和货车

1962年2月,
蒸汽机工迁往柳州

1999年
研发制造城铁轨车辆

2012年
现代化的城铁制造基地

浦镇机厂变迁史

王荷波
汪精卫

2月9日,浦镇机厂员工卧轨抗争
2月8日至9日声援"二七"大罢工
12月下南京学生联合会与浦镇工会组成工学联合会
11月11日委王荷波被张行霁迫害牺牲
抗日战争爆发日军占领南京

建成投产厂一直由英国人把持
6月工人大罢工
3月成立浦镇机厂中华工会
11月成立南京第一个中国共产党小组
1月9日进行罢工
5月31日五卅惨案工人声援工人大罢工人民
国民政府收回浦镇厂产权的控制权
10月8日许力双等8名其产党被捕,遇害花台起义
2月26日汪精卫于浦厂到颜出捷即出瓜州渡川年子
国民政府教领工厂
"七二"大罢工反内战
中华人民共和国政府接管浦镇机厂

| 1908 | 1919 | 1921 | 1922 | 1923 | 1925 | 1927 | 1930 | 1932 | 1937 | 1945 | 1948 | 1949 |

浦镇机厂大事记

学校	小组成员	指导教师
郑州大学	姚嘉晴、张宏伟	史晓华

社区回馈视野下的工业遗产适应性更新探索
南京浦镇车辆厂历史风貌区城市设计 The Urban Design of Historic District in Nanjing Puzhen Company

02 基地概况

南京江北新区总体规划（2014——2030）

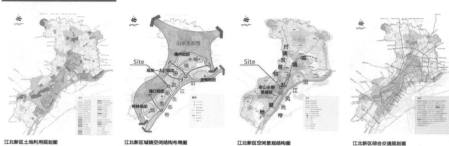

江北新区土地利用规划图　江北新区城镇空间结构布局图　江北新区空间景观结构图　江北新区综合交通规划图

基地在江北新区的规划布局中靠近城镇发展轴，位于"浦口"与"高新—大厂"两大主要组团衔接中，城市与乡野景观的过渡地带之一，是发展轴带上的重要节点之一，但并不在核心组团的中心点，因此，在定位上可作为江北核心的补充。基地周边交通便利，现已有高架快速路，未来地铁4号线从基地西侧经过。

南京市浦口区城乡总体规划（2010——2030）

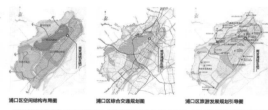

南京市浦口区范围　浦口区空间结构布局图　浦口区综合交通规划图　浦口区旅游发展规划引导图

基地处在沿江城镇功能区与老山风景区之间，是新城建设集中区向休闲度假区过渡处。同时，基地在浦口区旅游发展规划中被设定在民风风情文化区中，周边道路系统完善，紧邻快速路与地铁站点，交通便利。

南京江北新区NJJBc030单元控制性详细规划

空间结构规划图　　高度控制规划图　　开发强度规划图

在江北新区NJJBc030单元控制性详细规划中，将辅镇机厂与龙虎巷传统居民区结合作为历史风貌区，沿旧铁路与浦口火车站历史风貌区连接成为津浦铁路历史文化景观走廊。以辅镇机厂历史建筑群、龙虎巷传统住宅区等历史风貌区为核心特色，展现历史文化特色。控规对基地的建筑高度控制在24米以内，容积率不超过2.0。

上位规划总结：南京浦镇车辆厂是上位规划定位明确，地块控规清晰。作为南京市江北新区发展主轴上的重要组成部分之一，南京浦镇车辆厂应该依照上位规划，较好地保护其生产工艺，突出机车车辆生产厂基地的特点。同时，作为南京重要的近代工业遗存，应该把悠久的历史用最佳的方式展示，彰显其作为百年制造遗区的特殊价值。

根据上位规划分析，江北新区将面临新一轮的发展，大量地块会被重新开发利用，更多功能将被植入，更多人口将被吸引过来，形成新的组群。

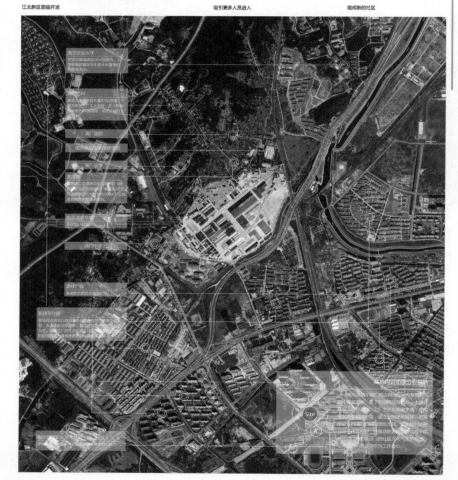

江北新区面临开发　　吸引更多人员进入　　组成新的社区

学校	小组成员	指导教师
郑州大学	皖嘉琦、张宏伟	史晓华

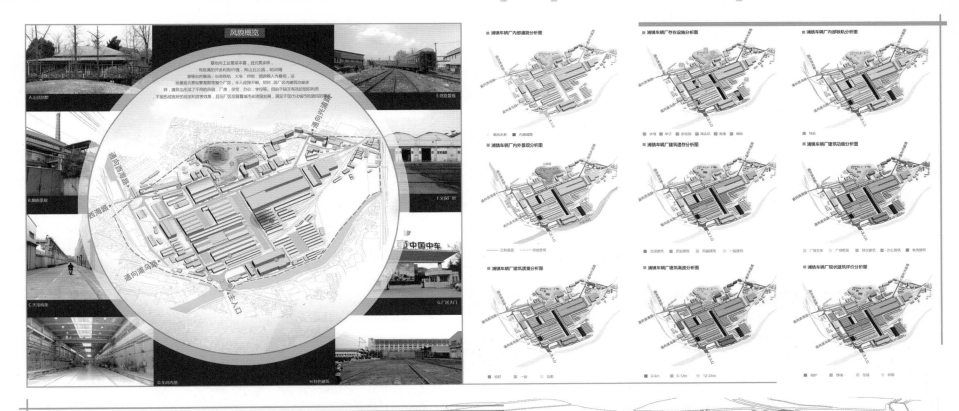

风貌概览

基地内工业载观丰富，且元素多样。

A.山顶别墅　B.刻废墙体　C.天吊内架　D.车间内部　E.铁路概貌　F.文保厂房　G.厂区大门　H.特色建筑

■ 浦镇车辆厂内部道路分析图
■ 浦镇车辆厂内外景观分析图
■ 浦镇车辆厂建筑质量分析图
■ 浦镇车辆厂存在设施分析图
■ 浦镇车辆厂建筑遗存分析图
■ 浦镇车辆厂建筑高度分析图
■ 浦镇车辆厂内部铁轨分析图
■ 浦镇车辆厂建筑功能分析图
■ 浦镇车辆厂现状建筑评价分析图

社区回馈视野下的工业遗产适应性更新探索
南京浦镇车辆厂历史风貌区城市设计　The Urban Design of Historic District in Nanjing Puzhen Company

03 现状解读

■ SWOT分析

优势分析 Strengths　　劣势分析 Weaknesses　　机遇分析 Opportunitise　　挑战分析 Threats

S　W　O　T

■ 问题分析

问题a
社区性：地块中社区性降低，缺乏活力。

问题b
适应性：时间断裂，工业记忆缺失。

■ 厂区功能布置

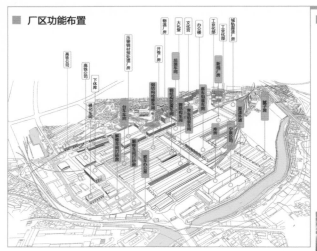

■ 车辆生产流程

A 车间产品流程

冲压车间 → 铆焊车间 → 总装车间 → 落车交车
构架车间 → 转向架车间
转向架生产线

冲压车间：对板金材料进行冲孔、落料、弯曲、拉伸、翻边、折弯等工序的加工。
铆焊车间：对金属材料焊接、铆接，工艺要求防变形、保焊缝质量、重清扫。
转向架车间：对车辆和车架的加工组装和探伤，以及对转向架的总组装。
总装车间：车体外部件安装，大小部件组装、部件安装、配管接线，然后落车。
落车车间：整个生产过程的最后工序，落车后进行交验试验，最后投入实际使用。

B 机车生产工艺过程

组焊 → 组装 → 落车 → 试验 → 交检交验

■ 厂区建构设施

A 浦子口城墙
车辆区围墙借势搭在了浦子口城墙的断垣上，位于铆镇车辆厂东侧的附凤门及延伸的城墙约100米，1998年公布为区级文保单位。

B 大水塔
大水塔：圆形，高29m，底柱直径8.6m，修建于1964年，钢筋水泥建筑结构。现已弃用。

C 人防工程
1969年，浦镇车辆厂进行691人防工程建设。工程总面积9403平方米，浦厂向山上，山下和通向刘家生活区途中有多个进出口。内有指挥所发电站、食堂、厕所、地堡、仓库等43个，能容纳8251人。

社区回馈视野下的工业遗产适应性更新探索
南京浦镇车辆厂历史风貌区城市设计　The Urban Design of Historic District in Nanjing Puzhen Company

04　现状解读

■ 重点建筑立面

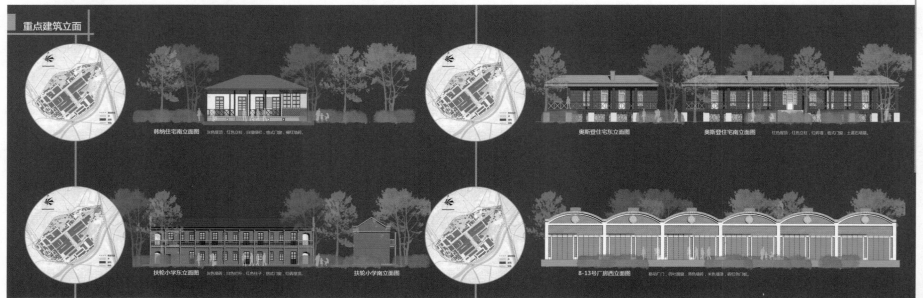

韩纳住宅南立面图
奥斯登住宅东立面图
奥斯登住宅南立面图
扶轮小学东立面图
扶轮小学南立面图
8-13号厂房西立面图

学校	小组成员	指导教师
郑州大学	姚鑫琦、张宏伟	史纪华

案例分析
西班牙帕尔马城的里巴斯工厂

里巴斯工厂始建于1851年，主要从事羊毛织的生产。以工厂为核心，大多数产业工人生活居住在工厂周边，形成了相对稳定的社区形态和邻里关系。因此，设计立足更宏观的社区视野，公共服务设施的完善、工业社区文化气质的营造、社区公共活力的激发作为自己的工作重点，对老旧社区人生活的关注成为一个核心贯穿在整个设计之中。

存留的两栋保护建筑位于广场的北部，较大的改造成为一个展示里巴斯工厂历史的信息展示中心，较小的锅炉房则被改造成一处文化中心。

南向车间切除东侧部分之后，屋顶车间铸铁柱所支撑形成半开敞的主廊，面向Brotad路呈半开放状，同时为社区提供了一个日常生往或者小商品买卖的公共空间。

工厂曾是凝聚索莱达社区人们生产、生活的核心。而社区服务、工业文化展示等延续功能帮助社区快速与周边社区相融合。工厂之于社区的核心意义无论是从形式上、功能上，还是场所精神上都很好地延续了下去。

案例分析
瑞士温特图尔苏尔泽街区仓库广场

仓库广场地块（Lagerplatz-Areal）是位于瑞士工业城市温特图尔（Winterthur）的苏尔泽街区（Sulzer-Areal）中一处楔形地块，占地约4.6hm²。

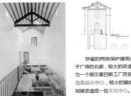

仓库广场街区在等待开发的过程中，公众参与、自发引入教育、休闲、文化这类能促进地区活力的"临时"功能。

最初ZHAW学校进入，年轻人聚集，部分厂房被用来出租举办大型活动。随着一些体量较大的生产空间中引入了教育、娱乐、休闲功能，仓库广场地块逐渐又吸引了一些新住户入往。

案例总结

改造更新时，关注公共服务设施的营造，社区文化气质的营造，公共活力的激发。 + 地块更新过程中，关注自发的、非正式的和自性活动，更新时的功能混合、灵活多变。

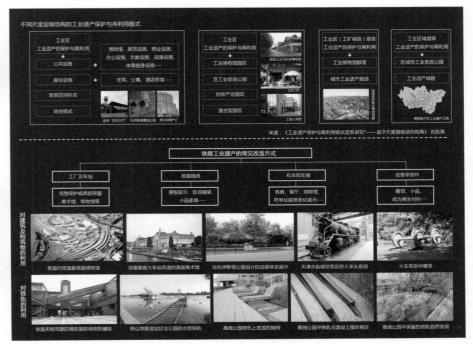

05 策略分析

社区回馈视野下的工业遗产适应性更新探索
南京浦镇车辆厂历史风貌区城市设计 The Urban Design of Historic District in Nanjing Puzhen Company

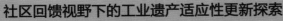

部分的工业遗址更新方式

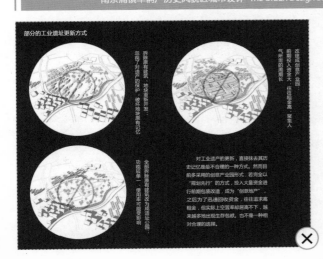

规划策略
——社区回馈

社区功能的植入。浦厂周围聚集的是浦厂原有职工，他们的生活都营营围绕着浦厂组织，因此，浦厂对他们来说不仅仅意味着一个简单的工作场所，更有生活记忆与文化认同。因此，更新后的厂区应该保留人们精神内核，依旧按空间回馈给市民，而不是简单地做商业开发。

最终更新后的厂区将回馈给居民使用。融入周边，重新渗透进日常生活。

厂区更新，并不是将浦厂与周边居民隔离，而应将其置入的新功能，重新加强联系。

规划策略
——适应性更新

对于历史建筑或风貌较好的建筑物，可采用修缮保护的方式，对其功能置换，利用内部空间。如博物馆、演艺中心等。

对处在轴线或基地关键节点上的一般建筑，采用"减"或"加"的改造方式，营造更多类空间，提高其高度，使其满足新功能的同时，也成为关键的视觉焦点。

建筑

构筑物

成为场地标志，如铁轨、列车等。

成为游憩场所，如跑步道。

成为标志物或场地划分工具，如吊架。

场地

构成出入口的重要节点

大型建筑的疏散场

提供自由交往的场所 如交易、展览……

强化轴线与序列

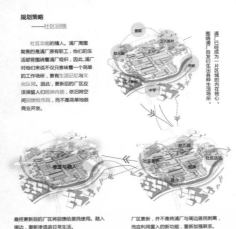

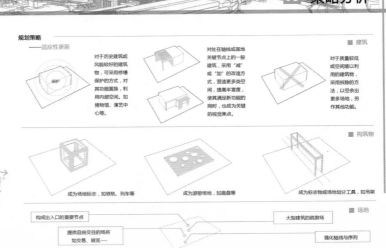

更新手段：小尺度、分阶段、循序渐进的开发模式。

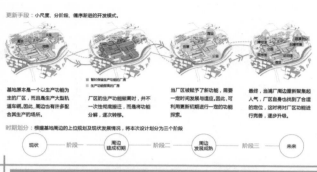

基地原本是一个以生产功能为主的厂区，而且是生产大型轨道车辆。因此，厂区也有许多配合其生产的场所。

当区被赋予了新功能时，需要一定性时间发展与适应。因此，可利用更新初期进行一定的功能探索。

最终，当浦厂周边重新聚集起人气，厂区自身也随附了合适含其生产定位，这时将厂区功能进行售卖，逐步升级。

时段划分：根据基地周边的上位规划以及现状发展情况，将本次设计划分为三个阶段。

现状 —— 阶段一 —— 周边建设初期 —— 阶段二 —— 周边发展成熟 —— 阶段三 —— 未来

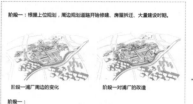

阶段一：根据上位规划，周边规划道路开始修建、房屋拆迁、大量建设时期。

阶段一浦厂周边的变化　　阶段一对浦厂的改造

阶段一：
- 基地内部生产功能部分保留，靠近南侧入口的车间改造成遗址博物馆一期。
- 围绕 A、B、C 三区先更新，设立独立对外出入口。
- 配合周边建设工程，改造基地内部暂时存在发育的厂房为简单的商业（小餐馆、大排档、旅店等），以满足附近人员所需。

阶段二：周边道路基本修建完成，新建小区开始有居民入住，逐渐聚集起人气。

阶段二浦厂周边的变化　　阶段二对浦厂的改造

阶段二：
- 基地内部生产功能全部离开。
- 旧车间一部分改造成社区服务（幼儿园、社区活动中心、图书馆⋯⋯）。
- 拆除低质量厂房形成的广场、绿地，携带"临时性使用"。对入驻商家进行引导但不做强制限制，让基地主动去寻找适应周边人群的商业类型。

阶段三：周边小区入住的居民已形成一定规模，城市交通网络趋于完善。

阶段三浦厂周边的变化　　阶段三对浦厂的改造

阶段三：
- 社区服务功能的完善，随着人流增大，增加疏散广场以及部分新建区。
- 结合阶段二的观察，发展最适宜的商业类型。结合公服建筑散布于基地内，强调功能结合。
- 对部分功能进行整合，形成一个相对有规模的集中公服点，服务于周边。

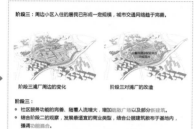

社区回馈视野下的工业遗产适应性更新探索
南京浦镇车辆厂历史风貌区城市设计　The Urban Design of Historic District in Nanjing Puzhen Company

06 阶段展示

50　150m

第一阶段 总平面图

第一阶段基地周边环境的变化

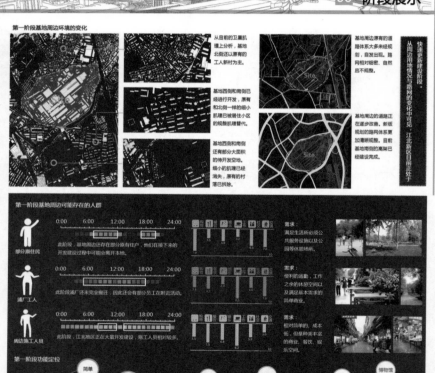

从目前的卫星航理上分析，基地北侧还以原有的工人新村为主。

基地西侧和南侧已经进行开发，原有和北侧一样的细小肌理已被居住小区的规整肌理替代。

基地西侧和南侧还有部分大面积的待开发空地。细小的肌理已经消失，原有的村落已拆除。

基地原有的道路系大多未经规划、自发出现。路网相对细密、自然且不规整。

基地周边的道路正在逐步改善，新版规划的路网体系更加清晰细致。目前基地南侧的离地已经建设完成。

快速更新建设阶段，从周边用地情况与路网的变化趋化中可见，江北新区目前正处于

第一阶段基地周边可能存在的人群

部分原住民
此阶段，基地周边存在部分原有住户，他们在接下来的开发建设过程中可能会离开本地。

浦厂工人
此阶段浦厂还未完全撤离，因此还会有部分员工在附近活动。

周边施工人员
此阶段，江北地区正在大量开发建设，施工人员相对较多。

需求：
满足生活所必须公共服务设施以及公园等休憩场所。

需求：
便利的活动，工作之余的休憩空间以及满足基本需求的简单商业。

需求：
相对简单的，成本低，但是种类丰富的商业、餐饮、娱乐空间。

第一阶段功能定位

简单　易产生发展快　贴近生活　关键词　规模小　种类丰富

大排档　商店　餐馆　小吃店　博物馆　公园　便利铺　KTV　小超市　商业市　自由市集

学校	小组成员	指导教师
郑州大学	姚嘉琦、张宏伟	史晓华

现状基地平面

第一阶段基地平面

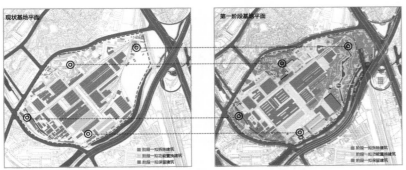

第一阶段的重点建设

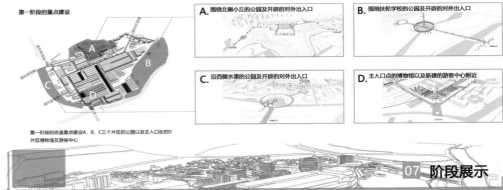

A. 围绕北侧小丘的公园及开辟的对外出入口

B. 围绕扶轮学校的公园及开辟的对外出入口

C. 沿西侧水渠的公园及开辟的对外出入口

D. 主入口点的博物馆以及新建的游客中心附近

第一阶段的改造重点建设A、B、C三个片区的公园以及主入口处的D片区博物馆及游客中心

在更新的第一阶段，基地内的大部分建筑物及其功能都进行保留，主要拆除西侧沿水、南侧沿河、北侧山坡周边以及东侧扶轮学校周围的建筑。对靠近几处出入口的暂时未用于生产或对整个生产流程影响较小的建筑物进行功能置换。

第一阶段更新后建筑功能

厂房：第一阶段保留生产

跑盘：第一阶段用于生产

由原先车间改建的博物馆

游客中心、餐厅：配合博物馆所需

酒店、小旅馆：北侧小丘上的结合文保建筑以休闲度假为主，其余的为普通的宾馆。

KTV、大排档、小吃街等简单的休闲餐饮场所

商业街、商场等购物空间

浦厂原先的非生产类建筑，在第一阶段继持其原有功能

社区回馈视野下的工业遗产适应性更新探索

南京浦镇车辆厂历史风貌区城市设计　The Urban Design of Historic District in Nanjing Puzhen Company

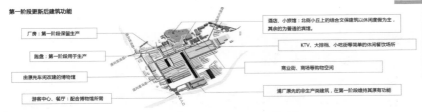

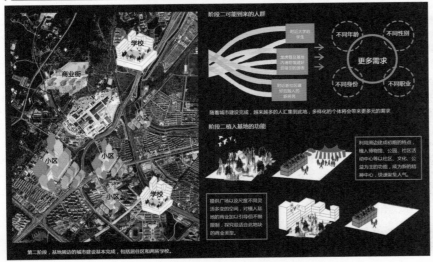

第二阶段，基地周边的城市建设基本完成，包括居住区和两所学校。

阶段二可能到来的人群

附近大学的学生

龙虎巷及基地内博物馆吸引而来的游客

附近新社区搬迁而入的新居民

更多需求

不同年龄　不同性别

不同身份　不同职业

随着城市建设完成，越来越多的人汇集到此地，多样化的个体将会带来更多元的需求

阶段二植入基地的功能

利用周边建成初期的特点，植入博物馆、公园、社区活动中心等以社区、文化、公益为主的功能，成为新的精神中心，快速聚集人气。

提供广场以及尺度不同多变的空间，对植入基地的商业加以引导但不做限制，探究最适合此地块的商业类型。

第二阶段总平面图

学校	小组成员	指导教师
郑州大学	姚嘉瑶、张宏伟	史晓华

第一阶段基地平面

第二阶段基地平面

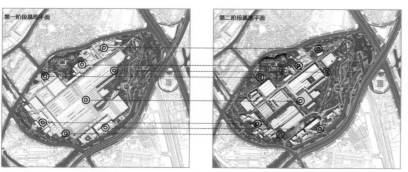

在更新的第二阶段，相比第一阶段空间上的改动比较大。北侧沿小丘部分的建筑主要进行了拆除与重建，对西侧和南侧通向基地的入口加以强化，生产功能撤离后，跑盘重新利用，变成重要景观节点。厂房也进行小部分调整，重新植入新的功能。

第二阶段轴线分析

第二阶段水线分析

在更新的第二阶段，基地内部两条主要轴线基本形成，一是从南侧入口起，经过主要的跑盘连接北部的小山丘。另一条从西侧入口经核心区厂房至扶轮学校。

在更新的第二阶段，从经过基地的两条河流中引水，用水系串联起基地内部主要的几处节点。

社区功能植入

文化中心

博物馆

幼儿园

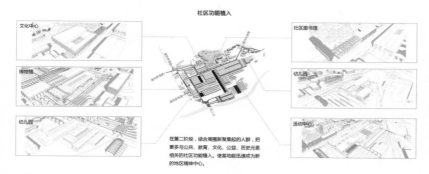

社区图书馆

幼儿园

活动中心

在第二阶段，结合周围新聚集起的人群，把更多与公共、教育、文化、公益、历史元素相关的社区功能植入，使基地迅速成为新的地区精神中心。

业态引导

在第二阶段除植入的社区功能外，其余场所不做强制限制，只对空间特点进行分析后加以功能或商业业态引导，以较低租金出租，鼓励周边居民自发探索。

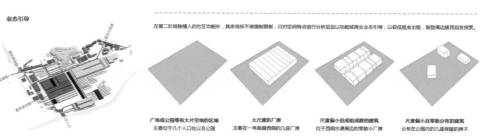

广场或公园等等有大片空地的区域
主要位于几个入口处以及公园

大尺度的厂房
主要在一号跑盘西侧的几座厂房

尺度偏小且成组成群的建筑
位于西侧水渠周边的零散小厂房

尺度偏小且零散分布的建筑
分布在公园内的几座保留的房子

	广场或公园等等有大片空地的区域	大尺度的厂房	尺度偏小且成组成群的建筑	尺度偏小且零散分布的建筑
空间特点	开敞度高、空间灵活、景观好、便于大量人群集散	开敞度适中，空间可以灵活划分、层高较高、内部空间的划分较自由	开敞度一般，空间小，但共同可构成序列或成组，易于共同组织空间	开敞度可以自由选择，一般位于广场或公园内，周围景观好，容易形成焦点
功能或业态引导及利用安排	以休闲为主：运动广场、游乐场、创意市集等；以培训、运动为主：音乐/舞蹈教室、健身馆等	以购物为主：家居建材市场、花卉植物销售中心、大型或中型超市、仓储等；以办公为主：创意工作室等	以餐饮购物为主：购物商业街、美食街、酒吧街等；以办公为主：创意工作室等	以休闲文化类为主：咖啡厅、茶室、摄影工作室等

美国伯明翰市铁路公园　朝阳公园游乐场

上海市大学路创意市集

位于上海国际中心的舞蹈团　昆明宜家家体验店

法国废弃的金属加工厂改建的休闲体育中心

北京798

西安纺织城艺术区

中山博达·外滩销售中心

Philips旧工厂改造的咖啡馆

08 阶段展示

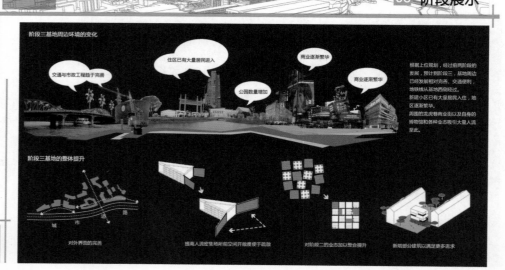

阶段三基地周边环境的变化

交通与市政工程趋于完善

住区已有大量居民进入

公园数量增加

商业逐渐繁华

商业逐渐繁华

根据上位规划，经过前两阶段的发展，预计到阶段三，基地周边已经发展相对完善，交通便利，地铁线从基地西侧经过。新建小区已有大量居民入住，地区逐渐繁华。周围的龙虎巷商业街以及自身的博物馆和各种业态吸引大量人流至此。

阶段三基地的整体提升

对外界面的完善

提高人流会集场所前空间开敞度便于疏散

对阶段二的业态加以整合提升

新增部分建筑以满足更多需求

城　市　道　路

社区回馈视野下的工业遗产适应性更新探索

南京浦镇车辆厂历史风貌区城市设计　The Urban Design of Historic District in Nanjing Puzhen Company

学校	小组成员	指导教师
郑州大学	姚嘉琦、张宏伟	史晓华

社区回馈视野下的工业遗产适应性更新探索
南京浦镇车辆厂历史风貌区城市设计 The Urban Design of Historic District in Nanjing Puzhen Company

09 阶段展示

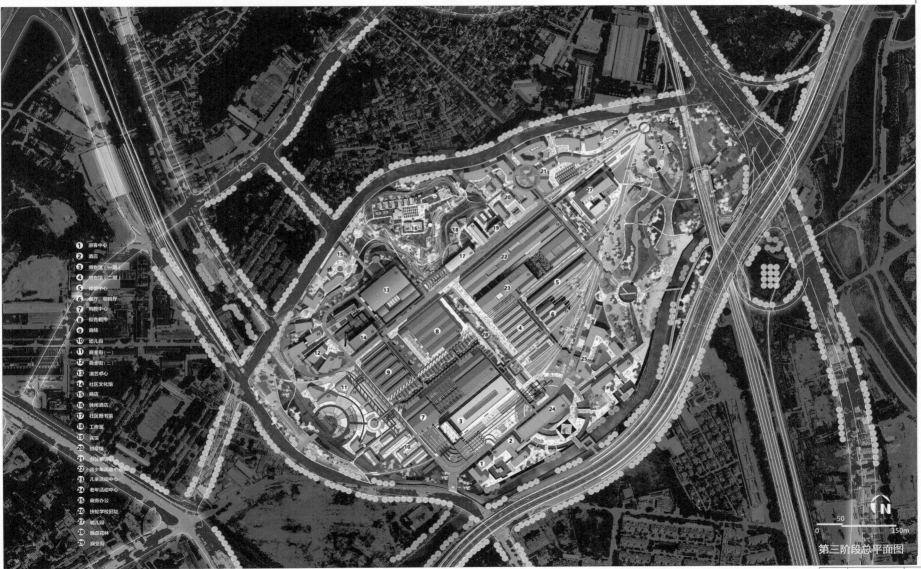

① 游客中心
② 酒店
③ 博物馆（一层）
④ 博物馆（二层）
⑤ 体验中心
⑥ 餐厅、咖啡厅
⑦ 购物中心
⑧ 综合超市
⑨ 商场
⑩ 幼儿园
⑪ 商业街（一）
⑫ 商业街（二）
⑬ 演艺中心
⑭ 社区文化馆
⑮ 商店
⑯ 休闲酒店
⑰ 社区图书馆
⑱ 工作室
⑲ 宾馆
⑳ 创意馆
㉑ 办公招商
㉒ 青少年活动中心
㉓ 儿童活动中心
㉔ 老年活动中心
㉕ 商务办公
㉖ 扶轮学校旧址
㉗ 幼儿园
㉘ 园点花林
㉙ 商业街

第三阶段总平面图

0 50 150m

N

学校	小组成员	指导教师
郑州大学	姚嘉琦、张宏伟	史晓华

社区回馈视野下的工业遗产适应性更新探索

南京浦镇车辆厂历史风貌区城市设计　The Urban Design of Historic District in Nanjing Puzhen Company

设计概述：

南京浦镇车辆厂位于南京市江北新区，该厂于1908年目前生产区仍在进行活跃的生产活动，用地面积约为39.8公顷。本地块以工厂为核心，大多数产业工人生活聚集在工厂周边，形成了相对稳定的社区形态和邻里关系。然而，随着城市的发展和更新，浦镇车辆厂面临着衰落和搬迁，导致围绕其生长的社区也走入经济下滑和空间边缘化的境遇。低质量的居住环境、不便的交通环境、公共设施、绿地、商业机构的缺乏都加剧了情况的恶化。而城围墙所紧紧封闭的遗弃工厂则成了阻碍江北新区社区肌理结构自然生长的症结之一。本次设计从以下几点出发，思考了在社区回馈视野下的工业遗产厂区的适应性更新。

一、肌理与步行：城市的回归

南京市江北新区原本由小体量的住宅和大尺度的厂房组成了复杂的网格形态的城市肌理，而南浦镇车辆厂这个像迎块一样点缀于城市的公共空间应该是"修补城市结构"的重点关注对象。设计通过新建筑房屋类型、建筑间的围合方式、外部空间形态、出入口通路的集合等设计优先重组类厂遗区域的城市肌理。从而，肌理分别从建筑单体、地块、地块序列、街道等层次中进步一步，嵌入了更大的城市范围，而这种"织入"为更新后的工厂顺边地融入浦镇厂社区提供了空间基础。

二、破与立：秩序的重组

社区的空间被打通之后，其次是传统工业文化回归以及社区精神重建问题。这将成为扭转传统工业凋敝、落后形象的关键一环。将文保厂房改造成博物馆，借为广场标志物，围绕标志物组织外部场所、曲线场所形成的空间遗存、串联起大小插新的路径，构成了浦镇车厂工业遗产的整体环境意向，这些要素都从历史建筑中来，构成了社区新的精神中心——工厂曾是凝聚辅镇社区人们生产生活的核心，而社区服务、历史文化展示等延续功能将帮助它与周边社区相结合，工厂于社区的核心意义无论从形式上、功能上，还是场所精神上都被很好地继承。

三、剥切与复合：价值的再现

老旧的工业建筑有其独特的建筑风格，包含着深打的历史意义。去除那些影响使用功能和具有安全隐患的部分，总是需要有新的材料和新的构造来重塑新的界面。新与旧用"异质同构"或"同质异构"的方式重新组合刻历史建进中来，新的材料、形式和结构将现代建筑语汇与历史界面在多个空间层次上进行着对话。此外，翻新而暴露在外的屋架、修旧的钢柱、重新铺装的建筑基底等，都在试图维持历史建筑群整体性的同时，帮助我们识别新建筑在历史环境中的独特性和相似性特征，从而达到新和旧"历时性"与"共时性"的融合。这些场所的并置展示着历史建筑的外部、内部与结构，呈现出历史建筑的不同的时空深度。

学校	小组成员	指导教师
郑州大学	姚嘉琦　张宏伟	史晓华

第二阶段基地平面　　第三阶段基地平面

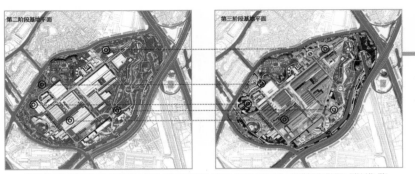

11 回馈方式

在更新的第三阶段，沿基地临外界面的空地处新增加了部分建筑，容纳更多需求的同时，也对沿路、沿水的界面进行了完善。内部建筑在细节上进行深化，更契合功能，更加强化出主要轴线。增加了空中廊道，串联起基地内各个重要的空间。

经济上　基地更新后为周边居民创造了一定的就业机会，同时多样化的商业、公服空间也为基地带来一定经济收益，维持其持续改善提升

各种类型的商场　　酒吧、餐饮、咖啡店　　酒店与度假区　　创意工作室

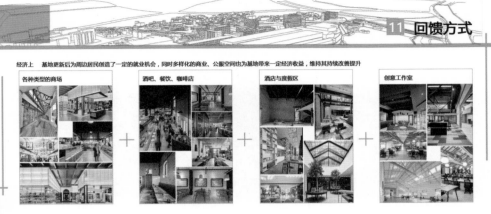

社区回馈视野下的工业遗产适应性更新探索
南京浦镇车辆厂历史风貌区城市设计　The Urban Design of Historic District in Nanjing Puzhen Company

环境　提供动力→　促进改善←　基地

回馈是双向的。浦厂的更新改造得力于周边地块的发展。改造后的浦厂也将为周边居民提供更多样的生活体验。

精神文化上

建立浦厂历史博物馆，保存厂区工业文化记忆

游客服务中心　游客服务中心位于入口的

利用场地内的铁轨，展示我国火车发展史，保留铁路文化

改造后的浦厂对周边环境与居民的回馈

物质空间上

幼儿园的设置是对周边地块的公共服务进行补充，旧厂房灵活可变的空间也为幼儿活动提供了更多可能性。

青少年及儿童活动中心为周边的学生提供了交流、学习的场所。

老年活动中心打破各个不同小区之间的分隔，为附近老年人提供了休闲、交流的空间。

社区文化中心是附近居民展示自己平台，定期举办文化活动，同时提供展厅，居民可以将自己的作品在此交流。

社区图书馆是重要的精神基地、而健身房与运动中心则是重要的休闲场地。

室外的广场、公园为居民提供了绝佳的户外体验。

对应龙虎巷商业街的开口处设计文化广场，便于举行各类节日活动、庆典。

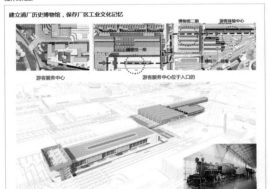

龙虎巷　　文化广场

小山丘上的英式别墅、防空洞是中国20世纪初期难得的年代记忆，可以利用中间的小广场进行展示、组织活动。

学校	小组成员	指导教师
郑州大学	姚嘉琦、张宏伟	史晓华

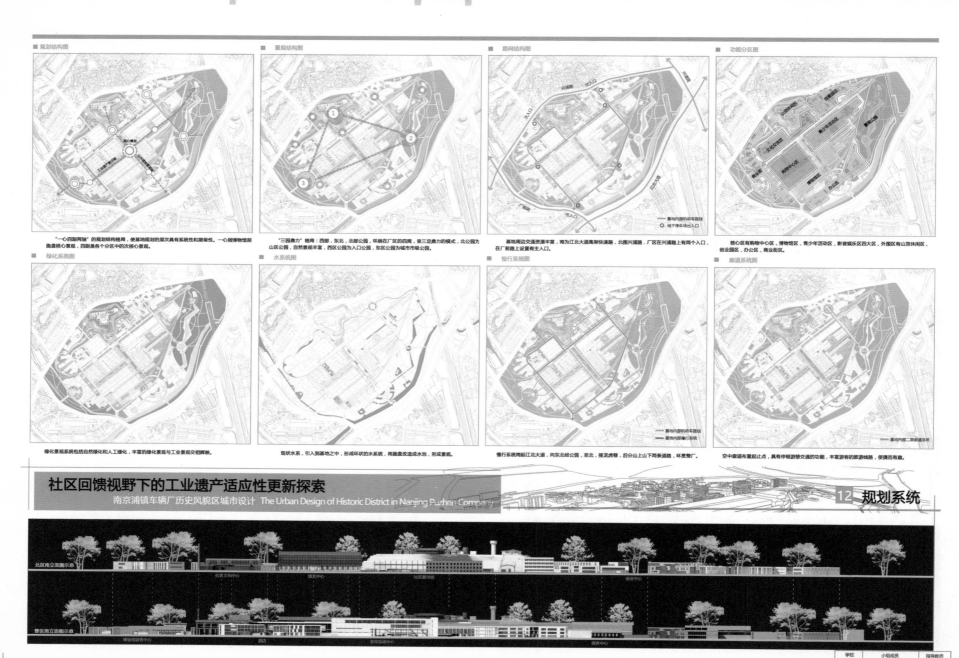

■ 规划结构图

"一心四翼两轴"的规划结构格局，使基地规划的层次具有系统性和层级性。一心指博物馆前鼓盘核心景观，四翼是各个分区中的次核心景观。

■ 景观结构图

"三园鼎立"格局：西部、东北、北部公园，环绕在厂区的四周，呈三足鼎力的模式，北公园为山区公园，自然景观丰富，西区公园为入口公园，东区公园为城市市级公园。

■ 路网结构图

基地周边交通资源丰富，南为江北大道高架快速路，北围兴浦路，厂区在兴浦路上有两个入口，在厂前路上设置有主入口。

■ 功能分区图

核心区有购物中心区、博物馆区、青少年活动区、影音娱乐区四大区，外围区有山顶休闲区、创业园区、办公区、商业街区。

■ 绿化系统图

绿化景观系统包括自然绿化和人工绿化，丰富的绿化景观与工业景观交相辉映。

■ 水系图

现状水系，引入到基地之中，形成环状的水系统，将鼓盘改造成水池，形成景观。

■ 慢行系统图

慢行系统南起江北大道，向东北经公园，至北，接龙虎巷，后分山上山下两条道路，环贯整厂，

■ 廊道系统图

空中廊道布置起止点，具有停顿游憩交通的功能，丰富游客的旅游线路，便捷而有趣。

社区回馈视野下的工业遗产适应性更新探索
南京浦镇车辆厂历史风貌区城市设计 The Urban Design of Historic District in Nanjing Puzhen Company

12 规划系统

北区南立面图示意

整厂南立面图示意

学校	小组成员	指导教师
郑州大学	纵嘉琦、张宏伟	史宏华

中心区局部平面图

中心厂区是改造过程中适应性变化最丰富的厂区，从第一阶段仍然承担生产功能，到第二阶段变为或集融性商业空间，到最终形成大的购物中心，其空间的利用性质不断变化，使得外部空间结构及建筑的表现形式产生了阶段性的特征。

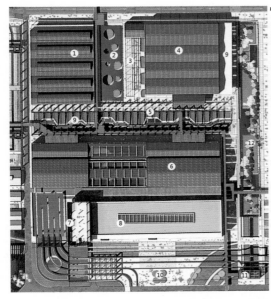

1.购物中心A区
2.景观水池
3.花架
4.购物中心B区
5.浅水流觞
6.购物中心C区
7.屋顶活动区
8.火车博物馆一期
9.厂房构架景观
10.广场
11.天磨楼梯口
12.中央跑盘

A.入口博物馆

B.构架大空间

中心厂区是改造主要是以保留为主，对建筑的形态和平面布置都予以适当的留存，其中博物馆西边加建了视觉中心和娱乐场所，且拆出了广场。B区只保留框架结构，然后布置水和绿化，成为一处开放空间，对于跑盘的处理分为水池和绿池，形成成丰富而有趣的景观空间。

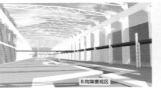
B.构架景观区

C.中央镜池

D.中央跑盘

■ 情景展示

铁轨记忆

跑座花林

铁轨广场

购物休闲　　厂房空间

社区回馈视野下的工业遗产适应性更新探索
南京浦镇车辆厂历史风貌区城市设计　The Urban Design of Historic District in Nanjing Puzhen Company

13 节点适应性改造

博物馆一角透视

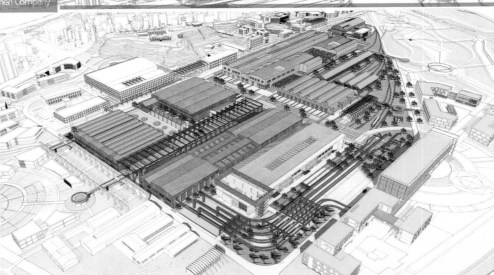

学校	小组成员	指导教师
郑州大学	姚嘉晅、张宏伟	史晓华

社区回馈视野下的工业遗产适应性更新探索

南京浦镇车辆厂历史风貌区城市设计　The Urban Design of Historic District in Nanjing Puzhen Company

14 节点适应性改造

■ 北创意园区 平面图

地块位于基地的东北部，北接龙虎巷街区，可利用其丰富的历史文化资源，有极大的发展潜力，有商业与创意的功能需求。在面向龙虎巷的一侧，有连续而丰富的建筑立面景观，地块西侧小山，景观资源丰富，宜以散布而小的建筑，呼应山体。

■ 景观元素改造

原设备

■ 规划系统图

节点与通道

一个主节点，三个辅节点，呈线状分布，且有四条人行通道。

内外侧界面

外侧建筑界面基本连接，或在面向道路的一侧形成良好的街道景观，内侧建筑界面呈不规整的状态，且多为空间，形成景观的活动场所，利用游玩和观景。

山体与绿化

散布山体的建筑，散而小，呼应山体的等高线，同时，将绿化深入到建筑之中，形成建筑围绕、绿图建筑的多重意向，丰富生活景观，且将景观内架布置其中。

■ 文化交流区 平面图

地块位于基地的西北部，内部含有小山一座，是基地的制高点，山上有文保建筑两座，可修缮后使用，且建构设施丰富，有水塔、喷泉、花池、防空洞等景观元素。山下建筑厂房尺度很大，可改造空间大。

重要节点

建筑化厂房进行改造，成本基地的文化中心，对建筑的立面进行拆除、新建和修缮等措施。其中对主厂进行了表皮再处理，为了丰富和统一立面，并赋予其现代感。

■ 规划系统图

山水格局：山水相依，水绕近山，建筑与景观与人联系紧密。

节点联系：通过时线的节点联系人的活动和路线。

交通系统：主干路和人行路互相区别，起到交通和游憩作用。

■ 创意基地

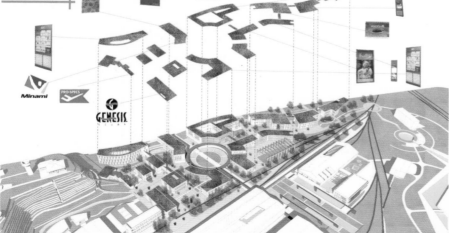

■ 文化交流区

学校	小组成员	指导教师
郑州大学	姚嘉琦、张宏伟	史倩华

社区回馈视野下的工业遗产适应性更新探索

南京浦镇车辆厂历史风貌区城市设计 The Urban Design of Historic District in Nanjing Puzhen Company

中心区局部平面

1.青少年活动中心
2.儿童活动中心
3.博物馆（二期）
4.体验中心
5.餐馆、咖啡厅
6.框架景观
7.盘盘景观

游览路径

博物馆前透视

地块简介：

本地块建筑以厂房为主，其中还有一处历史建筑，立面特色，遂将其改造成为展示博物馆。并在东侧风景最佳处布置体验中心和餐厅。北侧的大厂房改造成青少年活动中心，并做了挖空和天窗的处理。最东侧是幼儿园，为周边的社区提供教育服务，铁路基本保留其景观特性。

青少年宫建筑改造

博物馆建筑改造

厂房构架景观

厂房内展示图

地块分析：

厂房构架景观

空间属性分析

地块功能分析

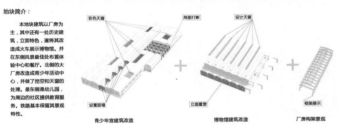

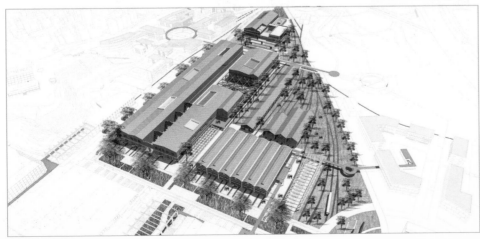

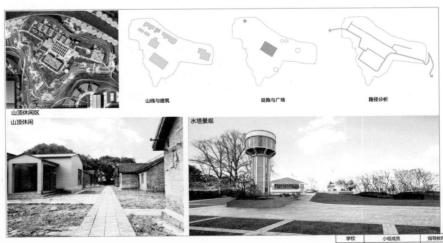

山顶休闲区
山顶休闲

山线与建筑

设施与广场

路径分析

水塔景观

学校	小组成员	指导教师
郑州大学	姚嘉瑞、张宏伟	史楷华

社区回馈视野下的工业遗产适应性更新探索

南京浦镇车辆厂历史风貌区城市设计 The Urban Design of Historic District in Nanjing Puzhen Company

地块简介：

该地块位于基地西部，原有的厂房多数拆除，只有南部保留和改造几幢厂房，其中8号被改造成幼儿园，9号改造成咖啡厅。保留天车充当构架景观，中部和北部新建小尺度的建筑，呼应场地和景观，并引入了新的功能，例如商业零售和健身中心。

1.商业街
2.西区入口
3.景观广场
4.天车
5.体育中心
6.天鹅湖入口
7.小亭子
8.幼儿园
9.咖啡厅

西公园片区

入口景观

绿化系统　　　水与建筑　　　路径节点

东公园片区

1.天鹅入口
2.景观池
3.茶室
4.扶轮小学旧址
5.公园入口

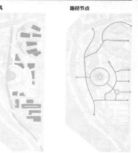

改造初期　　　改造中期　　　改造后期

这片区域是由原住居拆除而成的，南邻河流，东有铁路穿过，地块内景观资源丰富，有极大的开发价值。

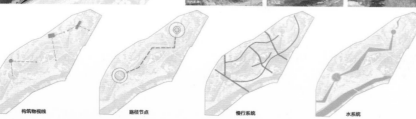

构筑物视线　　　路径节点　　　慢行系统　　　水系统

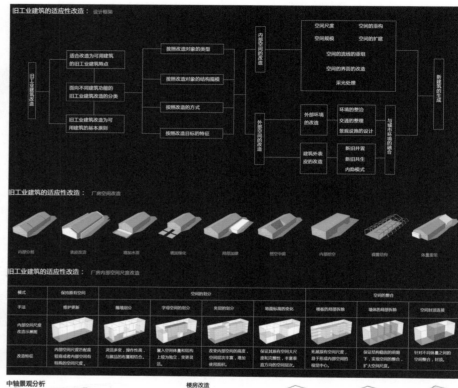

旧工业建筑的适应性改造： 设计框架

旧工业建筑的适应性改造： 厂房空间改造

旧工业建筑的适应性改造： 厂房内部空间尺度改造

中轴景观分析

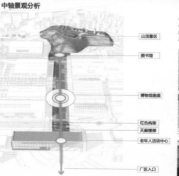

山顶景区
图书馆
博物馆底盘
红色构架
天桥楼梯
老年人活动中心
厂区入口

楼房改造

楼房是原厂大楼，共四层，但由于位于由盘中轴线上，阻挡了视线，现将其掏空两层，并另做了新外皮。

原建筑大楼　　　掏空建筑　　　加外表皮

学校　郑州大学
小组成员　姚嘉琦、张宏伟
指导教师　史晓华

昔日铁路工厂，今朝城市客厅——消费文化语境下的工业遗产再利用

郑州大学
Zhengzhou University

设计成员：刘儒林　王晶晶
指导教师：史晓华

设计感悟： 对于我个人来说，这次联合毕设可能是我最后一次做设计了。三个月的时间，说长不长，说短不短，多年之后，都是满满的回忆。这三个月，我们可以尽情地按照自己的想法，按照自己的思路去做设计，表达自己的设计情怀。很庆幸，这最后一次设计，在四校联合中与来自不同学校同学进行思维的碰撞。几个学校的教学方向略有不同，我们对于设计的感悟也能在不同的思维碰撞中得到升华。

建筑和规划最大的不同是建筑是一个人做设计，而规划是一群人。虽然我以后可能不会做设计了，但是在此次联合毕设中，我所学到的团队合作意识却给我的人生更好的指导。规划也好，四校联合也好，大学最精彩的最后三个月，将是我人生中最值得纪念的日子。

项目概况

南京浦镇车辆厂建于1908年，是全国为数不多的具有百年历史的铁路制造基地。目前，该厂属于中国中车集团的全资子公司，是我国专业从事研发、制造铁路客货车和城市轨道车辆的大型企业。浦镇车辆厂发展至今已有多年历史，经改造位于顶山街道牡生厂区，为1908年建厂初发展起来的，集中于早期老厂区、风貌突出的工业建筑与设施。目前，主厂区仍在进行正常的生产活动，相较于大多数有的工业地段进行的保护更新，浦镇车辆厂是一类仍在生产中的地段的保护研究存在较大的意义。保续生产背景下的工业遗产保护，包括空间格局、环境风貌、历史要素等，对工业遗产保护体系有着积极的意义。

本次设计对象为浦镇车辆厂的主厂区部分，基地位于浦口区顶山街道南门地区，规划范围东至津浦铁路，西至玉泉河，南至朱家山河，北至规划浦厂路，用地面积约为39.8公顷。

区位分析

中观区位
时间区位
南京市城空间结构
南京都市区

南京中心城区主要道路
南京中心城区自然环境
南京中心城区轨道交通

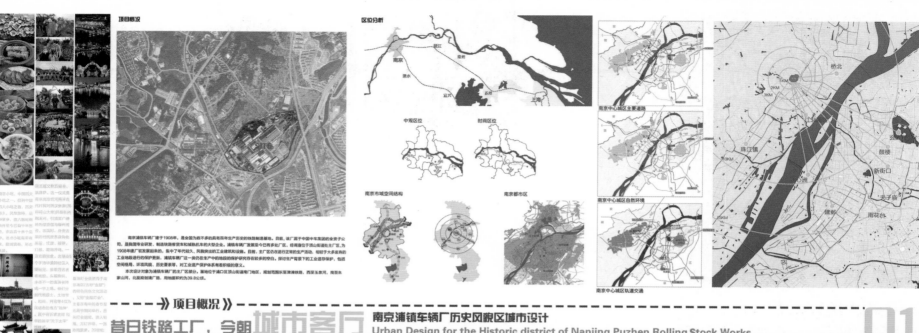

» 项目概况 »

昔日铁路工厂，今朝城市客厅
南京浦镇车辆厂历史风貌区城市设计
Urban Design for the Historic district of Nanjing Puzhen Rolling Stock Works

消费文化语境下的工业遗产再利用 Reuse of industrial heritage in the context of consumer culture

上位规划

都市区轴向组团布局示意图
都市区空间布局结构图
中心城区2020年土地利用规划图

NJJ8c030单元土地利用规划图
NJJ8c030单元特色意图区划分图

浦口区空间布局结构图
浦口区中心布局
浦口区产业布局

南京城市职能：
是南京区域中心城市功能的集中承载地，重点发展现代服务业和高新技术产业。

空间布局：
"多心开敞、轴向组团、两江交映"一带五轴"
一带：指江北沿江滨江地带，主要布局有江北副城、桥林新城和阳龙龙地新城。
五轴：是指以主城为核心形成的五个放射性的城镇发展带。

江北新区职能：
全国重要的科技创新基地和先进产业基地，南京区域中心的北部服务中心和综合交通枢纽。

浦口区职能：
南京都市圈辐射中西部的现代服务业中心和江北副城中心，长三角地区高新技术产业、先进制造业基地和休闲旅游度假地，以山水泉林为特色的现代滨江之城。

上位规划功能定位与空间结构

科技创新基地和先进产业基地
凸显民国文化历史地区
蕴含工业遗产的城市宜居地段
现代服务业中心和江北副城中心
沿江城镇功能区

上位规划产业发展引导

科技服务、高新技术制造、大厂科研创新中心
高新技术制造、民国历史文化旅游业
历史文化特色意图区
城市发展轴上重要节点
民国历史风情文化区
历史文化景观带上节点
津浦铁路历史文化景观廊道

上位规划总结

功能：
1. 在明确主导产业的基础上，增加特色商业和旅游休闲的业态
2. 基地内应考虑配置特色商业休闲和文化创意
3. 基地内应有旅游参观服务集散中心，并能够向城市中心意拢

人口：
1. 保证高速高效的引导旅游人口
2. 考虑不同人群的日常生活出行和消费活动的需求
3. 在优化常驻人口时应考虑周边居住人口的消费需求

空间：
1. 对于厂区内历史保护建筑应继续加以保护
2. 优化厂区内公共空间，对大尺度厂房空间的利用
3. 结合基地内空地对整个基地的景观绿化进行整合

文化传承 传统产业 主导功能 特色商业 旅游休闲 周边配套

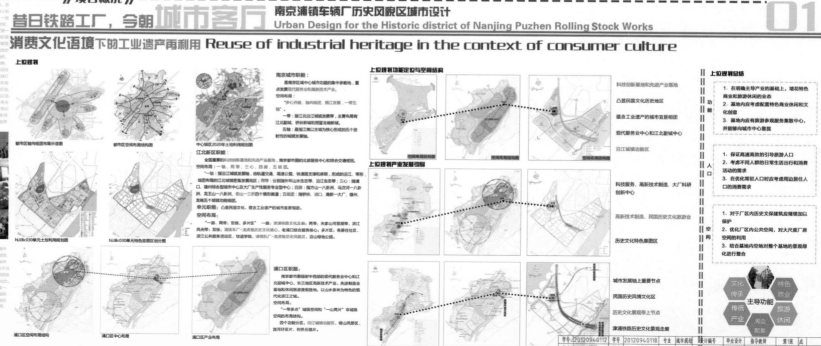

| 学号 | 20120940112 | 学号 | 20120940118 | 专业 | 城市规划 | 设计编号 | | 毕业设计 | | 指导教师 | 史晓华 | 第1张 | 共 |
| 姓名 | 刘德林 | 姓名 | 王晶晶 | 班级 | 1班 | 日期 | 2016.6.2 | | | | | | 共16张 |

人群意向分析

政府
从城市长远发展的角度出发，政府希望保留工业用地调整后的经济发展动能，优先改造掉那些工业或商业以适应向现代服务业等新型产业转型的需要

投资者
投资建设方及企业从资本收益角度提出其利益诉求

消费者
区域市民则着眼于住房、就业以及公共服务配套设施的建设

设计者
在多种因素的影响以及各方利益博弈的过程中，作为一名设计者，我们需要寻找到一条最合理、最能满足各方需求的策划道路

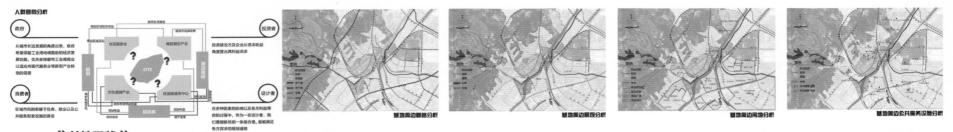

基地周边道路分析　　基地周边景观分析　　基地周边用地分析　　基地周边公共服务设施分析

»基地现状»

昔日铁路工厂，今朝**城市客厅**

南京浦镇车辆厂历史风貌区城市设计
Urban Design for the Historic district of Nanjing Puzhen Rolling Stock Works

02

消费文化语境下的工业遗产再利用 Reuse of industrial heritage in the context of consumer culture

基地现状问题

内部交通混乱

内部功能不能适用周边规划

文保单位、历史建筑正在受到侵蚀

大片空地不能得到利用成为荒地

基地内部优势

工业元素
工业文化
工业记忆

基地内产业分析

南京市浦口区传统工业在近年来逐年走下坡路，经济效益率来愈低，厂区活力无法提升。

65% 35%　生产规模扩大
60% 40%　生产模式转型
80% 20%　生产类型转变

2013 2014 2015 2016 2017

浦口区目前正致力于打造"一山三泉"，并积极推进功能疏理升级与产业升级，江北副城内工业规模整合正与改造，新产业源源兴起

钢铁　化肥
石化　水泥
铅锌银

第一产业　第二产业　第三产业

浦镇机车厂南临浦口火车站，北邻老山风景区，然而周边用地建设比较少，缺少可供休闲与游憩的公共空间

公园绿地　　公营绿地

广场绿地

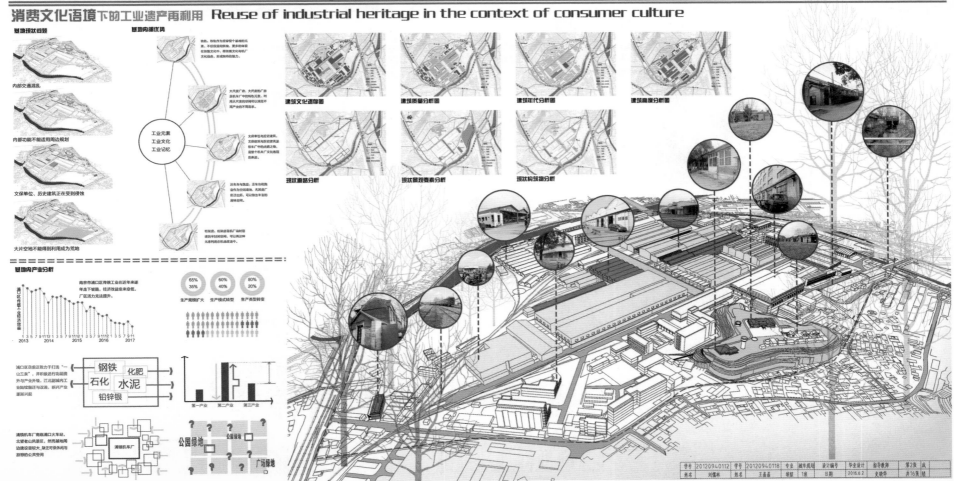

建筑文化遗存图　　建筑质量分析图　　建筑年代分析图　　建筑高度分析图

现状道路分析　　现状景观要素分析　　现状构筑物分析

学号 20120940112　学号 20120940118　专业 城市规划　设计编号　毕业设计　指导教师 史晓华　第2张
姓名 刘德林　姓名 王晶晶　班级 1班　日期 2016.6.2　共16张

津浦铁路历史发展概况

基地内历史建筑遗存概况

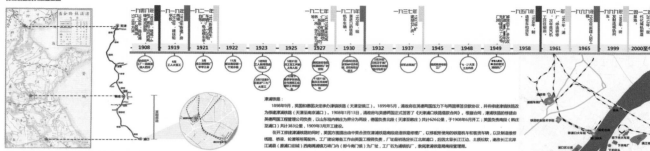

1908　1919　1921　1922　1923　1925　1927　1930　1932　1937　1945　1948　1949　1958　1961　1965　1999　2000至今

津浦铁路：1898年9月，英国和德国决定承办津浦铁路（天津至镇江）。1899年5月，清政府在英德两国压力下与两国草签协议，并将修建津浦铁路改为修建津浦铁路（天津至南京浦口）。1908年1月13日，清政府与英德两国正式签署了《天津浦口铁路借款合同》。根据合同，津浦铁路的修建由英德两国工程管理公司负责，以山东境内韩庄为界分为两段，德国负责北段（天津至韩庄）共计626公里，于1908年6月开工；英国负责南段（韩庄至浦口）共计383公里，1909年3月开工建设。

在开工修建津浦铁路的同时，英国方面提出并中英合资在津浦铁路南段建造铁路机车和客货车辆的统修、桥梁、轮渡等等制作。工厂建设等工作由英国工程师负责，厂址最初选定长江北岸浦口，后因太泉长江江边、土质松软，遂改长江北岸江浦县（原浦口旧城）西南津浦镇万寿门内（即今南门城）厂址，厂名为浦镇厂，隶属津浦铁路是南局经营管理。

»历史沿革»历史建筑»

昔日铁路工厂，今朝城市客厅 南京浦镇车辆厂历史风貌区城市设计
Urban Design for the Historic district of Nanjing Puzhen Rolling Stock Works
消费文化语境下的工业遗产再利用 Reuse of industrial heritage in the context of consumer culture

03

基地内历史建筑发展概况

扶轮小学

"扶轮小学在有风门以东，洋桥以西，背街面向、武成校合一座，民国十年建筑，专收本路技术工人子弟入校。1913年夏，创办镇路扶轮学校，有委职员19名，学生151名，教职11个。"可见该学校可谓历经周年多完成。目前，学校已迁到扶轮历路33号。

在学校迁出后，作为宿舍和招待所使用，学校留有名是3030号万房，现作二层住宅使用。其一层宿舍，原有面积基本没有变化，但有一幢平房，其院东校域或是院风口路城镇或是城用城所建。

英式别墅——奥斯登住宅

该别墅是建津镇机厂"门通福车辆工厂"设立。英人厂"长南联登住宅、建筑是老农、为一被拆建筑物，它建筑造约62个平方，前框高4米、纵长、长阔、木地板、四层有地楼。还有地下室、整护细微体皮形。其内部结构多年来有变化。如室内楼梯口屋四只留个十字、个铁网向有过结故、结基本体保持原有格局。奇石和玉浮翠在此会老铺。居住。南京《南末》报载文披露，大汉针江精百和日本大同隆川及子者在此秘密会晤。出卖国家机密和日本人活动，回此，该别墅又蒙上了神秘的色彩。

韩式别墅——韩纳住宅

韩宅是改北朝东南，一多变形建筑物，砖墙、瓦顶、水泥地、前有长廊并有独立，中华人民共和国成立后厂长、总工等层级管理人员作工作居住使用，又作为工人俱乐部、教育培训所。现在该别墅为浦镇车辆厂"招待所，别墅所在的山丘有30米高，人称老阳山。西山、忠山。1997年，该别墅经一次词心修缮，内内墙适当改建，配备了空调和各种游乐、安全设施。由于该别墅坐各种花园之中，环境优雅整洁，曾经是一座保供休闲的好居所，但是近年由于资金原因，该别墅被闲置，外观破旧无人打理，别墅大门已日报残度在岁月之中。惊湿墙纪风貌，该别墅仍保持原有风貌。

人水工程

1982年12月，根据"艺深网、广积粮"和"干战结合"的指示，浦镇车辆厂成立6912指挥部，进行轮大规模的6912人防工程建设。工程指挥部负责总体规划测设计、申报计划、技术领导、材料供配、施工组织、22各车辆分段负责施工。1973年浦镇指挥部、组建工程连续施工。1930年，工程全部竣工，工程总造约60.50万元。总建筑约9403平方米。浦镇车辆厂厂内山下山上和周边乡邻家庭生活区遗存有多个进出口，可容纳3251人。

基地内历史建筑、文保单位保护概况

类型	保护对象
省级文保单位	英式别墅——奥斯登住宅
	英式别墅——韩纳住宅
市级文保单位	扶轮学校
历史建筑（南京重要近现代建筑）	市场部与信息科技部
	8-13号厂房
	21-22号厂房
	原32号厂房
其它历史资源	小水塔
	大水塔
	铁轨
	跑盘
	吊架
	煤棚楼
	烟囱
历史遗迹	附风门、西炮台遗址
河流	金汤河、玉泉河
其它相关设施	人防设施

保护对象	地址	建造年代	所有权	原有功能	现状功能
英式别墅——奥斯登自宅	顶山街道浦镇车辆厂内浦镇花园	1908年	浦镇车辆厂	居住	商业
英式别墅——韩纳住宅	顶山街道浦镇车辆厂内浦镇花园	1908年	浦镇车辆厂	居住	商业
扶轮学校	顶山街道南卫龙虎营1号	1918年	上海铁路局	教育	商业
市场部与信息总科技部	顶山街道浦镇车辆厂内	1930年	浦镇车辆厂	工农业生产	办公
8-13号厂房	顶山街道浦镇车辆厂内	1921年	浦镇车辆厂	工农业生产	工农业生产
原32号厂房	顶山街道浦镇车辆厂内	1962年	浦镇车辆厂	工农业生产	工农业生产
21-22号厂房	顶山街道浦镇车辆厂内	1952年	浦镇车辆厂	工农业生产	工农业生产

基地内主要建筑、构筑物、场地

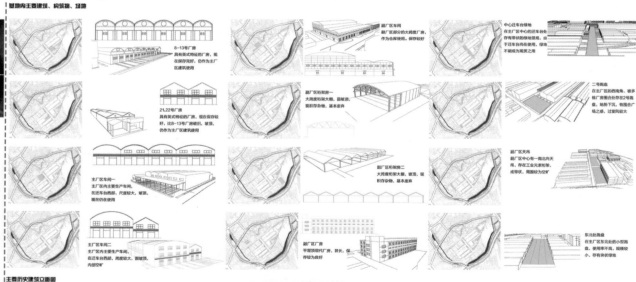

8-13号厂房
具有英式特征的厂房，现在保存完好，仍作为主厂区建筑使用

21,22号厂房
具有英式特征的厂房，现在保存较好，比8-13号厂房破旧、坡顶，仍作为主厂区建筑使用

主厂区车间一
主厂区内主要生产间，在迁与利用、尺度较大、坡顶，现在仍在使用

主厂区车间二
主厂区内主要生产间，在迁与利用，尺度较大、圆弧顶，内部空旷

副厂区车间
副厂区部分的大跨度厂房，作为仓库使用。保存较好

副厂区桁架屋一
大跨度桁架大棚，坡顶，堆积存放杂物，基本废弃

副厂区桁架屋二
大跨度桁架大棚，坡顶，堆积存放杂物，基本废弃

副厂区厂房
平屋顶现代化厂房，扶长、保存较为良好

中心迁车台绿地
在主厂区中心迁车台处于现存有绿状的连接场地，由于迁车台为目前使用，不能成为高度之用

二号南盘
在主厂区的西南角、被多扬厂房置的处在2号南盘，地形不改，不符合场之感，过宽风貌较大

副厂区天吊
副厂区中心有一南北向天吊，存在工业元素折架，成带状，周围绿化较为空旷

东北处海盘
在主厂区东北处的小型盘，使用率不高，规模较小、存有块状绿地

主要历史建筑立面图

奥斯登住宅

市场与信息科技部

扶轮学校

8-13号厂房

韩纳住宅

学号	20120940112	学号	20120940118	专业	城市规划	设计编号		毕业设计		第3张
姓名	刘德林	姓名	王晶晶	班级	1班	日期		指导教师	吏晓华	共16张

从生产到消费：社会转型背景下的城乡空间变革

从"空间中的消费"向"空间本身的消费"转变

从"空间中的生产"向"空间的生产"转变

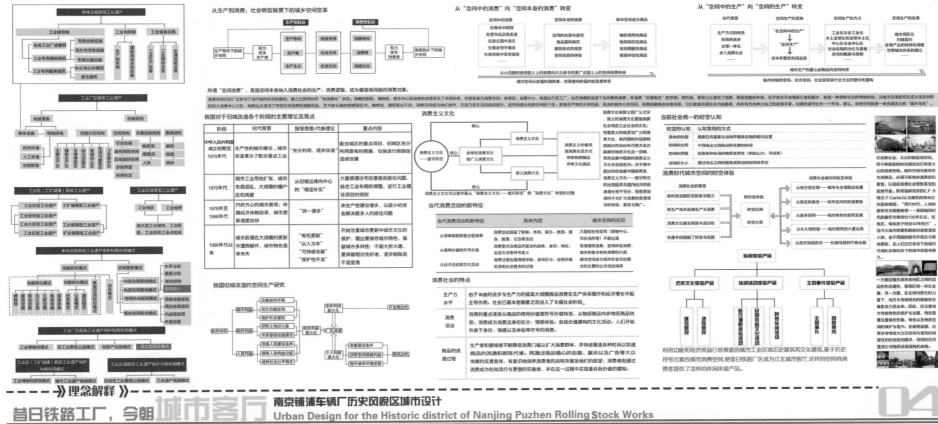

我国对于旧城改造各个阶段的主要理论及观点

阶段	时代背景	指导思想/代表理论	重点内容
中华人民共和国成立初期至1970年代	生产性的城市建设、城市改造意为了配合重点工业	"充分利用，逐步改造"	配合城市的重点项目，旧城区充分利用原有房屋、设施进行局部改造或改建
1970年代	城市工业用地扩张，城市布局混乱，大规模的棚户区简陋屋	从旧城边缘向中心的"填空补实"	大量修建住宅改善居民居住问题，结合工业布局的调整，进行工业建设项目的规划
1978年至1990年代	内疚失心的城市复兴；伴随经济体制改革，城市更新速度加快	"拆一建多"	非生产性增加，以盈余的资金解决最多人的居住问题
1990年代以来	城市肌理在大规模的更新中遭到破坏，城市特色逐渐丧失	"有机更新" "以人为本" "可持续发展" "保护性开发"	开始注重城市更新中城市文化的保护，提出要保存城市特色，保留城市的多样性；不能大拆大建，要保留原有完好者，逐步淘汰不适宜者

我国旧城改造的空间生产研究

消费主义文化

当代消费活动的新特征

当代消费活动的新特征	具体内容	城市空间的反应
从简单购物需求型消费	消费活动涵盖了购物、休闲、娱乐、旅游、餐饮、教育、交往等活动	大型综合性消费（购物中心）、节庆活动形式
从使用价值需求型消费	消费者关注商品所蕴含的品味、身份、地位、生活方式等符号化价值	奇观建筑消费、空间体验消费
从经济活动到文化活动	消费过程是整体情绪体验、身份区分、自我价值实现和社会整合的过程	城市空间成为城市社会生活整合的主要的公共活动场所

消费社会的特点

生产力水平	由于科技的进步与生产力的提高大规模商品消费在生产体系循环和经济增长中起主导作用。社会已基本实部摆脱匮乏而进入了丰裕社会的阶段。
消费活动	消费的重点逐渐从商品的使用价值意想符号价值转变、从物质商品向非物质商品转变，消费成为消费意义身份认同、情感体验的过程。自我价值建构的文化活动。人们开始热衷于身份、情感以及体验等等符号的消费。
商品的流通过程	生产者和营销者不断降低消费壁门槛以扩大消费群体、并持续营造各种时尚以加速商品的流通和新陈代谢。再通过商品精心的包装、展示以及广告等方式传播的宣传，有意识地培养消费者的品味并激发他们的欲望，消费者则通过消费成为时尚流行与更替的实施者，并在这一过程中实现着自我价值的建构。

当前社会统一的时空认知

消费时代城市空间的时空体验

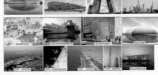

》理念解释《

昔日铁路工厂，今朝 城市客厅
南京铺浦车辆厂历史风貌区城市设计
Urban Design for the Historic district of Nanjing Puzhen Rolling Stock Works

消费文化语境下的工业遗产再利用 Reuse of industrial heritage in the context of consumer culture

城市空间发展的新机制：空间的体验式消费、视效消费、体验消费、认同消费以及时尚消费

A. 空间的体验式消费 空间的"游玩、观赏、体验"

B. 空间的视效消费

C. 空间的差异消费

D. 空间的认同消费

E. 空间的时尚消费

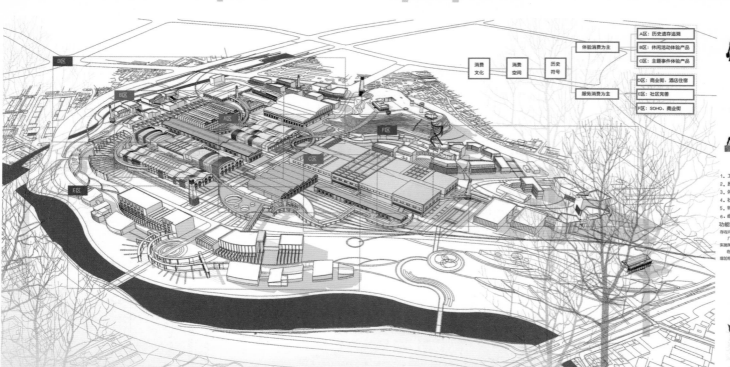

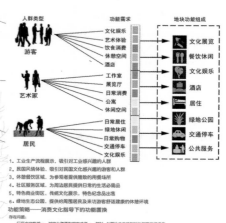

A区：历史遗存追溯
B区：休闲活动体验产品
C区：主题事件体验产品
D区：商业街、酒店住宿
E区：社区完善
F区：SOHO、商业街

体验消费为主
服务消费为主

消费文化　消费空间　历史符号

人群类型　功能需求　地块功能组成

游客
文化娱乐 / 艺术体验 / 饮食消费 / 休憩空间 / 酒店

艺术家
工作室 / 展览厅 / 日常消费 / 公寓 / 休闲空间

居民
日常居住 / 绿地休闲 / 日常购物 / 交通停车 / 文化娱乐

文化展览 / 餐饮休闲 / 文化娱乐 / 酒店 / 居住 / 绿地公园 / 交通停车 / 公共服务

1. 工业生产流程展示，吸引对工业感兴趣的人群
2. 民国风情体验、吸引对民国文化感兴趣的游客和人群
3. 休憩餐饮区域，为参观者提供雅致的用餐场所
4. 社区服务区域，为周边居民提供日常的生活必需品
5. 特色商业区域，传统文化展示，特色纪念品出售
6. 绿地生态公园，提供给周围居民及来访游客舒适健康的休憩环境

功能策略——消费文化指导下的功能置换

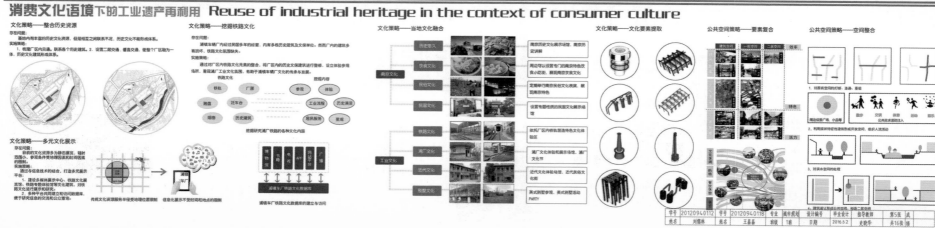

》方案推导》

昔日铁路工厂，今朝城市客厅　南京浦镇车辆厂历史风貌区城市设计
Urban Design for the Historic district of Nanjing Puzhen Rolling Stock Works

05

消费文化语境下的工业遗产再利用　Reuse of industrial heritage in the context of consumer culture

文化策略——整合历史资源

文化策略——挖掘铁路文化

文化策略——当地文化融合

文化策略——文化要素提取

公共空间策略——要素复合

公共空间策略——空间整合

| 学号 | 20120940112 | 学号 | 20120940118 | 专业 | 城市规划 | 设计编号 | | 第5张 | 成 |
| 姓名 | 刘倍林 | 姓名 | 王晶晶 | 班级 | 1班 | 日期 | 2016.5.2 | 指导教师 | 史晓华 | 共16张 |

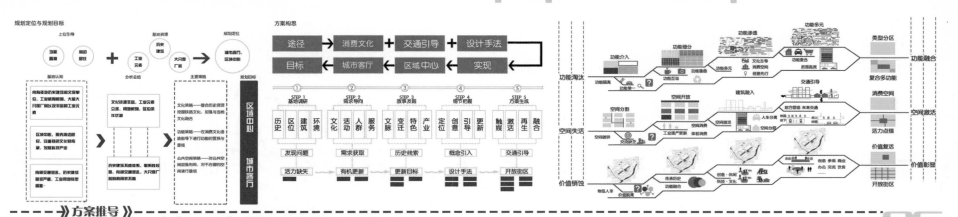

规划定位与规划目标

方案构思

方案推导

昔日铁路工厂，今朝城市客厅　南京浦镇车辆厂历史风貌区城市设计
Urban Design for the Historic district of Nanjing Puzhen Rolling Stock Works

消费文化语境下的工业遗产再利用　Reuse of industrial heritage in the context of consumer culture

06

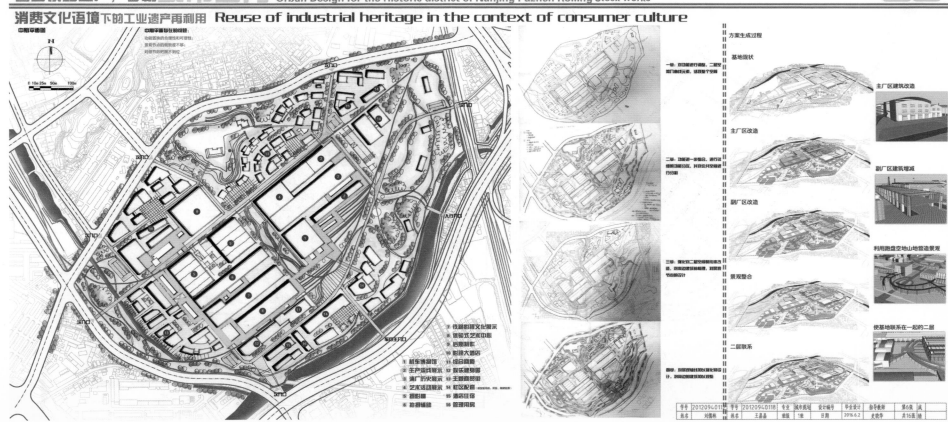

中期平面图

方案生成过程

基地现状

主厂区建筑改造

主厂区改造

副厂区建筑增减

副厂区改造

利用跑盘空地山地营造景观

景观整合

使基地联系在一起的二层

二层联系

7 铁路影视文化展示
8 体验式艺术中心
9 后期制作
10 影视大酒店
11 综合旅馆
12 娱乐健身馆
13 主题商贸街
14 社区配套
15 遗址住宿
16 管理用房

1 机车博物馆
2 生产流线展示
3 浦口历史展示
4 艺术活动展示
5 酒店群
6 拍摄辅助

》总平面图 》

昔日铁路工厂，今朝**城市客厅** 南京浦镇车辆厂历史风貌区城市设计
Urban Design for the Historic district of Nanjing Puzhen Rolling Stock Works

消费文化语境下的工业遗产再利用 Reuse of industrial heritage in the context of consumer culture

0 10m 25m 50m   100m

历史遗信追溯

1 1909广区初建时概况展览
2 1949中华人民共和国成立后厂区历程展览
3 现今发展状况展览

休闲活动体验产品

4 民国文化活动体验
5 铁路主题餐饮酒吧、咖啡厅
6 民国艺术展示
7 与民国风、铁路相关的发布会筹活动

主题事件体验产品

8 节庆主题（跨年晚会、青节、音乐会等）
9 创意集市（南京摄影展、南京城市图报等）

居民配套设施（南侧）

10 社区完善（卫生所、棋牌室、社区图书室等）
11 配套商业

居民配套设施（北侧）

12 社区完善（卫生所、棋牌室、社区图书室等）
13 SOHO
14 商业街

居民配套设施（西侧）

15 社区完善（卫生所、棋牌室、社区图书室等）
16 酒店住宿
17 市民劳动者的休息处
18 市民影剧、歌剧院
19 市民科技体验馆
20 商业街

学号 20120940103	学号 20120940105	专业 城市规划	设计者
姓名 刘福林	姓名 王晶晶	班级 1班	日期 2016.6.2	毕业设计	指导教师 史晓华	第7张	成	共16张	绩

>> 鸟瞰展示 >>

昔日铁路工厂，今朝城市客厅

南京浦镇车辆厂历史风貌区城市设计
Urban Design for the Historic district of Nanjing Puzhen Rolling Stock Works

消费文化语境下的工业遗产再利用 Reuse of industrial heritage in the context of consumer culture

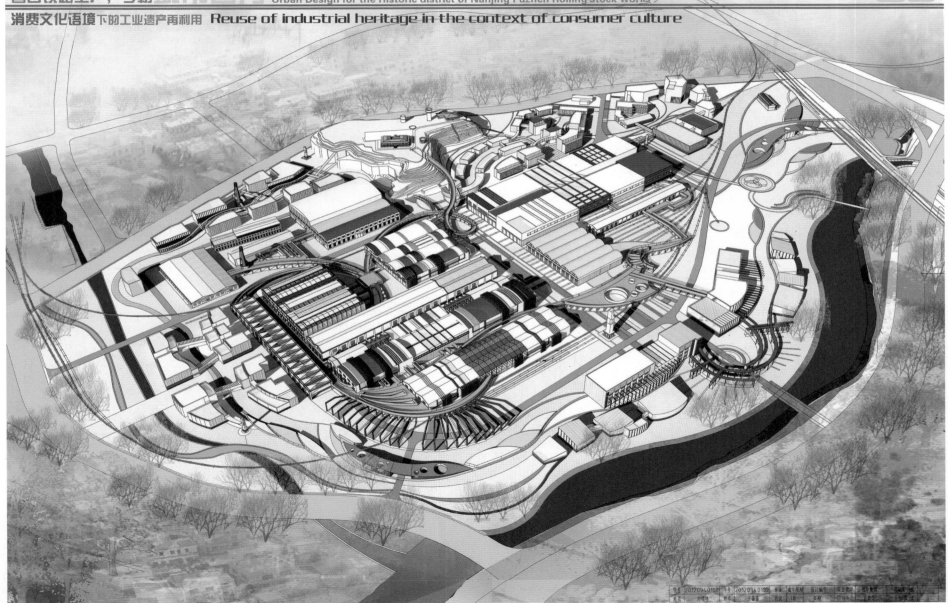

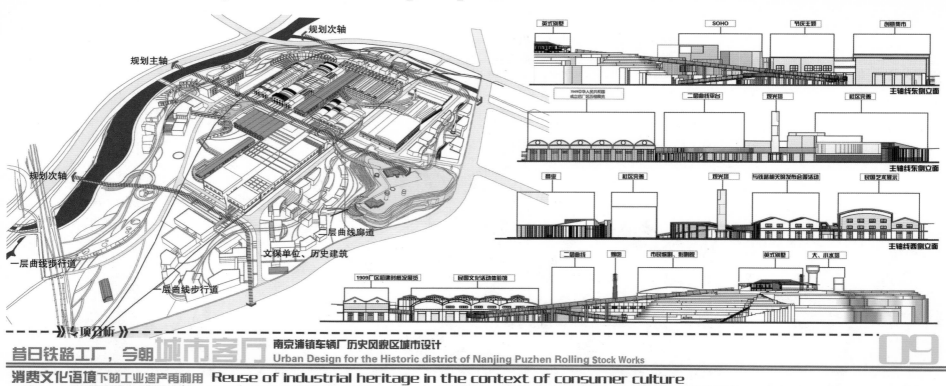

≫ 专项分析 ≫

昔日铁路工厂，今朝城市客厅

南京浦镇车辆厂历史风貌区城市设计

Urban Design for the Historic district of Nanjing Puzhen Rolling Stock Works

消费文化语境下的工业遗产再利用 Reuse of industrial heritage in the context of consumer culture

09

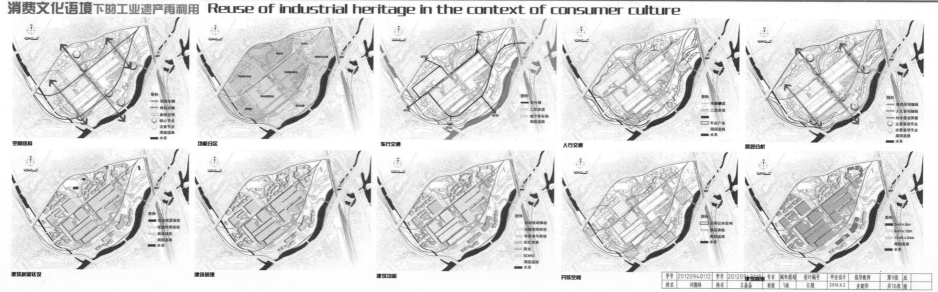

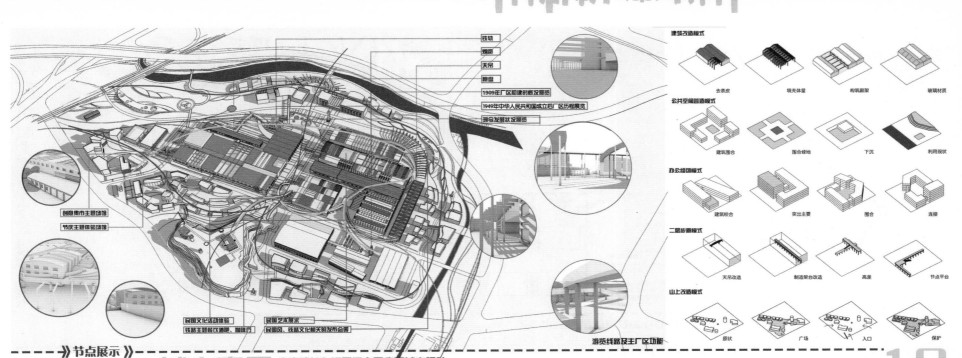

铁轨
翻盘
天吊
转盘
1909年厂区初建时概况展览
1949年中华人民共和国成立后厂区历程展览
现今发展状况展览

建筑改造模式
去表皮　填充体量　构筑廊架　玻璃材质

公共空间营造模式
建筑围合　围合绿地　下沉　利用现状

办公组团模式
建筑咬合　突出主要　围合　连接

二层步道模式
天吊改造　制造架台改造　高差　节点平台

山上改造模式
原状　广场　入口　保护

创意集市主题场馆
节庆主题体验馆

民国文化活动体验
铁路主题餐饮酒吧、咖啡厅

民国艺术展示
民国风、铁路文化相关发布会等

游览线路及主厂区功能

》节点展示》

昔日铁路工厂，今朝城市客厅

南京浦镇车辆厂历史风貌区城市设计
Urban Design for the Historic district of Nanjing Puzhen Rolling Stock Works

消费文化语境下的工业遗产再利用 Reuse of industrial heritage in the context of consumer culture

10

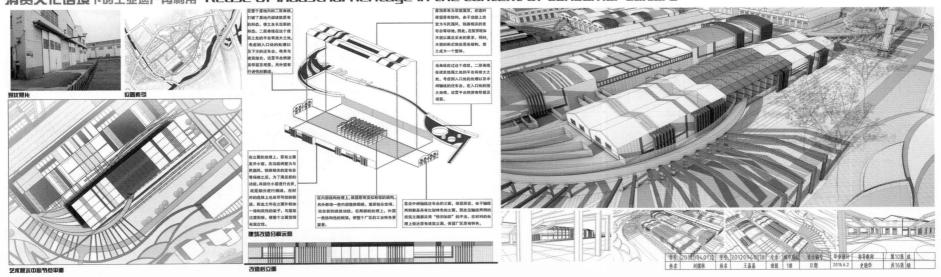

现状照片　位置索引

艺术展示中心节点平面

建筑改造分解示意

改造后立面

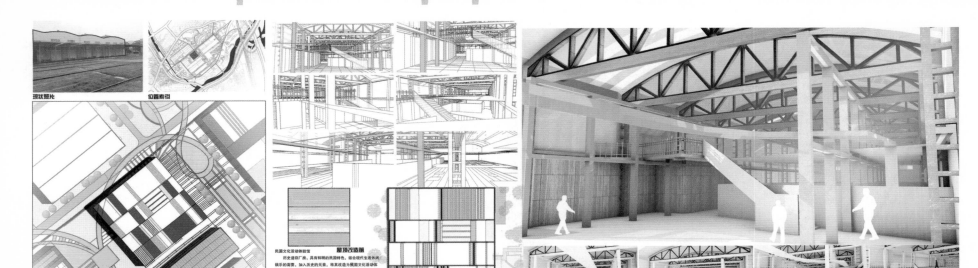

现状照片　位置索引

民国文化活动体验馆　屋顶改造前

历史遗存厂房，具有鲜明的民国特色，结合现代生活供消费娱乐的需要，加入历史的元素，将其改造为民国文化活动体验馆。

在建筑的改造部分，保留承重结构，拆除无文脉价值的景物，拆除的景物利用改造。屋顶处理上，增加天窗采光，用和弯顶形状相似的构架来混合建筑整体的感受。在立面的处理上，打破原有的小窗排列，加以合理、虚实关系明显。

屋顶改造后

节点平面　》节点展示《

昔日铁路工厂，今朝城市客厅 南京浦镇车辆厂历史风貌区城市设计
Urban Design for the Historic district of Nanjing Puzhen Rolling Stock Works

消费文化语境下的工业遗产再利用 Reuse of industrial heritage in the context of consumer culture

11

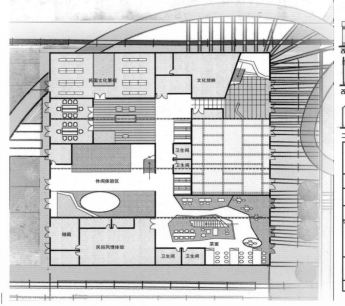

民国文化展廊　文化放映
卫生间
休闲体验区
储藏　民俗风情体验　茶室
卫生间　卫生间

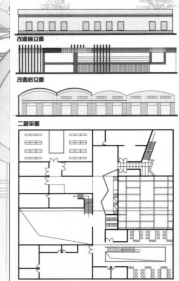

改造前立面
改造后立面
二层平面

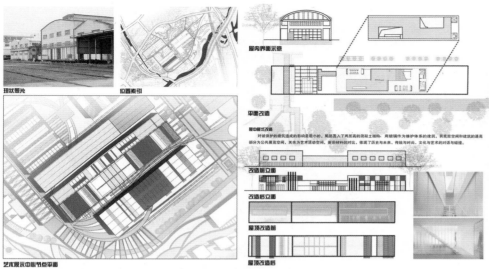

屋内界面示意

平面改造

屋中庭式改造

对被保护的建筑造成的影响是最小的，屋顶置入了两座高的混凝土结构，用玻璃幕作为维护体系的建筑，其底层空间和建筑的通高部分为公共展览空间，其余为艺术活动空间，新旧材料的对比，体现了历史与未来、传统与时间、文化与艺术的对话与碰撞。

改造前立面

改造后立面

屋顶改造前

屋顶改造后

现状照片　　位置索引

艺术展示中心节点总平面

- - - ≫节点展示≫ -

南京浦镇车辆厂历史风貌区城市设计

昔日铁路工厂，今朝 **城市客厅** **Urban Design for the Historic district of Nanjing Puzhen Rolling Stock Works** **12**

消费文化语境下的工业遗产再利用 **Reuse of industrial heritage in the context of consumer culture**

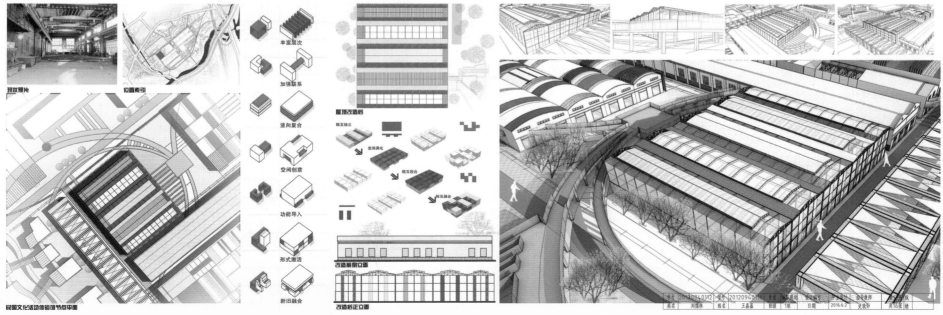

现状照片　　位置索引

丰富层次

加强联系

竖向复合

空间创意

功能导入

形式激活

新旧融合

屋顶改造后

相互独立

空间异化

相互咬合

相互融合

改造前侧立面

改造后正立面

民国文化活动体验馆节点平面

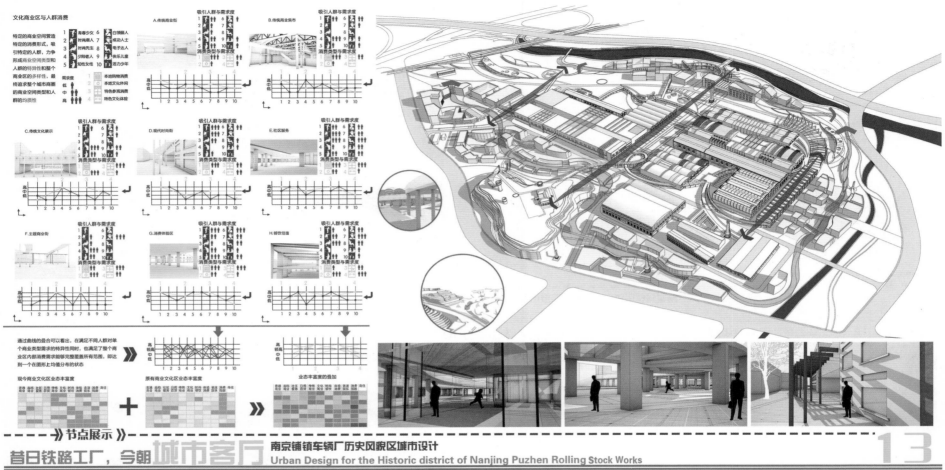

文化商业区与人群消费

特定的商业空间营造特定的消费形式，吸引特定的人群，力争形成商业空间类型和人群的异异性和整个商业区的多样性，最终追求整个城市商圈的商业空间类型和人群的均质性。

A.传统商业街　B.传统商业集市

C.传统文化展示　D.现代时尚街　E.社区服务

F.主题商业街　G.消费体验区　H.餐饮住宿

通过曲线的叠合可以看出，在满足不同人群对单个商业类型需求的特异性同时，也满足了个商业区内部消费需求能够完整覆盖所有范围，即达到一个在图形上均值分布的状态

现今商业文化区业态丰富度　+　原有商业文化区业态丰富度　≫　业态丰富度的叠加

————≫ 节点展示 ≫————

昔日铁路工厂，今朝城市客厅
南京铺镇车辆厂历史风貌区城市设计
Urban Design for the Historic district of Nanjing Puzhen Rolling Stock Works

13

消费文化语境下的工业遗产再利用 Reuse of industrial heritage in the context of consumer culture

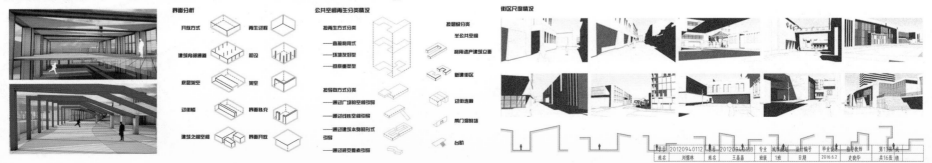

界面分析　　公共空间再生分类情况　　　　　街区尺度情况

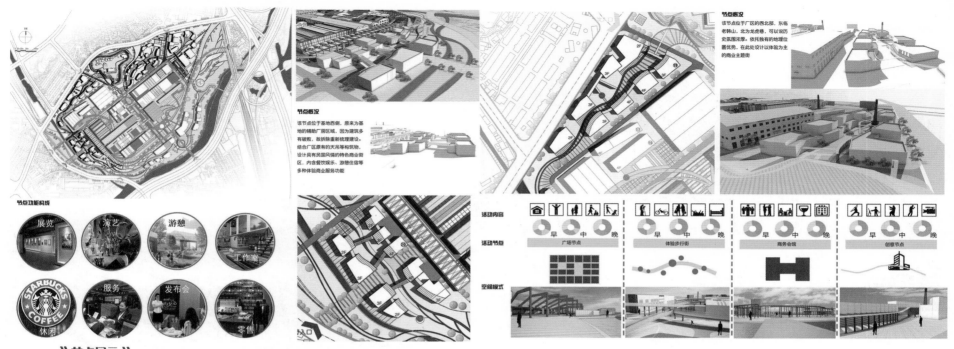

节点概况 该节点位于基地西侧,原来为基地的辅助厂房区域,因为建筑多有破败,故拆除重新梳理建设。结合厂区原有的天吊等构筑物,设计具有民国风情的特色商业街区,内含餐饮娱乐、游憩住宿等多种体验商业服务功能

节点概况 该节点位于广区的西北部,东临老虎巷,北为龙虎巷,可以说历史氛围浓厚。依托独有的地理位置优势,在此处设计以体验为主的商业主题街

节点功能构成

展览　演艺　游憩　工作室

STARBUCKS COFFEE 休闲　服务　发布会　零售

活动内容 / 活动节点 / 空间模式

广场节点　　体验步行街　　商务会情　　创意节点

≫节点展示≫

昔日铁路工厂,今朝城市客厅 南京浦镇车辆厂历史风貌区城市设计
Urban Design for the Historic district of Nanjing Puzhen Rolling Stock Works

消费文化语境下的工业遗产再利用 Reuse of industrial heritage in the context of consumer culture

14

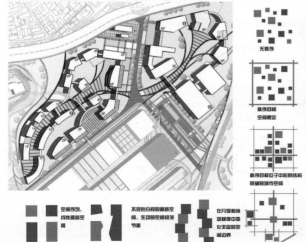

无秩序 / 秩序目标 / 空间限定 / 秩序目标位于中期阶段结构 明横跨城市空间

空间序列,纯粹直路空间 / 不规则分段的道路空间,生动的空间段落 节奏 / 在尺度和连续深度变化的丰富的空间边界

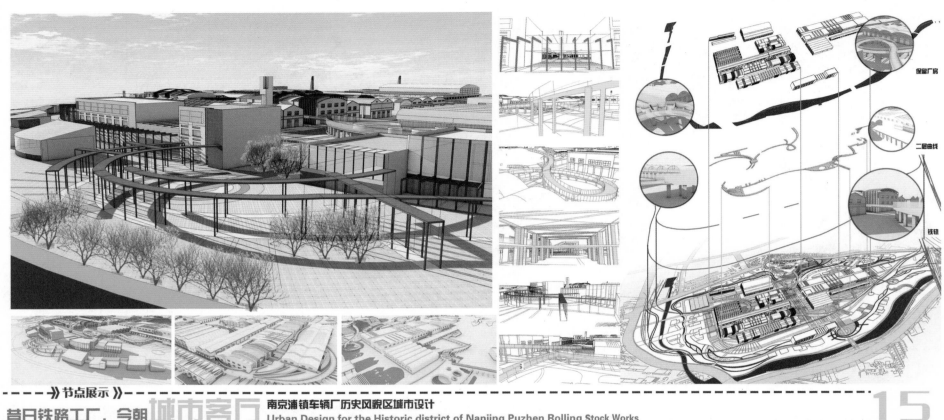

保留厂房

二层曲线

铁轨

```
≫ 节点展示 ≫
```

昔日铁路工厂，今朝城市客厅 南京浦镇车辆厂历史风貌区城市设计

Urban Design for the Historic district of Nanjing Puzhen Rolling Stock Works

消费文化语境下的工业遗产再利用 Reuse of industrial heritage in the context of consumer culture

15

英式别墅　　　商业街　　　SOHO　　　获轮学校

市民科技体验馆　　　市民影剧、歌剧院　　　商业街

九口景观　　　配套商业　　　社区完善（卫生所、棋牌室、社区图书室等）　　　配套商业

姓名 刘德林　组名 王晶晶　班级 1班　日期 2016.6.2　史晓华　共16张 第

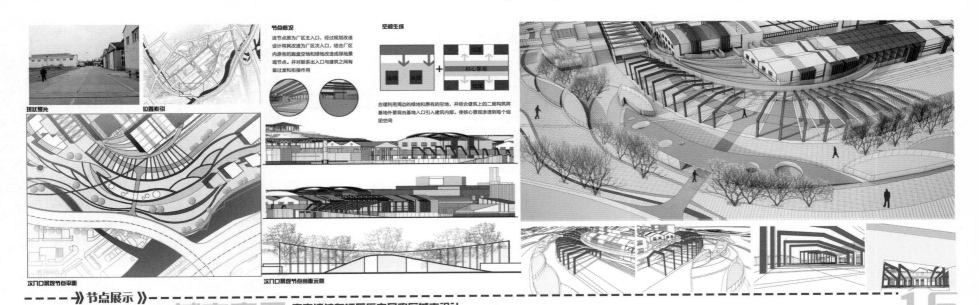

节点概况

该节点原为厂区主入口，经过规划改造设计将其改造为厂区次入口，结合厂区内原有的闲置空地和绿地改造成绿地景观节点，并对联系出入口与建筑之间有着过渡和街面作用

空间生成

组团 + 核心景观 组团

合理利用周边的绿地和原有的空地，并结合建筑上的二层构筑将基地外景观由基地入口引入建筑内部，使核心景观渗透到每个组团空间

现状照片　位置索引

次入口景观节点平面

次入口景观节点剖面示意

》 节点展示 《

昔日铁路工厂，今朝 **城市客厅** 南京浦镇车辆厂历史风貌区城市设计
Urban Design for the Historic district of Nanjing Puzhen Rolling Stock Works

消费文化语境下的工业遗产再利用 Reuse of industrial heritage in the context of consumer culture

16

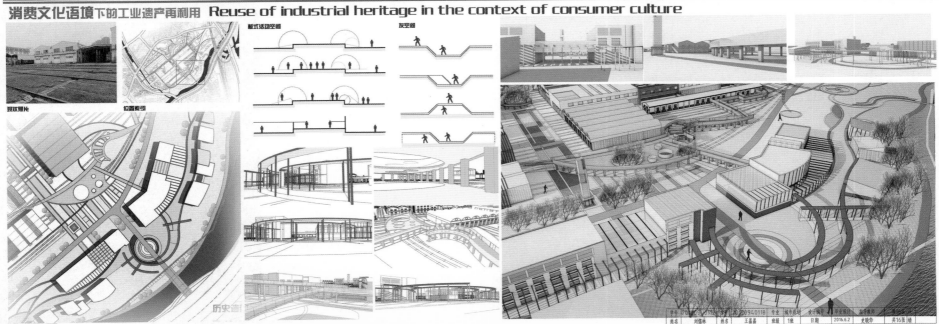

板式活动空间　　灰空间

现状照片　位置索引

主入口景观节点平面

复·兴："城市缩影"视角下的工业遗产改造

郑州大学
Zhengzhou University

设计成员：史吉康　葛立星
指导教师：史晓华

设计感悟： 转眼间联合毕设已经结束这么久了，接到要写感悟的通知，我才意识到已经毕业两个月了，回想一下联合毕设期间匆匆而过的四个月，不可谓轻松，准确地说是很充实，累中作乐吧！奔波于南京、苏州和郑州三个城市，现在想想还挺爽的，更何况是和那么多同学一起，长了见识、学了知识，何尝不是一种幸福呢！还有我们高大威猛的晓华老师，讲课认真，待我们亲切，对我和大力这样的学生"不离不弃"。哈哈，反正最后的成果是尽心完成了，便足矣！

夏·兴："城市缩影"视角下的工业遗产改造——南京浦镇车辆厂历史风貌区城市设计

THE URBAN DESIGN FOR NANJING PUZHEN VEHICLE FACTORY HISTORIC DISTRICT

区位分析

地域特色

都城文化

水文特色

建筑风格

街巷空间

红色旅游

书画特色

民俗文化

曲艺特色

基地概况

南车南京浦镇车辆有限公司（CSR NanJing Puzhen Co. Ltd.）建于1908年，具有百年制造史。是中国从事轨道交通装备研究和制造的专业化生产企业，是中国铁路装备制造业大型一档企业、中国铁路空调双层客车研制基地、中国城市轨道交通车辆生产定点企业。主要生产：铁路客车、城市轨道交通车辆（地铁）。和许多其他中国早期的铁路工厂一样，浦镇机厂也是中国共产党的一个早期建党活动地点，并开发起过多次工人运动。

将浦镇机厂与龙虎巷传统居民民结合作为历史风貌区

沿旧铁路与浦口火车站历史风貌区连接成为津浦铁路历史文化景观走廊

相关规划

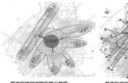

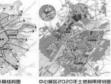

基地周边道路分析

基地周边公共服务设施分析

基地周边景观分析

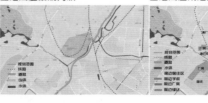

基地周边用地分析

夏·兴："城市缩影"视角下的工业遗产改造——南京浦镇车辆厂历史风貌区城市设计
THE URBAN DESIGN FOR NANJING PUZHEN VEHICLE FACTORY HISTORIC DISTRICT

2.1 南京工业旅游

■ 2.1.1 南京工业旅游资源分布

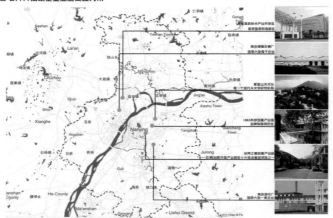

■ 2.1.2 南京工业旅游资源分类

资源类型	资源特色	代表企业
大型名牌企业	较大的生产规模、科学的管理方式、完善的企业文化	跃进集团、南钢集团、南京钢铁厂、扬子石化
现代工(产)业园区	不同的优秀企业及企业文化取得了不同的生产工艺、统一规划的环境、齐全的配套设施、高科技产品等	南京高新技术产业开发区&南京经济技术开发区
创意产业园区	历史建筑与现代创意产业的结合，具有知识性、时尚性、创新性、艺术性	1865科技·创意产业园、南京世界之窗创意产业园
传统工艺美术企业	旅游产品较高的艺术性&观赏性，传统工艺的悠久历史及其文化内涵	南京云锦研究所&江宁金箔集团
带有神秘色彩的企业	揭开企业的神秘面纱&了解企业的神秘色彩	南京酒厂、紫金山天文台
工业遗产	再现工业文明的历史，展现工业化的进程	南京浦镇车辆制造厂、金陵机器制造局

2.1.3 旅游客源市场

南京是长三角地区重要城市之一，与国内外社会经济联系密切，人口、物资、资金、技术活动活跃，自然和人文旅游资源丰富，有1个A级和9个4A级旅游风景区，是我国传统的旅游胜地，2009年接待国内旅游者5519.91万人次，接待入境游客113.45万人次，实现旅游收入822亿元随着居民物质生活水平的提高，南京市居民旅游意识增强，成为较大的旅游客源地之一。

据抽样调查，2009年上半年南京市城镇居民家庭有17.9%户出游，平均家庭出游人数达到2.17人同时，南京市文化教育发达，2009年全市有大中小学校630多所，学生数为141万人，构成较大的游客源市场。

■ 2.1.4 工业遗产旅游资源价值评估

2.2 南京观光农业

苏南地区观光农业发展概况
苏南地区观光农业现状

地区	数量	比例
无锡	55	34.4%
苏州	29	18.1%
南京	32	20%
常州	22	13.8%
镇江	22	13.8%

改革开放以来，苏南地区经济发展取得了巨大成就，社会经济的发展给人民生活水平的提高带来成为人们旅游休闲需求增多的推动力。苏南地区农业资源丰富，孕育了主富的农耕文化，同时地处长江三角洲、交通发达，在农民的自发开发等政策的推动下，苏南观光农业迅速发展。

观光农业分类

依据观光农业主要景点的经营类型，将苏南观光农业分为观光农业型、高科技园区型、民俗文化型和休闲垂钓渔业型四种。苏南经营主体的不同，苏南观光农业的开发模式分为以个体散户为主体、以政府为主体、以企业集团为主体三类。

观光农业分布

▲ 观光农业型
▲ 高科技园区型
▲ 民俗文化型
★ 休闲垂钓渔业型

目前，苏南地区具有一定规模水平的观光农业景点约160个，主要集中于南京、苏州、无锡三个城市，占到总量的72.5%，常州、镇江景点较少，占27.5%。由此可见观光农业的发展规模与当地经济发展水平有很大的关系，生活水平提高了，人们才有能力去追求高层次消费。

南京地区观光农业发展概况
南京市各郊区(县)观光农业资源分布状况

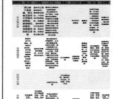

南京市有140个休闲农业景区，主要观光农业102个，开放了8家旅游接待农家乐，打造16个比较知名的农业节庆活动，体系完整。

南京观光农业的发展兴起于20世纪90年代，经过20年的开发，已具有一定的规模沿江心洲、八卦洲、老山森林公园等一批重点观光农业项目日益突显。全市观光农业已初步形成五区二带格局的布局，观光农业收入大幅增加。通过节庆活动，将休闲农业推向市场，梅花节、插花节都触繁荣，后庄园节引来宾突破30万人。

南京市观光农业景点区县分布情况

江宁	浦口	六合	高淳	溧水	建邺	栖霞
28.43	15.69	15.69	4.90	9.80	15.69	4.90

大都市区由中心城区到郊区构成的二元空间地域结构。因此，大都市郊区发展格局是城市区内中心城区对外拓展。按照南京市的城区规划，建邺区和栖花台为近远区，江宁区、溧水区、浦口区、六合区、溧水县和高淳县为远区。据概统计南京观光农业以远郊区为主，这种分布特征与当地经济发展水平以及农业用地相适应。

南京市观光农业景点类型发展状况

■ 民俗文化型
■ 自然生态型
■ 农业观光型
■ 休闲度假型

农业观光型	休闲度假型	自然生态型	民俗文化型
26 (27.1%)	33 (34.4%)	31 (32.3%)	6 (6.3%)

民俗文化型主要集中在建邺区。农业观光、休闲度假和自然生态型主要集中在江宁区、浦口区、六合区、溧水县和高淳县。这说明，南京观光农业以民俗文化型为主，远郊以农业观光、休闲度假和自然生态型为主。

典型案例调查研究(江心洲)
江心洲旅游人口特征

年龄	比例	职业	比例	客源	比例	学历	比例
20岁以下	8.3%	老师	11.9%	南京	79.2%	初中以下	7.4%
20-40岁	58%	公司职员	6.2%	省内	14.7%	高中、大专	37%
40-50岁	27.1%	公司职员		外省	6.1%	本科以上	58.6%
50-60岁	14.5%	其他人员	4.6%				
60岁以上	2.1%	学生					
		退休人员	15.4%				

游客了解江心洲情况和旅游目的

由图可知目前游客了解观光农业资源仍比较传统，M另一方面也说明了观光农业景点宣传还不够。对旅游目的的调查结果可看了观光农业旅游所具有的休闲娱乐及返朴归真的功能。

江心洲旅游行为消费模式

出行方式	比例	消费时间	比例	出游方式	比例	旅游时间	比例
公交车	37.7%	<30分钟	32.1%	自己	2.9%	半天	56.9%
自行车	8.2%	30-60分钟	37.0%	亲友	86.0%	1天	37.3%
电动车	9.8%	60-90分钟	20.4%	旅游团	4.3%	1天以上	5.9%
摩托车	11.5%	90-120分钟	7.4%	同事假期同学	6.9%		
私家车	29.5%	>120分钟	3.1%				
其他	3.3%						

■ 2.1.5 南京工业遗产旅游SWOT分析

S
1. 工业旅游资源丰富
2. 旅游资源充足
3. 景点交通便捷

W
1. 企业的形态制约工业旅游的发展
2. 旅游产品的内容单一、缺乏新意
3. 还未形成大众化的旅游

O
1. 政府的政策支持
2. 多项重大活动的带活效应

T
1. 长三角区域内的行业竞争
2. 品牌效应尚未形成，发展模式还单一，活动内容贫乏

M某种意义上说，旅游规划与城市规划协调不到位，是导致城市旅游发展滞后的原因之一。随着南京城市化进程的加速，一些旧工业区日渐废弃，作为工业化进程见证的一批工业遗产资源正在快速消失。因此，要处理好南京城市规划与工业遗产旅游建设规划之间的关系，这对那些不可再生的工业遗产，如一些老建筑"老厂房"旧机器设备(包括其他老字号企业遗存)尤有意义重大。虽然这两种的规划对象规划内容不同，前者以规划旅游胜地、旅游业的发展为任务，后者以规划城市空间发展为任务，但两者的规划目的并不冲突，都是为了使城市更好地发展。

夏·兴: "城市缩影"视角下的工业遗产改造——南京浦镇车辆厂历史风貌区城市设计

THE URBAN DESIGN FOR NANJING PUZHEN VEHICLE FACTORY HISTORIC DISTRICT

基地现状分析

浦镇车辆厂年代发展史

基地现状图

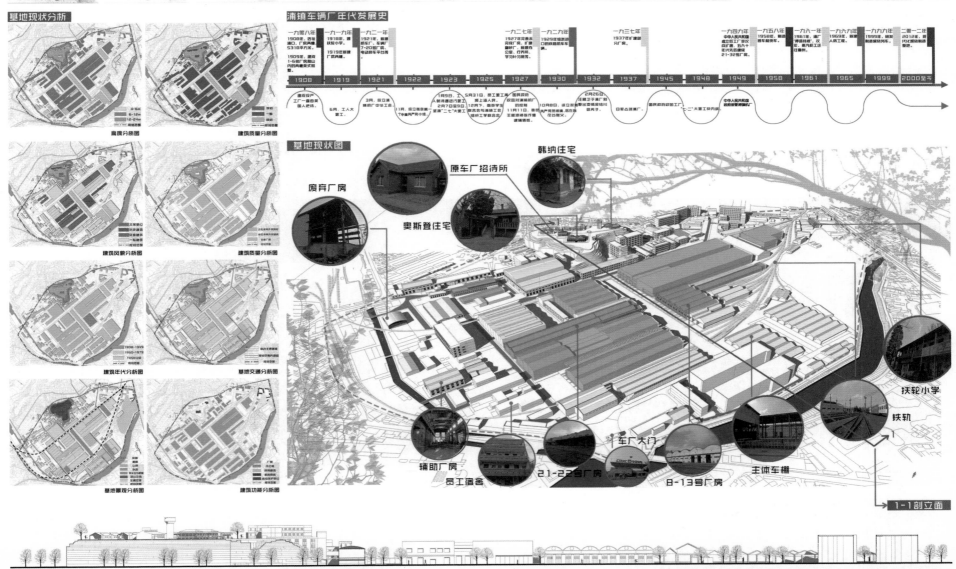

废弃厂房　奥斯登住宅　原车厂招待所　韩纳住宅

辅助厂房　员工宿舍　21-22号厂房　车厂大门　8-13号厂房　主体车棚　铁轨　扶轮小学

1-1剖立面

夏·兴："城市缩影"视角下的工业遗产改造——南京浦镇车辆厂历史风貌区城市设计

THE URBAN DESIGN FOR NANJING PUZHEN VEHICLE FACTORY HISTORIC DISTRICT

历史建筑资源分析

南京历史地段保护名录 表1-1

类型	数量	保护名录
历史文化街区	9	颐和路、梅园新村、南捕厅、门西荷花塘、门东三条营、总统府、朝天宫、金陵机器制造局、夫子庙
历史风貌区	22	天目路、下关滨江、百子亭、慧成新村、慧园里、西白菜园、宁中里、江南水泥厂、评事街、内秦淮河两岸、花露岗、钓鱼台、大油坊巷、双塘园、龙虎巷、左所大街、金陵大学、金女子大学院、中央大学、浦口火车站、浦南海前、六合文庙
一般历史地段	10	仙霞路、颐和新村、中央研究院旧址（北京东路71号）、大辉复巷、由家巷、浴堂街、黑于衖老街、龙潭老街、中国水泥厂

《南京市历史文化名城保护规划（2010-2020）》

2010年，《南京市历史文化名城保护规划（2010-2020）》中划定了9片历史文化街区，22片历史风貌区及10片一般历史地段（表1-1）。这些历史地段是南京在特定时期社会生活的缩影，也是历史留下的记忆。因此，保护这些地段就是保护南京的历史风貌与传统文化。在政府及相关部门的努力下，一批代表性强的历史风貌区得到较好的保护，并进行合理地再利用。

上表历史文化街区中的金陵机器制造局历史建筑群和历史风貌区中的江南水泥厂、浦镇车辆厂历史建筑群及浦口火车站历史建筑群四处为产业类地段。这四处工业遗产都已制定相应的保护规划，而金陵机器制造局在对整体风貌的保护修缮下已转型为"1865"创意产业园。

奥斯登住宅

在建设浦镇机厂的同时，英籍厂长奥斯登决定在浦厂内的制高点——山顶花园内兴建别墅，始建于1908年。别墅座北朝南，包含英式建筑两栋，占地1500平方米，共有19间房屋，并有地下室，曾经是厂长奥斯登、总工程师韩纳等高级管理人员住宅。

1928年，蒋介石、冯玉祥曾在此会晤、居住。1932年2月期间，汪精卫与日本间谍川岛芳子也曾在此别墅秘密会晤，进行机密交易。

1949年后，该别墅先后作为工人疗养院、工人培训、教育场所。1997年，该别墅进行了一次大规模的保护和维修。1983年被公布为区级文物保护单位，1992年被公布为市级文物保护单位，2002年被公布为省级文物保护单位。

韩纳住宅

韩纳住宅位于顶山街道浦镇车辆厂内顶山花园，建于1908年，原有功能为居住，现状功能为商业，1983年被公布为区级文物保护单位，1992年被公布为市级文物保护单位，2002年被公布为省级文物保护单位。

扶轮小学

浦镇扶轮学校旧址位于浦口区南门龙虎巷1号，始建于1931年，是1908年成立的浦镇车辆厂的子弟学校，英式建筑。1937年后，曾作为日军的卫生所。1949年中华人民共和国成立后更名为南京铁路分局浦口铁路职工子第小学，目前学校已迁到扶轮后街33号。

"扶轮"是中华人民共和国成立前我国铁路中小学的专用校名，凡国有铁路沿线统一以此命名。它最早出现在山西大同，1917年，大同扶轮工人为解决子弟入学的困难，首创了全国第一所扶轮小学堂。1918年1月，京奉（天）、京汉（口）、京绥（远，今呼和浩特）、津浦（口）4条铁路的员工们纷纷仿效，自发成立起"扶轮同人教育会"。此举立即得到交通部（主管铁路）的支持，特组成由叶恭绰、鼎夫佑等12人参加的"教育事务董事会"，在北京、天津、唐山、张家口等地再建学校。董事会决定各地学校校名皆以"交通部立××（所在地名）扶轮公学第×（顺号）小（或中）学"的名称。

"扶轮"一词在20世纪初比较流行。早在1905年有了国际性组织取名"扶轮社"，它的宗旨是提倡博爱、慈善、和平。当年扶轮学校来用此名，一是取其"公益教益"之意；二是寓有"兴办铁路员工子弟学校"，以扶持、扶助扶路事业"的内涵。

基地问题综述

功能单一

基地地块内以工业生产为主要功能，需要采一些办公和民用建筑，几乎无公服设施，功能太过单一。

视线遮挡

基地北面有山，南面和西面邻水，本应形成山水廊道，却被建筑生生阻断。

游线混乱 交通无序

基地地块内道路狭窄，车行路不成系统，步行系统更为缺失，断头路过多。

废弃场地过多

基地地块内空状废弃场地过多，形成没有丝毫活力的失落空间，极易成为危险发生场所。

外围建筑混乱

基地地块内除了核心部分生产区外，建筑肌理混乱，且建筑及场地废弃情况严重。

缺乏活力点

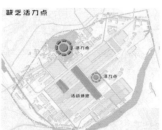

整个基地地块内除了两处文保单位——韩纳住宅和奥斯登住宅外，仅有8-13号厂房和扶轮小学两处活力点，而可用于公共活动的场地更是少之又少。

界面尺度分析

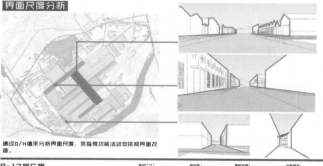

通过D/H值来分析界面尺度，来指导功能活动安排和界面改造。

保护对象	建造年代	功能	等级
英式别墅 韩纳住宅	1908	居住	首级文保
英式别墅 奥斯纳住宅	1908	居住	省级文保
扶轮学校	1910	教育	市级文保
信息科技部与市场部	1930	办公	南京重要近现代建筑
8-13号厂房	1921	工农业生产	南京重要近现代建筑
原32号厂房	1962	工农业生产	南京重要近现代建筑
21-22号厂房	1952	工农业生产	南京重要近现代建筑

D/H远大于1 空间给人贫缩感 适于成为公共活动的场所

D/H远朋大于1 空间给人通直感 可以舒服地行走

D/H小于1 空间给人压迫感 可以适当拓宽通道

B-13号厂房

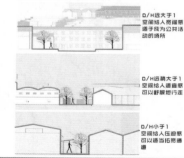

夏·兴："城市缩影"视角下的工业遗产改造——南京浦镇车辆厂历史风貌区城市设计

THE URBAN DESIGN FOR NANJING PUZHEN VEHICLE FACTORY HISTORIC DISTRICT

5 街区开发模式

街区内容	特点	开发模式
遗产密集型街区	街区机理完整，物质遗存丰富，高品位遗产在街区内密集分布，整体保护价值较高	遗产传承——文化遗产利用主导的街区开发模式
载体缺失型街区	历史厚重，但载体缺失；街区空间机理与载体不复存在	还原记忆——街区记忆复原主导的街区开发模式
传统商业型街区	城市传统的商业功能主导的街区，拥有丰富的商业设施和商业氛围	繁华再现——商业业态升级主导的街区开发模式
传统居住型街区	居住功能主导的街区，保存特色民居群落，以特色居住文化与生活方式为核心	诗意客居——度假空间营造主导的街区开发模式
景区依托型街区	距离成熟景区较近，通常作为景区（点）的配套旅游服务功能存在	共享风景——景区服务延展主导的街区开发模式
产业集聚型街区	特色文化产业、艺术产业、创意产业集聚区；城市中艺术家、文艺青年和时尚人士的聚集地	创意产业——特色产业集聚主导的街区开发模式
文化主题型街区	与故事传说、民俗艺术、历史事件、传统手工技艺等非物质文化资源密切相关，拥有主题化的街区意向和强大的文化感召力	讲述故事——文化主题演绎主导的街区开发模式
城市文化符号型街区	荟萃城市典型文化符号，代表城市的文化性格	彰显个性——城市文化性格主导的街区开发模式

*资料来源：百度文库《历史文化街区开发模式研究-周婷》

5.1 深圳天安数码城旧厂房改造设计

"佛手天安"——城市副中心的核心区域

案例概况

项目位于市内已成熟的商业区CBD中心区及华侨城之间。距离城市主干道的深南路及滨海路只有短短上百米。附近有大量的公交站点及地铁出入口，在交通位置上十分显赫。

设计概念

佛手又名"佛相之手"，是佛的象征之一，且"佛手"与"福寿"同音，所以佛手蕴含着佛对普天下人们的一份吉祥如意的祝福。方案中既借此隐喻美好的理念，也通过类似的建筑群体形式去引领和掌控全局，提升空间凝聚力，并以此作为核心区域。

平面排布

方案尝试多种平面排布方式，在塔楼位置、裙房关系乃至平面形态上都有所不同。其中有相对规整的、有裙房相对集中的、有发散开场的。

最后选择了方案三作为发展方向，原因是该方案最具城市动感，激发出复合场地的"数码城"概念的活力。

平面建筑布局

5.2 攀枝花尖山矿区改造概念规划

过去	未来
以"钢铁生产基地"，"中国钢铁工业的骄傲"名誉全国	以"生态、双乐、文化、梦想"旅游名片名扬四方

项目简介： 钢铁工业是攀枝花乃至中国许多城市的经济发动机，这个发动机产生巨大经济动能的同时，资源开采遗留下来的土地，亟待城市更新，向着绿色产业转型升级是大势所趋。攀枝花由于钢铁工业的印象深刻，良好的气候与生态资源，绿色产业的潜力不可为人所知，攀枝花意第一个鲜明的旗帜带领攀枝花的城市名片转向"生态、双乐、文化、梦想"！

项目定位： 依托攀枝花钢铁工业的印象深刻，良好的气候与生态资源，绿色产业的潜力，打造攀枝花的双乐名片。建立"打造独具特色的山地休闲旅游目的地"，休养身心"、"打造集生产、观光、展销、体验于一体的创新农业基地"、"依托自然山林，在生态村享受健康养生生活"、"利用山本地形特点打造独特的时尚活力运动体验"4大定位。

主题	双乐	文化	创意
主题简介	区别于郊野山林公园的双乐	寻求非物质文化体验、钢铁文化追忆的公园	以结合地形特点的创意景观与新鲜的体验项目来吸引远近的游客
主题业态	攀岩、滑翔跳伞、ATV越野、体能训练运动基地、冬训基地、漂亮、空中阶梯、矿坑地下探险、工矿主题公园、时尚动感娱乐区	文化体验区、博物馆、民俗村、度假酒店、文化创意园、山川观光台、矿场年代主题展区、工矿文化主题消费区	温泉养生、绿色循环、乡村生活、有机果蔬、中医药理疗、绿色养殖基地农产品展示中心、果蔬培育基地、山地环绕景观
主题特色	休闲、探险、运动、亲子、狂欢	非物质文化追忆、工业矿业追忆与教育	创新农业、创新景观、创新教育

发展模式

艺术梯田—灯光景观

艺术梯田辅以灯光景观既增加了农田与边缘水城的关联性，又能增加基地特色性，提升区域品位，打造特色文化。再配以LED灯饰点缀给人们提供了一望无际的视觉画卷以及一年四季主题多彩多变、化多端的农田景观。

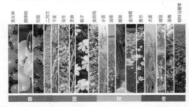

案例分析

夏·兴："城市缩影"视角下的工业遗产改造——南京浦镇车辆厂历史风貌区城市设计

THE URBAN DESIGN FOR NANJING PUZHEN VEHICLE FACTORY HISTORIC DISTRICT

6.1 规划理念

1. 协同发展 区域共荣

基地紧邻龙虎普、朱家山河两处重要节点。龙虎普是独具特色津派建筑群，位于基地北部，沿北部打造民国风情商业街与龙虎普业态相辅相成；朱家河位于基地南部，为主要环境节点，沿河打造观光旅游业，兴盛片区，治理河道，区域共荣。

2. 传承历史 发展创新

中国南车集团南京浦镇车辆厂始建于1908年，是我国从事铁路客车、城市轨道交通车辆制造、铁路轴承和车辆配件生产的国家大型骨干企业，中国铁路双层空调客车研制基地，国家城市轨道交通车辆生产定点企业。

由于时代发展，基地内部设施与建筑已跟不上时代的脚步。打造特色工业旅游，引入观光农业，以此带动区域活力，从而促进工厂与时俱进。

3. 多元发展 受众多样

三种不同的城市区域体验，吸引不同年龄、不同爱好的人群，丰富的空间设计会让游客享受到不一样的工业氛围。

4. 地域特色 唤起认同感

我们重新润色这历史悠久的浦镇车辆厂，打造一座独具特色的工业基地，既要保持自身特色，又要与南京城固有风格相辅相成。我们用现代的规划语言书写另味的工业空间，在挖掘地域性的文化价值的同时，增强人们的认同感。

5. 产业联动 微缩城市

三块区城筑城市三产，将城市微缩拼入基地，三产之间相互联动，构筑不同的工业旅游体验。

6.2 规划定位

城市定位	交通条件	历史要素	文化要素	人群需求

设计目标
以"夏"代"兴"构筑创意产业基地

设计定位
工业记忆游地

打造极具特色的工业记忆游地吸引人气、增加热度，从而带动原有产业，发展构筑创意产业基地。

工业城将传统工业形式与现代创意工业相融合、相碰撞，彼此之间相互学习进步。秉持着传承与创新精神，打造新型工业遗产区，相互联动共同发展。

6.3 规划策略

6.3.1 主体策略——城市缩影

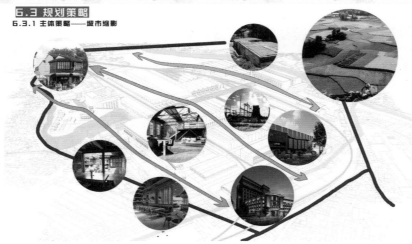

6.3.2 空间策略——要素提炼

Ecological element 农业要素

绿地 Green +	场地内部绿色系统杂乱无章，但绿地非常多，如何组织并结合临近水系，构成完整的生态系统尤为重要。
水系 River +	朱家山河位于基地外围，紧邻基地南侧边界
山地 Mountain	基地北部有小山包，高为9m，是基地内唯一面积相对较大的绿化区。

Industrial element 工业要素

构筑物 Structure +	遗留下来的工业构筑物，承载着这片工业区原有的回忆。
跑盘 Tranroad +	跑盘是车辆厂所特有的工业要素，能较为鲜明地体现地块特色。
轨道 Rail	轨道是场地内最重要的工业元素。

Building element 服务业要素

保护建筑 Protect +	8-13号, 21-22号及原32号厂房为历史保护建筑。
英式住宅 British +	山顶的韩纳住宅与奥斯普住宅是民国时期的英式住宅，风格突出。
厂房 Plant	厂内多为废弃厂房但建筑结构较为完整可做改造。

6.3.2 空间策略——要素整合

第一产业

地块紧邻朱家山河，却未能有效利用 → 沿河建立"微缩城市"第一产业形成亲水效果

第二产业

地块主要元素多为工业元素，但功能陈旧单一 → 打开地块固有的属性，保留精华打造"第二产业"

第三产业

地块内最为突出的住宅却未能和周边发生关系 → 保护历史建筑，横向渗透空间，打造"第三产业"

6.3.3 功能策略——人群需求

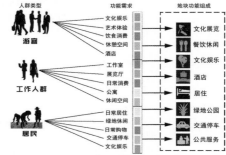

人群类型	功能需求	地块功能组成
游客	文化娱乐 / 艺术体验 / 饮食消费 / 休憩空间 / 酒店	文化展览
工作人群	工作室 / 展览厅 / 日常消费 / 公寓 / 休闲空间	餐饮休闲 / 文化娱乐 / 酒店 / 居住
居民	日常居住 / 绿地休闲 / 日常购物 / 交通停车 / 文化娱乐	绿地公园 / 交通停车 / 公共服务

1. 传统工业体验，吸引游客和想要接触工业旅游的人群。
2. 创意产业园区，为创业者提供工作室与展览展卖一体。
3. 休憩商区区域，精致环境，工业氛围，雅致用餐环境。
4. 精致酒店，为基地注入活力。
5. 现代商业模式与传统商业街碰撞，不同的购物体验。

6.3.3 功能策略——城市缩影构筑

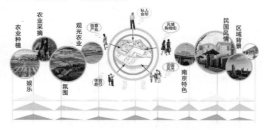

汲取南京特色文化、南京现有农业体系注入基地打造城市三大产业，即为沿河观光农业、中心区域浦镇车辆厂工业集合区以及围绕山顶民国时期建造的英式住宅打造的现代服务区，以此形成浦镇城市缩影的工业城。

6.3.3 功能策略——产业联动

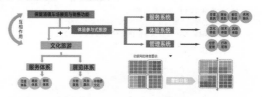

基地两大特色旅游体系，文化旅游与体验参与式旅游相结合，与保留的浦镇车厂展览与销售功能互相作用，实现以夏苏工业记忆打造工业游地，从而兴盛浦镇车厂构筑创新工业基地的目标。

复·兴:"城市缩影"视角下的工业遗产改造——南京浦镇车辆厂历史风貌区城市设计
THE URBAN DESIGN FOR NANJING PUZHEN VEHICLE FACTORY HISTORIC DISTRICT

PAGE 7

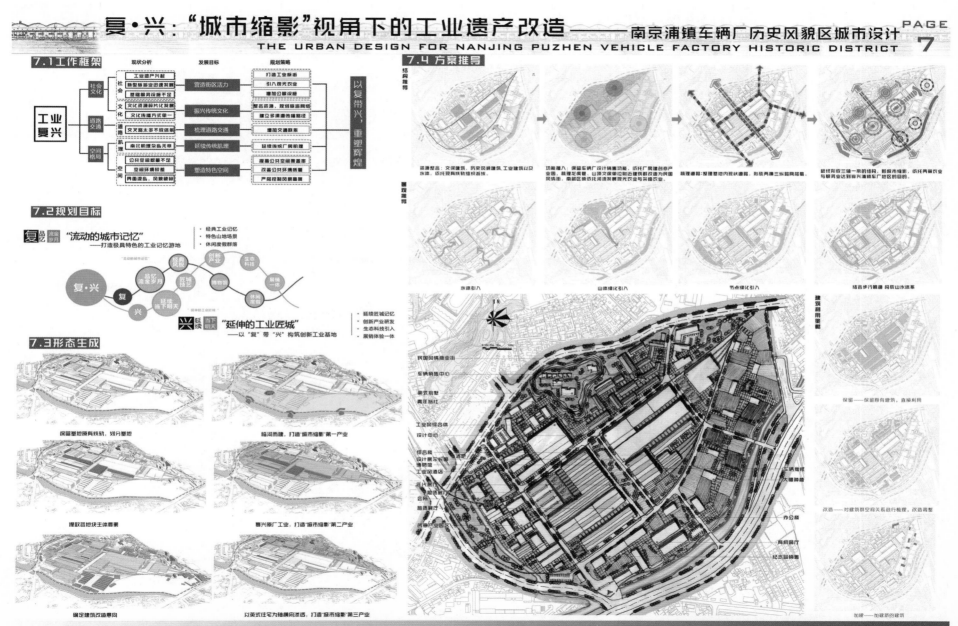

7.1 工作框架

7.2 规划目标

7.3 形态生成

7.4 方案推导

方案推导

夏·兴："城市缩影"视角下的工业遗产改造——南京浦镇车辆厂历史风貌区城市设计

THE URBAN DESIGN FOR NANJING PUZHEN VEHICLE FACTORY HISTORIC DISTRICT

总平面图

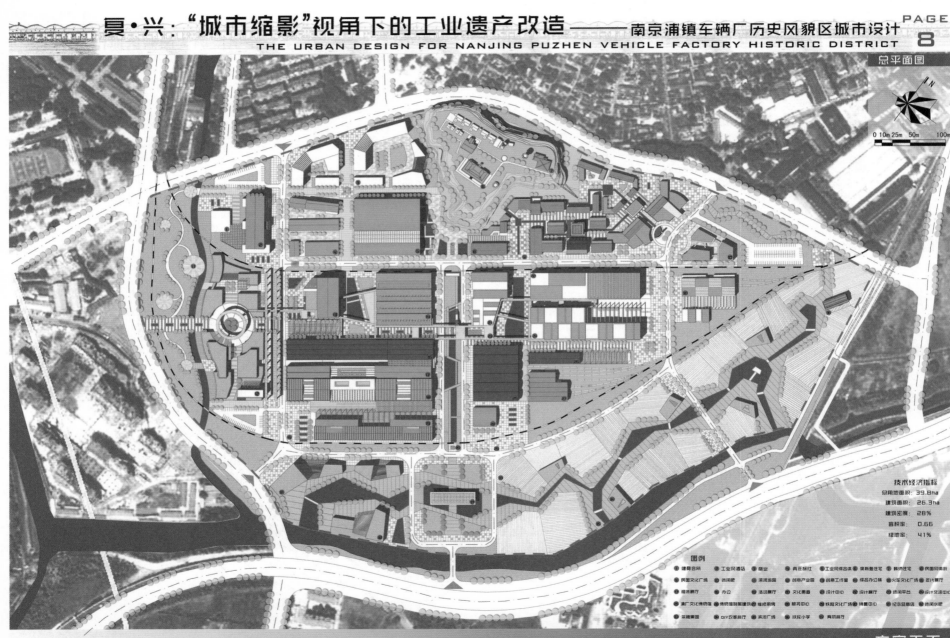

技术经济指标

总用地面积：39.8ha

建筑面积：26.3ha

建筑密度：28%

容积率：0.66

绿地率：41%

方案平面

夏·兴："城市缩影"视角下的工业遗产改造——南京浦镇车辆厂历史风貌区城市设计
THE URBAN DESIGN FOR NANJING PUZHEN VEHICLE FACTORY HISTORIC DISTRICT

鸟瞰图

方案鸟瞰

夏·兴："城市缩影"视角下的工业遗产改造——南京浦镇车辆厂历史风貌区城市设计

THE URBAN DESIGN FOR NANJING PUZHEN VEHICLE FACTORY HISTORIC DISTRICT

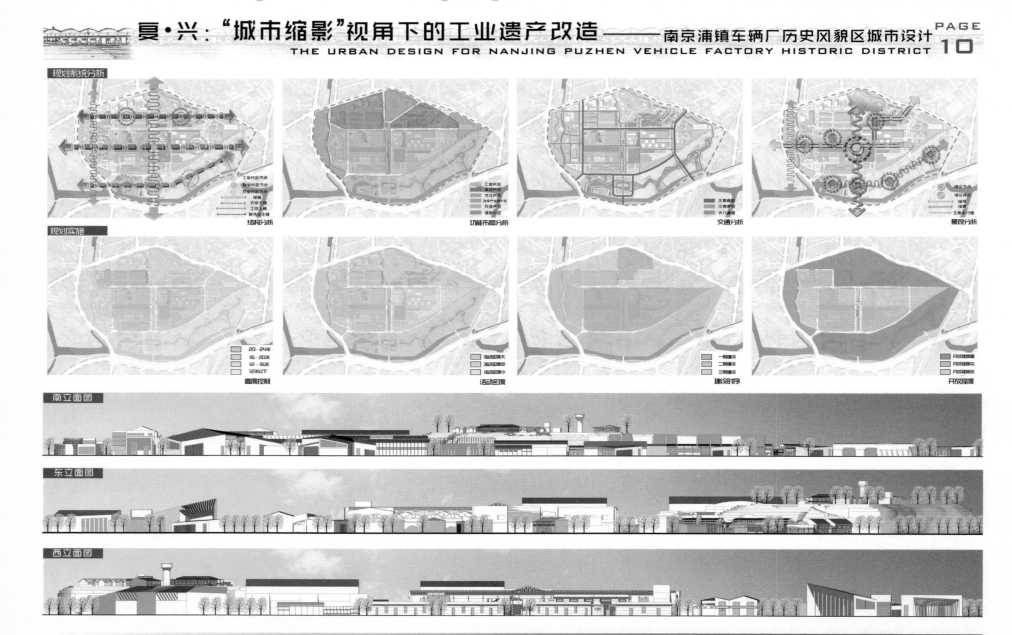

规划系统分析

规划实施

南立面图

东立面图

西立面图

方案分析

夏·兴："城市缩影"视角下的工业遗产改造——南京浦镇车辆厂历史风貌区城市设计

THE URBAN DESIGN FOR NANJING PUZHEN VEHICLE FACTORY HISTORIC DISTRICT

规划结构分层

保留改造建筑层

新建建筑层

主要轴线层

绿化层

网络层

民国风情街广场

创意工作室前广场

综合办公楼后广场

火车叉文化广场

创意产业园中心广场

公共空间展示

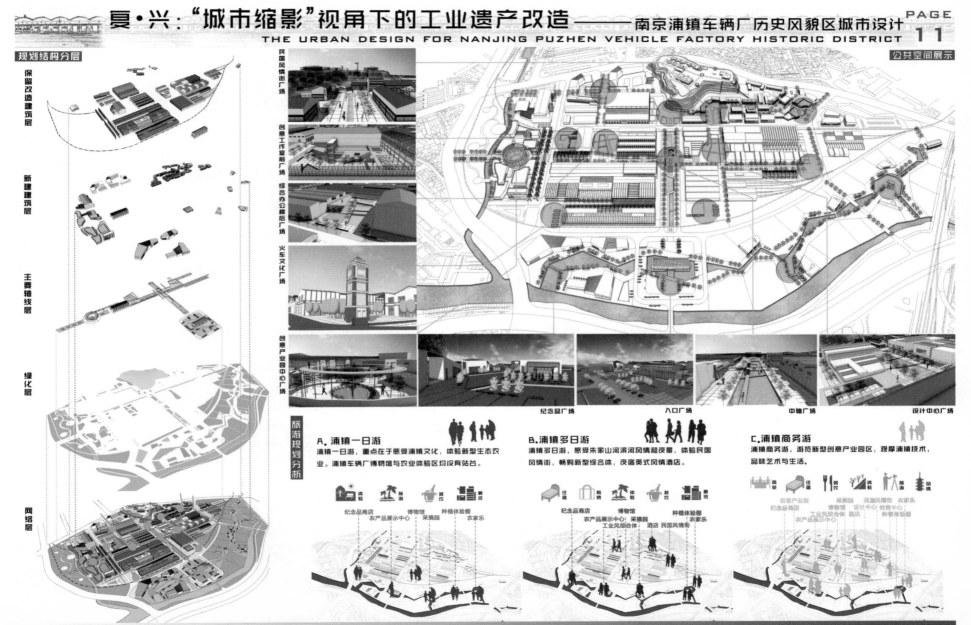

纪念品广场　　入口广场　　中轴广场　　设计中心广场

旅游规划分析

A. 浦镇一日游
浦镇一日游，重点在于感受浦镇文化，体验新型生态农业。浦镇车辆厂博物馆与农业体验区均设有站台。

纪念品商店　　博物馆　　种植体验棚
农产品展示中心　采摘园　　农家乐

B. 浦镇多日游
浦镇多日游，感受朱家山河滨河风情和夜景，体验民国风情街，畅购新型综合体，夜宿英式风情酒店。

纪念品商店　　采摘园　　种植体验棚
农产品展示中心　　　　　农家乐
工业风综合体　酒店　民国风情街

C. 浦镇商务游
浦镇商务游，游览新型创意产业园区，观摩浦镇技术，品味艺术与生活。

创意产业园　　采摘园　　民国风情街　农家乐
纪念品商店　　博物馆　　设计中心
农产品展示中心　工业风综合体　酒店　种植体验棚

方案分析

夏·兴："城市缩影"视角下的工业遗产改造——南京浦镇车辆厂历史风貌区城市设计

THE URBAN DESIGN FOR NANJING PUZHEN VEHICLE FACTORY HISTORIC DISTRICT

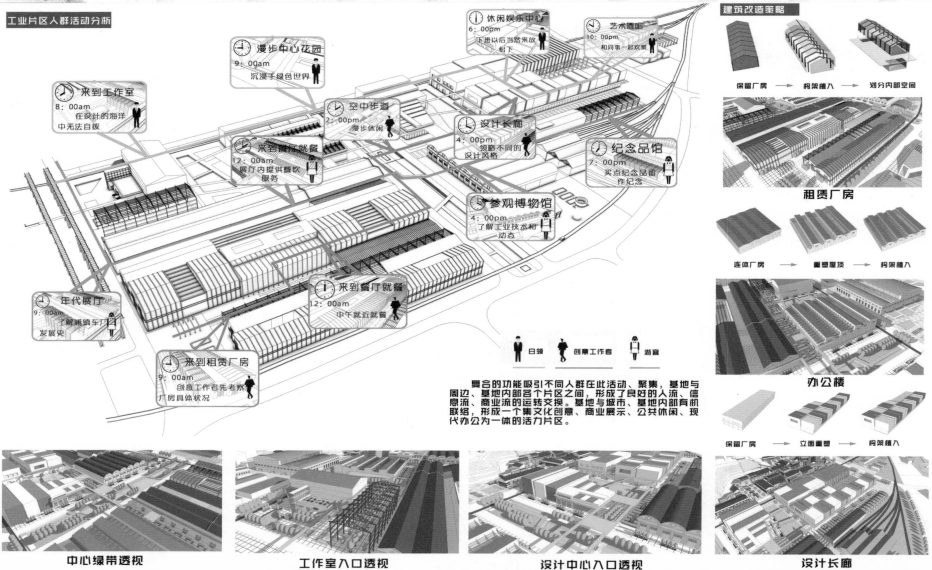

工业片区人群活动分析

漫步中心花园
9：00am
沉浸于绿色世界

休闲娱乐中心
6：00pm
下班以后当然来放松下

艺术酒吧
10：00pm
和同事一起欢聚

来到工作室
8：00am
在设计的海洋中无法自拔

空中步道
2：00pm
漫步休闲

设计长廊
4：00pm
领略不同的设计风格

纪念品馆
7：00pm
买点纪念品留作纪念

来到餐厅就餐
12：00am
展厅内提供餐饮服务

参观博物馆
4：00pm
了解工业技术和动态

年代展厅
9：00am
了解浦镇车辆厂发展史

来到餐厅就餐
12：00am
中午就近就餐

来到租赁厂房
9：00am
创意工作者先考察厂房具体状况

白领　创意工作者　游客

复合的功能吸引不同人群在此活动、聚集，基地与周边、基地内部各个片区之间，形成了良好的人流、信息流、商业流的运转交换。基地与城市、基地内部有机联络，形成一个集文化创意、商业展示、公共休闲、现代办公为一体的活力片区。

建筑改造策略

保留厂房 → 构架植入 → 划分内部空间

租赁厂房

连体厂房 → 重塑屋顶 → 构架植入

办公楼

保留厂房 → 立面重塑 → 构架植入

中心绿带透视　工作室入口透视　设计中心入口透视　设计长廊

工业片区改造设计

夏·兴："城市缩影"视角下的工业遗产改造——南京浦镇车辆厂历史风貌区城市设计
THE URBAN DESIGN FOR NANJING PUZHEN VEHICLE FACTORY HISTORIC DISTRICT

重要节点透视

入口透视

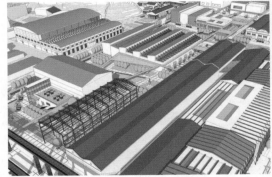

创意工作室

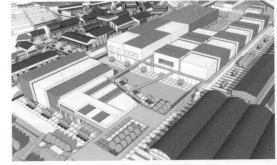

设计中心

节点平面

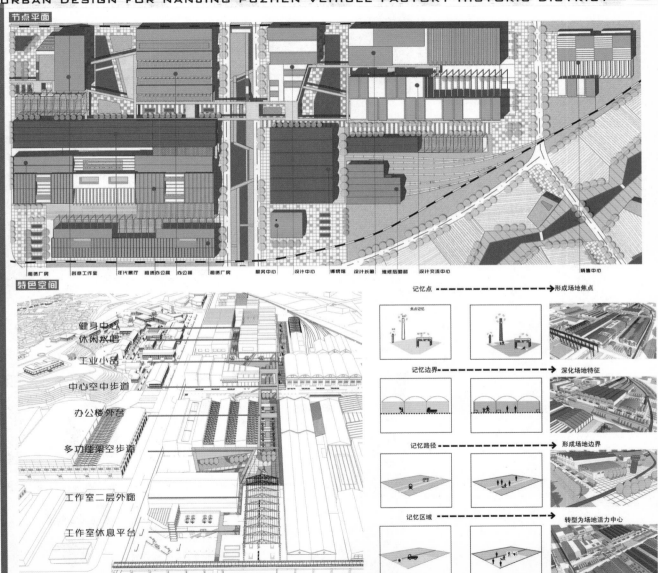

租货厂房　创意工作室　年代展厅　租赁办公楼　办公楼　租赁厂房　服务中心　设计中心　博物馆　设计长廊　维修后勤部　设计交流中心　销售中心

特色空间

健身中心
休闲水吧
工业小品
中心空中步道
办公楼外台
多功能架空步道
工作室二层外廊
工作室休息平台

记忆点 ·····▶ 形成场地焦点

记忆边界 ·····▶ 深化场地特征

记忆路径 ·····▶ 形成场地边界

记忆区域 ·····▶ 转型为场地活力中心

夏·兴："城市缩影"视角下的工业遗产改造——南京浦镇车辆厂历史风貌区城市设计
THE URBAN DESIGN FOR NANJING PUZHEN VEHICLE FACTORY HISTORIC DISTRICT

节点概况

本节点位于基地东北角，紧邻龙虎巷地块中心。作为基地第三产业的重要节点，其功能为居民和游客提供休闲游戏场所。

节点为山顶民国时期的英式住宅发散而出，保持了民国建筑的风情，同时注入现代产业的新鲜感。

民国风情商业街节点平面

美术展馆
品茶坊
工艺作坊
私人会所
民国艺术照明展
美食汇
大型购物广场

节点鸟瞰图

街巷空间类型分析

1.沿街 2.折角 3.空间 4.转角 5.丁字路口 6.半围合

街道连续建筑界面的某些部分后退、转折形成小型的开放空间，结合树木形成人群游戏场所。

街巷开敞空间分析

街巷开敞空间均习散布于人流流线上，大小不一，中轴线为主要空间，其余为调节街巷的空间收放，增加空间趣味性。节点功能类型多样，育接兴绿地、文化广场，增加人群对街巷的多重体验。

中心街区
入口广场

•••• 人群流线
○ 开敞空间

空间构成要素

树木 花坛 座椅

在本方案中现代建筑风格与民国风情相结合，即在风貌上统一了和周边的关系，又在功能上添加了现代化的产业与结构，糅合古风却不保版老套。

入口处大量开敞空间，提供了节点的可识别性，增强了与周边空间的联系。

1.中心开敞空间
2.南部入口广场
3.东部入口广场

民国风情街设计

夏·兴："城市缩影"视角下的工业遗产改造——南京浦镇车辆厂历史风貌区城市设计

THE URBAN DESIGN FOR NANJING PUZHEN VEHICLE FACTORY HISTORIC DISTRICT

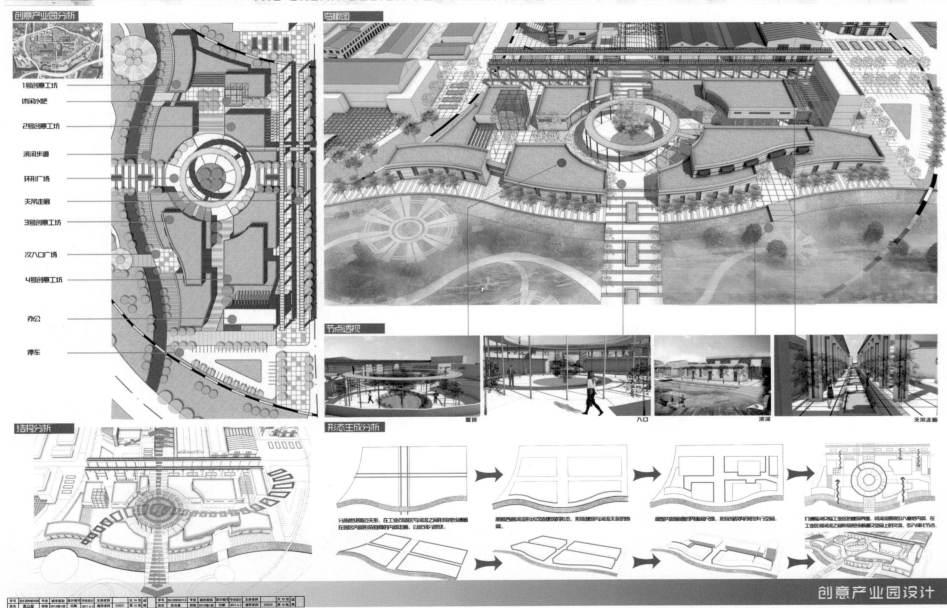

创意产业园分析

1号创意工坊
休闲水吧
2号创意工坊
滨河步道
环形广场
天吊走廊
3号创意工坊
次入口广场
4号创意工坊
办公
停车

鸟瞰图

节点透视

屋顶　　入口　　滨河　　天吊走廊

结构分析

形态生成分析

创意产业园设计

夏·兴："城市缩影"视角下的工业遗产改造——南京浦镇车辆厂历史风貌区城市设计

THE URBAN DESIGN FOR NANJING PUZHEN VEHICLE FACTORY HISTORIC DISTRICT

采摘农业分析

由于该地块南面临河，且具大面积空地，故尹主植入采摘农业的想法，其希望通过这一般复市民欢愉的亲民活动为整块基地带来人流与活力，配合二厂与三厂即通过"城市缩影"手段提升这一工业遗产的知晓与纪念，唤起人们对于工业遗产的怀旧与珍惜，同时，主题周边的居住区的居民的消闲生活。规划以社区为载，南京采摘农业通道遵循性、普节性、生态性、经济性、景观性、文化性等六大原则。

活力点分布

时令果蔬种植安排

蔬菜

	Jan	Feb	Mar	Apr	May	Jun	Jul	Aug	Sep	Oct	Nov	Dec
青椒、芦笋、莴笋												
马兰头、茴香头												
西红柿、黄瓜												
茄子、苦瓜、青椒												
黄花菜、豇豆												
毛豆、扁豆、芥日												
韭菜、萝卜、冬笋												
菠菜、菌片												

水果

	Jan	Feb	Mar	Apr	May	Jun	Jul	Aug	Sep	Oct	Nov	Dec
草莓												
桃子												
琵琶、杨梅												
杏子、蓝莓												
葡萄												
梨												
西瓜												
猕猴、石榴												

水八鲜

蒲藕、红菱、芡白、贡实（鸡头果）、莼菜、水芹、荸荠菜、慈姑等南京地产的八种水生植物

采摘设施图例：有机果蔬采摘　纪念品商店　草莓采摘　滨河广场　蓝莓采摘　石榴采摘　有机餐厅（扶轮小学改造）　鲜榨果汁饮品吧　有机餐厅　枇杷采摘　批量采摘　DIY农家餐厅　烧烤采摘　杏子采摘

农业版块分层分析

建筑层

步道层

绿化层

水系层

鸟瞰示意图

节点透视

纪念品广场

入口广场

滨河广场

采摘农业片区设计

工业遗址游乐场

郑州大学
Zhengzhou University

设计成员：杨名明　付　玥
指导老师：史晓华

　　设计感悟：当初在面对一个火车生产基地的时候，大家的想法基本是创意产业园、遗址公园之类，我们想做一个不一样的，能抓眼球并且也是自己喜欢的，因为火车是给很多人快乐的东西，而且现场有很多的火车轨道、车厢，还有一些特色厂房，于是，我突发奇想做一个工业游乐场，因为觉得能打动别人的至少是能打动自己的，于是我在火车基地利用轨道做了一个火车主题的游乐场，拆了一些厂房得到的大空间做了一组工业摩天轮和过山车，也是老师给了意见，一些保留下来的厂房做了一些轨道，就是各种娱乐的设施，不是单纯小孩子去的那种游乐场，我觉得每个人心中都有自己的童真，于是我们的娱乐设施是没有年龄限制的，有高有低、有快有慢，供大家自行娱乐，也真的把这片地方打造成一个梦幻的火车游乐场，虽然做得不好，但是自己很喜欢。

浦镇车辆厂历史风貌区城市设计 ———————— 工业遗址游乐场
AN URBAN DESIGN OF PUZHEN RAILWAY VEHICLE MANUFACTURING PLANT HISTORIC DISTRICT

1

区位分析

南京江北新区在长江经济带中的区位

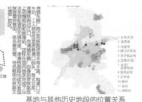

基地与其他历史地段的位置关系

江北新区位于南京都市圈与苏锡常都市圈的沿江城市带发展轴上

浦口区在江北新区的西南基地靠近长江边上

基地在浦口区老城区中心组团的北边,位于江北新区的发展轴上

浦镇车辆厂紧临江北大道快速路,浦口区与其他行政区之间交通联系紧密

卫星图

城市印象

传统

天子庙　东南大学　鸡鸣寺　明城墙
明孝陵　中山陵　总统府　山水林地

南京是中国四大古都、首批国家历史文化名城,是中华文明的重要发祥地。南京有"六朝古都"之誉,又称"十朝都会",厚重的历史给南京留下了丰富的文化遗产。

南京是国家重要的科教中心,自古以来就是一座崇文重教的城市,有"天下文枢"、"东南第一学"的美誉。南京是首批中国优秀旅游城市、国家历史文化名城,钟山风景名胜区、夫子庙、秦淮风光带驰名中外。

现代

南京南站　长江三桥　新街口

1981年南京被国家列为全国15个经济中心城市之一,是南京都市圈核心城市,2016年地区生产总值10503亿元,列全国第11位;人均地区生产总值127264元,在中国直辖市、副省级市及省会城市中排名第三。

传承 → 创新

背景解读

铺镇车辆厂历史发展脉络

南京浦镇车辆有限公司建于1908年,具有百年制造历史,是中国从事轨道交通装备研究和制造的专业化生产企业,是中国铁路装备制造业大型一档企业。

1908年 浦镇车辆厂成立　　1923年 时局变化　　1937年 兼并　　1952年 归入铁道部
1919年 扩建　　1927年 归属　　"二战" 至中华人民共和国成立前运转　　1999年 新行业

铁路文化相关背景

津浦铁路路线　　津浦铁路旧况　　津浦铁路标识

津浦铁路(Tientsin-Pukow Railway),始建于1908年(清光绪三十四年),于1912年(民国元年)全线筑成通车,是中国南北的要冲,一条重要的南北干线。
是中国向英德两国贷款修建的铁路,全长1009公里,仅用4年多时间就修建完成,其修建速度之快为清代铁路之最。北起天津总站(今天津北站),南至南京浦口火车站,全长1009.48公里,1968年南京长江大桥建成使用,南京成为连接京沪的中间站,津浦铁路也延伸更名为京沪铁路。

浦口火车站

浦口火车站位于南京市浦口区,是全国重点文物保护单位,中国一保存民国特色的火车站,火车站的候车大楼、月台、雨廊、售票房、贵宾楼、高级职工宿舍等主体及配套建筑,都被系统性地保存下来,是中国唯一完整保留民国风貌的"百年老火车站",被列为中国最文艺的九个火车站。

浦子口老城

浦口城先后筑城三次,现今有址可循的为明洪武四年八月(1371年9月)明太祖朱元璋为拱卫京师南京,令指挥丁德修浦子口城于长江北岸,以"招抚南北,钳制东洋"。始置江浦县,后因水军盏城迁至矿子山,故也有双城县之名。浦口渐形成浦城和浦子口城,规划区铺镇厂就位于浦子口城内。
铺镇机厂当时建造之时就选在万峰内,后期修建的厂围墙倚靠在浦子口城墙的断垣残垣上。现有迹可循的为铺镇机厂东侧的树梢厂及延伸的城墙约100米。

浦镇车辆厂历史风貌区城市设计 ———————— 工业遗址游乐场 2

AN URBAN DESIGN OF PUZHEN RAILWAY VEHICLE MANUFACTURING PLANT HISTORIC DISTRICT

上位规划

南京市总体规划——江北新区规划——浦口新区规划——江北新区xxx单元控制

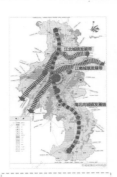
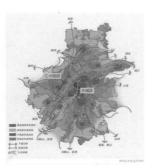

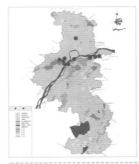

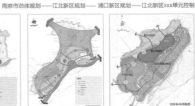
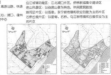

南京市中心城区整体以长江为界分为南北两片区，江南发展较为迅速，主城位于江南；基地处于江北地区，在总体规划中隶属江北副城。

在南京市总体城镇空间结构"两轴一带"中，基地处于江北城镇发展带与南北向城镇轴交叉处，前景良好。

南京市总体空间结构：多心开敞、轴向组团、拥江发展，以长江为主轴，以主城为核心，结构多元，间隔分布，多中心开敞式的现代化大都市空间布局。基地靠近江北组团中心，属于中强度开发用地。

为充分体现南京"山水林城"融于一体的城市空间特色，设计形成"一带两廊三环六楔十四射"绿色开敞空间体系。基地规划应对照呼应总体绿地体系，充分利用附近老山资源。

依托明城墙、护城河、历史轴线将老城特色道路和河道等串联整合老城文物保护点、历史特级和山水资源，形成了"一环"、"三轴"、"多廊"、"多片"的历史文化游道和"三区"、"多片"、"多点"的历史文化风景。

基地鸟瞰

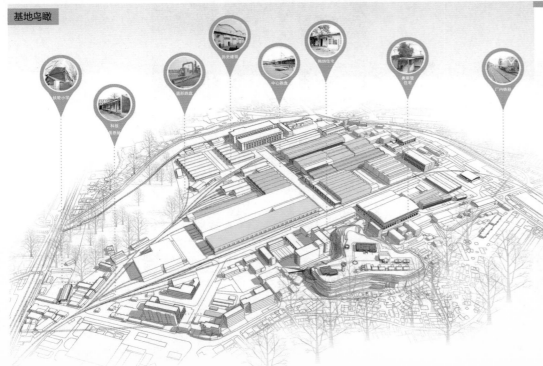

基地周边现状分析

基地周边居住用地分布

周边范围大面积住宅，服务功能需求量大。

居住 商业 公服 公设 休憩　　成品小区　　村落

基地周边公共服务设施

教育：小学基本满足需求半径，基地附近有中学，可考虑学生需求。

商业：缺少成型的商业片区，存在分散零售点，缺口较大。

绿地：缺少休闲娱乐去处，但拥有可利用的资源。基地周围分布有山、河、荒地。

基地周边交通条件分析

江北大道：城市主干路，从基地东南方穿过，给基地带来良好交通区位。
泊山大道：环绕老山且自身和江北诸多路网连接。

基地周边景观资源分析

基地距离长江不远，周围拥有丰富的水系，朱家山河从基地东南侧流过，使基地的景观规划能够有侧重点。
基地西北方山脉绵延，与老山风景区相望，拥有较为有利的景观区位。

浦镇车辆厂历史风貌区城市设计 ———————— 工业遗址游乐场 3

AN URBAN DESIGN OF PUZHEN RAILWAY VEHICLE MANUFACTURING PLANT HISTORIC DISTRICT

文化元素

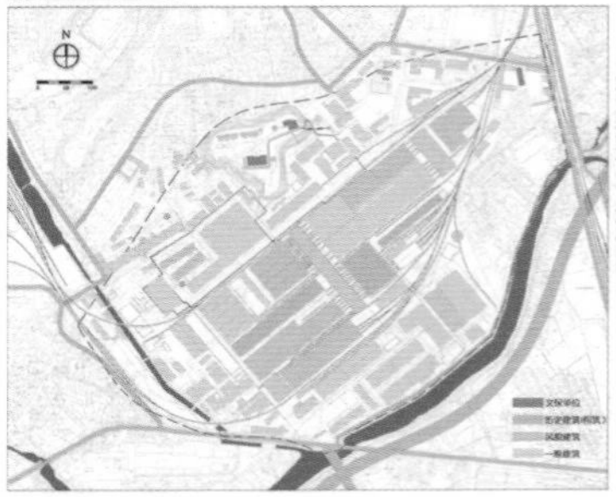

现状建筑文化遗存图

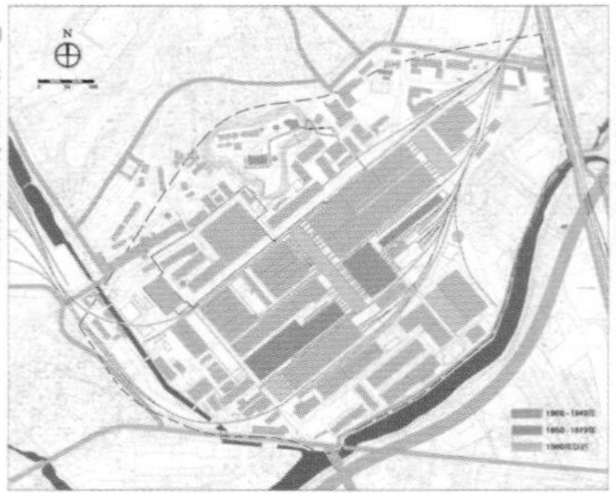

现状建筑年代分布图

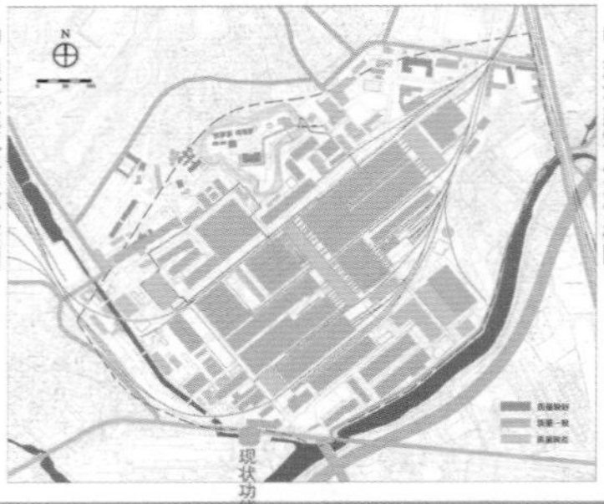

现状建筑质量分析图

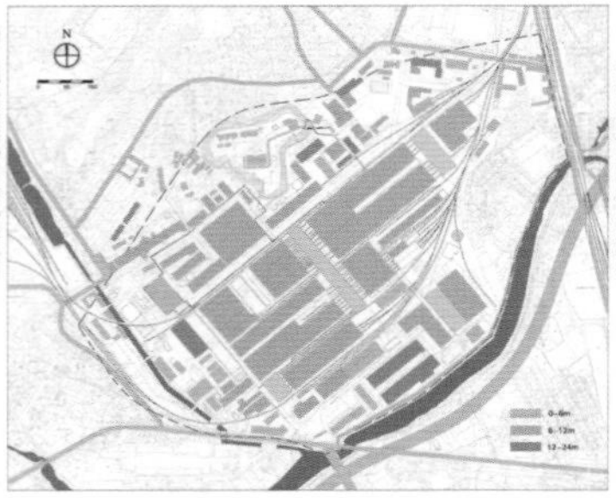

现状建筑高度分析图

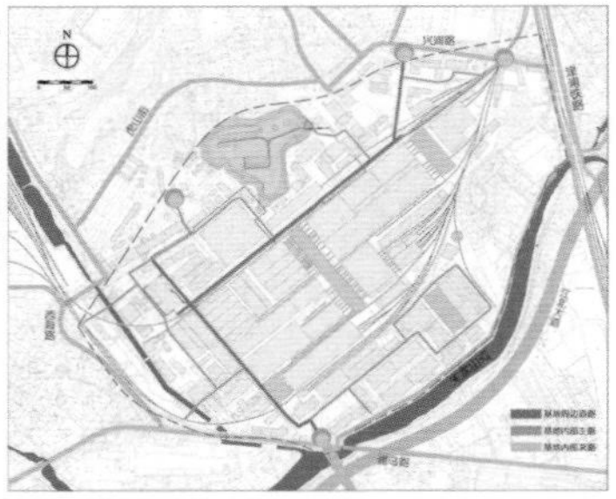

现状道路分析图

文化元素

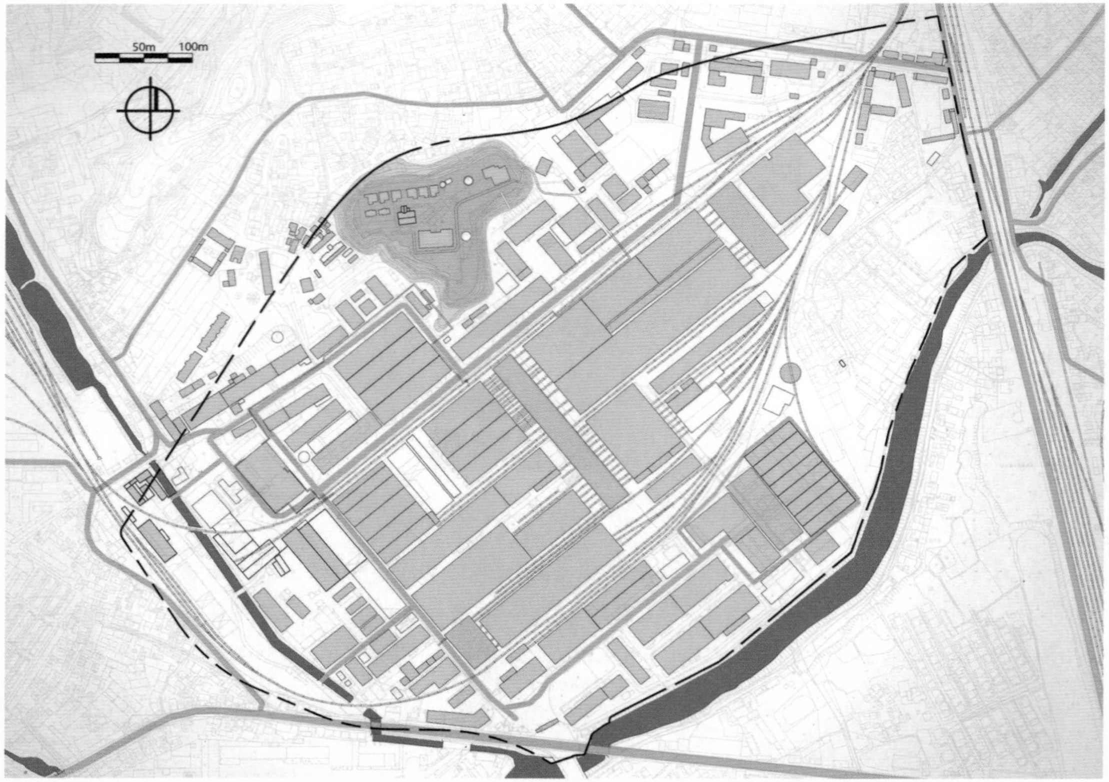

现状功能分析图

50m 100m

文化元素

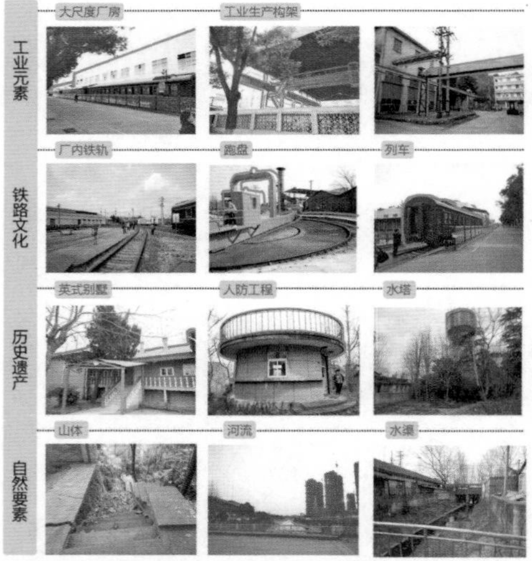

建筑分析

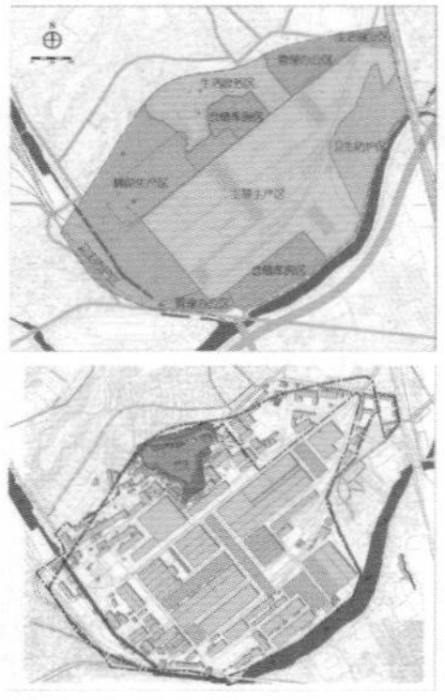

工业元素 大尺度厂房 | 工业生产构架
铁路文化 厂内铁轨 | 画盘 | 列车
历史遗产 英式别墅 | 人防工程 | 水塔
自然要素 山体 | 河流 | 水源

浦镇车辆厂历史风貌区内除了拥有建厂以来不同历史时期的厂房建筑和完善的铁路设施以外，还包含了英式别墅、扶轮学校、浦子口城墙遗址等历史资源。该历史风貌区总体格局完整，历史文化资源丰富，生产工艺别致，具有较高的保护和利用价值。

空间比例

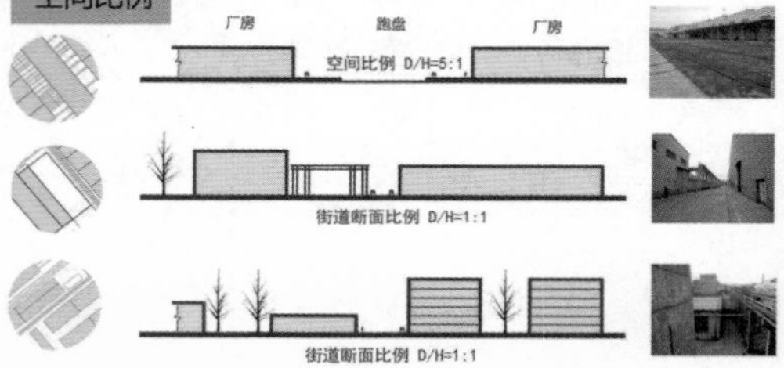

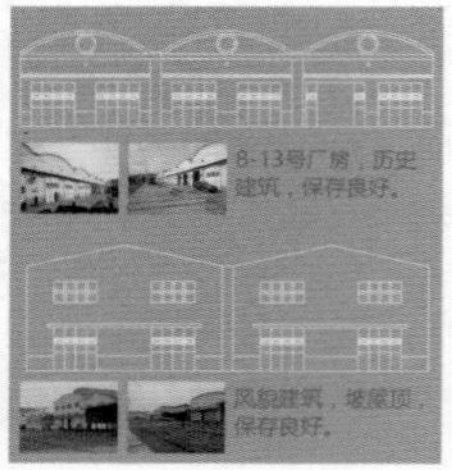

厂房 | 画盘 | 厂房
空间比例 D/H=5:1

街道断面比例 D/H=1:1

街道断面比例 D/H=1:1

浦镇车辆厂历史风貌区城市设计 —————— 工业遗址游乐场 4

AN URBAN DESIGN OF PUZHEN RAILWAY VEHICLE MANUFACTURING PLANT HISTORIC DISTRICT

南京历史地段保护名录		
历史文化街区	9	颐和路、梅园新村、南捕厅、门西荷花塘、门东三条营、总统府、朝天宫、金陵机器制造局、夫子庙
历史风貌区	22	天目路、下关滨江、百子亭、复成新村、慧园里、西白菜园、宁中里、江南水泥厂、评事街、内秦淮河两岸、花露岗、钓鱼台、大油坊巷、双塘园、龙虎巷、左所大街、金陵大学、金陵女子大学、中央大学、浦口火车站、铺镇机厂、六合文庙
一般历史地段	10	仙霞路、陶谷新村、中央研究院旧址(北京东路71号)、大辉寝巷、抄纸巷、申家巷、浴堂街、燕子矶机老街、龙潭老街、中国水泥厂

历史文化街区中的金陵机器制造局历史建筑群和历史风貌区中的江南水泥厂、浦镇车辆厂历史建筑群及浦口火车站历史建筑群四处为产业类地段。这四处工业遗产都已制定相应的保护规划,而金陵机器制造局在对整体风貌的保护修缮下已转型为"1865"创意产业园。

保护对象	建造年代	所有权	原有功能	现状功能	等级
英式别墅——奥斯登住宅	1908年	浦镇车辆厂	居住	商业	省级文保
英式别墅——韩纳住宅	1908年	浦镇车辆厂	居住	商业	省级文保
扶轮学校	1918年	上海铁路局	教育	商业	市级文保
市场部与科技信息部	1930年	浦镇车辆厂	工农业生产	办公	南京重要近现代建筑
8-13号厂房	1921年	浦镇车辆厂	工农业生产	工农业生产	南京重要近现代建筑
原32号厂房	1962年	浦镇车辆厂	工农业生产	办公	南京重要近现代建筑
21-22号厂房	1952年	浦镇车辆厂	工农业生产	工农业生产	南京重要近现代建筑

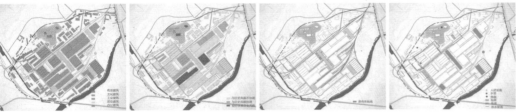

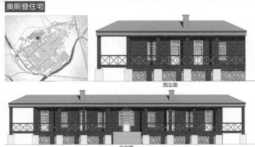

奥斯登住宅

在建设铺镇机厂的同时,英籍厂长奥斯登决定在铺镇厂内的制高点——山顶花园内兴建别墅,始建于1908年。别墅坐北朝南,包含英式建筑两栋,占地1500平方米,共有19间房屋,并有地下室,曾经是厂长奥斯登、总工程师韩纳等高级管理人员住宅。1928年,蒋介石、冯玉祥曾在此会晤、居住。1932年2月期间,汪精卫与日本间谍川岛芳子也曾在此别墅秘密会晤,进行机密交易。1949年后,该别墅先后作为工人疗养院、工人培训所、教育场所。1997年,该别墅进行了一次大规模的保护和维修。1983年被公布为江苏省级文物保护单位,1992年被公布为市级文物保护单位,2002年被公布为省级文物保护单位。

韩纳住宅

韩宅略微坐西北朝东南,为一多边形建筑物,它建筑面积495平方米,前檐高3.5米,砖墙、瓦顶、水泥地,前有长廊并有地下室。中华人民共和国成立前历任厂长、总工等高级管理人员居于此。中华人民共和国成立后用做过工人疗养院、工人培训、教育场所。现在该别墅为铺镇车辆厂招待所使用。该别墅所在山丘有30米高,人称老韩山、西山、虎山。1997年该别墅做了一次精心维修,对内部适当改建,配备了空调和各种消防、安全设施。近年由于资金原因,该别墅木结构腐烂、外部绿化无人打理,别墅大门已被掩映在树丛中,然而虽历经风雨,该别墅仍保持原有风貌。

扶轮小学

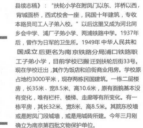

扶轮小学,旧址位于浦口区南门龙虎巷1号。《江浦县续志稿》:"扶轮小学在附凤门以东、洋桥以西、背城面桥,西式校舍一座,民国十年建筑,专收本路员司工人子弟入校。"以后这里又成为河北同乡会中学、浦厂子弟小学、两浦铁路中学、1937年后,曾作为日军的卫生院。1949年中华人民共和国成立后更名为南京铁路分局浦口铁路职工子弟小学,目前学校已搬迁到扶轮后街33号。现在学校往迁出,其中为饭店和沿街商业用房。学校原占地约3000平米,现存两栋民国建筑。一栋二层楼房,长35米、宽8.5米,高10.6米,原有面貌基本没有变化,唯有栏杆、楼梯、走廊等有所变化。有一栋平房,其长32米、宽8米,高8.5米。其院东校墙或是附凤门段城墙,或是用城砖所建。今年三月刚确立为南京第四批文物保护单位。

8-13号厂房

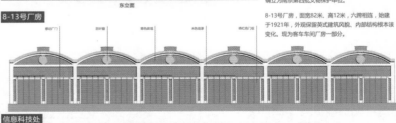

8-13号厂房,面宽82米、高12米,六跨相连,始建于1921年,外观保留英式建筑风貌、内部结构根本没变化。现为客车车间厂房一部分。

信息科技处

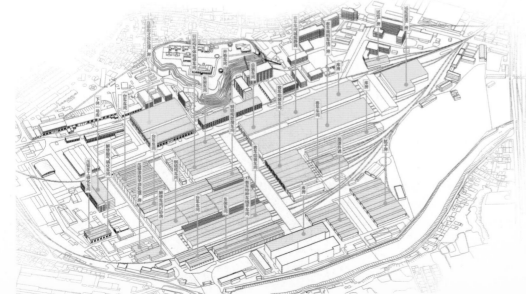

浦镇车辆厂历史风貌区城市设计 ----------- 工业遗址游乐场 5
AN URBAN DESIGN OF PUZHEN RAILWAY VEHICLE MANUFACTURING PLANT HISTORIC DISTRICT

理论借鉴

■ 工业遗产保护与再利用模式谱系研究——基于尺度层级结构视角

基于对尺度和尺度层级结构的阐述，提出了工业遗产的4个尺度层级为单体设施层级、工业厂区层级、工业区（工矿城镇）层级和工业区域层级。

尺度层级分类

小尺度 → 大尺度

- 单体设施移介绍设施、专用储运设施、专用交通运输设施、专用市政设施以及为工业生产服务的行政设施、居住生活辅助设施等。包括工业相关的资产设施、构筑物、设备装置等的主要类别。
  - 单体设施移级工业遗产
    - 工业建筑物 / 工业构筑物 / 工业设备装置
- 工业厂区层级工业遗产
  - 构成要素：单体设施
  - 构成结构：场地环境 / 功能分区结构 / 空间结构 / 景观结构 / 交通结构
  - 工业厂区内的单体设施移工业遗产与场地环境构成要素通过工业整体结构组成。
- 工业区（工矿城镇）层级工业遗产
  - 指经统一规划、工业集中的片区。
- 工业区域层级工业遗产
  - 工业区域转化为工业遗产的演变阶段与表现形式以及制度约束等等为微细链产业断链、生成"产业遗产型工业遗产"，二、区域城市转型产业链优化升级、土地利用制度演化等导致片城中叶工业企业外围拆除，生成"空置闲置型工业遗产"，三、应用株铁资源引人新技术及线地面技术填塞遗址的扩大化改造，生成"区位转移型工业遗产"，四、生态退化整治、形成综合"生态退化型工业遗产"。

保护与再利用模式

工业厂区层级工业遗产保护与再利用模式

工业博物馆园区模式	后工业景观公园模式	创意产业区模式	混合型园区模式
以该工业博物馆为主体的园区，运用工业博物馆有突出的历史价值、文化价值、社会价值、科学价值的工业艺术、艺术价值或美学价值的各类遗产资源和得到较全面保护的工业厂区。	充分利用园区本身的构成要素，营造具有工业景观氛围的景观公园，将铁路、建筑、绿化融合一起，典型案例如德国北杜伊斯堡景观公园。	利用园区主题，发展特色产业，引入新艺术，活态建筑厂区，同时兼顾园区整体完整性。	多种功能综合于一的整体化园区，适用于整体工业价值较高的工业厂区，对工区环境及单体设施进行多层次综合与更新改造和融合的对象。
对文保单位、价值高的历史建筑和风貌建筑建议优保护单体和建筑上分别不需要大规模改造的地块，以免破坏原结构现貌。			对于保留的一般的统筑，进行修缮、改造过程，保护、利用等策略同时进行。

产业分析

诞生 根据功能需要选择用地，厂址与功能相协调。

→ **区位转移** 工业发展，工业功能根据城市规划进行搬迁。

→ **遗留** 失去功能支撑，厂区成为空壳。

→ **新生** 赋予新产业，注入新活力。

工业遗产改造方向

	浦镇厂工业遗产保护利用模式			主题公园模式

产业选择

发散 → **选择** → **完善**

铁路主题娱乐游乐园
铁路文化主题展示区
铁路工业
铁路文化主题游乐园

→ 商业：旅游配套功能

→ 主题公园：产业迭代，主题鲜明，打造区域号召力，营造文化品牌

→ 酒店住宿：服务游客，延长旅行时间

→ 工业展览：紧扣文化主题，利用文化影响力，增加新产业

→ 社区服务：满足周边居民需要

区域可行性

江南地区分布较多，江北地区较匮乏，江北地区居住用地增多，需求渐增。
现有游乐园形式单一，缺乏特色。大多面对儿童，受众受限。

车辆厂 地块发展核心
- 空间塑造 → 利用厂房，运用构架
- 功能创新 → 主题鲜明，聚集人气
- 文化传承 → 工业气息，百年老厂

发展历程

关键词：一个/多个主题、娱乐/游乐场所、现代人工、设施

关于主题游乐园的相关定义：

美国都市与土地研究室
主题公园是一个可以营造某种特殊氛围的游乐场所。

美国国家娱乐公园历史协会
主题公园（Theme Park）是乘骑设施、吸引物、表演和建筑围绕一个或一组主题而建的娱乐公园（Amusement Park）。

王兴斌
主题公园是一种为本地居民和外来游客设计建造，并以某一主题为内涵，具有鲜明特色的大型休闲、娱乐场所。

主题游乐园的发展历程

17世纪初期	主题公园雏形 欧洲娱乐花园
1952年	主题公园诞生 荷兰微缩景园开业
1955年	现代主题公园产生 加州迪士尼开业
20世纪70年代	美国主题公园进入全盛时期
1983年	主题公园进入亚洲 日本迪士尼开业
1980年代中期	主题公园在中国兴起 西游记宫
当下	整合影视、传媒、娱乐、度假等产业，实现主题公园自我造血，建立长效发展机制

现有主题游乐园的主要类型

- **观光型** e.g. 锦绣中华、北京大观园
- **情境模拟型** e.g. 横店影视城、无锡三国影视城
- **风情体验型** e.g. 杭州宋城、清明上河园
- **主题型** e.g. 香港海洋公园、长隆动物世界
- **游乐型** e.g. 迪士尼、欢乐谷、方特欢乐世界

国内主题乐园分布情况

主题公园发展模式

单体模式——度假区模式

单体乐园： 是以特色主题为驱动的，供游客游乐、休闲的特定园区，以游乐、观光为主导功能，配置少量休闲配套等功能。

度假区模式：

度假区模式优势：01覆盖全客位 02延长停留时间 03提升运营效率 04何统补事游资源 05丰富再投资 06景点功能互补

风貌建筑，保存状况较好，建议保留或改造。相比历史建筑要求较高的协调程度，风貌建筑可适当改造，发挥空间较大。体量较大，适合改造成较大型公共功能。

体量狭长，可用作相应特殊功能，或切划出小块空间组合。

挡住山体，遮挡主题视线通廊，价值一般，改造或拆除。

尺度、质量不一的建筑，历史文化价值一般，肌理较为混乱，不适宜直接利用再利用，建议改造，修补肌理，隔割尺度，或拆除、修建新建筑。

肌理适合于场地，质量较好，建议保留，发展新器功能。

现代厂房，历史文化价值一般，空间上使车辆能保障不够开阔，无法形成流水到山的视线通廊或主山的视线通廊。该适宜拆除或打断改造。

较高历史文化性质属于历史建筑，保存程度较为完好，位置处于主厂区最好位置，建议保留，与其他历史保留建筑或新建建筑形成功能组团。

尺度宽阔，适宜用作公共建筑。建筑保存较为良好，适合不需要大城规改造建筑的功能。

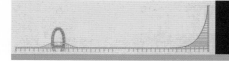

浦镇车辆厂历史风貌区城市设计——工业遗址游乐场 6

AN URBAN DESIGN OF PUZHEN RAILWAY VEHICLE MANUFACTURING PLANT HISTORIC DISTRICT

案例借鉴

德国北杜伊斯堡景观公园

手法一

强调工业文化的价值，废弃工业场地上遗留的各种设施(建筑物、构筑物、设备等)具有特殊的工业历史文化内涵和技术美学特征，是人类工业文明发展进程的见证，应加以保留并作为景观公园中的主要构成要素。

大厂房立面→展示工业园老照片展示墙

遗留构筑物→游乐设施

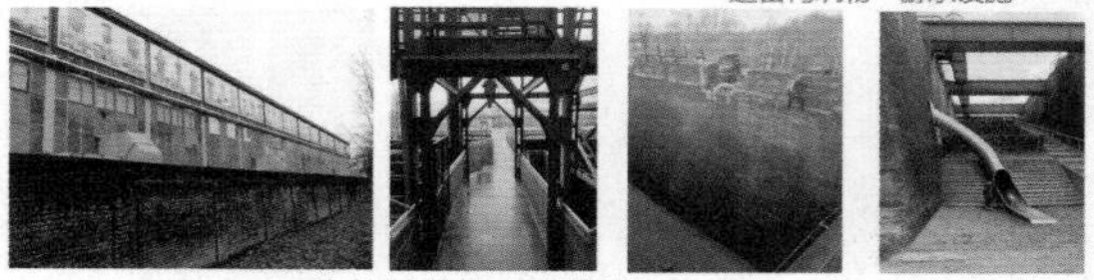

生产设备构架→人行通道

手法二

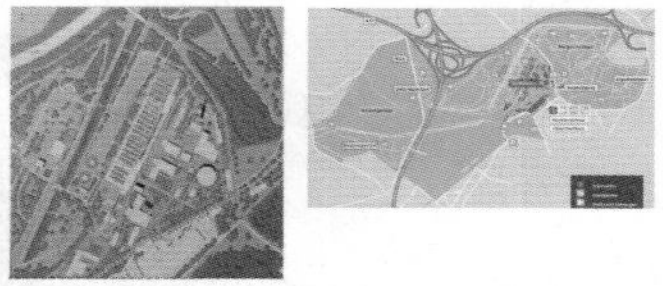

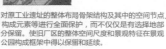

对原工业遗址的整体布局骨架结构及其中的空间节点、构成元素等进行全面保护，而不仅仅是有选择地部分保留。使旧厂区的整体空间尺度和景观特征在景观公园构成框架中得以保留和延续。

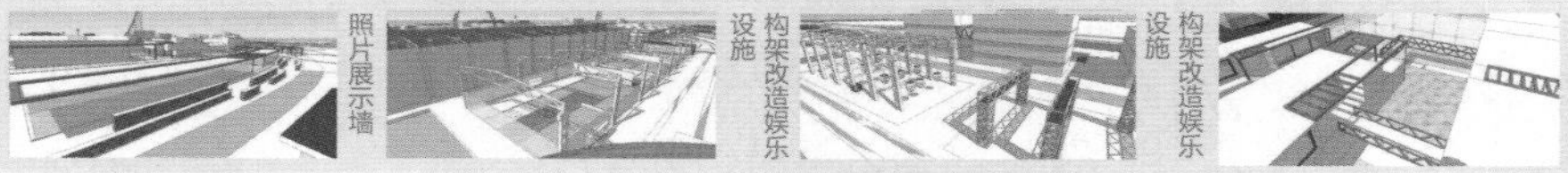

照片展示墙　设施改造娱乐　构架改造娱乐设施　构架改造通道

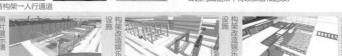

手法三

通过对场地上各种工业设施的综合利用，使景观公园能容纳参观游览、信息咨询、餐饮、体育运动、集会、表演、休闲、娱乐等多种活动，充分彰显了该设计在具体实施上的技术现实性和经济可行性。

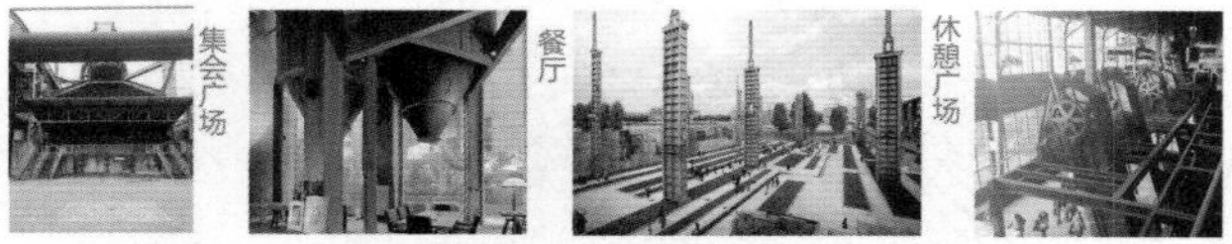

集会广场　餐厅　休憩广场

福州马尾造船厂旧区规划

文化传承

精神价值是马尾造船厂旧区的核心价值，案例将对其的传承归纳为两个方面

案例	船政文化传承	工业遗存传承
借鉴	铁路文化传承	工业遗存传承
	厂内铁轨、跑盘、吊架、烟囱、扶轮小学、英式别墅、大水塔、人防工程、	厂房、生产设备、管线机械、工业尺度的建筑

多元功能

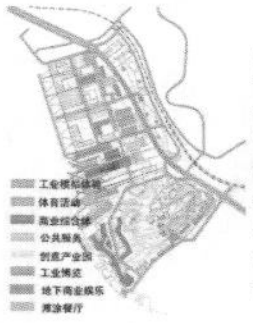

多元体现为马尾造船厂地块产业布局的多元引导。船政工业博览、创意文化产业和商业娱乐构成了基地的主要职能。其中，船政工业博览以原有近现代工业遗存以及罗星塔公园、马限山公园为载体；创意文化产业园则以非历史文物保护建筑的改造和新建创意文化建筑作为依托；商业娱乐是以新建的滨水商业带、工业遗址公园、船坞运动广场、船台露天影院，结合原有的工业参观流线贯连而成。

遗址激活

老工业建筑激活

对原有建筑进行评级分类，针对不同历史价值的建筑分别给予合理的保护、保留、修缮、改造，对允许改建的建筑植入创意产业等功能

新建建筑激活

新建建筑在满足场地总体规划的前提下，顺应原有的场地肌理植入地块，承担展览、创意、办公、商业娱乐、服务等功能，增强场地功能的复合性

外部开放空间的激活

旧厂区经过改造形成若干外部开放空间，原有厂区的堆场形成了具有游览、休闲、运动等实质功能的场所。这些场所直接有序串联，极大提升了厂区内的空间品质，并成为城市防灾、避灾点

滨水空间的激活

对元素生产码头驳岸分别进行滨水湿地修复和游船码头改造。将原来生硬的滨水岸线打造成滨水湿地滩涂公园和适于市民游赏亲水的城市滨水开放空间

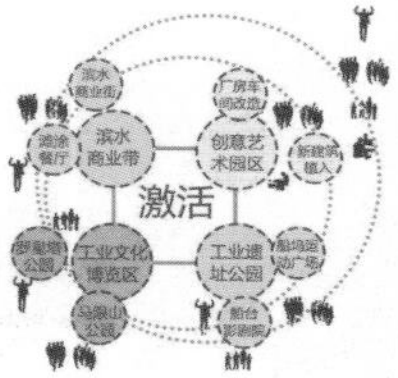
激活
滨水商业带
创意艺术园区
工业文化博览区
工业遗址公园
滩涂餐厅
罗星塔公园

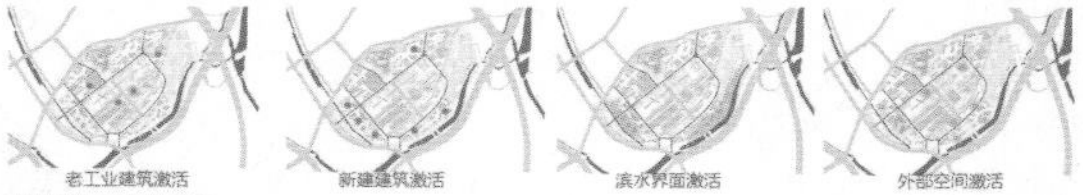

老工业建筑激活　新建建筑激活　滨水界面激活　外部空间激活

机理保护

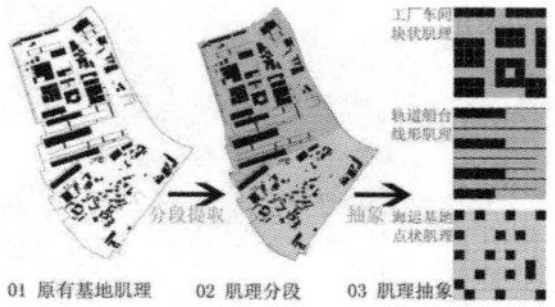
工厂车间块状肌理
轨道船台线形肌理
分段提取
抽象
01 原有基地肌理
02 肌理分段
03 肌理抽象

场地肌理上，马尾造船厂建厂至今已有近一个半世纪，虽几经沉浮，其作为造船生产的功能没有改变，场地保存这明晰的工业生产肌理。规划力图将这些肌理尽可能地保留，以体现基地的原有特质。将基地上附着的临时建筑拆除，可以清晰地看到，地块北部区域多为历史建筑呈块面状肌理分布，中部为船台、塔吊，呈线型肌理分布，马限山建筑依山就势，呈点状肌理分布。新的建筑和开放空间的植入都是顺应原有的场地肌理，将历史脉络与现代功能进行最大限度的无缝连接。

S：优势 [Strength]

优越的交通区位

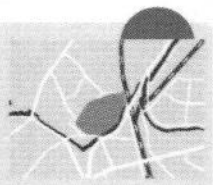

基地处于江北大道与西海路交叉口，江北大道为城市主干路。

自身突出的文化优势

铺镇车辆厂历史悠久，在当地拥有影响力，基地内拥有大量工业遗产与铁路文化元素。

景观资源

基地距离长江不远，周围拥有丰富的水系，朱家山河从基地东南侧穿过，基地西北方山脉绵延，与老山风景区相望，拥有较有利的景观区位。

O：机遇 [Opportunity]

上位规划

上位规划的新定位，以及对江北新区、浦口新区未来发展的规划，给基地发展带来机遇。

工业遗产改造的热潮

工业遗产正越来越引起公众的关注，工业遗产的价值得到越来越多的肯定。

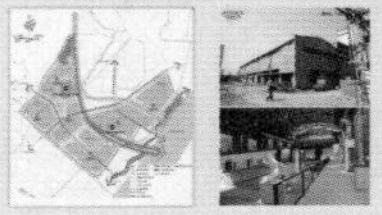

W：劣势 [Weakness]

内部道路不成体系

道路分级不明确，存在较多断头路，工厂现状以生产使用为主，缺少规划。

缺少绿化，环境质量不高，内部水渠水质较差。

设施不齐全，缺乏公共服务设施

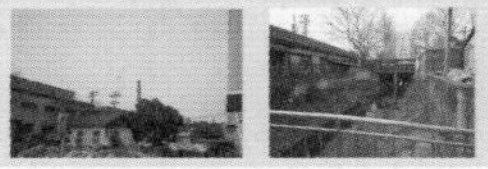

T：挑战 [Threats]

如何实现转型

基地属于规划迁移遗留的工业遗产，能否寻求到合适的转型方向，寻找到新功能，对未来发展至关重要。

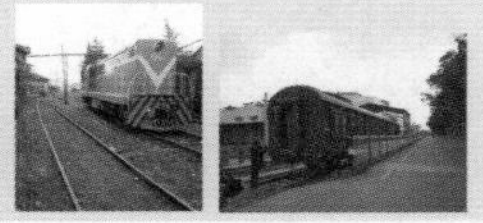

中期方案

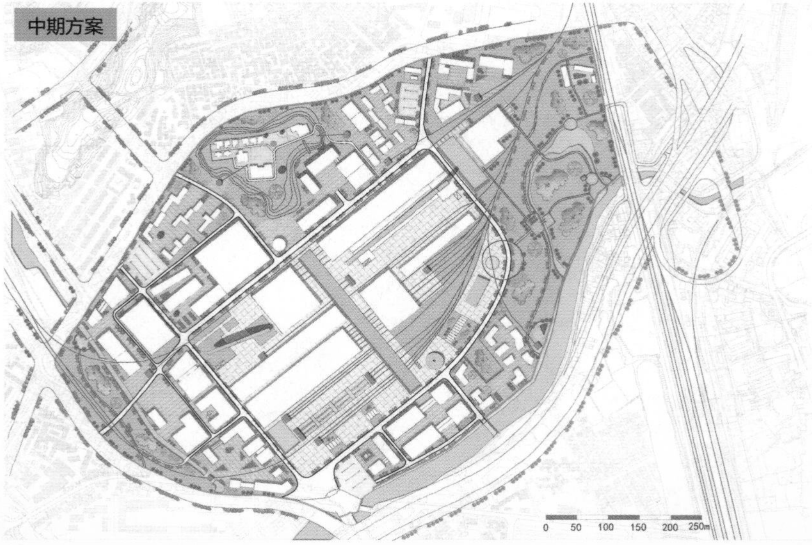
0 50 100 150 200 250m

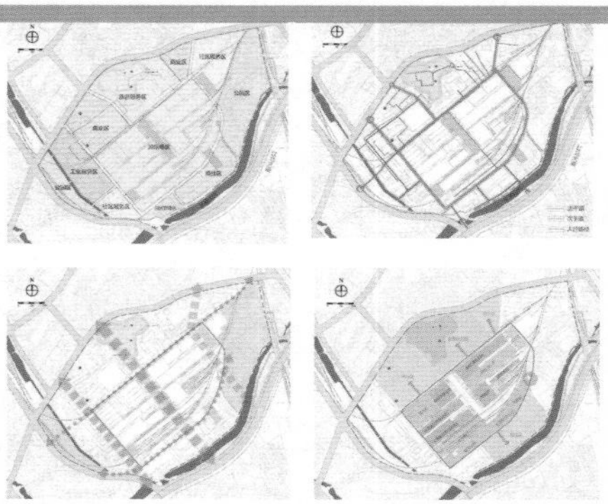

问题：

1. 中心游乐区空间处理不够合理，需要辐射大体量开敞空间的重点被围合在大尺度的工业厂房之中，空间封闭
2. 对建筑的保留与拆除没有把握好明确的界限，保留了一些价值不高的现状建筑，使得外围数个功能区的肌理略为混乱，规划程度不够
3. 景观公园的处理手法与其他区域相比有些突兀，太过自然的水系与方正的建筑布置并不协调
4. 主轴线不够通畅，未能着重强调
5. 主入口设计手法欠缺
6. 建筑形态设计程度不够

浦镇车辆厂历史风貌区城市设计 ------------ 工业遗址游乐场 7

AN URBAN DESIGN OF PUZHEN RAILWAY VEHICLE MANUFACTURING PLANT HISTORIC DISTRICT

N

0　100m　200m

① 过山车
② 摩天轮
③ 游客休闲中心
④ 室内赛车馆
⑤ 铁路障碍营救
⑥ 游戏沙坑
⑦ 运动场地
⑧ 展示廊
⑨ 铁路文化展示长廊
⑩ 火车餐厅
⑪ 铁路文化博物馆
⑫ 铁路安全宣传中心
⑬ 体验馆
⑭ 休闲广场
⑮ 铁路文化舞台剧场
⑯ 浅水池

⑰ 特色商业
⑱ 铁路文化酒吧
⑲ 主题酒店
⑳ 工业租赁展示
㉑ 社区服务
㉒ 园区管理
㉓ 入口广场

浦镇车辆厂历史风貌区城市设计 ———————— 工业遗址游乐场 8

AN URBAN DESIGN OF PUZHEN RAILWAY VEHICLE MANUFACTURING PLANT HISTORIC DISTRICT

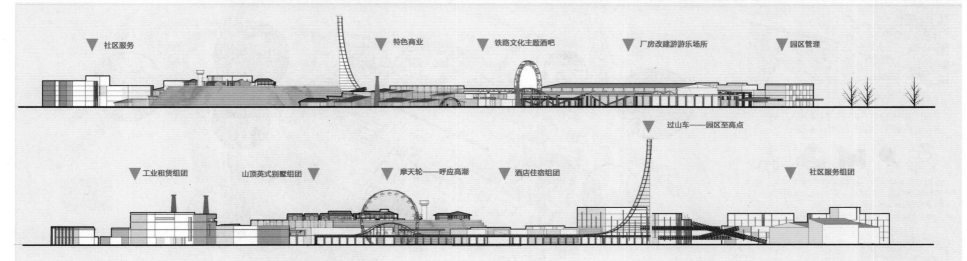

▼ 社区服务　　　▼ 特色商业　　　▼ 铁路文化主题酒吧　　　▼ 厂房改建游乐场所　　　▼ 园区管理

▼ 过山车——园区至高点

▼ 工业租赁组团　　　山顶英式别墅组团 ▼　　　▼ 摩天轮——呼应高潮　　　▼ 酒店住宿组团　　　▼ 社区服务组团

道路系统分析图

功能分区分析图

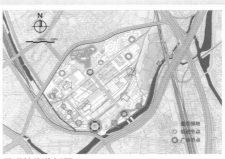

景观结构分析图

游览路线分析图

规划结构分析图

建筑留存分析图

铁轨系统分析图

开敞空间分析图

浦镇车辆厂历史风貌区城市设计 ------------ 工业遗址游乐场 9

AN URBAN DESIGN OF PUZHEN RAILWAY VEHICLE MANUFACTURING PLANT HISTORIC DISTRICT

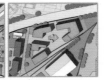

目标人群：本地居民

需求：体育活动、文化休闲、老年人活动中心、青少年活动中心、医疗服务

立意：使基地成为一个能服务于周边居民，与其形成良性互动的地块，同商业、休闲绿地一起参与居民生活。

服务范围：居住小区　　　规划策略

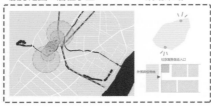

目标人群：游客+本地居民

需求：本地居民——休憩锻炼场所，放松身心
游客——观光游览特色景致

立意：一个能让游客与居民都利用的景观带、滨水景观、天然氧吧

规划策略

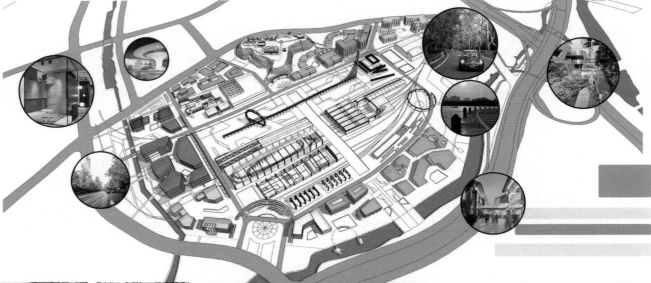

目标人群：游客

需求：住宿、休憩

立意：完善园区服务；能够延长园区游客的游览时间，使夜间游乐景观得以立足；使游客能体验火车工业主题酒店

服务范围：本园区，以及过路外地人士　　　规划策略

目标人群：游客+本地居民

需求：游客——纪念品、特色主题商品、饮食休憩
本地居民——日常需求

立意：能够满足游客购物需求；方便地块周边居民生活

服务范围：本园区及本居住小区　　　规划策略

目标人群：本区、本市相关产业

需求：创意产品展示，小型交流集会，铁路或工业相关文化小型会展

立意：充分发挥园区营造的主题文化影响，打造有主题、有特色的会展区域

服务范围：江北片区

规划策略

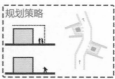

浦镇车辆厂历史风貌区城市设计 ----------- 工业遗址游乐场 10

AN URBAN DESIGN OF PUZHEN RAILWAY VEHICLE MANUFACTURING PLANT HISTORIC DISTRICT

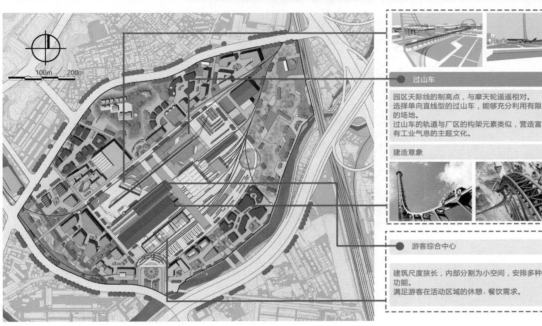

100m 200m

摩天轮

过山车

园区天际线的制高点，与摩天轮遥遥相对。
选择单向直线型的过山车，能够充分利用有限的场地。
过山车的轨道与厂区的构架元素类似，营造富有工业气息的主题文化。

空间上，与制高点形成呼应。
构架上，使用与过山车轨道相同构造，从厂区工业生产中提取元素。
平面倾斜角度与山体、与道路呼应，使平面构成更为活泼。

室内赛车馆

原建筑为风貌建筑，功能为工业生产厂房。
建筑尺度较大，为内部空间的改造、功能改变提供前提。
风貌较好，于是选择建筑外壳整体保留，内部改造的方式。

建造意象

游客综合中心

铁路障碍营救

将遗留铁轨应用起来，紧扣铁路文化主题，使游客切身参与到铁路文化中，突出文化特色的营造。使用与园区文化密切相关的构架元素。

建筑尺度狭长，内部分割为小空间，安排多种功能。
满足游客在活动区域的休憩、餐饮需求。

山水资源与中心跑盘

保留优秀历史建筑

规划道路吸引人流

铁轨线路梳理，站点增加

新增功能建筑组团

基地整体建筑空间整合

老厂房体量庞大，通过分割成小体积空间，使其为新功能入驻创造适宜条件，外形上更丰富

单个厂房建筑排列，期间缺少联系，缺乏围合。使用与厂区原有构架相似的元素，使建筑间构造出灰空间。

分割

连接

厂区内铁轨体系完整，分布在全区。方案保留了大部分轨道，在轨道与建筑相交地带，架空底层建筑。

构架与建筑相结合，在建筑外扩展附属空间，使得空间层次更丰富。

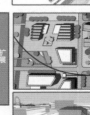

架空

扩展

浦镇车辆厂历史风貌区城市设计 ------------ 工业遗址游乐场 11
AN URBAN DESIGN OF PUZHEN RAILWAY VEHICLE MANUFACTURING PLANT HISTORIC DISTRICT

鸟瞰图

浦镇车辆厂历史风貌区城市设计 ----------- 工业遗址游乐场 ⊞12
AN URBAN DESIGN OF PUZHEN RAILWAY VEHICLE MANUFACTURING PLANT HISTORIC DISTRICT

■ 节点1平面图

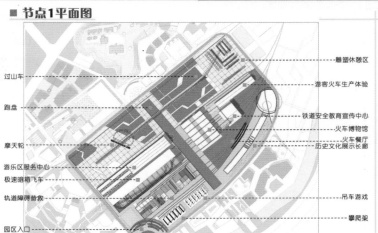

- 过山车
- 跑盘
- 摩天轮
- 游乐区服务中心
- 极速暗箱飞车
- 轨道障碍营救
- 园区入口

- 雕塑休憩区
- 游客火车生产体验
- 铁道安全教育宣传中心
- 火车博物馆
- 火车餐厅
- 历史文化展示长廊
- 吊车游戏
- 攀爬架

■ 游乐园区透视图

■ 游乐场区功能分析图

游乐园区的交通入口分析
园区的主入口也是游乐场区的主入口道路的交叉口处也是重要节点和雕塑。

游乐园区的核心是工业摩天轮和过山车,且过山车从摩天轮中间穿过,增加刺激性。

游乐园区的轨道交通分析
游乐场区里的轨道线经过梳理形成了整个游乐场区的交通方式增加娱乐趣味性,站点的分布按照游乐设施的位置,最长的两条轨道线作为嘉年华游览线路。

游乐园区的轨道交通分析
游乐场区分为动、静两个分区,娱乐设施较刺激有极速密室飞车、火车轨道障碍营救赛、吊车和攀爬架、单向极限过山车和工业轨道摩天轮。

游乐场区娱乐设施类

游乐场区服务类

服务类的有铁路安全教育宣传、铁路文化展示长廊文化、铁路生产游客体验中心、博物馆等

游乐场区作为这次工业改造的重点,在拆除一些原有的厂房得到大的开敞空间以后,将大型的工业游戏如过山车等、大型的工业构筑等经过设计形成厂区里的游乐设施。原有的部分有保留价值的厂房经过修葺和改造形成对外开放的展示类建筑,起到教育、学习宣传、娱乐为一体的具有工业底蕴的工业游乐场。

■ 游乐设施节点透视图

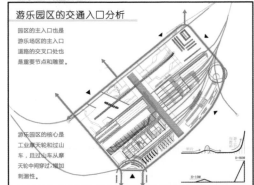

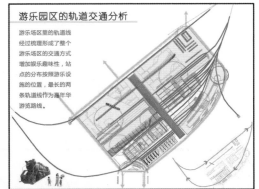

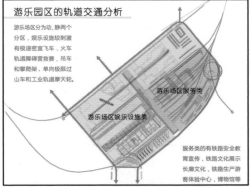

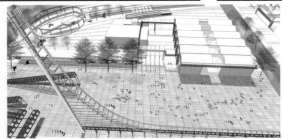

浦镇车辆厂历史风貌区城市设计 --------- 工业遗址游乐场 ■■13

AN URBAN DESIGN OF PUZHEN RAILWAY VEHICLE MANUFACTURING PLANT HISTORIC DISTRICT

厂区改造功能分析

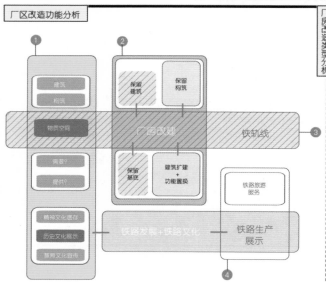

① 建筑 / 构筑
② 保留建筑 / 保留构筑
物质空间
厂房改建 / 铁轨线 ③
需要？ / 提供？
保留基底 / 建筑扩建+功能置换
铁路旅游服务
精神文化遗存 / 历史文化展示 / 教育文化宣传
铁路发展+铁路文化 / 铁路生产展示
④

① 整个工业厂区的改造分为两个部分：物质空间+精神展示。

② 物质空间要素包括：跑盘+厂房+构筑+铁轨线+烟囱+山坡+朱家山河。

③ 厂房改建部分最主要是保留旧的风貌进行展示，改建后注入新功能赋予生命活力。

④ 铁路文化的展示主要体现在对于铁路文化的宣传、铁路生产工艺流程的展示与体验、铁路工艺生产物的展示等。

厂房改造类型分析

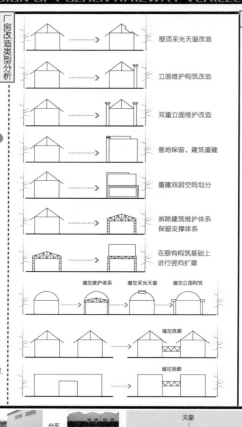

屋顶采光天窗改造
立面维护构筑改造
双重立面维护改造
基地保留，建筑重建
重建双层空间划分
拆除建筑维护体系保留支撑体系
在原有构筑基础上进行竖向扩建

增加维护体系 / 增加采光天窗 / 增加立面构筑
增加连廊
增加连廊

历史厂房1改造分析

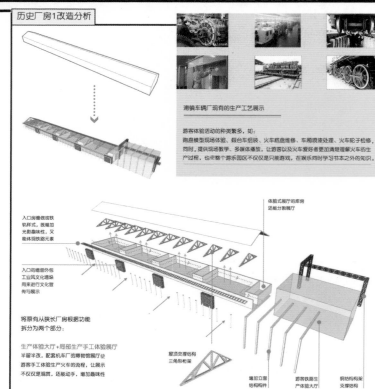

浦镇车辆厂现有的生产工艺展示

游客体验活动的种类繁多，如：
跑盘模型现场体验、假台车组装、火车底盘维修、车厢喷漆处理、火车轮子检修，同时，提供现场教学、多媒体体验，让游客以及火车爱好者更加清楚地理解火车的生产过程，也让整个游乐园区不仅仅只是玩游戏，在娱乐的同时学习书本之外的知识。

体验式展厅的库房还能分隔展厅
入口房墙面改成铁轨样式，既增加光影趣味性，又能体现铁路元素
入口的墙面外包工业风文化遗蹟用来进行文化宣传与展示

将原有从狭长厂房根据功能拆分为两个部分：
生产体验大厅+局部生产手工体验展厅
半窗半改，配套机车的的博物馆展厅使游客手工体验看火车的流程，让展示不仅仅是观赏，还能动手，增加趣味性

屋顶支撑结构三角形桁架
增加立面结构构件 / 游客铁路生产体验大厅 / 钢结构桁架支撑结构

历史厂房2改造分析

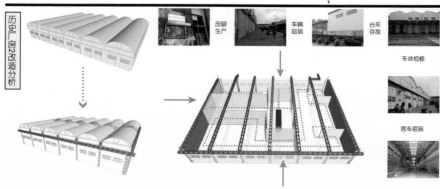

压铆生产 / 车辆总装 / 台车存放
车体检修
客车组装

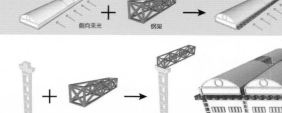

天窗
侧向采光 + 钢架 →

建筑原有支撑结构 + 钢架 → 与维护体系连接方式

侧面加入钢架后既能使建筑更稳固，也避免光线过多摄入号到博物馆室内光线过多影响展品的保护，避免炫光，又增加光影效果，突出历史年代感。

浦镇车辆厂历史风貌区城市设计 ----------- 工业遗址游乐场 14
AN URBAN DESIGN OF PUZHEN RAILWAY VEHICLE MANUFACTURING PLANT HISTORIC DISTRICT

回旋轨道飞车

高架铁轨赛车道

铁道周末嘉年华

工业摩天轮

单向极速过山车

工业构筑公园

铁道文化舞台剧

利用轨道的转弯半径形成的离心力将轨道设计成交错转弯的大型复合轨道，装入暗箱后更提升刺激性和娱乐性，并成功将铁轨这一厂区重要元素运用进游乐设施

将火车轨道架在跑盘以及游乐场上方，既能游览园区，又能带来娱乐刺激感，且提升地的空间设计感，工业构筑的矗立也很好的发挥工业元素

将园区里原有轨道线进行梳理提取最长并且构成回路的两条贯穿园区的铁轨线作为嘉年华路线，用来进行铁路文化以及历史的宣传

不同于一般摩天轮，结合原有工业构筑钢架，将设计出支撑结构不动，利用滑轨是车厢旋转，且路线并不是完整的圆

不同于一般过山车，我们设计单向极速过山车，最高处达80米，角度垂直，带来俯冲体验

将园区娱乐区附近矗立工业构架既能观赏，用能形成空间暗示，在进行绿化设置后形成小型公园

将原有风貌建筑进行改造，并将铺镇以及全国范围内铁路历史文化编排成文化舞台剧，定期上映，让人们在娱乐同时了解我国铁路文化

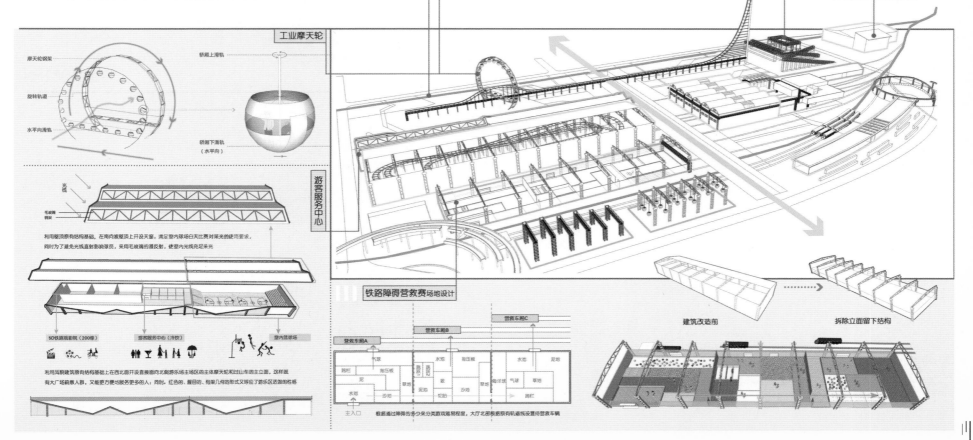

浦镇车辆厂历史风貌区城市设计 ----------- 工业遗址游乐场 15

AN URBAN DESIGN OF PUZHEN RAILWAY VEHICLE MANUFACTURING PLANT HISTORIC DISTRICT

主要游乐设施设计分析

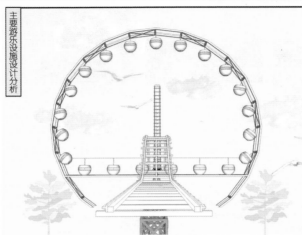

摩天轮和过山车分布在跑盘两边，作为主轴两端的竖向标志物。

$H_{摩天轮}$=55m

$H_{过山车}$=80m

整个厂区控制在24m及以下，摩天轮、过山车作为整个场区的竖向标志性节点

游乐场区长度500m

$W_{摩天轮}$=120m

$W_{过山车}$=230m

$R_{摩天轮}$=45m

$\angle_{过山车}$=90°

摩天轮轿厢21个

过山车车厢6座

主要游乐设施透视图

局部小透视图

历史厂房改造透视图——博物馆+游客生产体验中心

历史厂房改造透视图——室内篮球场+游客服务中心

风貌厂房改造透视图——铁道障碍营救游戏厅

风貌厂房改造透视图——吊车

铁轨改造透视图——火车餐厅+历史文化展示长廊

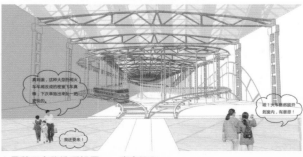

风貌厂房改造透视图——密室飞车

浦镇车辆厂历史风貌区城市设计 ------------ 工业遗址游乐场 16

AN URBAN DESIGN OF PUZHEN RAILWAY VEHICLE MANUFACTURING PLANT HISTORIC DISTRICT

■ 节点2平面图

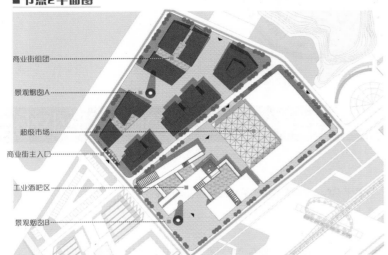

商业街组团

景观烟囱A

超级市场

商业街主入口

工业酒吧区

景观烟囱B

■ 超市建筑构造节点分析

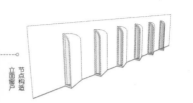

立面窗户
节点构造

超市立面开窗采用弧形斜向窗使照进室内的阳光柔和，也使外立面具有节奏的律感

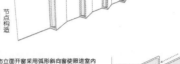

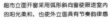

钢化玻璃固板

竖梃
连接构件
横撑

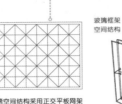

玻璃框架
空间结构

超市的大跨空间结构采用正交平板网架结构，既能增加安全玻璃的稳定性，又能够增强美观，而且斜向正交能够适应长方形的空间形态。

玻璃幕墙采用点支撑玻璃幕墙式，既能够营造轻盈的体量，稳定性、安全性均有保障，点支撑式由钢化玻璃固板、支撑杆（横撑、竖梃）和连接构件构建组成

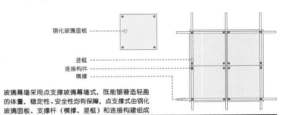

■ 酒吧街区节点分析

酒吧3号
景观烟囱
连廊
酒吧2号
连廊
酒吧1号主厅

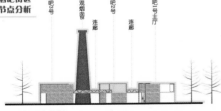

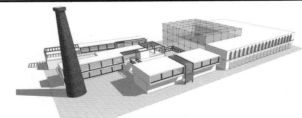

■ 商业街区节点分析

商业街区主入口
商业精品店
商业休闲包厢
纪念品销售

■ 节点2透视图

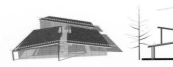

山东建筑大学   毕业设计小组

1. 基于 CAS 理论下的城市更新发展地块城市设计

设计成员：刘 一 王 强

2. 浦镇车厂改造——功能有机更新模式下的工业园区改造

设计成员：罗胜方 林伟炼

3. 南京浦镇车辆厂历史风貌区城市设计

设计成员：孙 琦 张 婧

指导教师：陈 朋

基于 CAS 理论下的城市更新发展地块城市设计

山东建筑大学
Shandong Jianzhu University

设计人员：刘 一 王 强
指导教师：陈 朋

设计感想： 我们很感谢主办方南京工业大学提供了一个这样的交流机会，我们在这次设计中看到了许多来自郑州大学、苏州大学以及南京工业大学等其他学校同学的优秀作品，我们在这交流中看到了自己的不足，通过对比，通过其他学校老师的点评，我们自己在不断地修改、完善的过程中获得了足够大的进步。

历史风貌区的课程设计平常我们很难接触到，所以这次选题对我们或者对其他学校的同学都是一个很大的挑战，但是，我们在老师的帮助下通过自己的努力得到了一个比较满意的结果。

最后，郑重地感谢我们组的带队老师，陈老师在给我们修改的同时也是在言传身教一些经验以及问题处理方法和研究思路，从始至终一直在摆正我们对这次设计的认识定位，要求我们以第一个实际项目为目标去要求以及去修改，我们在这次设计中学到了很多研究的方法和思路。

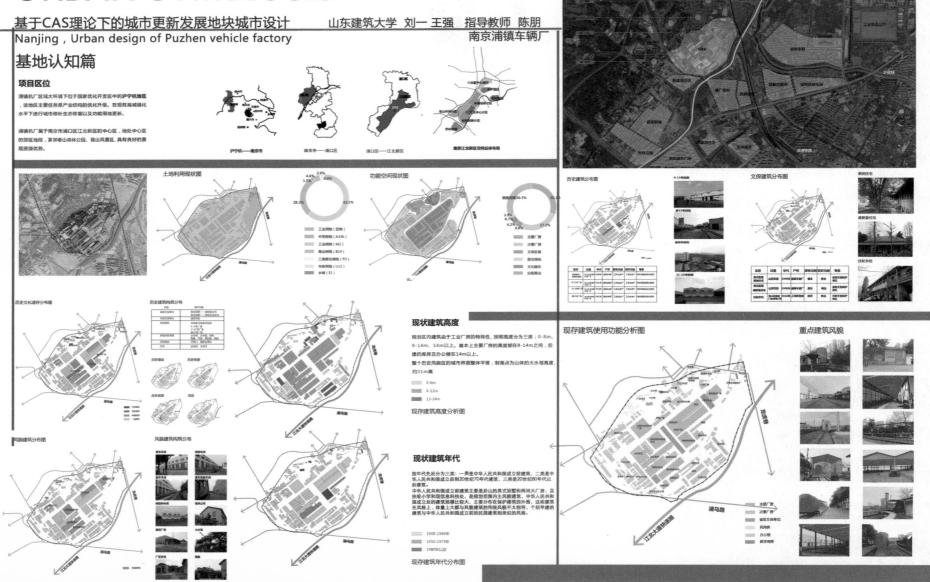

URBAN SYMBIOSIS

基于CAS理论下的城市更新发展地块城市设计　　山东建筑大学　刘一　王强　指导教师　陈朋

Nanjing，Urban design of Puzhen vehicle factory　　南京浦镇车辆厂

URBAN SYMBIOSIS

基于CAS理论下的城市更新发展地块城市设计

山东建筑大学　刘一　王强　指导教师　陈朋

Nanjing , Urban design of Puzhen vehicle factory

南京浦镇车辆厂

发展分析篇

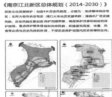

南京江北新区总体规划（2014-2030年）

《南京江北新区总体规划（2014-2030）》

宏观发展依托

长三角城市群发展规划

国家"一带一路""长江经济带发展规划"的实施，为长三角城市群充分发挥其优化建立开放优势奠定基础。

区位优势突出

长三角城市群位于我国东西分区与南北分区的重要交汇地带。

交通优势突出

长三角沪宁机场区、交通网络发达，水陆空交通便利。

《江北新区NJJBc030控制性详细规划》

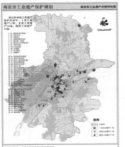

《南京市工业遗产保护规划》

经济优势

南京的经济产业优势：

工业生产主要是...

江北新区职能：

全国重要的科技创新基地和先进产业基地...

江北新区的产业结构：

总的产业结构中第三产业的比重远大于第一、第二产业...

进一步统计中服务业占GDP的比重为50%，高新技术产业占工业产值55%。

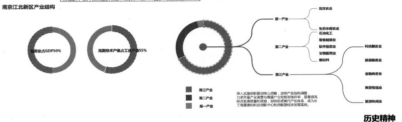

南京江北新区产业结构

- 服务业占GDP50%
- 高新技术产值占工业55%

- 第三产业
- 第二产业
- 第一产业

第一产业：
- 高效农业
- 生态休闲农业
- 石油化工
- 软件信息业
- 生物医药
- 新材料

第二产业：
- 科技服务业
- 健康医疗业
- 金融商务业
- 高端物流业
- 旅游休闲业

历史精神

企业事迹

| 1900 | 1920 | 1930 | 1950 | 1970 | 1990 | 2000 | 至今 |

历史

浦镇车辆厂

文化旅游轴线关键节点

浦镇机厂在中观区域上具有丰富的历史资源优势。

首先，项目区位位于江北新区规划的津浦线历史文化轴上的关键节点。

其次，周边有多个《南京历史文化名城保护规划》中划定的老城外围历史地段，如龙虎巷传统住宅区、浦口火车站历史建筑群、江南水泥厂传统住宅区等。

基地周边与铁路产业相关的历史风貌区相互关系密切，通过津浦铁路历史文化轴沟通串联各个铁路文化资源形成历史资源系统。通过南京长江大桥和原津浦铁路与老城区进行沟通串联。

绿网体系渗透廊道

甫镇机厂所在片区具有良好的景观资源优势，具有有利的先天条件，基地污染状况较轻。

首先，基地处于江北新区绿地规划系统中，朱家山河渗透廊道中，北侧便紧邻江北新区大绿中的老山生态旅游体系。

周边多处绿地地块上，南侧城市河道沟通串联东侧联系河道汇入黄河。

在规划中应梳理现状绿化体系，与周边要素共同形成合理的规划绿地系统。提升整体环境品质。

四大结构功能带上关键节点

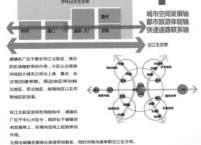

城市空间发展轴
都市旅游体验轴
快速道路联系轴

浦镇机厂位于南京市江北新区，南京的区域融贯带的中心，片区从沿南到内的沟通大城市之间与上海、重庆、武汉相沟通串联。周边地区呈带动皖北地区、苏北地区、皖南地区以及苏南地区的发展。

在江北新区空间局格构中，浦镇机厂位于中心片区中，同时处于城镇空间发展带上，在横向空间上起到带动作用。

北都与城镇发展绿化渗透带相联系，同时向南沟通串联沿江生态带。浦镇机厂处于江北新区空间发展纵向轴线的沟通节点，分别链接城市空间发展轴、都市旅游体验轴、快速道路联系轴。

在功能结构的强交带动下，浦镇机厂的更新发展面临极具有力的机遇。

发展战略导向

特征导向

我国铁路机车制造工业的典型代表

特色形式的铁路文化展示载体

独具特色的机车制造空间形态

南京产业更新需要的空间载体——高端服务和文化创新的兴起

经济发展需要更新的动力——工业创新、服务经济的兴起

后工业时代再开发需要新的视角——工业遗产保护空间

文化创新产业之翼为南京创新价值

以工业体验为核心的都市旅游活动的空间载体

工业元素与艺术元素的融合

需求导向

URBAN SYMBIOSIS

基于CAS理论下的城市更新发展地块城市设计
Nanjing, Urban design of Puzhen vehicle factory

山东建筑大学 刘一 王强   指导教师 陈朋
南京浦镇车辆厂

定位模式篇

发展优劣势分析

劣势

Q1.土地利用（LandUse）——价值较低，亟需提升
规划区周边轨道交通站点、生态系统、快速跟踪高速通等要素赋予周边地区较高的土地价值，但现状规划区工业用地占据80%，土地的经济效益没有得以充分发挥。

Q2.内部交通（Internal Transport）——联系不便，有待改善
规划区现状的道路系统不够体系，并且多处断头点。内部交通较为封闭，内部交通体系不畅，规划应注重畅通现状道路系统的基础上，增加支路密度，打造交通的优势。

Q3.对外联系（Outreach）——对接不畅，有待整合
规划区虽然紧邻快速路和轨道交通线，但现状基地周围规划的道路等级均为城市支路，并且南侧周边陇海铁路，轨道交通点点距离基地有一定差距，规划对对外交通联系需要重新统筹。

Q4.生态系统（Ecosystem）——资源闲置，亟需整合
规划区内绿化资源较丰富，但资源的利用率低，对于可规划区的环保节能尚未充分整备一，没有加以整合。

优势

Q1.土地利用（LandUse）——灵活更新，多方获益
由于现状功能与功能主体社区的联系并不够全隐，因此，可更新发展的灵活性较大，更新的率富宜较高可满足应对大规模开发的风险性。

Q2.文化资源（Cultural Resources）——资源丰富，串点成网
浦镇车辆厂是机车制造铁路文化资源的典范，其中完好的保留了铁路各类要素，并且对外能够与各大铁路、历史文化资源相互联系，串联成旅游体系。

Q3.区域关系（Regional Relationship）——功能衔接，联动提升
浦镇车辆厂对接周边产业功能区、居住综合区、老山休闲镇板块三大板块的功能，功能联动激励。

Q4.生态系统（Ecosystem）——资源丰富，整备较高
现状浦镇厂污染性较小，生态恢复比较容易，既状山体还活用绿地等绿化质量较高。

研究思路

技术路线

本次规划按照问题导向与目标导向相结合的规划思路，按照提出问题、分析问题、解决问题思路展开。

FIRST:
四大核心问题

核心问题
→ 提出问题

SECOND:
三大发展条件

发展分析
→ 分析问题

THIRD:
六大发展战略

目标战略
→ 解决问题

FORTH:
九大规划特征

规划方案

更新模式思考

模式借鉴——CAS理论借鉴

对本案的意义

更新模式思考

模式提出

基于CAS理论下的创产科教基地自组织模式更新
对应城市修补、活力重塑的城市更新背景，基于CAS理论，以应对大规模开发的风险，增强浦镇车辆厂更新自组织和动的多样复合性。

含义

浦镇机厂风貌区位于老山休闲板块、科技创新板块以及中心商务板块的链接处，具有较好的资源优势以及发展的多样性。充分整合浦镇产业的创新科技理念，引进新兴产业、现代服务业、旅游产业、科教信息产业等功能相有力，在强化的引导评估机制中，兼持用成自我组织动力引领。

特征

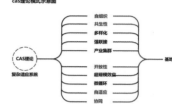

cas理论模式示意图

城市双修 韧性城市
城市共生
复杂适应系统 CAS理论

cas理论模式示意图

自组织
共生性
多样化
强关接
产业集群
开放性
超模效应
微循环
自适应
协同

CAS理论
复杂适应系统

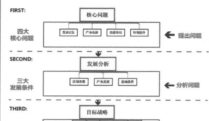

基地位于三大板块的位置

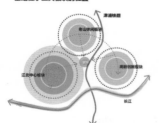

意义：三大板块的链接齿轮

基地在老山休闲板块的位置

基地在高新创新板块的位置

基地在中心板块的位置

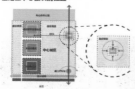

津浦历史文化轴线

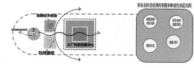

科研创新精神的延续

周边居民

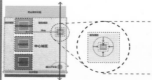

定位分析

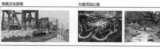

URBAN SYMBIOSIS

基于CAS理论下的城市更新发展地块城市设计

Nanjing, Urban design of Puzhen vehicle factory

山东建筑大学 刘一 王强　指导教师 陈朋

南京浦镇车辆厂

专题研究篇

案例分析

功能借鉴

功能借鉴

本案例功能规划以借鉴对标实现相似其补充与相互促进，体现本案民族大区域功能的定位的对等与关联。

规划而言非专�可相配合，文化与历史经济效益相结合，传递镇机厂的文物文化、厂区原有大跨度机状态，科创镇，文化、研发及创业为基础，创造了一个崭短市、培养和层位优秀人才的创新知识社区。

案例借鉴——北京创智天地

借鉴天地位于上海中，愉悦创智天地广场，创智坊、江湾体育中心以及创新活力的大部分，创智实地以资、科技、文化、研发及创业为基础，创造了一个崭短市、培养和层位优秀人才的创新知识社区。

借鉴价值——社区混合及营运策略

借鉴美国自由山曲"移动"和激过巴黎"左岸"的知识创新、企业精神、艺术家共同属"等混合，创智实地做为与一个大学校区、社区、科技园区"三区混合"的新社区角色。

营造有特色的多功能社区，不同特色的功能社区力求为体验者营造一个便于交流和创新的平台。

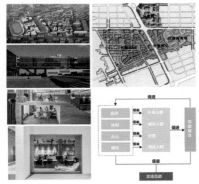

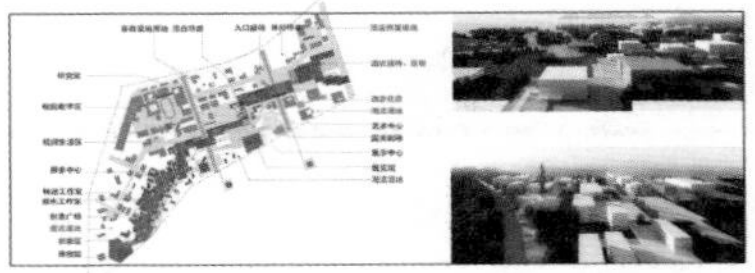

案例分析

空间借鉴

空间借鉴

借鉴现有以水生态基础，以优冲的的开发建设模式，实现人工与自然的有机融合，传播合理，功能完善的开放的空间系统以及人性空间开发价格，创造宜居环境。充分利用良好的生态环境，创造富有创意的空间环境。

案例分析

背景依托创城新区基建城市创意产业的综合交流基地。以于事务的历史沿革下，区区总用地21.5平方公里。总建筑面积14万平方米。区区总体定位为：打造国际创新制作、旅游、文化交流等地区，将标准化、文化交流等级成为一体的创新创业产业新型，并标成立都市建筑创新创业产业及相关行业交流的主导平台。

借鉴价值——与功能与融合的园区环境，激发交流与想象的交流互动

融合创研，因区与自然面貌相互贯通，深入地融合利用规研，构建丰富多样的功能区及与特色空间实现多级的组合级开发性，激发联想的和想象力的交流空间。

案例分析

模式借鉴

模式借鉴

打造现有科研机构的封闭式，告企为融的模式，建立一个开放的、自由的交流空间，不仅科研人员、科研机构和与社区协通无不交流，注重科研人员人脉、创意、云平台创业及B2B等的开发业，更快机制化、形成实质的、持续更好的状态创建，以小规模、渐进式、多元化的更新模式建设。

案例借鉴——阿德勒斯霍夫高科技产业园

德国"诺城的高科技产业园"之一，因其为政府和企业提供政策服务，探讨了欢愉命定下的"创新地区优秀实"。

借鉴价值——鼓励政府为主导的企业创新创业的创新服务平台，实现科研机构与相关产业的高效融合。

高新技术密集，科研成果的高效转化与奖励机制突出。鼓励创新的人才培育与奖励机制突出。

目标定位

以区域大环境提升发展和产业结构调整升级为契机，兼承上位规划的发展要求，结合基地周边环境以及基地自身的工业建筑景观、历史传承和精神象征，成为江北新区的中心城区板块和高科技创新板块以及老山休闲版块的连接点，形成集文化展示、创新办公、商业服务、旅游、教育培训为一体的科创文化基地。

三大板块的连接点，铁路文化主题的科创文化基地

规划将项目定位为

以高端创新产业为主的自主创新高地
以津浦铁路文脉为线的文脉旅游节点
以机车工艺文化为点的片区休闲核心

开发目标

构建区域活力，重构区域功能
通过差异化路径实现协同，避免直接竞争
确定开发项目类型面向城市的未来发展
产业定位符合未来的城市经济增长模式

开发目标

各种功能聚合，打造一站式、生态链有机循环的生产生活基地
对具有保留价值的厂房建筑进行改造，延续机车制造的历史文化氛围
构筑连续、开放且具有活力的创意空间，丰富的空间层次
形成可持续发展的多元网络生长模式，多元化、渐进化开发模式

浦镇机厂风貌区更新功能载体系统包含四大系统组成的网络，包括定位、主题、功能，以及载体系统构成要素。

其中定位以生活、新机能、新形象为宗旨，提出产业配套、生活服务、旅游体验三大功能定位。

产业配套以创新、科技为主题，包含培训研修、孵化研发的功能。生活服务以都市、生态为主题，包含购物娱乐、环境生活的功能。旅游体验以人文为主题，包含展示体验的功能。

载体系统构成要素又进一步细化功能组成，在现状调研分析、案例借鉴、未来发展定位等的前提下，将功能网络明确得以深化。其中突出科技、生态、人文、活力。使地区恢复活力。

定位	主题	功能	载体系统构成要素
产业配套	与创新为邻	培训研修	技术交流：研究基地/培训中心/科技交流中心
			管理决策：总部经济办公
	与科技为邻	孵化研发	产业孵化：共享实验室
			产业研发：研发中心
生活服务	与都市为邻	购物娱乐	商业购物：购物中心/商业街
			都市娱乐：主题公园/游乐园/滨水娱乐带
			地方美食：特色餐饮区/滨水美食广场/酒吧街
			运动健身：健身房/综合体育馆/室内高尔夫
	与生态为邻	环境生活	生态网络：绿化网络/水体网络/基础设施网络
			绿色交通：现代化/等级化/立体交通网络
旅游体验	与人文为邻	展示体验	文化活动：主题文化街/节日广场
			普及教育：铁路文化中心/博览中心/科技馆
			海滨度假：客房/餐厅/会议室/宴会厅/游泳池
			海滨游憩：拓展训练/潜水/冲浪/沙滩排球

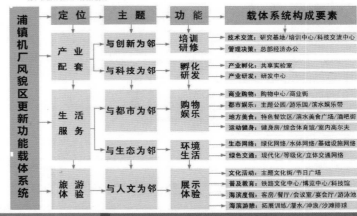

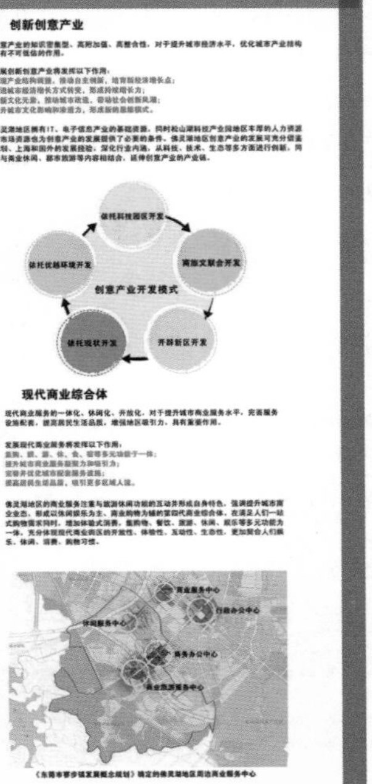

创新创意产业

创意产业开发模式

现代商业综合体

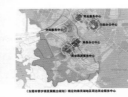

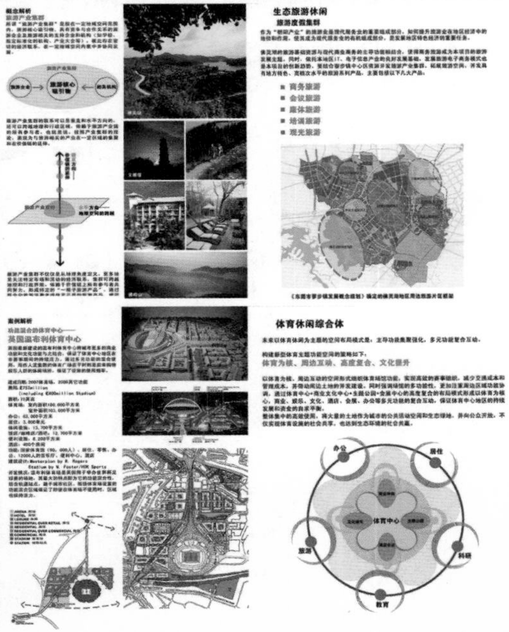

生态旅游休闲

旅游景观规划

体育休闲综合体

URBAN SYMBIOSIS

基于CAS理论下的城市更新发展地块城市设计
Nanjing , Urban design of Puzhen vehicle factory

山东建筑大学　刘一　王强　指导教师　陈朋
南京浦镇车辆厂

理念策略篇

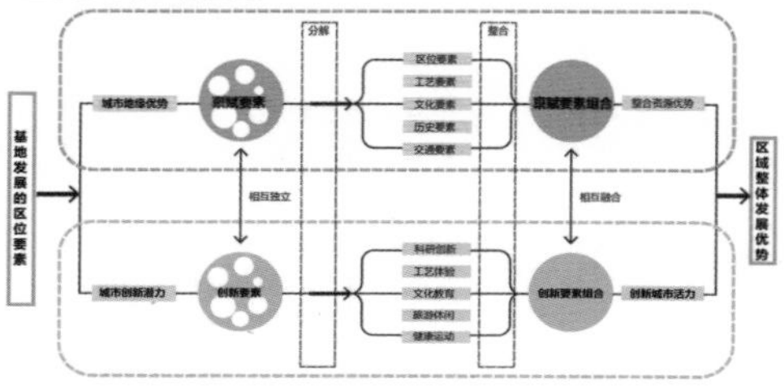

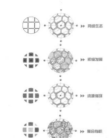

规划理念

网络生态

紧缩发展

资源循环

复合有机

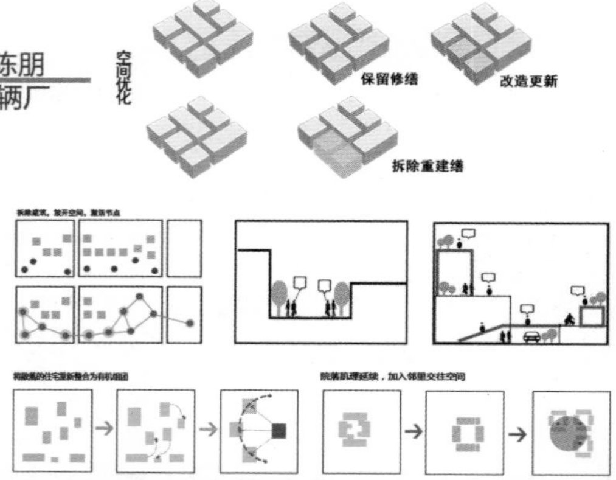

理念策略

规划策略

空间重构

对现有密度较高、分布分散、没有组织系统的厂房空间进行重新梳理，在大的空间把握的基础上，进行模块单元空间的梳理最后落地到立体空间和院落空间的组织上。

结构上

将原有的厂房建筑进行评估，同时，合理化空间吸引点，进行必要的建筑拆除，放开开放空间，寻找现有建筑的相互关系，以点串面形成网络结构。

模块上

将散落的厂房重新整合成有机的组团，在组团院落中进行机理的延续，同时，加入邻里交往空间，形成活力细胞。建筑单元进行改造更新、保留修缮、拆除重建，完善功能。

立体上

将现有的平面空间进行立体化处理，增加多种空间的可能性、空间的趣味性、多样性。立体空间上进行人车分流，加强交流的空间和空间的活力。

规划策略 —— 功能混合

功能上

整体策略方面，在功能上大分区小混合，进行功能的混合与重构，形成功能明确、各自成体系，大圆套小圆的发展模式。

首先在现状功能有一定分区但活力不足的基础上，将功能分散来提升活力，再将各个功能在功能区内相组合。

空间上

在选址地内部，从整体结构出发，加强东西两侧各功能区的空间联动。合理的将主题活动广场、街巷活动场地、运动场地与院落空间有序的结合串联起来。各自独立的功能经过细化重新碰撞自组织相互结合，形成多种可能性的结合形式。

文化上

将厂区的原有地方文化记忆和原本的规划愿景融合在基地发展建设中，采取"时空拼贴"的策略，将历史文脉与科创时代背景相融合，为浦镇机车厂的振兴带来文化内涵和吸引力，带动片区的活力重塑。

将现有的文化历史建筑赋予新的功能，将文化建筑进行公益性的开发和组织。以市场开发和政府主导相结合，为人民谋福利。

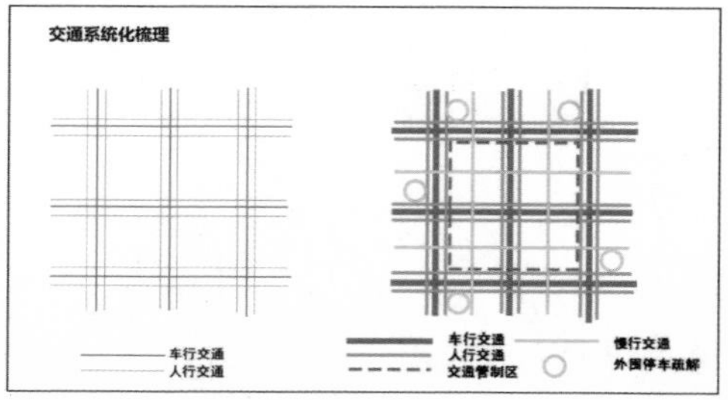

交通系统化梳理

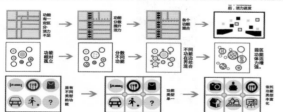

车行交通　　　车行交通　　慢行交通
人行交通　　　人行交通　　外围停车疏解
　　　　　　　交通管制区

理念策略

主题策略

对工业更新考虑宜人性，考虑多种类型的活动需求，增加生活气息。

主题针对室内空间活动组织和街巷空间的活动组织。

针对园区内部的科创产业人员，在满足良好的工作环境需求的同时，保证享受生活的活力，进行主题活动以共享空间。

针对片区生活的人群，满足人们购物娱乐需求的同时，提供亲子活动，青年人主题活动、老人儿童不同需求的活动培养相融融。

针对旅游活动人群，满足人们半天或者一天的活动主题策划需求。

铁路文化创意活动街巷的组织

根据不同的文化内容将各轴线组织成参观游览线，在其中加入影视剧组织的戏剧性元素，在组织主要流线的同时，更增加复多倒叙、�插断、问隔、留白等等打破平衡的主题元素。

以铁路机车影游为起点，小火车参观线路为线索。组织铁路工艺流程展示。生态科技发展运当、虚拟现实体现综合，同时以博物馆展览馆等为主题的同时，还能给不同的空间穿行的感受。

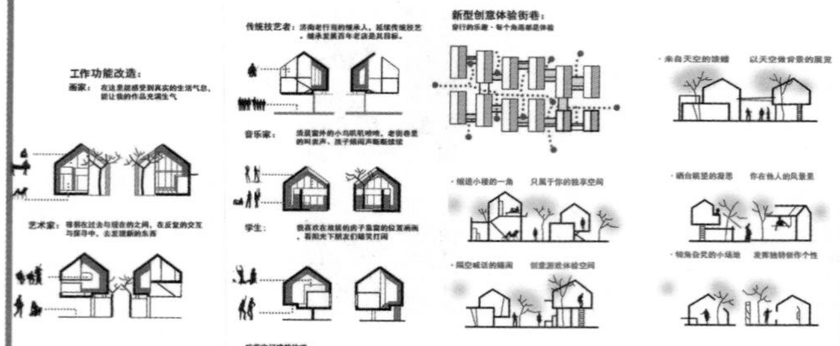

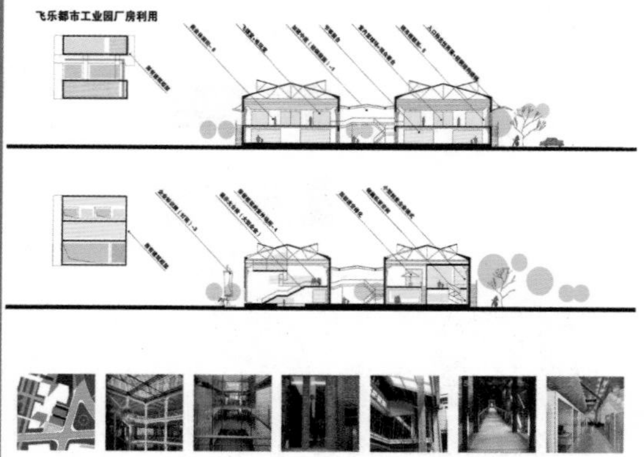

传统文化艺术：

工作功能改造：

音乐家：

艺术家：

学生：

规划策略

交通策略

浦镇机车厂现有交通过于闭塞，车辆行车不成系统，道路不分等级、断面处理不恰当、有较多的断头路。人行和车行未能进行很好的分离。

在道路的基础上，进行网络化梳理，进行人车分行。并且在入口处进行停车的集中化处理，保证静态停车的要求。

生态策略

现状浦镇机车厂的绿化状况较好，污染现象不严重，但是绿化利用率低，未能良好的利用现有的生态技术进行节能环保的改造。

考虑采用海绵城市的设计理念，进行多方位的改善，利用雨水收集系统进行生态化改造。

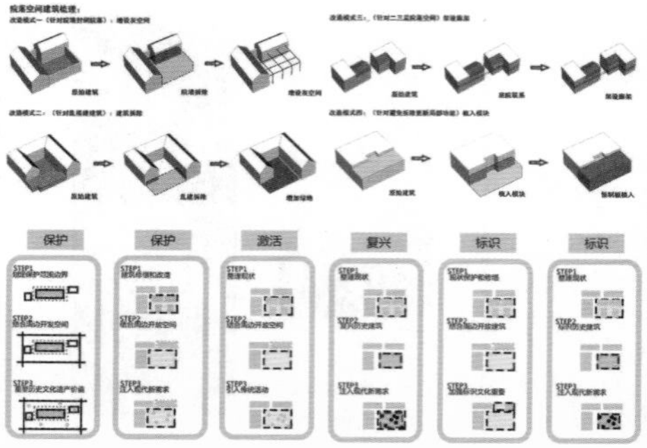

理念策略

保护	保护	激活	复兴	标识	标识

飞乐都市工业园厂房利用

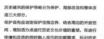

历史建筑的保护策略范分为保护、局部改造和整体改造三大部分。

保护首先应划定保护范围预设边界，结合周边的开放空间，增加活力点进行历史文化价值的重塑。在进行修缮和改造的同时融入现代的功能需求，标识历史要素空间。

对历史建筑进行综合评价，分别从建筑年代、建筑质量、建筑结构、建筑高度等各种要素，进行规划保留改造建筑汇总表现。

建筑的改造更新策略：

1）针对院落封闭的院墙，拆除外墙、搭建内架墙设灰空间。

2）对二、三层建筑之间的联系进行改造。

3）对乱搭建的建筑进行拆除，恢复成绿地活动空间，或进行临时性展览展馆建筑的搭建。

上海橡胶厂、英雄金笔厂的运营构想

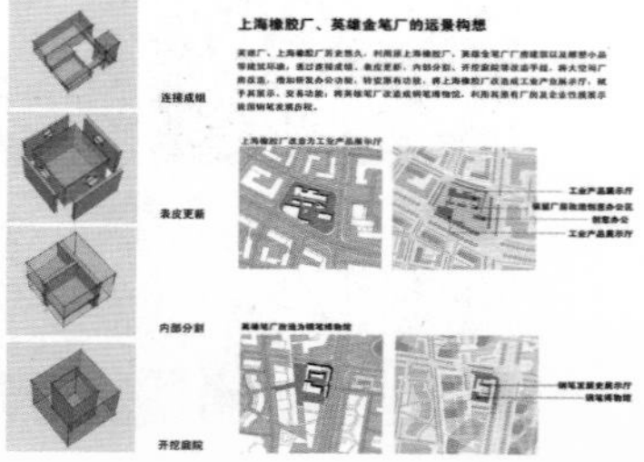

URBAN SYMBIOSIS

基于CAS理论下的城市更新发展地块城市设计　　　山东建筑大学　刘一　王强　指导教师　陈朋
Nanjing , Urban design of Puzhen vehicle factory　　　南京浦镇车辆厂

规划设计篇

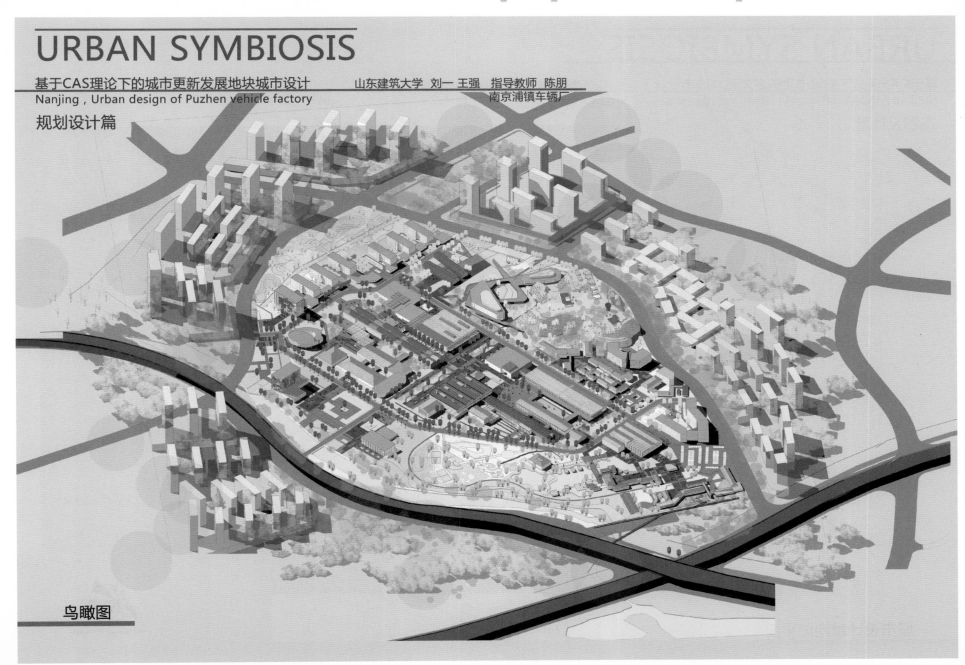

鸟瞰图

URBAN SYMBIOSIS

基于CAS理论下的城市更新发展地块城市设计　　山东建筑大学　刘一　王强　指导教师　陈朋
Nanjing , Urban design of Puzhen vehicle factory　南京浦镇车辆厂

规划设计篇

城市设计意向总平面

URBAN SYMBIOSIS

基于CAS理论下的城市更新发展地块城市设计　　山东建筑大学　刘一　王强　指导教师　陈朋

Nanjing , Urban design of Puzhen vehicle factory　　南京浦镇车辆厂

规划设计篇

产业核心区小透视

特色商业区小透视

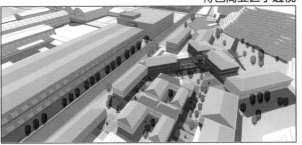

文创核心区小透视

商业综合体小透视

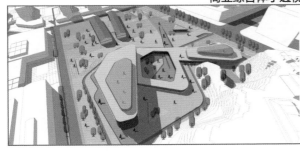

旅游服务区小透视

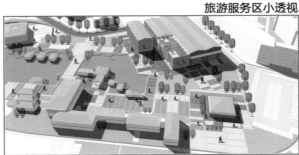

产业园区核心空间小透视

核心商贸空间入口

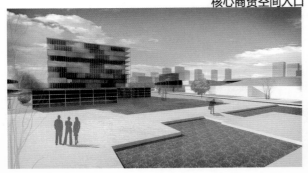

产业区入口

铁路文化主题公园入口

URBAN SYMBIOSIS

基于CAS理论下的城市更新发展地块城市设计
Nanjing , Urban design of Puzhen vehicle factory

山东建筑大学 刘一 王强 指导教师 陈朋

南京浦镇车辆厂

设计分析篇

土地利用规划图

地块开发控制图

开发建设时序

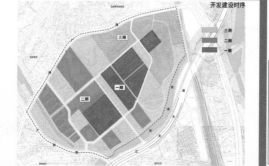

三期
二期
一期

规划结构解析

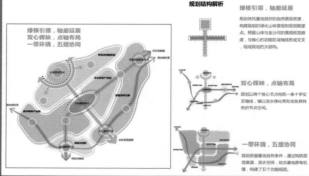

绿核引领，轴廊延展

规划依托基地良好的自然景观资源，构建起绿心绿轴与山体景观和视觉焦点。预留山体与金沙洲的景观视觉通道，与核心的功能区域轴线形成交叉，组成规划的大结构。

绿核引领，轴廊延展
双心辉映，点轴布局
一带环绕，五组协同

双心辉映，点轴布局

规划以两个核心节点较形成一条十字交叉轴线，借以滨水绿化带形成各具特色的节点空间。

一带环绕，五组协同

规划依据基地自然条件，通过构筑视觉景观通廊、滨水空间，结合基地原有机理，构建了五个功能组团。

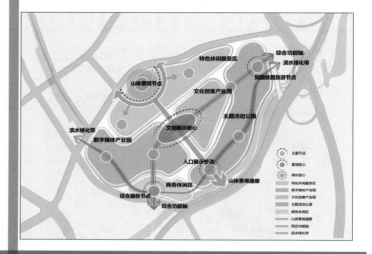

特色休闲服务区
综合功能轴
滨水绿化带
园博铁路旅游节点
山体景观节点
文化创意产业园
文创展示核心
主题活动公园
滨水绿化带
数字媒体产业园
入口展示节点
山体景观通廊
综合服务节点
商务休闲区
综合功能轴

主要节点
聚集核心
绿化核心
特色休闲服务区
数字媒体产业园
文化创意产业园
主题活动公园
商务休闲区
山体景观通廊
综合功能轴
滨水绿化带

道路系统规划

规划理念

构建高效、安全、舒适的交通体系：满足不同交通方式的良好运行和有效转换。

坚持公共交通优先：优先发展公共交通，各交通流线明确清晰、互不干扰。

与土地利用紧密结合：结合用地布局规划，超前于用地开发。

道路系统规划

1）外部连接

浦镇机厂地块的道路交通外部连接主要有两个层次。第一是区域层面的交通连接，主要通过规划城市主干路对外衔接。第二是片区层面的交通连接，主要通过规划城市次干路。

2）道路系统

规划区内部道路交通网络系统的规划设计，紧密结合用地规划，结合规划区不同区域的功能布局，充分考虑开发地段相对方向和对外等级的交通流特性和需求，利用各种外部条件，进行详细的规划设计和设施配置研究，充分发掘道路交通网络的潜力。

基地主要出入口

基地的出入口大体承担了不同的人流来源和人流目的，更好的梳理好了人流之间的冲突和分离了不同人流，区分了动与静，平衡和疏导的人流。

根据分析基地人群活动的性质，分为自驾游的旅游人流、乘坐观光小火车的观光旅游人流、科创文化基地的办公人流和步行人流、办公停车车流，附近居民休闲活动人流五种人流。

同时，考虑对接比邻凭虎桥市历史片区的人流以及周边的道路情况及分析判断，共分为五大主要出入口，其中一主要车行出入口为南向两个入口，主要人行出入口为此。

特色小火车观光路线

结合原有的快轨格局，以及功能展示，工艺流程展示设计观光路线，充分利用好有的快轨轨迹，强调起有的铁路文化，增加参观趣味性，增加了小火车的观光情趣。连接各个主题的不同区段的游览，方便游客的游览。

小火车游览一共分为三个主题。其中一主题为文化区穿过工艺文化遗体验的线路。另一主题为穿越整个区段的观光游览创新时代，最后一个主题为主题公园的游览观光小火车线路，体验自然风情。

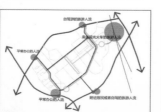

基地主要步行系统

基地的步行路线，以东西向为主轴，连接了津浦铁路场站和创意研习空间示范区，采用明快的步行体系，方便使用者到达各个场地。

步行系统以工业遗产改造主体为核心，连接东西向主要的功能区和公共空间，在空间上实施人车分行的措施。

科创文化基地——作为主要的功能支撑，串联文化空间。同时，组织不同等级的步行道，步行人流、联系不同区域间组团。

主题公园作为城市重要的公共开放空间，为保证公园内安全游览环境，内部交通以步行行为主。

基地车行系统

基地采用环形的形式，串联了各个分区，停车采用地上地下相结合的方式。

道路系统规划结构源有的道路网络，形成环状的道路系统，保证环本核心保留建筑区的慢性交通完整性。同时，对不同分区内部的支路网系统进行完善，保证不同类型的交通能够照服务不同类型的功能区。

静态交通规划：结合用地布局规划，在规划区内大型公共建筑与交通枢纽等主要交通集散的地下、地上空间配置停车场。

二层平台空间

二层平台空间结合原有建筑的内部构造形成具有趣味性的行走路径和空间布局。

位于科创文化主核，整合强化主要活动空间，增加立体交通的可能性，同时，形成不同类型的开放空间，将开放空间引入及空间，为游览观光提供多样化的趣味形式参与。

同时，在不同的节点散发达大开放空间，作为观景点，通过平台空间沟通建筑内部结构，更加灵活活泼。

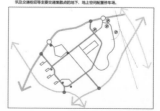

主要步行空间

以绿廊铺展为主的步行空间将各基地场的街道与轴线，主要集中在影有建筑风貌的游步道上。

主要步行空间内各基地核心的十字结构，内部地多种要素组成，通过开面、空间限定形式、标志物、地形的高低变化、色彩处理、植被栽培。空间限定为多种手法活脱空间的界面为丰富。

在沿城市河道绿地绿网为自由式开放空间，通过提被的要素，植被墙、硬质界面等来限定分隔空间。

URBAN SYMBIOSIS

基于CAS理论下的城市更新发展地块城市设计

Nanjing，Urban design of Puzhen vehicle factory

山东建筑大学 刘一 王强 指导教师 陈朋

南京浦镇车辆厂

设计分析篇

绿地景观系统规划

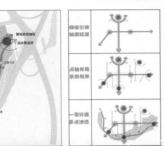

绿楔引领
轴廊延展

点轴布局
系统有序

一带环境
多点渗透

开放空间系统分析

1）铁路文化主题公园入口分析
以水景设计各类文化实施的观赏，通过原有的民俗固的观的联通，建设小火车站的，引导旅游人流进入主要活动公园。公园以原有的铁厂改造形式进行初始的启，内的多样化的功能，户外以大量的绿植广场进行划分，保行人流的游览。水景部沿向城市河道开放，打造特色开放。

2）核心商贸空间入口组织
作为浦镇机厂科创文化基地，园区的入口空间以对的的观赏景观小尺度建筑作为始端，以一定式高度加度景系列的建筑形式。组的下结合不同的的对外人流的功能进行合适的场地配置。
开放广场采取与广场结合手法，以线性切割为主，结合水景和铺地进行，水景区别城市河道和主题文化公园到自治式组织手法，采双强有力的线性有机景象。反映新时代的创新文化精神。

公共空间系统

 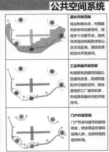

流水开放空间

工业风貌开放空间

门户开放空间

门户开放空间

开放空间系统分析

1）产业区共享空间组织
作为数字科技产业园特殊的共享空间，保留建筑在保持其原有风貌的同时进行的人性化改造。满足工作人员的休息交流要求，合理地的开放空间，半开放式的，封闭空间的系统。在不同的空间层次，人们采取不同的活动。开放空间在户外广区域，采取包括筑大学内部的景观组织方式，采取多元素线性的空间组织。半开放空间采取端架和玻璃与户外进行景观沟通渗透。

2）文化展览空间组织
文化展览空间以原有的保留筑主体进行改造处理，内部的合理组织成展览的式，采取虚拟实现技术，带钱人行在的忆历史的同时，感受现代科技性的魅力。园区外部组织人流快速集散的空间，同时，组织人们的演会、交流、拍照、休息、玩赏的各类型的活动场地。文化展示同时结合一定的商业活动，活跃展览空间氛围。

开放空间系统分析

1）核心跑盘入口开放空间
采用景观视廊渗透的手法，以开合放收的界面进行组织，以铁路文化元素贯穿始终。
首先，以开放的铁路主题广场入手，原跑盘的大轴带处理成多主题的演艺展览场所，针对不同的建筑界面和入口空间采取不同的建筑配置方式，形成突性界面。

2）产业区入口空间处理
作为城市标识性建筑空间，入口采用开放性的广场进行处理，在两栋小高层，一栋公式建筑形成建筑筑空间序列。
根据不同的路径划分不同的景观形式，形成强列的引导性，对外商务接待建筑采用相对简洁的立面形式，组织自有的滨水绿化景观系统。产业新化展示建筑形式活泼自由，以满足大空间形成展示空间，入口以大量铺设广场进行组织，方便人流活动集散。

文化主题分析

浦镇机厂科创文化基地文化主题展示上，形成了"以三大建构筑物的保护为核心，周围功能区组织规划"的主题，利形"功能区其构成"

产业系统

由于现状浦镇机厂厂内产业基础不足，对接科研创新板块的功能需要形成产业链，但地块块未在科研创新板块的核心区位，因此，在发展塑料科技创新功能的时候，应形成相对独立自主的功能，并且由于现状科研的公多单产学研组合不足，科研创新停留于技术层面，与本地产业结合度较低，创新缺乏聚合力。
因此，在基地内发展创意研发产业结合现状原有工业厂房空间，依托科研创新板块的功能辐射，形成展研发、销售、展览、文化、支撑等五种功能相互协调的产业系统，五种功能相互连接，彼此连接，打造创新链与产业链，实现科研与产业的互动。
以云制造实现科研与产业间的联动，以云平台促进科研成果的转化，以云平台实现产业资源的整合，促进转型升级。
将基地内的文化创新与数字科技云平台的相关功能进行细化，形成与外环境相链接，同时可以自组织的产业平台。同时，配套相应的服务设施，满足功能和环境的要求。

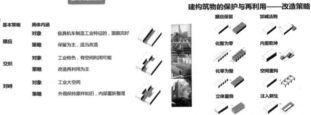

建构筑物的保护与再利用——改造策略

基本策略		具体内涵		顺应保留	加减法则
顺应	对象	极具机车制造工业特征的，面貌完好			化整为零 / 内里乾坤
	策略	保留为主，适当改造			
交织	对象	工业特色，有空间利用可能			化零为整 / 空间重构
	策略	改造再利用为主			
对峙	对象	工业大空间			立体重叠 / 注入新生
	策略	外观保持原样如旧，内部重新整理			

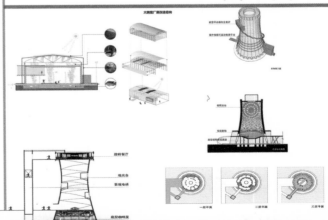

URBAN SYMBIOSIS

基于CAS理论下的城市更新发展地块城市设计

山东建筑大学 刘一 王强 指导教师 陈朋

Nanjing , Urban design of Puzhen vehicle factory

南京浦镇车辆厂

设计分析篇

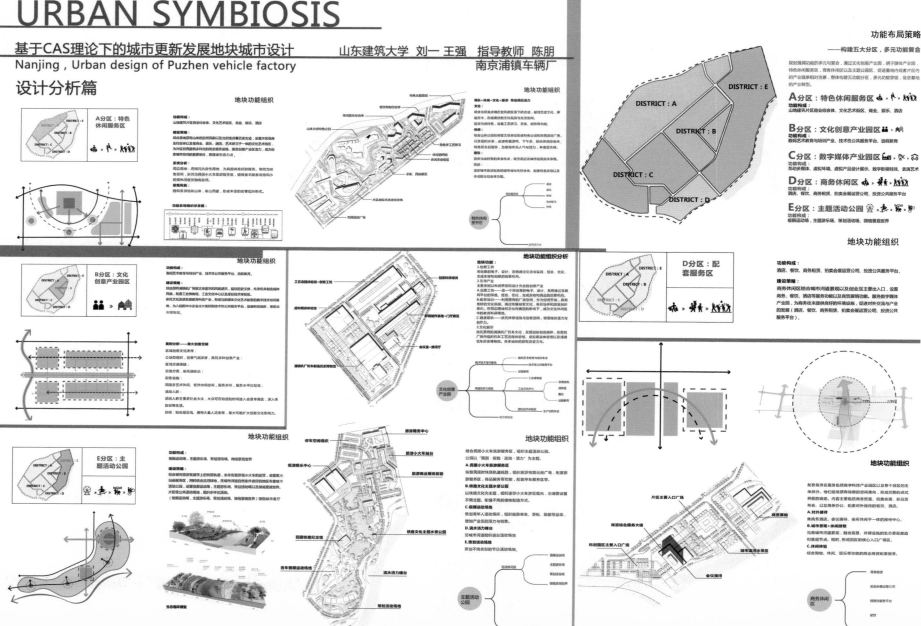

URBAN SYMBIOSIS

基于CAS理论下的城市更新发展地块城市设计　　　山东建筑大学　刘一　王强　指导教师　陈朋

Nanjing , Urban design of Puzhen vehicle factory　　南京浦镇车辆厂

要素控制篇

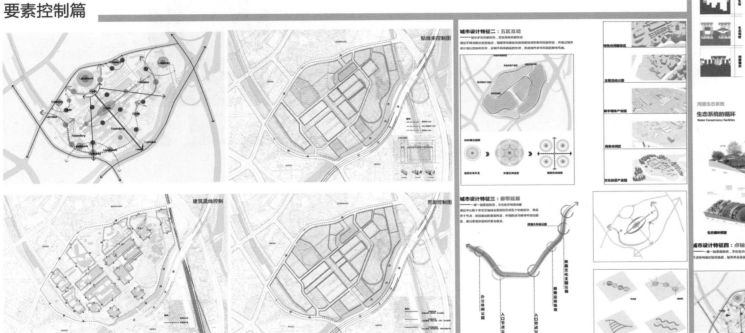

城市设计特征二：五区互动

城市设计特征三：廊带延展

城市设计特征四：点轴辉映

生态系统的循环
Water Conservancy Facilities

城市生态循环

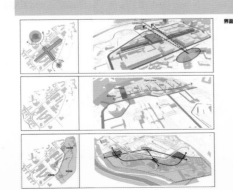

界面控制

城市设计特征五：多元界面

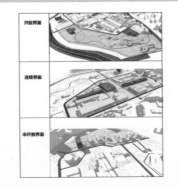

开放界面

连续界面

半开放界面

城市设计特征一：核心引领

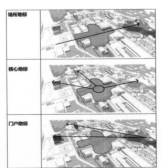

场所地标

核心地标

门户地标

URBAN SYMBIOSIS

基于CAS理论下的城市更新发展地块城市设计

Nanjing , Urban design of Puzhen vehicle factory

山东建筑大学　刘一　王强　指导教师　陈朋
南京浦镇车辆厂

控制引导篇

城市设计准则

轴线控制

城市设计要素

地标 Landmark　节点 Node　轴线 Axes

路径 Path　开放空间 Open space　边界 Boundary

天际线

地标及主要建筑高度控制

城市设计特征五：网络复合

——纵横网络复合功能，空间开放生态共享

开放空间设计突出规划愿景，塑造氛围，突出出脉，沿河绿地以及中央步行硬质空间的资源的共享

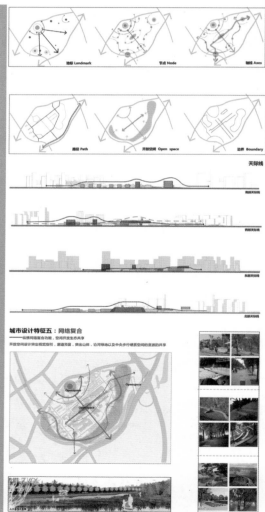

浦镇车厂改造——功能有机更新模式下的工业园区改造

山东建筑大学
Shandong Jianzhu University

设计成员：罗胜方　林伟炼
指导教师：陈　朋

罗胜方感想：这次四校联合毕业设计，为我们思维的交流与碰撞提供空间，四所兄弟学校各具特色，百花齐放，在整个联合毕设过程中，我们的思路更加开阔，同时帮助我们将本科阶段学到的知识和技能融会贯通。在毕业设计过程中，我们不仅收获了知识，更收获了珍贵的友谊。在设计过程中，我们认真听取老师的悉心指导，吸收同学们的优秀看法，在不断学习中丰富自己的方案。最后，感谢各所学校和老师给我们提供这样一个机会，让我们在交流中互相学习，共同进步。

林伟炼感想：经过了几个月的时间，从最开始场地调研到最后答辩，虽然结果出了些小意外，在整个过程中我们经历了很多，学到了很多。通过这次联合毕业设计，认识了很多其他学校优秀的同学，在老师的指导下，我们学习了其他学校优秀的设计思路，共同完成这个毕业设计，同时，增强了我们的协同合作能力。此次毕业设计的圆满结束，离不开各位老师的悉心指导，在此也感谢老师给我的帮助，让我成长进步得更快。总之，通过这次毕业设计，不仅学到了更多知识，而且收获了珍贵的友谊，为5年学习生活画上了圆满的句号。

浦镇车厂改造
RENEW
—— 功能有机更新模式下的工业园区改造

整体认知 1

背景研究

项目概况

基地位于浦口区顶山街道南门地区，规划范围东至津浦铁路，西至玉泉河，南至朱家山河，北至规划浦厂路，用地面积约为39.8公顷。

南京浦镇车辆厂建于1908年，是全国为数不多的具有百年生产历史的铁路制造基地。目前，该厂属于中国中车集团的全资子公司，是我国专业研发、制造铁路客货车和城轨机车的大型企业。

浦镇车辆厂发展至今已有多处厂区，经调查位于顶山街道处主厂区为1908年建厂初步发展起来的，集中了年代较久、风貌突出的工业建筑和设施。目前，主厂区仍在进行正常的生产活动，相较于大多废弃的工业地段进行的保护更新，浦镇车辆厂这一类仍在生产中的地段的保护研究存在较多空白。探讨生产背景下的工业遗存保护，包括空间格局、环境风貌、历史要素等，对工业遗产保护体系有着积极的意义。

规划范围

区域分析

沪宁杭

沪宁杭指上海、南京、杭州及其附近地区的通称，范围大致包括上海全市、江苏省南京以东，扬州以南，主要是苏南地区。浙江省北部的杭嘉湖和宁绍地区。以上海为经济中心，地理位置优越，经济腹地广大。

南京市

南京，简称"宁"，古称金陵，是江苏省省会、副省级市、南京都市圈核心城市，国务院批复确定的中国东部地区重要的中心城市、全国重要的科研教育基地和综合交通枢纽。是中国四大古都、首批国家历史文化名城，是中华文明的重要发祥地，长期是中国南方的政治、经济、文化中心。是国家重要的科教中心

江北新区

江北新区是中国国家级新区，位于南京市长江以北，由浦口区、六合区和栖霞区八卦洲街道构成，总面积2451平方千米，占南京市域面积的37%，是南京市城市副中心，辐射苏北、皖东等地区的城市副中

浦口区

浦口区位于南京市西部，是国家重要医药基地，华东地区先进制造业基地、科教基地，辐射苏北、皖东的城市副中

历史沿革

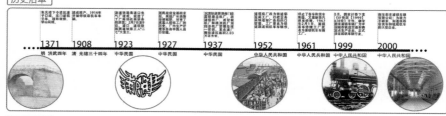

1371	1908	1923	1927	1937	1952	1961	1999	2000
明 洪武四年	清 光绪三十四年	中华民国	中华民国	中华民国	中华人民共和国	中华人民共和国	中华人民共和国	中华人民共和国

历史要素

津浦铁路，始建于1908年（清光绪三十四年），于1912年（民国元年）全线筑成通车，是中国南北的要冲，一条重要的南北干线。

是中国向英德两国贷款修建的铁路，全长1009公里，仅用4年多时间就修建完成，其修建速度之快为清代铁路之最。北起天津总站（今天津北站），南至南京浦口火车站，全长1009.48公里，后因故延至天津东站，正线全长为1013.830公里，设站85个。

1968年，南京长江大桥建成使用，南京成为连接京沪的中间站，津浦铁路也延伸更名为京沪铁路。

浦口扶轮小学始建于1931年，是1908年成立的浦镇车辆厂的子弟学校，英式建筑。1937年后，曾作为日军的卫生所。1949年解放后更名为南京铁路分局浦口铁路职工子弟小学，目前，学校已迁到扶轮后街33号。

1917年，津浦（口）铁路的员工们自发成立起"铁路同人教育会"。此举立即得到交通部（主管铁路）的支持，特组成由叶恭绰、詹天佑等12人参加的"教育事务董事会"，在北京、天津、唐山、张家口等地筹建学校。董事会决定各地所建小学均冠以"交通部立××（所在地名）扶轮公学第×（顺号）小（或中）学"的名称。

浦子口城遗址位于南京市浦口区，明朝洪武四年（公元1371年）朱元璋下令建浦子口城，东门建浦元年。

最初的浦子口城，方圆有两公里，依山傍水而筑，共有五门：东门"沧波"，西门"万峰"，北门"望江"，南门"清江"，北门"旸谷"。另有偏便门"望京"，古镇东门"沧波门"名称一路发展而来，该名称使用至今已有600多年。

规划解读

南京江北新区总体规划（2014——2030）

土地利用规划图　产业布局引导图　空间景观结构图　综合交通规划图

在南京江北新区总体规划中，基地位于整体布局的城镇发展轴近，是发展轴带上的非核心重要节点之一，服务于江北核心。

龙虎巷历史风貌区和浦口火车站历史建筑群被划入4个历史风貌区，是基地重要的历史资源。

基地位置交通便利，现基地周围已有高架和快速路，未来基地西侧规划地铁4号线站点。

南京市浦口区城乡总体规划（2014——2030）

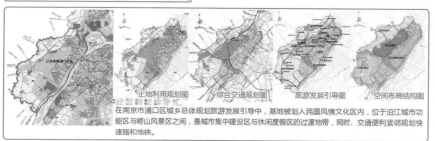

土地利用规划图　综合交通规划图　旅游发展引导图　空间布局结构图

在南京市浦口区城乡总体规划旅游发展引导中，基地被划入民国风情文化区内，位于沿江城市功能区与崂山风景区之间，是城市集中建设区与休闲度假区的过渡地带，同时，交通便利紧邻规划快速路和地铁。

南京江北新区NJJBc030单元控制性详细规划

控规的规划结构中将浦镇机厂划定为特定意图区，体现了浦东机场的传统历史风貌，在空间景观结构上也规划为历史风貌节点，体现了铺镇机场的历史文化地位。

规划重点保护其历史格局、传统风貌。新建建筑高度、体量、风格等必须与传统风貌相协调，保护更新方式，采取小规模渐进式，不得大拆大建。

基地位于单元规划中，"一廊两带；双核，多片区"规划结构中的一廊：津浦铁路文化走廊；双核：浦镇机厂—龙虎巷历史文化核心；多片区：铺镇机场—龙虎巷历史风貌区。

浦镇车厂改造

RENEW
——功能有机更新模式下的工业园区改造

现状认知

综合现状

基地周边现状

基地周边公共服务设施图

基地周边的公共服务设施包含医院、中小学、技术学校、公园等，其中绝大部分为文化教育设施；高等技校聚集，其中依托铁道交通专业的院校较多，有南京铁道职业技师学院、南京铁道职业技术学院、南京铁道车辆高级技校等。

基地周边景观图

基地周边的铁路资源非常丰富，有浦口火车站、工人宿舍区、龙虎巷等。浦镇车辆厂则是铁路线上的编组站和修理站，完成了从火车到轮渡的无缝对接，浦口区津浦铁路段也成为了我国保存最完整、体系最完整、特色鲜明的铁路文化遗产。

基地周边道路图

基地周边交通便捷，东南角紧邻高架桥，是多条重要过境交通交汇点。此外，基地周边邻三条铁路线路，与铁路线路的交汇处较近。

基地周边用地图

厂区周边含有大量的居住用地，不少小区正在建设当中，但是公共服务设施分散不成体系，需要在未来进行整合；景观条件较好，能够利用这一优势加强服务业的发展。

中观区域现状

中观区域景点图

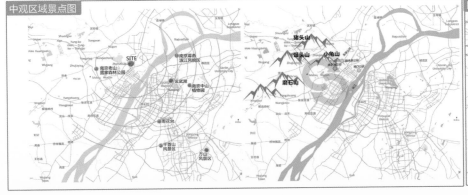

区域主要交通图

区域轨道交通图

浦镇车厂改造

RENEW
——功能有机更新模式下的工业园区改造

现状认知

综合现状

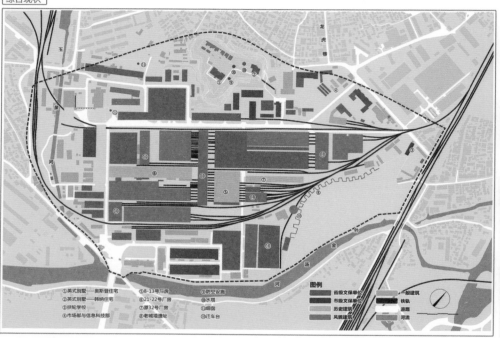

图例
省级文保单位   一般建筑
市级文保单位   铁轨
历史建筑   道露
风貌建筑   河流

①英式别墅——奥斯登住宅   ⑤8-13号厂房   防空设施
②英式别墅——韩纳住宅   ⑥21-22号厂房   水塔
③扶轮学校   ⑦原32号厂房   烟囱
④市场部与信息科技部   ⑧老城墙遗址   迁车台

①英式别墅——奥斯登住宅
1908年建造，原为居住功能，现用作招待所，目前，建筑质量良好，建筑内外维护情况良好。

②英式别墅——韩纳住宅
1908年建造，原为居住功能，现在部分用为工会委员会，其余部分搁置，建筑破败，维护较差。

③扶轮学校
1918年建造，属上海铁路局，原为浦镇扶轮小学，现用作私人酒店，建筑质量一般，建筑立面风貌良好。

④市场部与信息科技部
1930年建造，属浦镇车厂，原为工农业生产用，现用作办公建筑，质量一般，屋顶结构特色突出。

⑤8-13号厂房
1921年建造厂房生产功能延续至今，现用作客车组装车间，建筑质量风貌均良好。

⑥21-22号厂房
1952年建造，生产功能延续至今，现为钢结构车间，建筑质量良好。

⑦原32号厂房
1962年建造，原为生产厂房，现用作厂库房，建筑质量良好，目前，建筑风貌一般。

⑧老城墙遗址
修建于明洪武四年8月，现因旧城改造已完全拆除。

⑨防空设施
1969年建造，属大规模6912人防工程的一个地上部分。下方有地下通道，现为废弃状态。

⑩水塔
1908年建造，原来作为山顶公园的供水设施，现已停用。构筑物质量良好，风貌独特。

⑪烟囱
1952年建造，原为厂区动力供给部分的烟囱，现在停用，其高度具有标志性。

⑫迁车台
四个盘为不同时期建造，铁路生产线上一个重要的工序转换平台，现仍用于生产。

现状建筑功能

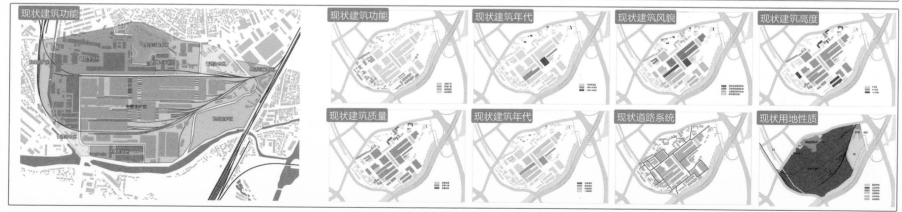

现状建筑功能   现状建筑年代   现状建筑风貌   现状建筑高度

现状建筑质量   现状建筑年代   现状道路系统   现状用地性质

浦镇车厂改造
RENEW
—— 功能有机更新模式下的工业园区改造

问题剖析

实体　　　　　　　　　　　　　　　　　　　　　　　**虚体**

疏通基地内部路，连接城市路网

如何将工业用地重新融入城市系统？ | **城市断点**

问题：原厂区对外不开放，在城市路网和城市结构中独立存在，对路网和城市功能有割裂作用。

对策：将厂区内部道路与外部道路相连接，变内部路为城市支路，加强基地与周边区域联系。使基地重新融入城市片区，完善片区结构和路网。

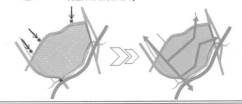

改善城市形象，塑造地标建筑

如何塑造标志性城市名片特色？ | **城市形象**

问题：基地建筑多为厂房，紧邻高架规划主干道，建筑形态、空间尺度均质，不利于城市形象的体现。

对策：在紧邻高架的滨水区域做地标性滨水建筑，临主干道建筑保持界面完整、有连续性，提高区域识别度和城市形象。

并将大尺度厂房适当打碎，组织更完善的公共空间体系。

改造前　　改造后

振兴历史文化，传承民族文化

如何重视并传承发扬优秀的历史文化？ | **历史文化**

问题：基地内的英式别墅、扶轮学校、浦子口城墙遗址没有得到充分重视，英式别墅和扶轮学校保护现状差，城墙遗址更是已经被拆除，龙虎巷文化应待挖掘。

对策：发掘基地内的优秀民族文化，如民国文化、传统中国文化、抗战爱国文化等。将其作为规划中重要的组织要素，充分继承发扬。

多方面、多层次的分析并确定定位

如何对工业用地进行社会效益最大的再开发？ | **功能置换** | **虚**

问题：厂区改造前以单一的车辆制造工业为核心，功能结构与周边环境脱节。

对策：从多个角度和层面分析确定定位，政策、规划、趣味、场地自身。

> 政策支持，规划定位
> 区位分析，规划交通
> 自身条件，开发利用

政策支持，规划定位

大厂区综合专业中心
浦口综合会展中心
江北新区职能：
全国重要的科技创新基地和先进产业基地，南京都市圈的北部服务中心和综合交通枢纽，南京市生态宜居，相对独立的城市副中心。

浦口区职能：
南京市重要福地中西部的现代服务业中心和江北副城中心，长三角地区高新技术产业、先进制造业基地和休闲旅游度假胜地，山水原味为特色的现代化滨江之城。

西部民国文化、融合工业遗产的城市宜居组团。

空间布局：
"一廊、两核"
双核：浦镇车厂-龙虎巷历史文化核心、老浦口综合服务核

多片区：各居住社区、滨江公共服务活动区、铁道学院、浦镇机厂—龙虎巷历史风貌区、泊山地绿地公园。

NJJBc030单元空间布局结构图

NJJBc030单元游览空间结构图

南京市历史地段保护名录

	数量	保护名录
历史文化街区	9	颐和路、梅园新村、南捕厅、门西荷花塘、门东三条营、总统府、朝天宫、金陵机器制造局、夫子庙
历史风貌区	22	天目路、下关滨江、百子亭、复成新村、慧园里、西白菜园、宁中里、江南水泥厂、评事街、内秦淮河两岸、花露岗、钓鱼台、大油坊巷、双塘园、龙虎巷、左所大街、金陵大学、金陵女子大学、中央大学、浦口火车站、浦镇机厂、六合文庙
一般历史地段	10	仙霞路、陶谷新村、中央研究院旧址(北京东路71号)、大辉复巷、抄纸巷、中家巷、浴堂街、燕子矶老街、龙潭老街、中国水泥厂

资料来源：《南京市历史文化名城保护规划(2010—2020)》

区位分析，规划交通

基地周边交通便捷，东南角紧邻高架桥，是多条重要过境交通交汇点。此外，基地周边临邻三条铁路线路，与铁路线路的交汇处较近。

自身条件，开发利用

· 深厚的铁路文化
"浦厂"作为中国铁路和我国轨道交通车辆的研制基地，在中国铁路、中国轨道交通发展的各个历史阶段发挥了重要作用。

浦镇车辆厂是南京市第一个中国共产党组织的诞生地，有从浦厂工人队伍中走出的早期共产党的杰出领袖人物——王荷波。目前，"浦厂"已经成为"浦镇车辆有限公司"的代名词，是江苏省和南京市的爱国主义教育基地。

· 丰富的历史要素
浦镇车辆厂历史风貌内除了拥有建厂以来不同历史时期的厂房建筑和亮丽的铁路设施以外，还包含了英式别墅、扶轮学校、浦子口城墙遗址等历史资源。基地北侧紧邻的龙虎巷历史悠久、极具特色。

· 深刻的爱国精神

· 独特的工业文化
纵横的铁轨、檀廊的"廊"、大跨度的钢铁结构都是车辆特有的空间形态，机车工业大厂的工作车间和特色的工业设施遍布在基地厂区之中，紧凑的作业流程促使空间得到了高效的利用，独具特色的地盘触处可见，具有着严谨的系统性和完整性。

深厚的铁路文化

深刻的爱国精神

丰富的历史要素

独特的工业文化

用生态手段治理污染，积极应对

如何合理有效治理工业用地遗留的工业污染？ | **工业污染** | **实**

问题：铺镇车厂的生产过程中产生了诸多短期内无法迅速处理的污染物，对基地未来的规划和使用造成了阻碍和隐患。

对策：积极规划种植绿色植物，规划大面积绿地，以生态的手段处理被污染土地，最大程度上实现可持续发展，逐步消除污染遗留的潜在隐患。

如何对工业用地进行社会效益最大的再开发？ | **功能置换** | **虚**

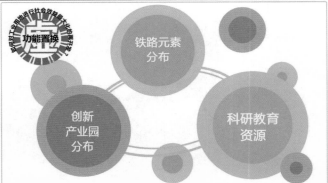

铁路元素分布

创新产业园分布

科研教育资源

浦镇车厂改造
RENEW
——功能有机更新模式下的工业园区改造

问题剖析

虚体

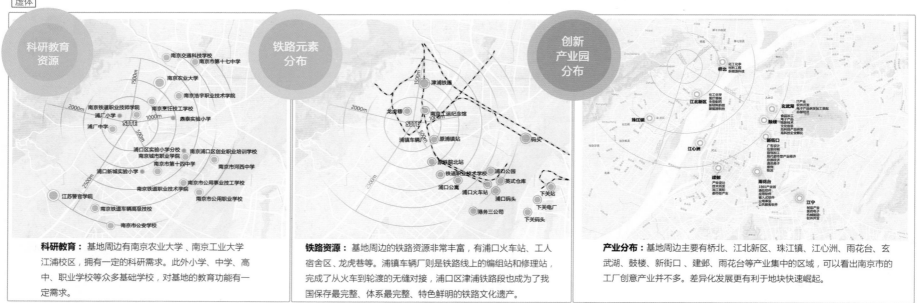

科研教育资源

铁路元素分布

创新产业园分布

科研教育： 基地周边有南京农业大学、南京工业大学江浦校区，拥有一定的科研需求。此外小学、中学、高中、职业学校等众多基础学校，对基地的教育功能有一定需求。

铁路资源： 基地周边的铁路资源非常丰富，有浦口火车站、工人宿舍区、龙虎巷等。浦镇车辆厂则是铁路线上的编组站和修理站，完成了从火车到轮渡的无缝对接，浦口区津浦铁路段也成为了我国保存最完整、体系最完整、特色鲜明的铁路文化遗产。

产业分布： 基地周边主要有桥北、江北新区、珠江镇、江心洲、雨花台、玄武湖、鼓楼、新街口、建邺、雨花台等产业集中的区域，可以看出南京市的工厂创意产业并不多。差异化发展更有利于地块快速崛起。

生活印记

由于对场地内部进行了功能更新，某种程度上破坏了原有的社会网络。所以在功能置换的同时，应保留场地记忆和原厂工人可以再就业的机会。

多方需求

基地的不同使用人群对于基地的使用需求侧重点不同，甚至可能存在冲突，合理地安排基地内部功能和合理的活动策划是设计中的重点。为原厂员工提供就业，安置当地居民，为青少年提供教育，为旅游者提供特色景点。

浦镇车厂改造 RENEW
——功能有机更新模式下的工业园区改造

整体策略

虚体

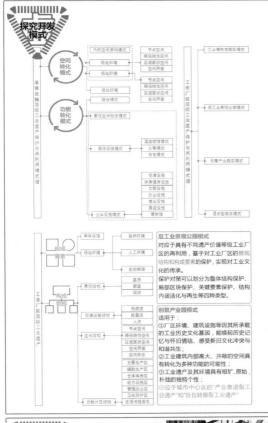

探究开发模式

后工业景观公园模式

对应于具有不同遗产价值等级工业厂区的再利用，基于对工业厂区的景观结构和构成要素的保护，实现对工业文化的传承。

保护对策可以划分为整体结构保护、局部区块保护、关键要素保护、结构内涵活化与再生等四种类型。

创意产业园模式

适用于：
①厂区环境、建筑设施等因其所承载的工业历史文化基因，能唤起历史记忆与怀旧情结、感受新旧文化冲突与和谐共生；
②工业建筑内部高大、开敞的空间具有转化为多种功能的可能性；
③工业遗产及其环境具有粗犷、原始、朴拙的独特个性；
④位于城市中心区的"产业衰退型工业遗产"和"区位转移型工业遗产"。

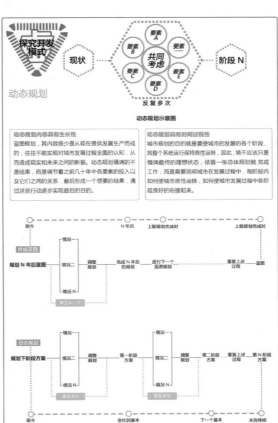

探究开发模式

动态规划

动态规划示意图

动态规划内容具有生长性
蓝图规划，其内容很少是从现在提供发展生产而完成的，往往不能实现对城市发展过程全面的认知，从而遗成现实和未来之间的断裂。动态规划强调的不是结果，而是调节着之前几十年中各要素的投入以及它们之间的关系，最后形成一个想要的结果，通过这些行动逐步实现最后的目的。

动态规划具有时间过程性
城市规划的目的就是要使城市的发展的各个阶段，其整个系统运行保持良性运转，因此，绝不应该只是强调最终的理想状态，依靠一张总体规划图完成工作，而是要要说明城市在发展过程中，每阶段内如何使城市良性运转、如何使城市发展过程中各阶段良好的衔接起来。

终极蓝图
规划 N 后蓝图

动态规划
规划下阶段方案

探究开发模式

铁路工业节

铁路工业节是一种传播和继承铁路工业文化的新尝试。

浦镇车辆厂内存有大量的铁路工业遗址和现代工业厂房，无论从物质上还是文化上都传承着独特的铁路工业文化。开展铁路工业节，一方面可以传播铁路工业文化，另一方面可以满足国内外的铁路工业文化爱好者来此聚会交流，促进铁路工业文化的传承和延续。

探究开发模式

可再生能源，生态友好

铁路厂区内由于长期工业制造，产生了诸多短期内无法迅速处理的污染物，对基地未来的规划和使用造成了阻碍和隐患。

采用科技手段和生态手段进行修复并积极规划种植绿色植物，规划大面积绿地，以生态的手段处理被污染土地，最大程度上实现可持续发展，逐步消除污染遗留的潜在隐患。

NATURAL   SEMI NATURAL   PLANTATION

引入创新产业

创意住宅

咖啡厅

展览馆

展览馆

创意办公

酒吧

浦镇车厂改造

RENEW
—功能有机更新模式下的工业园区改造

整体策略

虚体

历史建筑改造

历史建筑再利用

铁路工业节是一种传播和继承铁路工业文化的新尝试。

浦镇车辆厂内存有大量的铁路工业遗址和现代工业厂房，无论从物质上还是文化上都传承着独特的铁路工业文化，开展铁路工业节，一方面可以传播铁路工业文化，另一方面可以满足国内外的铁路工业文化爱好者来此聚会交流，促进铁路工业文化的传承和延续。

奥斯登住宅

奥斯登住宅

铁路元素改造利用

铁路再利用形式

铁路工业节是一种传播和继承铁路工业文化的新的尝试。

浦镇车辆厂内存有大量的铁路工业遗址和现代工业厂房，无论从物质上还是文化上都传承着独特的铁路工业文化，开展铁路工业节，一方面可以传播铁路工业文化，另一方面可以满足国内外的铁路工业文化爱好者来此聚会交流，促进铁路工业文化的传承和延续。

厂房改造模式

拆解大体量建筑构建人性尺度小空

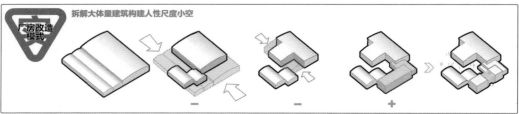

－　　　－　　　＋

交通策略

	连接	打断	拓宽
车行	连接	打断	拓宽
步行	连接	打断	拓宽
连廊	观景	链接	穿越
空间	开放	私密	半私密

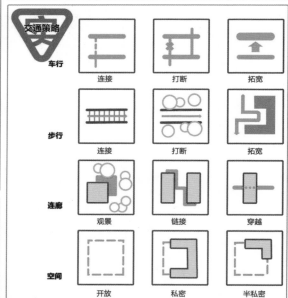

厂房建筑拆解重组

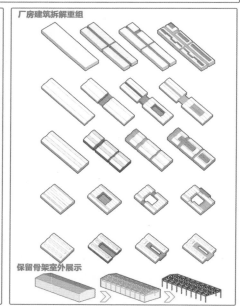

保留骨架室外展示

设计目标

一个见证我国近现代铁路工业发展的历史 **地区**

一个弘扬中华民族的伟大革命奋斗史的教育 **地区**

一个在工业废弃地上再生的充满生机的新生 **地区**

一个通过综合技术解决方案带来收益的高效 **地区**

一个能带动周边公共和私有资金注入的效益 **地区**

一个成为南京工业遗址可持续再开发的示范 **社区**

浦镇车厂改造 RENEW
——功能有机更新模式下的工业园区改造

设计策略

设计理念

文化提升

充分挖掘浦镇车辆厂、龙虎巷及浦口子城的历史文化内涵，以浦镇车辆厂机车文化交流展示为核心，融入文化旅游、文化展示等功能，将铁路历史与南京古城文化及大都市文化紧密结合，提升内涵。

功能置换

以铁路机车文化交流展示核心功能，同时创新地融入文化旅游、文化展示、文化体验、文化品质等功能，通过置换等手段在城市的公共区的分中围形成多样的城市休闲，文化创意等功能。

区域协同

以浦镇车辆厂为依托，整合周边地区及浦口自然文化资源，促进本溪融入南京的文化艺术核心区，尤其是浦口新城中心的建设与本溪周边地区的文化整合。

时空拼贴

城市发展是一个历史过程，规划强调协调工业遗产的保护利用，增强传统文化、艺术文化、科技文化和都市文化的融合，塑造出富含多元的人文特色区域。

开放滨河

规划将得目前基本由厂房占据的内金汤河滨周资源进行重新整合治理，回归拥河发展趋向，真正形成城市的公共活力空间，向最广大的市民开放。

轨迹连点

规划将原厂的铁路资源整合利用，梳理出主要铁路流线，对内串联浦镇各部重要节点，对外连接津浦铁路，辅助换线，区域上连接浦口火车站节点，创造了独特的城市脉络。

纵横交联

以厂房之间的铁路连线为纬线，将山丘和河流的生态资源导入作为经线，通过实体空间的所在开放空间的整合，创造网络化的空间形象，为市民提供供多样化、多层次的活动场所。

立体交织

规划注重地区的三维空间形象塑造，通过搭建厂房的空中连廊和山丘的索道，构成立体式的空中流线网络，为游览者提供丰富的空间体验。

功能定位

通过对城市发展的整体判断研究，融入创新要素，在总体城市设计的基础上，提出本地块的功能定位为：

铁路文化综合园

——工业文明展示与创意产业的综合园区

享誉亚洲的 **创意产业孵化中心**
示范全国的 **铁路遗产保护中心**
根植南京的 **爱国教育红色基地**

主导功能：文化商务、创意设计、艺术博览、文化展示、商业休闲

辅助功能：文化体验、酒店接待、美食体验、生态休闲、美食体验

结构生成

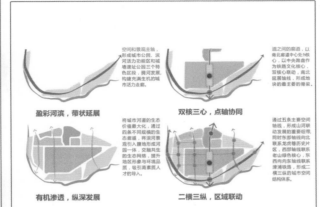

空间和景观主轴，形成城市公园、滨河活力功能区和城墙遗址公园三个特色区域，拥河发展，构建充满生机的城市活力走廊。

将城市河道的生态价值最大化，通过四条不同规模的生态廊道，将滨河景观引入腹地形成河园一体，交融共生的生态网络，提升地区综合功能品质，吸引高素质人才的导入。

道之间的廊道，以南北廊道中心处为核心，通过节点、轴线连结，滨河界面配以特色景观要素进行细，以核心功能廊道区、爱国教育功能区、滨河活力功能区、文化创意功能区、创意群落功能区、城墙遗址公园区六大功能区，形成"双核、三心、一轴、两带"的规划结构。

盈彩河滨，带状延展

双核三心，点轴协同

有机渗透，纵深发展

通过五条主要空间轴线，形成成河联动发展的重要纽带，同时东部轴线向北联系龙虎巷历史老山绿色城心，东西两向系老山轴线联接津浦铁路，形成二横三纵的城市空间结构体系。

二横三纵，区域联动

规划结构

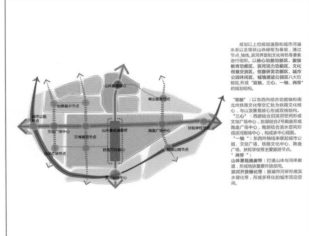

埂划以上位规划道路和城市河道水系及导状山体绿带为基架，通过节点、轴线连接，滨河界面配以特色景观要素进行细组，以核心功能廊道区、爱国教育功能区、滨河活力功能区、文化创意功能区、创意群落功能区、城墙遗址公园区六大功能区，形成"双核、三心、一轴、两带"的规划结构。

"**双核**"：以东西向综合功能轴和南北向铁路文化带交汇之处为铁路文化核心、与山顶景观核心形成双核结构。

"**三心**"：北部结合旧滨河空间形成文创广场中心，东部结合2号铁路展示廊道产生创意置换中心，南部结合生态空间所示滨河活动中心，构成多心的规划。

"**一轴**"：东西向横向连串联起城市公园、空间广场、文创广场、创意置换广场、扶轮学校等重要道路节点。

"**两带**"：
山体景观廊道带：打通山体与河岸景观开放空间，形成地块集要开放空间。
滨河开放绿化带：滨海市河岸界形成蓝水绿化带，形成多样化的城市活动空间。

功能分区

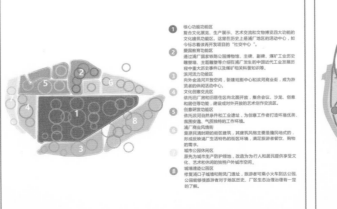

① **核心功能廊道区**
复合文化展区、生产展示、艺术交流和文物博览四大功能的文化建筑功能区，这里在历史上是浦厂地区的活动中心，如今标志着该开发项目的"社交中心"。

② **爱国教育功能区**
通过浦厂国家铁路公园博物馆、主碑、副碑、煤矿工业历史雕塑墙、主题雕塑警示牌介绍在浦厂发生的近现代工业历史接中重大历史事件以及煤矿等相关科普知识等。

③ **滨河活力功能区**
向外金汤河开放空间，新建戏剧中心和滨河商业中心，成为游览者的休闲活动中心。

④ **文化创意交流区**
依托旧厂房和旧居住区内北部开放，集合会议、沙龙、信息和展住等功能，建设或对外开放的艺术创作交流区。

⑤ **创意群落功能区**
依托滨河自然条件和工业遗址，为创意工作者打造环境优美、氛围安逸、气质独特的工作环境。

⑥ **浦厂商业风情街**
复原民清时的旧民居建筑，其建筑风貌主要是里弄式的。形成延续浦厂生活特色的旧生活环境，满足旅游者餐饮、购物的需求。

⑦ **城市公园休闲区**
原先为结合工业厂址打造城市绿地，改造为为行人和居民提供享受文化、艺术和休闲的特殊的城市空间。

⑧ **城墙遗址公园区**
修复浦口子城城和附凤山门通址，旅游者可乘小火车到达公园，公园能使旅游者对于该地区历史、厂区生态治理管理等有一定的了解。

道路系统

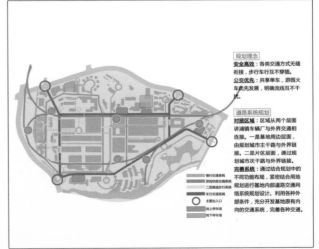

规划理念

安全高效：各类交通方式无缝衔接，步行车行互不穿插。

公交优先：共享单车、游园火车优先发展，明确流线互不干扰。

道路系统规划

对接区域：区域从两个层面讲浦镇车辆厂与外界交通相连接。一是基地周边层面，由规划城市主干路与外界链接。二是片区层面，通过规划城市次干路与外界链接。

完善系统：通过结合规划中的不同功能布局，紧密结合利用规划进行基地内部道路交通网络系统规划设计，利用各种外部条件，充分开发基地原有内向的交通系统，完善各种交通。

浦镇车厂改造
RENEW
——功能有机更新模式下的工业园区改造

设计策略

步行交通

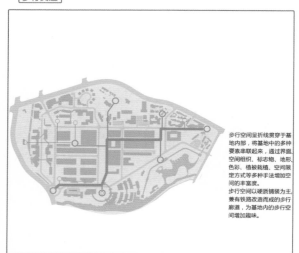

步行空间呈折线贯穿于基地内部，将基地中的多种要素串联起来，通过界面、空间组织、标志物、地形、色彩、植被栽植、空间限定方式等多种手法增加空间的丰富度。

步行空间以硬质铺装为主，兼有铁路改造而成的步行廊道，为基地内的步行空间增加趣味。

火车观光

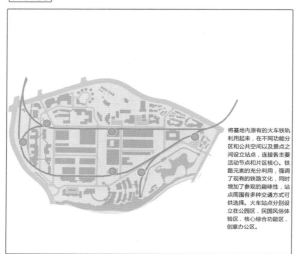

将基地内原有的火车铁轨利用起来，在不同功能分区和公共空间以及景点之间设立站点，连接各主要活动节点和片区核心。铁路元素的充分利用，强调了现有的铁路文化，同时增加了参观的趣味性，站点周围有多种交通方式可供达择。火车站点分别设立在公园区、民国风俗体验区、核心综合功能区、创意办公区。

共享单车

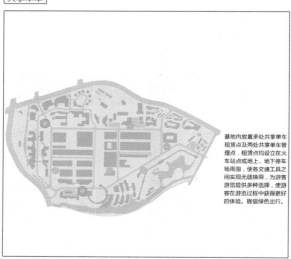

基地内放置多处共享单车租赁点及两处共享单车管理点，租赁点均设立在火车站点或地上、地下停车场周围，使各交通工具之间实现无缝换乘，为游客游览提供多种选择，使游客在游览过程中获得更好的体验。提倡绿色出行。

空中廊架

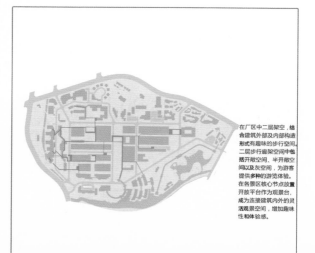

在厂区中二层架空，结合建筑外部及内部构造形式有趣味的步行空间，二层步行廊架空间中包括开敞空间、半开敞空间以及灰空间，为游客提供多种的游览体验。在各景区核心节点放置开放平台作为观景台，以如今如今的建筑内外的灵活观景空间，增加趣味性和体验感。

缆车线路

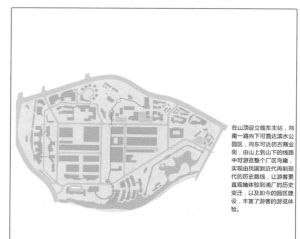

在山顶设立缆车主站，向南一路向可直达滨水公园区，向东可达仿古商业街，由山上到山下的线路中可游览整个厂区鸟瞰，实现由民国到近代再到现代的历史路线，让游客更直观地体验浦厂的历史变迁，丰富了游客的游览体验。

车行交通

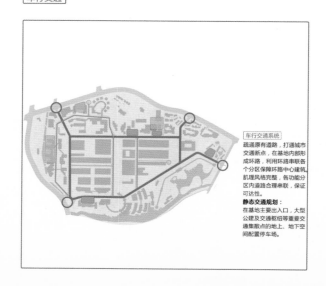

车行交通系统

疏通原有道路，打通城市交通断点，在基地内部形成环路，利用环路串联各个分区保障环路中心建筑肌理风格完整，各功能分区内道路合理串联，保证可达性。

静态交通规划：

在基地主要出入口、大型公建及交通枢纽等重要交通集散点的地上、地下空间配置停车场。

浦镇车厂改造 RENEW
——功能有机更新模式下的工业园区改造

设计策略

景观结构

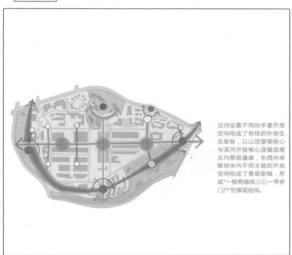

沿河设置不同的丰富开放空间构成了地块的外部生态廊道，以山顶景观核心与滨河开放核心连接成南北向景观通廊，东西向串联地块内不同主题的开放空间构成了景观副轴，形成"一核两轴线三心一带多门户"的景观结构。

公共空间

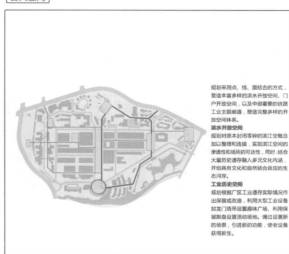

规划采用点、线、面结合的方式，营造丰富多样的滨水开放空间、门户开放空间，以及中部重要的铁路工业主题廊道，塑造完整多样的开放空间体系。

滨水开放空间

规划对原本封闭零碎的滨江空概念加以整理和连接，实现滨江空间的渗透性和场所的可达性，同时，结合大量历史遗存融入多元文化内涵，开创具有文化和自然结合效应的生态河岸。

工业历史空间

规划根据厂区工业遗存实际情况作出保留或改造，利用大型工业设备如龙门塔吊设置趣味广场、利用保留railway设置活动场地。通过设置新的场景，引进新的功能，使老设备获得新生。

绿地系统

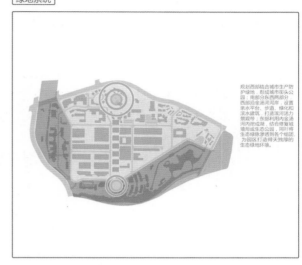

规划西部结合城市生产防护绿地，形成城市面头公园；南部分东西两部分西部旧金汤河河岸，设置亲水平台、步道、绿化和滨水建筑，打造滨河活力景观带；东部利用current向金汤河内按成河，结合修复城墙形成生态公园，同时将生态绿墙渗透到各个组团，为园区打造得天独厚的生态绿地环境。

主要出入口

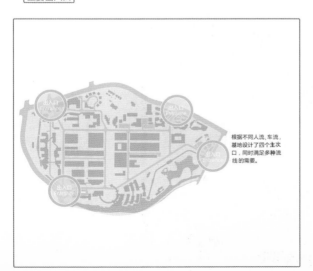

根据不同人流，车流，基地设计了四个主次口，同时满足多种流线的需要。

道路断面

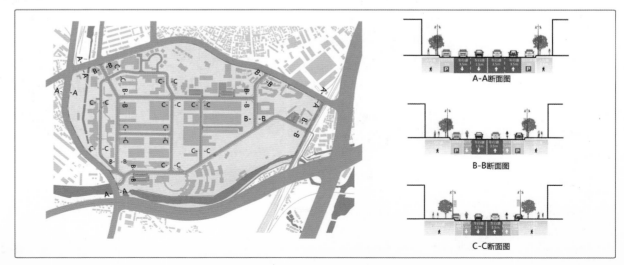

A-A断面图

B-B断面图

C-C断面图

浦镇车厂改造

RENEW
——功能有机更新模式下的工业园区改造

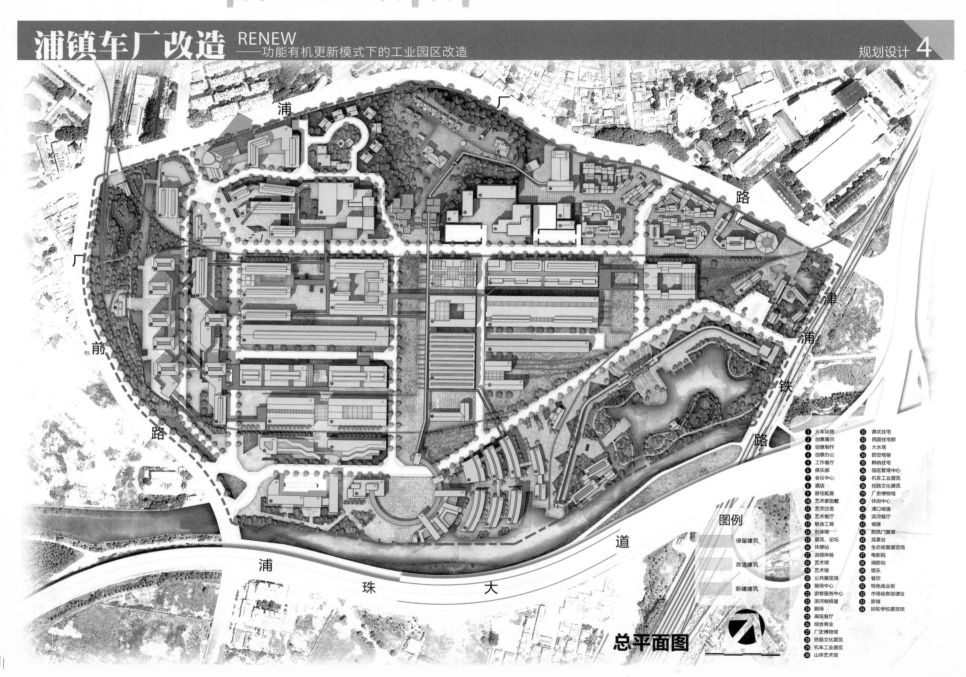

图例

保留建筑

改造建筑

新建建筑

总平面图

① 火车站房
② 创意展示
③ 创意制作
④ 创意办公
⑤ 工作餐厅
⑥ 俱乐部
⑦ 会议中心
⑧ 酒店
⑨ 居住配套
⑩ 艺术家别墅
⑪ 艺术沙龙
⑫ 艺术餐厅
⑬ 联合工场
⑭ 形体馆
⑮ 展览、论坛
⑯ 休憩站
⑰ 流程体验
⑱ 艺术馆
⑲ 艺术浦
⑳ 公共展览馆
㉑ 接待中心
㉒ 游客服务中心
㉓ 滨河咖啡屋
㉔ 剧场
㉕ 高级餐厅
㉖ 综合商业
㉗ 厂史博物馆
㉘ 铁路文化展览
㉙ 机车工业展览
㉚ 山体艺术馆

㉛ 英式住宅
㉜ 民国住宅群
㉝ 大水塔
㉞ 防空碉楼
㉟ 韩纳住宅
㊱ 园区管理中心
㊲ 机车工业展览
㊳ 铁路文化展览
㊴ 厂史博物馆
㊵ 休闲中心
㊶ 浦口城墙
㊷ 滨河餐厅
㊸ 城楼
㊹ 附凤门复原
㊺ 观景台
㊻ 生态修复展览馆
㊼ 电影院
㊽ 消防站
㊾ 娱乐
㊿ 餐饮
51 特色商业街
52 市场信息部遗址
53 技轮学校展览馆

浦镇车厂改造

RENEW
——功能有机更新模式下的工业园区改造

效果图

方案鸟瞰图

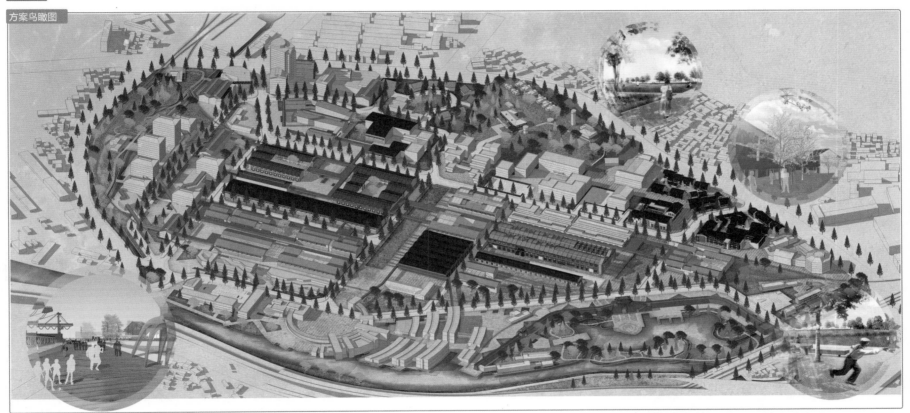

厂房改造效果图

城墙公园效果图

厂房展廊效果图

浦镇车厂改造 RENEW
——功能有机更新模式下的工业园区改造

城市设计策略

盈彩河岸

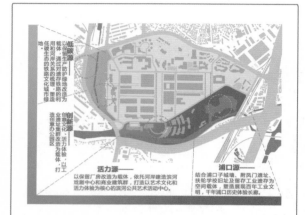

低碳源
地块以工业遗产为载体，用地和河流，通过对遗存绿地改造为生态绿地的铁路绿地的梳理，密切与城市文化和景观的利用，打造以工

创新源
以工业遗产为集聚载体，活力体验为核心，以工业遗产集聚群改造为载体的工业创意产业公园区。

活力源
以保留厂房改造为载体，依托河岸建造滨水戏剧中心和商业建筑群，打造以艺术文化和活力体验为核心的滨河公共艺术活动中心。

浦口源
结合浦口子城墙、附风门遗址、挟轮学校旧址与留存工业遗存为空间载体，塑造展现百年工业文明，千年浦口历史体验长廊。

塑造多样水岸风貌，创造生动滨水场所。

规划对原本封闭零碎的滨江空概念加以整理和连接，实现滨江空间的渗透性和场所的可达性，同时，结合大量历史遗存融入多元文化内涵，开创具有文化和自然结合效应的生态河岸，形成四大主题段区，分为低碳之源、创意之源、活力之源、浦口之源。

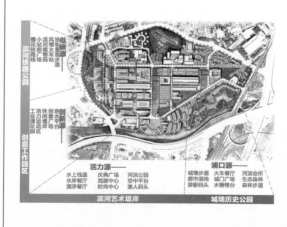

低碳源
风貌展示区
小站和铁路步道
滨河博物馆
樱花铁路公园
滨河铁路公园

创新源
创意工作园区
工业游憩运动园
活力休闲遗址公园

活力源
水上线步道   庆典广场
水岸餐厅   戏剧中心
渡浮餐厅   空中平台
游艇码头   时尚楼台
                渔人码头

浦口源
城墙步道   火车餐厅
都市湿地   河滨会所
城门广场   生态森林
游艇码头   森林步道

滨河艺术堤岸   城墙历史公园

公共空间

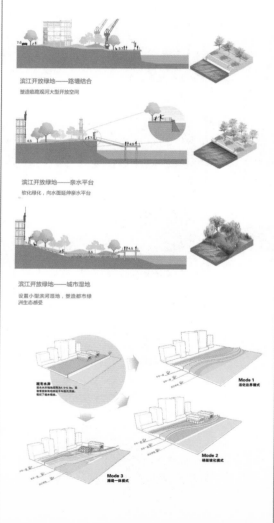

滨江开放绿地——路堤结合
塑造临路观河大型开放空间

滨江开放绿地——亲水平台
软化绿化，向水面延伸亲水平台

滨江开放绿地——城市湿地
设置小型滨河湿地，塑造都市绿洲生态感受

看老水岸

Mode 1
活化边界模式

Mode 2
梯级绿化模式

Mode 3
滨堤一体模式

绿地系统

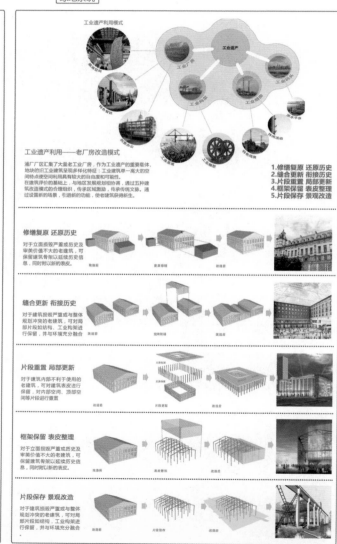

工业遗产利用模式

工业遗产

工业遗产利用——老厂房改造模式

浦厂区汇集了大量老工业厂房，作为工业遗产的重要载体，地块内的旧工业建筑呈现多样化特征；工业建筑单一高大的空间特点使便空间利用具有较大的自由度和可能性。在建筑质量评价的基础上，与地区发展规划相协调，通过五种建筑改造模式的合理组织，传承区域激励，传承传统文脉，通过设置新的场景，引进新的功能，使老建筑获得新生。

1.修缮复原 还原历史
2.缝合更新 衔接历史
3.片段重置 局部更新
4.框架保留 表皮整理
5.片段保存 景观改造

修缮复原 还原历史
对于立面损毁严重或历史及审美价值不大的老建筑，可保留建筑骨架以延续历史信息，同时对以新的表皮。

缝合更新 衔接历史
对于建筑损毁严重或与整体规划冲突的老建筑，可对局部片段如结构、工业构架进行保留，并与环境充分融合。

片段重置 局部更新
对于建筑内部不利于使用的老建筑，可对建筑表皮进行保留，对内部空间、顶部空间等片段进行重置。

框架保留 表皮整理
对于立面损毁严重或历史及审美价值不大的老建筑，可保留建筑骨架以延续历史信息，同时对以新的表皮。

片段保存 景观改造
对于建筑损毁严重或与整体规划冲突的老建筑，可对局部片段如结构、工业构架进行保留，并与环境充分融合

南京浦镇车辆厂历史风貌区城市设计

山东建筑大学
Shandong Jianzhu University

设计成员：孙 琦 张 婧
指导教师：陈 朋

设计感想：这次参加的四校联合毕业设计，题目是南京浦镇车辆厂历史风貌区城市设计。通过这次毕业设计，我们去了南京、苏州、郑州。一边学习，一边领略各地的风采。

这次毕业设计，首先是提高了我们的合作能力。第一次去南京调研，就四个学校的同学打乱分组，一起去调研，然后一起整合PPT进行汇报。第一次和陌生的同学一起合作，在短短的一天大家要相互磨合进行合作，不是一件容易的事情。但是大家最后合作的结果很好，这令我印象深刻，想起了老师说过"城市规划不是一个人的战斗"。

在这次联合毕业设计过程中，我们和其他学校的同学互相学习，我们觉得这是这次毕设最有意义的地方，我们可以取长补短，开拓思路。就像答辩时一个老师说的那样，重要的不是画图技术，而是我们的规划思路。这次联合毕设就给了我们这样一个机会，让我们感受到了不同城市不同学校的规划思路。因此，非常感谢南京工业大学、苏州大学和郑州大学。

这次很有幸参加了陈朋老师的毕设组，在毕设的过程中，陈老师给我们提供了很多帮助，启发着我们的思路，在我们遇到瓶颈的时候，及时引导我们。感谢这一路上陈老师的帮助！中期汇报在苏州大学，最后的答辩在郑州大学。汇报过程中老师给我们提出了许多建议，也肯定了我们的规划思路和规划方法，使我们受益匪浅。我相信，我们给我们的毕业画上了一个圆满的句号，这也是我们以后的规划生涯的一个很好的开始。

南京浦镇车辆厂历史风貌区城市设计
Nanjing Puzhen urban design of Historical Conservation Area | 01 区位图

南京，简称"宁"，古称金陵、建康，位于长江下游中部地区，江苏省西南部，是江苏省省会、副省级市、南京都市圈核心城市，国务院批复确定的中国东部地区重要的中心城市、全国重要的科研教育基地和综合交通枢纽，是国家区域中心城市，长三角辐射带动中西部地区发展的国家重要门户城市，也是"一带一路"与长江经济带发展规划交汇的节点城市。

江北新区位于南京市长江以北，南京都市圈和苏南地区的新增长极；南京市相对独立、产城融合、辐射周边、生态宜居的城市副中心。南京江北新区建设上升为国家战略，成为中国第十三个、江苏省唯一的国家级新区。

基地位于南京市江北新区的城市中心区内，区位优势明显；基地及周边龙虎巷、浴堂街都是历史悠久的老街区，充满文化沉淀；基地还是津浦铁路沿线重要节点，对中国铁路发展有重要影响。

南京

南京
四大古都
首批国家历史文化名城
东部地区中心城市
南方政治、经济、文化中心

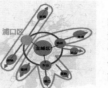

南京
江苏省会
长三角门户
一带一路节点城市
南京都市圈核心城市

浦口区

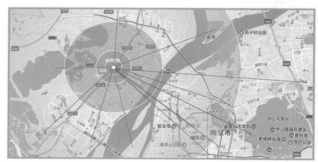

浦口区
南京市西北部
华东先进制造基地
城市副中心
历史悠久、独特地方文化
景色秀丽、旅游业发达

津浦铁路区位

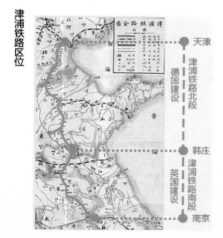

铺镇车辆厂
百年制造历史
中国轨道交通专业化生产企业
中国铁路装备制造业大型一档企业
第三次全国文物普查新发现名录
保留20世纪早期典型工业建筑
津浦铁路南端重要节点

南京作为近现代重要的政治经济中心，其工业遗产很多"都属于我国最早、最大、最著名者，有的还是仅有的工业遗产"它们见证了南京的工业化进程，承载着城市发展的历史记忆，许多工业遗产在经历了衰败与迷茫后，实现了华丽转身，成为城市运转的新鲜血液。

本次设计对象为浦镇车辆厂的主厂区部分。目前，主厂区仍在进行正常的生产活动。基地位于浦口区顶山街道南门地区，规划范围东至津浦铁路，西至玉泉河，南至朱家山河，北至规划浦厂路，用地面积约为45公顷。

江北新区

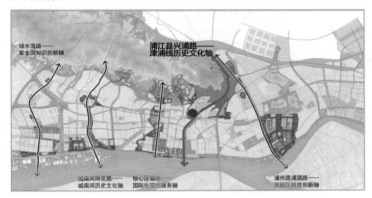

《南京江北新区 2015-2020 近期建设规划》

中心城空间引导

位于津浦铁路历史文化轴，串联江北新区的历史人文节点。

《南京江北新区 2015-2020 近期建设规划》

旅游发展规划图

浦镇车辆厂位于都市旅游体验轴，临近老山风景休闲体验园、浦口历史创意街区。

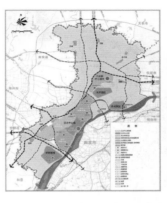

《南京江北新区 2015-2020 近期建设规划》

"十三五"空间总体布局图

浦镇车辆厂位于三功能片区交界处。

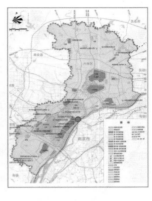

《南京江北新区 2015-2020 近期建设规划》

城市风貌规划

以"金陵气韵、时代风范、本土情怀"为城市风貌总体定位，提出了构建整体山水格局、风貌体验系统和建筑风貌管控体系三大策略及实施建议。

规划构建"一廊、两带、双核、多片区"的规划结构
一廊：津浦铁路文化走廊
双核：铺镇机厂—龙虎巷历史风貌区
多片区：铺镇机厂—龙虎巷历史风貌区

基地规划以科研设计用地为主，又有少部分绿地、文化活动用地、水系。

规划三处历史文化特色意图区
1. 浦镇机厂—龙虎巷历史文化特色意图区
2. 津浦铁路线历史文化特色意图区

浦镇车辆厂属于统一生态城风貌。

规划构建"一廊、三带、一片、三轴、四界面"
一廊：津浦铁路线文化景观走廊
三带：铺镇车辆厂—宝塔山历史文化景观带
一片：浦镇车辆厂—龙虎巷历史风貌区

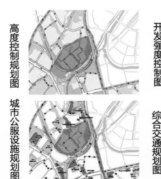

高度控制规划图

城市公服设施规划图

开发强度控制图

综合交通规划图

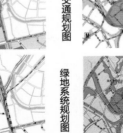

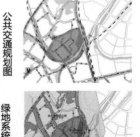

公共交通规划图

绿地系统规划图

南京浦镇车辆厂历史风貌区城市设计
Nanjing Puzhen urban design of Historical Conservation Area | 03 基地现状分析图

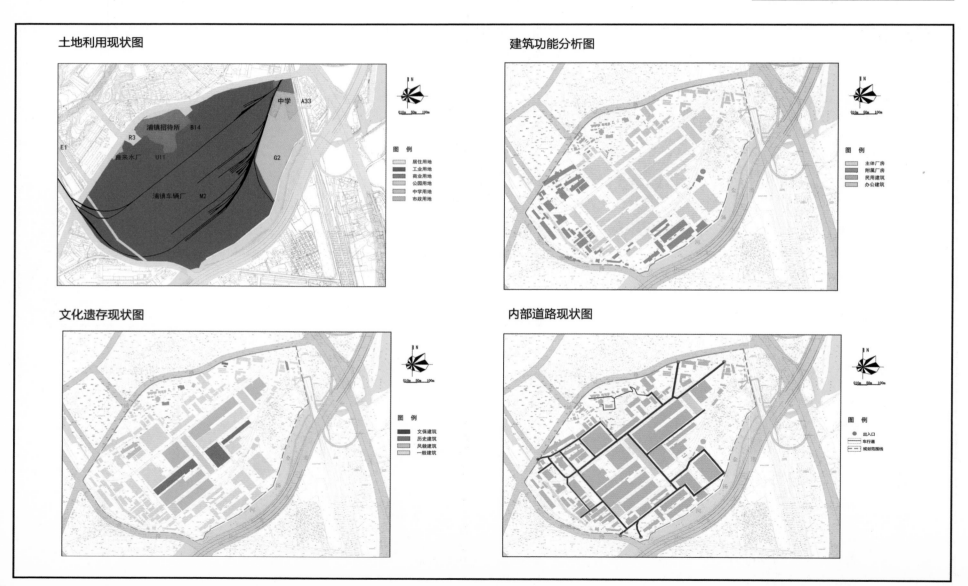

土地利用现状图

中学 A33
浦镇招待所 B14
E1
R3
自来水厂 U11
G2
浦镇车辆厂 M2

图例
居住用地
工业用地
商业用地
公园用地
中学用地
市政用地

建筑功能分析图

图例
主体厂房
附属厂房
民用建筑
办公建筑

文化遗存现状图

图例
文保建筑
历史建筑
风貌建筑
一般建筑

内部道路现状图

图例
出入口
车行道
规划范围线

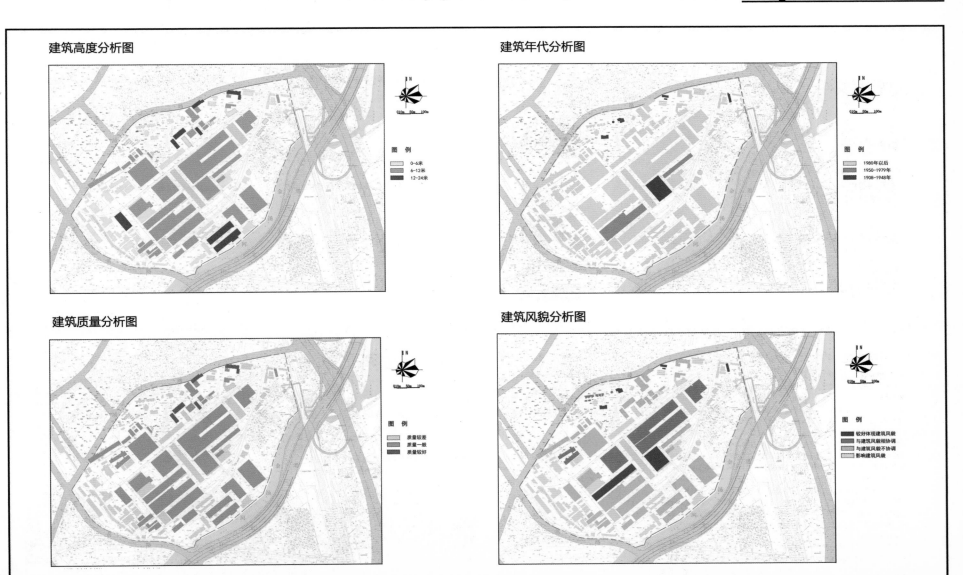

建筑高度分析图

建筑年代分析图

建筑质量分析图

建筑风貌分析图

南京浦镇车辆厂历史风貌区城市设计
Nanjing Puzhen urban design of Historical Conservation Area | 05 设计构思分析图

综合评价

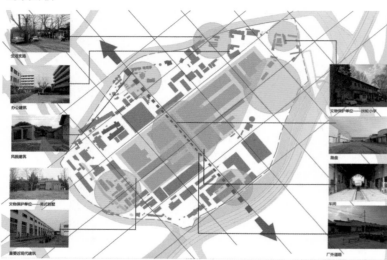

将现状条件进行叠加，得出真正可以利用的要素，进行整体设计，对于历史文物予以保留，历史建筑大部分保留并修缮改造，对风貌建筑保留特色，一般建筑进行拆除重建。有效利用山地景观以及河岸水景营造休闲游憩空间。

价值与挑战

· 文化背景与功能价值
1.文化：历史文化轴线需要通过本次规划实现轴线架构，从而实现保护铁路文化的战略任务。
2.功能：在工厂搬迁新的态势下，基地将改变以往与城市的隔离状态，积极的寻求与周边城区的空间与功能的融合，平衡生态涵养与开发的矛盾。

· 城市背景与空间价值
1.城市：南京的山水格局，影响城市布局，基地占据明确的地理优势。
2.空间：有效整合城市工业遗产之间关系及与其他文物保护单位、历史街区、城市绿地系统和自然景观等资源之间的关系，使之成为有机联系的系统。

· 生态背景与生活价值
1.生态：在城市快速建设的背景下，维持黄河与老山等重要生态区域的连接，建构连续的城市生态系统，对于整个城市至关重要。浦镇车辆厂坐拥山河资源，连接长江、山体，位于构筑城市生态网络系统的重要自然生态廊道的节点。因此，铺镇车辆厂的重新规划，对于其生态价值以及公共生活价值的维护显得无比的重要与迫切。
2.生活：使城市工业遗产在城市中再生的前提下，最大限度为市民与游客共享这一文化遗产。目标为不是维持本身自然生态，而是主动打造宜居的人工环境。

规划目标

1. 保留工业历史记忆，传承精神，合理利用现有厂房

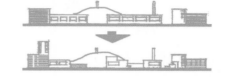

2. 营造丰富的公共空间，运动休闲为代表，满足各类人群需求

3. 融合多元产业，以科技创新为主，提升活力和竞争力

基地现状 → 要素提炼 → 功能植入 → 多元产业整合

4. 依托良好的生态环境，为居民提供宜人景观

定位

功能定位

引入休闲景观
体现园区特色风貌
传承历史文脉
产业转型发展

发展定位　产业创新　服务配套　文化保护

创新城市要求
旅游模式缺乏特色
历史资源保护不力

文化体验场所　科技创意中心　运动休闲公园

定位解读

吃住游购娱	文体养康研
传统特色小吃　有机生态食品　高端餐饮品牌	铁路文化　建筑文化　文化创意
特色民宿　生态度假村　星级酒店	文化展示　旅游节庆
核心景区建设　工业遗产风貌区	养生休闲　特色商业
传统工艺　创新工艺　本地特产	非竞技运动　健身休闲
民俗表演　可参与的活动	文化研习　传统工艺研习　创新工艺研习

保留传统游憩五要素 → 新增新型游憩五要素

以铁路文化为主要特色的**新型综合区**
集文化体验、体育休闲、创意产业、特色商业为一体

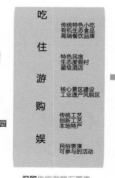

南京浦镇车辆厂历史风貌区城市设计
Nanjing Puzhen urban design of Historical Conservation Area | 06 土地利用规划图

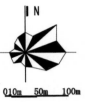

010m 50m 100m

图 例

A21	图书展览用地
A22	文化活动用地
A41	体育场馆用地
A42	体育训练用地
B11	零售商业用地
B13	餐饮用地
B14	旅馆用地
B22	艺术传媒用地
B31	娱乐用地
G1	公园绿地
G3	广场用地
S4	交通场站用地
E11	自然水域
- - -	规划范围线

南京浦镇车辆厂历史风貌区城市设计
Nanjing Puzhen urban design of Historical Conservation Area | 07 规划分析图

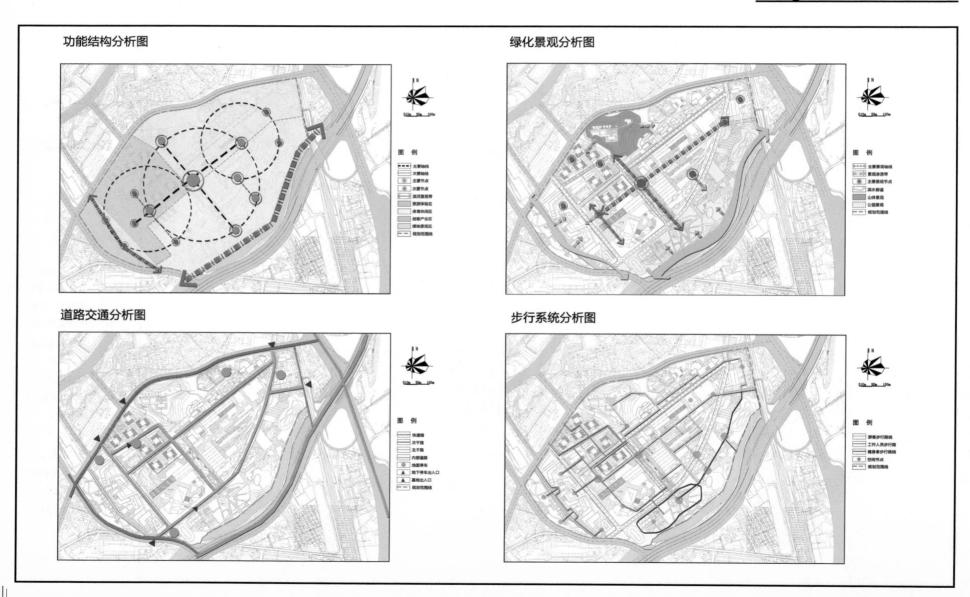

功能结构分析图

绿化景观分析图

道路交通分析图

步行系统分析图

南京浦镇车辆厂历史风貌区城市设计
Nanjing Puzhen urban design of Historical Conservation Area | **08 城市设计导则**

建筑高度控制图

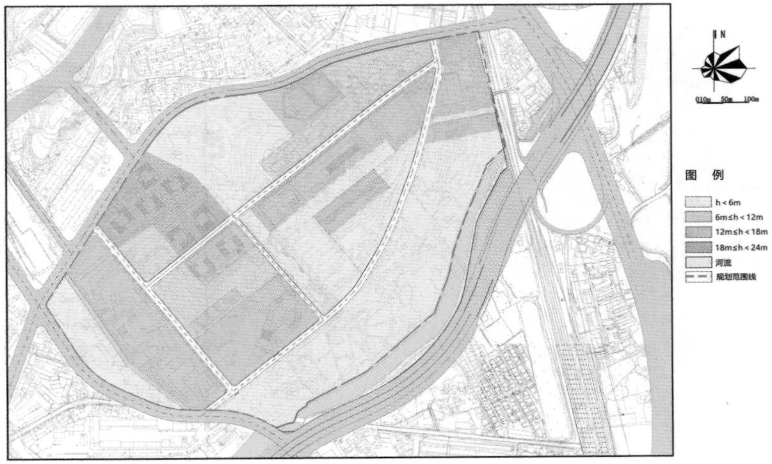

N

0 10m 50m 100m

图 例
h < 6m
6m≤h < 12m
12m≤h < 18m
18m≤h < 24m
河流
规划范围线

开发强度控制图

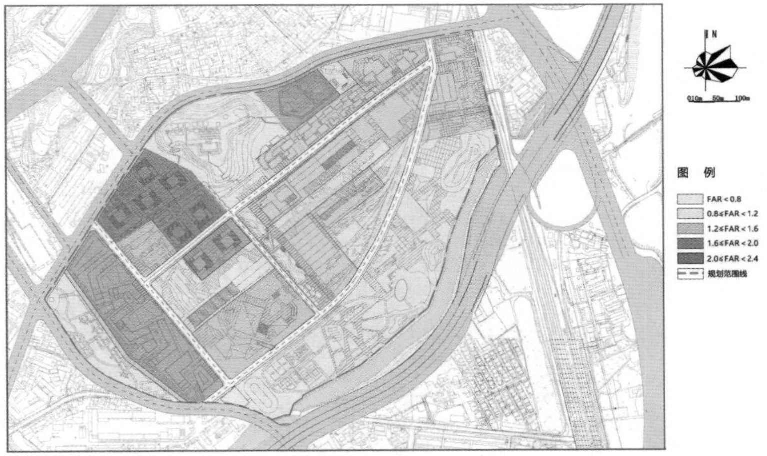

N

0 10m 50m 100m

图 例
FAR < 0.8
0.8≤FAR < 1.2
1.2≤FAR < 1.6
1.6≤FAR < 2.0
2.0≤FAR < 2.4
规划范围线

建筑退线控制图

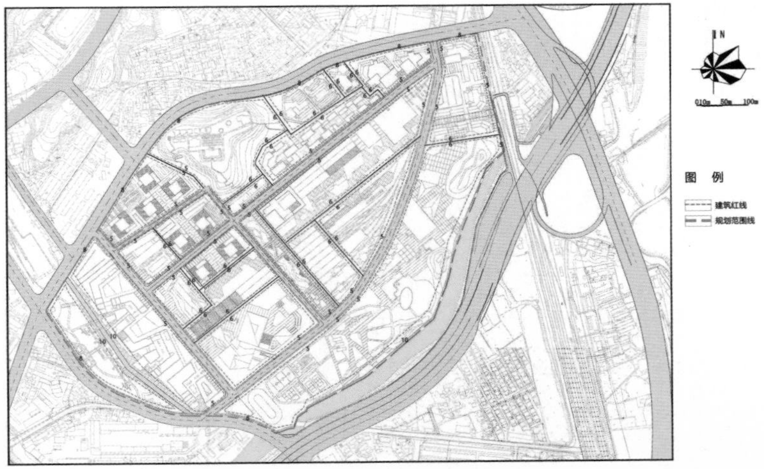

N

0 10m 50m 100m

图 例
建筑红线
规划范围线

建筑界面控制图

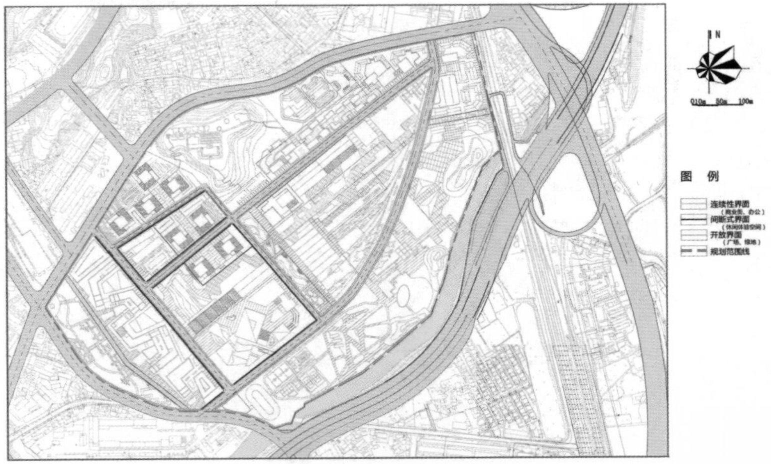

N

0 10m 50m 100m

图 例
连续性界面
（商业性、办公）
间断式界面
（保留保护建筑）
开放界面
（广场、绿地）
规划范围线

南京浦镇车辆厂历史风貌区城市设计
Nanjing Puzhen urban design of Historical Conservation Area | 09 平面图

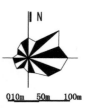

010m　50m　100m

技术经济指标
用地面积　45ha
建筑面积　652500㎡
建筑密度　15%
容积率　　1.45

位置

改造策略

平面图

跑盘改造

跑盘是铺镇车辆厂作为工业遗产的特殊标志物，在保留改造方面予以大胆创新，给跑盘以新的形式与定义，突出亮点，力求带来新活力。

强调南北方向的空间关系
注重山水格局具体体现及渗透
分为南北两部分，联系东西

在原先下沉的基础上，继续下挖，打造较大下沉空间，引入水系，植入绿化，形成特色鲜明的公共活动空间。同时，在生态和市政排水方面已有很大的作用。

现状照片

意向图

剖面图

时序发展

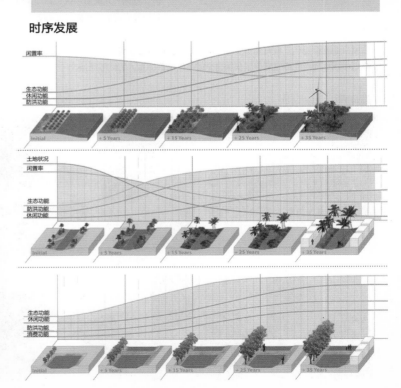

平面

线性公共空间

　　利用现状，体现火车铁路的延续性将中心部位打造成公共空间。为沟通东西功能，避免线性空间造成单调乏味的心理感受，对于线性空间进行收放转折，使空间更紧凑有序，为步行者创造良好的空间环境。

　　提供社会基础设施，包括看台、座椅、剧场、儿童游乐区、乒乓球台、草坪以及必要的信息服务中心等。

金属打造的桌椅和灯具充满工业感，与铁路过去的工业化身份不谋而合。广场中蜿蜒曲折的道路提供了多用途空间，创造舒适宜人的休憩场所。

意向图

平面

建筑意象——列车的形象

出口：每座五层高的办公楼都面向两个方向开放，一面朝向环绕基地的街道，另一面面对内部的中央广场。

台阶：基地中央层层下降的阶梯通向一座下沉中庭，其形式令人联想到希腊式古典露天剧场。

柱廊：建筑体首层两层高并向内退进的部分构成柱廊空间，围合于中央广场四周，在相互独立的建筑体之间形成联系，同时也为园区提供了遮风避雨的交通路径。

上层：柱廊上层是办公空间，办公区域围绕交通核心分布，从而可以配合不同的功能和分隔理念进行空间的灵活划分。

意象：在环境中呈现整体而规则的形象，随着来访者在园区内位置和视角的转变，看到的建筑组团也随之产生意趣盎然的变化。

意向图

主要功能区　　　　　功能示意　　　　　　　　参考案例

文
化
体
验
区

服务中心、停车场、
博物馆、沙盘制作体验、跑盘体验

案例：大同煤气厂改造规划

地域文化体验区位于场地北部、中部的
原后勤服务区和部分工艺流程区域，规划在
对原有办公、辅助、工业建筑和场地改造的
基础上，以多种方式集中展示了大同非物质
文化遗产项目。此区域的重点建筑有大同特
色餐饮文化街、民俗博物馆、晋北民俗研究
保护中心、大型室外剧场等。

休
闲
运
动
区

文化 — 文艺活动
演讲、音乐、聚会、
写生、聚餐等

休闲 — 极限运动、服务中心
儿童游乐场、轮滑、舞蹈
等场地，提供集中服务

专业 — 健身中心、体育设施
游泳、网球、篮球，自行车等
比赛场地，包括室内和室外

案例：中山岐江公园

广东中山市区中心地带，原为粤中造船厂
旧址。后规划为生态文化公园。为表达设计者
关于场所精神的体验，同时能满足现代人的使
用功能。在项目中，设计师作了包括白色柱阵、
锈钢铺地、方石雾泉在内的尝试。

创
意
办
公
区

分类	项目名称	规模建筑面积	产业特色	商业休闲			创意办公		其他配套		商业占比
				零售	餐饮	文娱	Loft	艺术工作室	酒店	展示空间	
以创意办公为主导	8号桥	12 000 m²	建筑设计、设计咨询、影业制作		✓		✓	✓		✓	低于20%
	新十钢	18 000 m²	文化、设计、传媒、雕塑		✓		✓				16%
	智造局	23 000 m²	国际服务外包				✓			✓	10%
	无锡北仓门	13 000 m²	艺术展览创意设计	✓	✓		✓			✓	低于20%

案例:上海8号桥改造

8号桥位于上海，其前身是上汽集团所属的
"上海汽车制动器公司"，这个工业改造方案独
特之处在于园区设计师留出了很多"租户共享
空间"，如商务中心、休闲后街、阳光屋顶等，
可以给租户提供互动空间，使不同领域的艺术
工作者、科技研发者等在此切磋交流，激发灵
感和创意。

每一座办公楼都有天桥相连；而且改造后
的旧工业厂房可以作为一个桥梁，将过去的历
史和现代的理念融合起来，这一举措开了上海
将工业历史建筑进行保护开发的先河，并注
入了新产业元素，使工业老建筑所特有的底蕴、
想象空间和文化内涵成为激发创意灵感、吸引
人才、集聚创意产业的新天地。

南京浦镇车辆厂历史风貌区城市设计
Nanjing Puzhen urban design of Historical Conservation Area **｜13 建筑改造意向图**

厂房建筑内外保留特色要素。同时，进行功能置换，改造成铁路机车文化博物馆。

8-13厂房位置 　　　　　　　　　　8-13厂房现状照片 　　　　　　　　　　8-13厂房改造意象

厂房大门　　　　厂房窗户　　　　厂房天窗　　　　砖墙　　　　　　　百叶窗

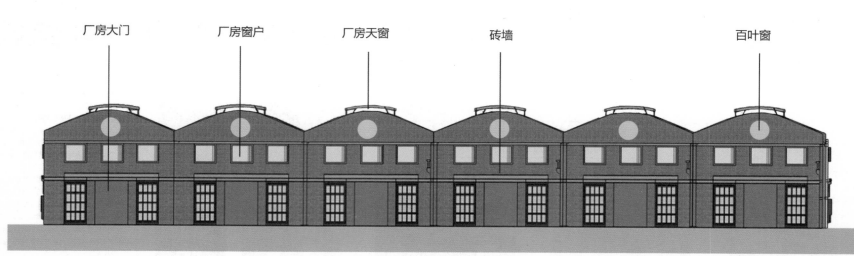

8-13厂房改造立面图

南京浦镇车辆厂历史风貌区城市设计
Nanjing Puzhen urban design of Historical Conservation Area ▌15 局部透视效果图

西侧透视图

厂房改建内部内部透视图

厂房改建透视图

厂房改建内部透视图

广场细部透视图

北侧透视图

办公区细部透视图

运动区透视图

西侧天际线

南京工业大学　郑州大学　山东建筑大学　苏州大学
2017 城乡规划专业四校联合毕业设计作品集

苏州大学　毕业设计小组

1. 创忆新生
设计成员：王鹏　顾佳丽　韩维杰

2. 工业遗产公园·记忆与传承
设计成员：马思宇　葛思蒙　席宇凡

指导教师：雷诚

创忆新生

苏州大学
Soochow University

设计成员：王 鹏 顾佳丽
指导教师：雷 诚

设计感悟：短短几个月的联合毕设，我们收获颇多！在设计上，开拓了眼界，学习到了友校同学发散的设计思维和创意理念；在团队配合上，交流了感情，感受到了兄弟院校同学的细致与努力。独学而无友则孤陋而寡闻，毕业之际能够有幸参加一次这样的联合设计活动，真的是对本科阶段学习最好的总结与提升，同时也是一段美好的回忆！最后，希望联合毕设越办越好！

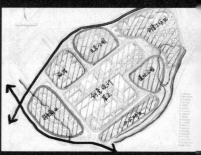

第一阶段 构思图

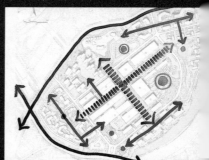

第二阶段 优化构思图

第三阶段 总平面图

创忆新生

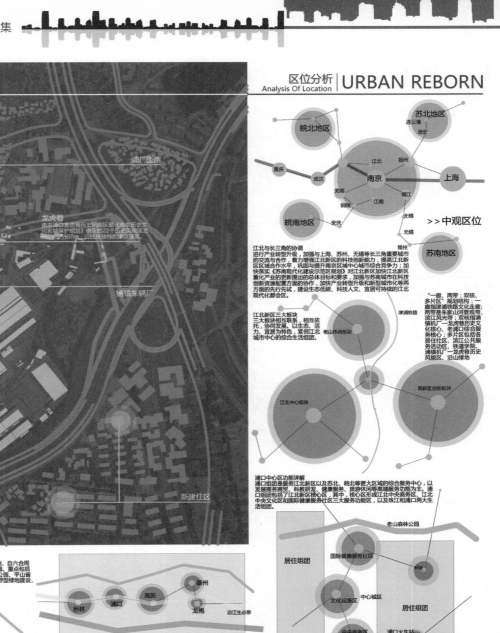

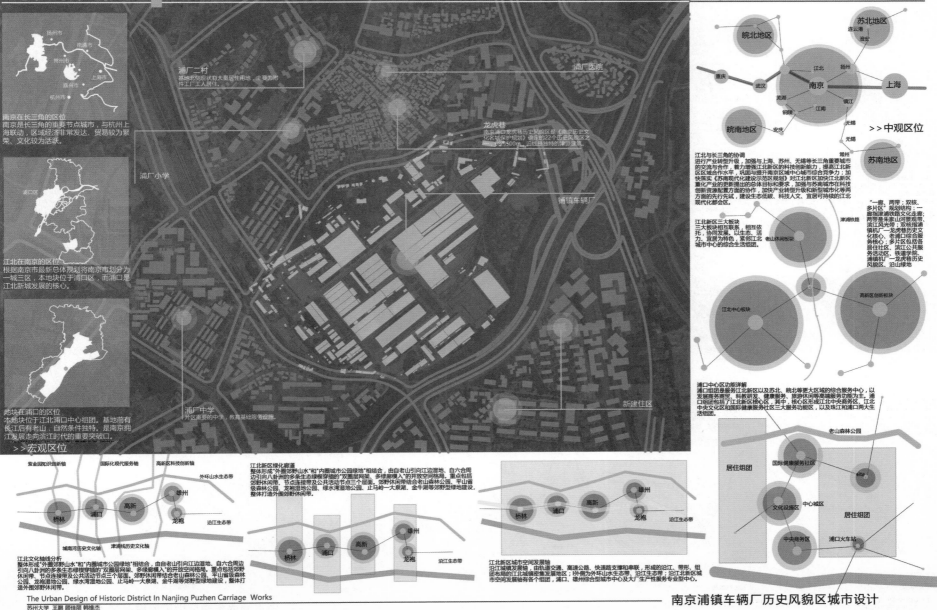

南京在长三角的区位
南京是长三角的重要节点城市，与杭州上海联动，区域经济非常发达，贸易较为繁荣，文化较为活跃。

江北在南京的区位
根据南京市最新总体规划将南京市划分为一城三区，本地块位于浦口区，而浦口是江北新城发展的核心。

地块在浦口的区位
本地块位于江北浦口中心组团。基地前有长江后有老山，自然条件独特。是南京拥江发展走向滨江时代的重要突破口。

>> 宏观区位

>> 中观区位

江北与长三角的协调
进行产业转型升级，加强与上海、苏州、无锡等长三角重要城市的交流与合作，着力增强江北新区的科技创新能力，提高江北新区城市的竞争力，巩固和提升南京区域中心城市综合竞争力。加快落实《苏南现代化建设示范区规划》对江北新区加快江北新区重化产业的更新推出的总体目标和要求，加强与苏南城市在科技创新资源配置方面的协作，加快产业型升级和新型城市火等两方面的先行先试，建设低碳、科技人文、宜居可持续的江北现代化都会区。

江北新区三大板块
三大板块相互联系，相互依托，协同发展。以生态、活力、宜居为特色，紧邻工业化城市中心的综合生活组团。

"一廊，两带；双核；多片区"规划结构：一廊指津浦铁路文化走廊；两带是来象山河景观带、滨江风光带；双核指浦镇机厂—龙虎巷历史文化核心、老浦口综合服务核心；多片区包括居住社区、滨江公共服务活动区、铁道学院、浦镇机厂—龙虎巷历史风貌区、沿山绿地。

浦口中心区功能详解
浦口组团是服务江北新区以及苏北、皖北等更大区域的综合服务中心，以发展商务商贸、科教研发、健康服务、旅游休闲等高端服务功能为主。浦口组团包括了江北新区核心区，其中，核心区形成江北中央商务区、江北中央文化区和国际健康服务社区三大服务功能区，以及珠江和浦口两大生活组团。

江北文化轴线分析
整体形成"外圈郊野山水"和"内圈城市公园绿地"相结合，由自老山引向江边湿地、自六合周边引向八卦洲的多条生态绿楔穿插的"双圈层网架、多绿楔穿插入"的开放空间格局。重点包括郊野休闲带、节点连接带及公共活动节点三个层面。郊野休闲带结合老山森林公园、平山省级森林公园、龙袍湿地公园、绿水湾湿地公园、止马岭一大泉湖、金牛湖等郊野型绿地建设，整体打造外围郊野休闲带。

江北新区绿化廊道
整体形成"外圈郊野山水"和"内圈城市公园绿地"相结合，由自老山引向江边湿地、自六合周边引向八卦洲的多条生态绿楔穿插的"双圈层网架、多绿楔穿插入"的开放空间格局。郊野休闲带结合老山森林公园、龙袍湿地公园、绿水湾湿地公园、止马岭一大泉湖、金牛湖等郊野型绿地建设，整体打造外围郊野休闲带。

江北新区城市空间发展轴
沿江城镇发展轴，由轨道交通、高速公路、快速路支撑和串联，形成的沿江、带形、组团布局的江北城镇密集发展地区；纵侧为外环山水生态带、沿江生态带；沿江江北城镇空间发展轴与新区城市空间发展轴各有个组团，浦口、雄州综合型城市中心及大厂生产性服务专业中心。

The Urban Design of Historic District In Nanjing Puzhen Carriage Works

苏州大学 王鹏 顾佳丽 韩维杰

南京浦镇车辆厂历史风貌区城市设计

创忆新生 2

现状分析 | URBAN REBORN
Comprehensive Analysis

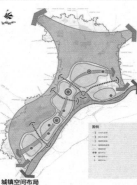

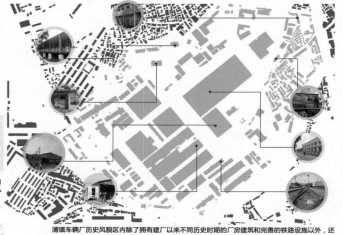

城镇体系结构
2030年形成"中心城-副中心城-新城-新市镇"的城镇等级体系。中心城：由浦口、高新一大厂两个组团组成；副中心城：由雄州组团和长芦产业板块组成；新城（2个）：桥林、龙袍；新市镇（8个）：竹镇、金牛湖、马鞍、横梁、星甸、汤泉、永宁、八卦洲。

产业发展策略
深入实施创新驱动核心战略，加快产业结构调整和多中心布局的原则，力求存量产业调整与增量产业培育双线并举，显著提高经济发展质量和效益，加快形成现代产业体系，成为长三角重要的科技创新中心和创新型经济发展高地。

城镇空间布局
根据城镇增长边界，按照集中集聚、公交引导开发和多中心布局的原则，形成"一轴、两带、三心、四廊、五组团"的城镇空间布局结构。

空间景观结构
整体形成"外圈郊野山水"和"内圈城市公园绿地"相结合，由自老山引向江边湿地、自六合周边引向八卦洲的多条生态绿楔穿插的"双圈层网架、多绿廊模入"的开放空间格局。打造重点包括郊野休闲带、节点连接带及公共活动节点三个层面。

浦镇车辆厂历史风貌区内除了拥有建厂以来不同历史时期的厂房建筑和完善的铁路设施以外，还包含了英式别墅、扶轮学校、浦子口城墙遗址等历史资源。该历史风貌区总体格局完整，历史文化资源丰富，生产工艺别致，具有较高的保护和利用价值。

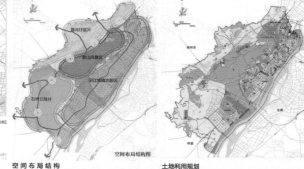

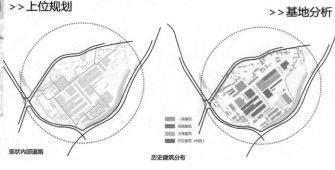

>> 上位规划

>> 基地分析

城镇体系结构
形成"副城一新城一新市镇一新社区"四级城镇等级体系。江北副城浦口片区、桥林新城、新市镇（6个）包括乌江、石桥、星甸、汤泉、永宁以及高新区盘城组团、新社区（41个）。

空间布局结构
形成"一带多点"城镇空间和"一山两片"非城镇空间的布局结构。根据空间布局结构，将全区划分为四个功能分区：沿江城镇功能区、老山风景区、河圩区片、能石桥丘陵片。

土地利用规划
规划全区市建设用地20平方千米，其中居用地约占25%，公共设施用地约占13%，工业用地约占26%，道路广场用地约占13.1%。

浦口片区规划图
浦口组团是服务江北新区以及苏北、皖北等更大区域的综合服务中心，以发展商务商贸、科教研发、健康服务、旅游休闲等高端服务功能为主。浦口组团包括了江北新区核心区。

现状内部道路

历史建筑分布

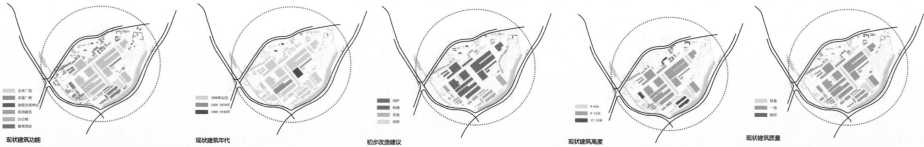

现状建筑功能

现状建筑年代

初步改造建议

现状建筑高度

现状建筑质量

The Urban Design of Historic District In Nanjing Puzhen Carriage Works

苏州大学 王鹏 顾佳丽 韩维杰

南京浦镇车辆厂历史风貌区城市设计

创忆新生 3

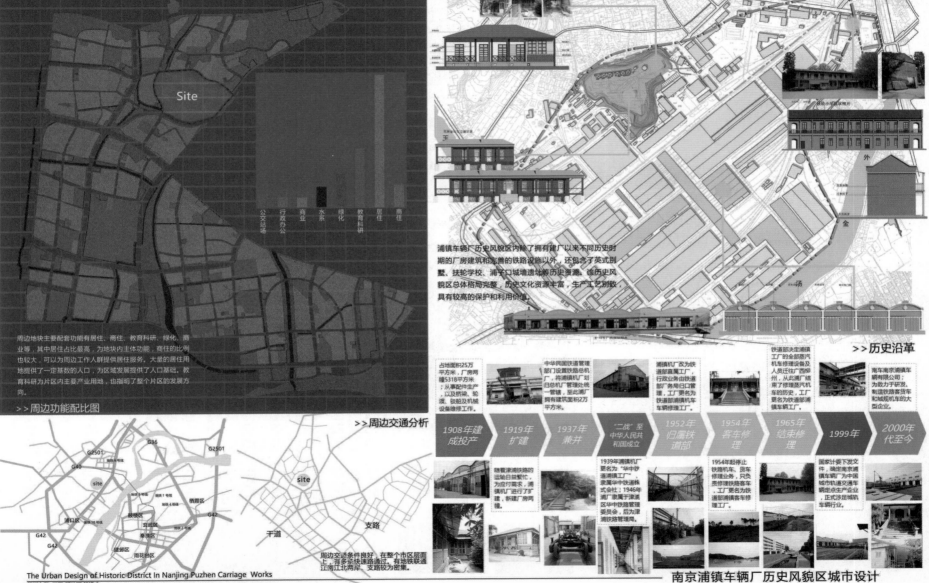

Site

>>重点历史建筑分布

公交站场　行政办公　商业　水系　绿化　教育科研　居住　商住

浦镇车辆厂历史风貌区内除了拥有建厂以来不同历史时期的厂房建筑和完善的铁路设施以外，还包含了英式别墅、扶轮学校、浦子口城墙遗址等历史资源。该历史风貌区总体格局完整，历史文化资源丰富，生产工艺别致，具有较高的保护和利用价值。

周边地块主要配套功能有居住、商住、教育科研、绿化、商业等，其中居住占比最高，为地块内主体功能，商住的比例也较大，可以为周边工作人群提供居住服务。大量的居住用地提供了一定基数的人口，为区域发展提供了人口基础。教育科研为片区内主要产业用地，也指明了整个片区的发展方向。

>>周边功能配比图

>>周边交通分析

>>历史沿革

| 1908年建成投产 | 1919年扩建 | 1937年兼并 | "二战"至中华人民共和国成立 | 1952年归属铁道部 | 1954年客车修理 | 1965年结束修理 | 1999年 | 2000年代至今 |

G36　G2501　G40　G2501　site　栖霞区　浦口区　地铁1号线　鼓楼区　玄武区　秦淮区　建邺区　雨花台区　G42

site　干道　支路

周边交通条件良好，在整个市区层面上，有多条快速路通过，有地铁联通江南江北两岸，支路较为密集。

创忆新生 4

综合分析 | **URBAN REBORN**
Comprehensive Analysis

>>定位及概念演绎

宏观背景 ＋ 微观条件 → 规划方案

外部需求 → 内部分析 → 目标定位

经济 产业转型，退二进三
社会 公共空间，共享开放
文化创意产业，生态复兴

过去 工业文脉的传承
未来 创意产业的注入
理念 生态绿地的植入

创意产业先行区
休闲娱乐综合区
生态公园景观区

定位 生态型休闲娱乐景观
创意设计与文化产业 → 集文化创意、特色商业、生态遗址公园的综合型园区

概念 传承自然与城市和谐相处的智慧
创新城市的发展模式和生活方式

工业发展 ← 缺乏整体规划，零散破碎，自然环境被打上深厚的工业烙印 ← 前工业

独特的工业景观，丰富的工业文化元素，增强空间温度，藏着聚焦能力。

后工业 → 分析基地现状、历史，确定发展方向和目标定位

工业发展　生产+生活
工业发展期间，绿地生态遭到破坏，原生生态被工业功能所侵占，人与自然的相处方式生硬

后工业　生态+生活
丰富的工业遗产是城市复兴的重要资源，其工业遗址特色使之与其他绿地有所区别。而便利的交通条件可为人流的吸引和疏导打下较好的基础。

生产

创意

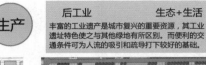

形成生态型工业遗产公园绿地和创意产业区，促使基地完成转变，从而焕发城市活力的重生

空间的再定义、功能的再组织、产业的再构成，其实是促使城市工业地段获得重生的手段——通过对工业遗产地段的重新定位和设计，我们传承自然与城市和谐共处的智慧，沿袭历史文脉继承工业遗址特色，提出城市发展模式和生活方式的创新格局。

>>空间重塑策略

>>案例分析

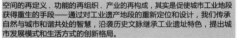
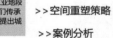

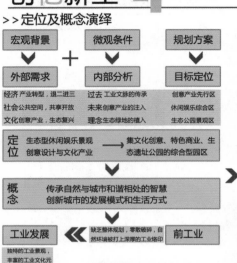

上海汽车制动器厂——上海市时尚创作中心
简介：
八号桥位于上海城市中心卢湾区，临近淮海中路商圈，交通方便，周边有着一大会址、复兴公园、周公馆、田子坊等文化设施分布其周边。该区原曾是旧属法租界的一片旧厂房，解放后，这里成为上汽集团所属"上海汽车制动器公司"。如今，八号桥已经成为了建筑家具、艺术、广告、软件、电影、出版、时装设计等新兴产业的汇聚中心。园区内已先后有法国文化周、澳大利亚旅游节、上海国际时装文化节、顶级汽车推介会和超级模特大赛等数十个重大活动举行。

借鉴：
1. 保持与置换：保持旧式工厂的整体样貌。内部全部换新，把工厂的一部分墙壁和屋顶裸去，露出用玻璃的铁架成新的部分，这样使新旧形成了强烈的对比。2. 开放空间：利用厂房原有外部空间，建造丰富多样的开放空间，外部和内部空间复杂地混合在一起，制作半外部空间，创造外部沟通条件。3. "桥"：保留了原有的单体厂房，用桥把这些建筑物连接为一体。在楼宇之间遨游穿行，体验建筑，室内景观和室外景观在虚实间的变化互动。

南市发电厂——上海世博会城市未来馆
简介：
2010年上海世博会选址于上海黄浦两岸重工业区域，这里曾经是中国近代工业的发源地，有着南市发电厂、江南造船厂等一批代表中国近代民族工业发展变迁的企业。随着这些工厂被搬迁，遗存的二三十栋不同时期的工业建筑中的大部分被改造成展示场馆。其中南市发电厂被改建成2010年上海世博会的主题展馆之一——城市未来馆，用于展示非物质、无形的城市。

借鉴：
1. 立面改造
本着对工业遗迹尊重的原则，保持主厂房原有型制，结合功能和景观要求，针对重点部位进行局部改造和加建，使人们对于这座工业文明遗迹的记忆得到延续。
2. 内部空间改造
延续工业厂房有的内部空间特性，不对其进行分割破坏，功能置换为大型展厅，配置生态中庭。
3. 烟囱改造
烟囱作为工业厂房的标志，将其烟囱改造成气象信号塔，以告知园区温度。

借鉴：
1. 平行原则：保留原厂房建筑肌理，加建的建筑平行于原建筑，体量狭长同构于原建筑。
2. 通透原则：保持原建筑与山体间的景观廊道通畅，加建部分不构成对山体的遮挡。
3. 放大原则：一方面，延续对原厂房建筑风貌的记忆，另一方面，通过对保留建筑屋顶、门廊通道等夸张他们的固有形象。

唐山市面粉厂
简介：
唐山面粉厂是唐山市城市展览馆的前身。位于市中心的大城市西侧，因阻碍了山体和城市的联系，有计划将之推辞掉。但对于一个大多数建筑只有三十余岁的城市，厂区中四栋日时期建的库房很值得保留。在多方努力下，它们和另两栋1980年代建的粮仓得以保存。
保留下来的六栋平行的建筑又恰巧垂直于半山体，使山体有不妻地从建筑的空隙间溢出，并形成了有层次有秩序的城市开放空间体系。

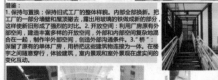

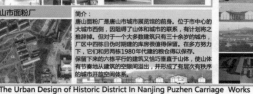

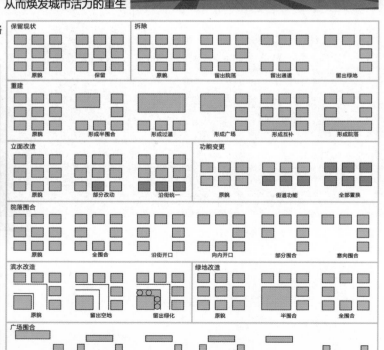

保留现状 ／ 拆除

原貌 保留 ／ 原貌 留出院落 留出通道 留出绿地

重建

原貌 形成半围合 形成过道 ／ 原貌 形成广场 形成互补 形成院落

立面改造

原貌 部分改动 沿街统一 ／ 功能变更　原貌 街道功能 全部置换

院落围合

原貌 全围合 沿街开口 向内开口 部分围合 意向围合

滨水改造

原貌 留出空地 留出绿化 ／ 绿地改造　原貌 半围合 全围合

广场围合

原貌 全围合 侧向开口 沿街开口 留出通道 留出街道

The Urban Design of Historic District In Nanjing Puzhen Carriage Works

苏州大学 王鹏 顾佳丽 韩维杰

南京浦镇车辆厂历史风貌区城市设计

创忆新生 5

设计策略 | URBAN REBORN
The Design Strategy

>> 工业厂区功能利用变化过程

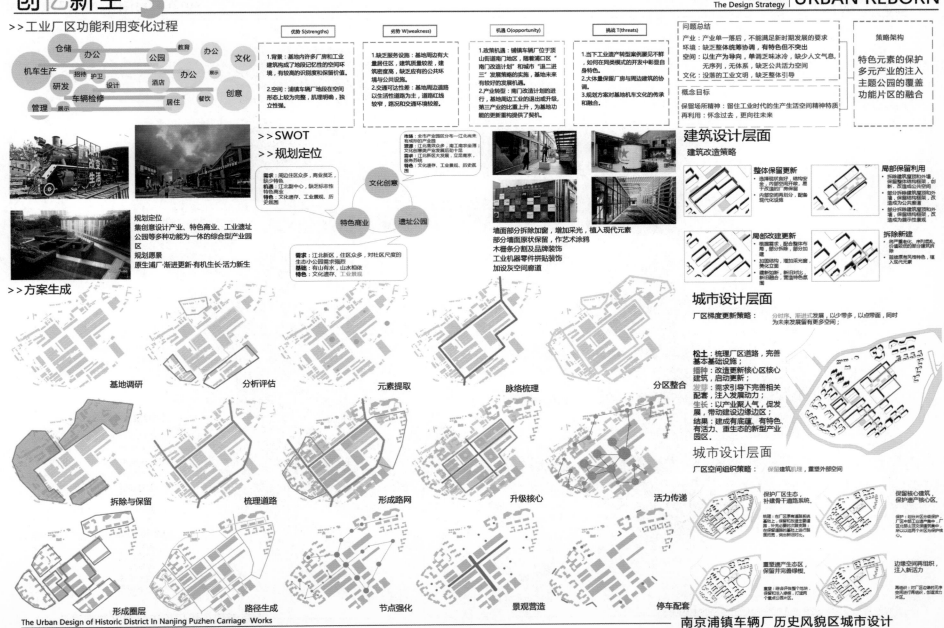

仓储　办公　　公园　教育　办公　文化
机车生产　招待　护卫　设计　展示　办公
研发　　　车辆检修　　酒店　餐饮　创意
管理　展示　　　　　　居住

优势 S(strengths)
1.背景：基地内许多厂房和工业建筑构成了地段记忆性的空间环境，有较高的识别度和保留价值。
2.空间：浦镇车辆厂地段在空间形态上较为完整，肌理明确，独立性强。

劣势 W(weakness)
1.缺乏服务设施：基地周边有大量居住，建筑质量较差，建筑密度高，缺乏应有的公共环境与公共设施。
2.交通可达性差：基地周边道路以生活性道路为主，道路红线较窄，路况和交通环境较差。

机遇 O(opportunity)
1.政策机遇：铺镇车辆厂位于顶山街道南门地区，随着浦口区"南门改造计划"和城市"退二进三"发展策略的实施，基地未来有较好的发展机遇。
2.产业转型：南门改造计划的进行，基地周边工业的退出与升级，第三产业的比重上升，为基地功能的更新重构提供了契机。

挑战 T(threats)
1.当下工业遗产转型案例屡见不鲜，如何在同类模式的开发中彰显自身特色。
2.大体量保留厂房与周边建筑的协调。
3.规划方案对基地机车文化的传承和融合。

问题总结
产业：产业单一落后，不能满足新时期发展的要求
环境：缺乏整体统筹协调，有特色但不突出
空间：以生产为导向，单调乏味冰冷，缺少人文气息，无序列，无体系，缺乏公共活力空间
文化：没落的工业文明，缺乏整体引导

概念目标
保留场所精神：留住工业时代的生产生活空间精神特质
再利用：怀念过去，更向往未来

策略架构
特色元素的保护
多元产业的注入
主题公园的覆盖
功能片区的融合

>> SWOT
>> 规划定位

市场：全市产业园区分布—江北尚未有成熟的产业园
资源：江北集聚众多，南工南农衰落，文化创意南美产业发展居初个层
需求：江北新区大发展，立足南京，服务苏皖
特色：文化遗存、工业景观、历史氛围

文化创意
特色商业　遗址公园

需求：周边居民众多，商业贫乏，缺少特色
机遇：江北蓝图绘就，缺乏标志性特色商业
特色：文化遗存、工业景观、历史氛围

需求：江北新区，住区众多，对社区尺度的生态小公园需求强烈
基础：有山有水、山水相依
特色：文化遗存、工业景观

规划定位
集创意设计产业、特色商业、工业遗址公园等多种功能为一体的综合型产业园区

规划愿景
原浦厂·渐进更新·有机生长·活力新生

墙面部分拆除加窗，增加采光，植入现代元素
部分墙面原状保留，作艺术涂鸦
木栅条分割及品牌装饰
工业机器零件拼贴装饰
加设灰空间廊道

建筑设计层面
建筑改造策略

整体保留更新
局部保留利用
局部改建更新
拆除新建

城市设计层面
厂区梯度更新策略： 分时序、渐进式发展，以少带多，以点带面，同时为未来发展留有更多空间；

松土：梳理厂区道路，完善基本基础设施；
播种：改造厂区核心核心建筑，启动更新；
发芽：需求引导下完善相关配套，注入发展动力；
生长：以产业聚人气，促发展，带动建设边缘区；
结果：建成有底蕴、有特色、有活力、重生态的新型产业园区

城市设计层面
厂区空间组织策略： 保留建筑肌理，重塑外部空间

保护厂区生态，补建骨干道路系统
保留核心建筑，保护遗产核心区
重塑遗产生态区，保留并完善绿量
边缘空间再组织，注入新活力

>> 方案生成

基地调研　分析评估　元素提取　脉络梳理　分区整合

拆除与保留　梳理道路　形成路网　升级核心　活力传递

形成圈层　路径生成　节点强化　景观营造　停车配套

创忆新生

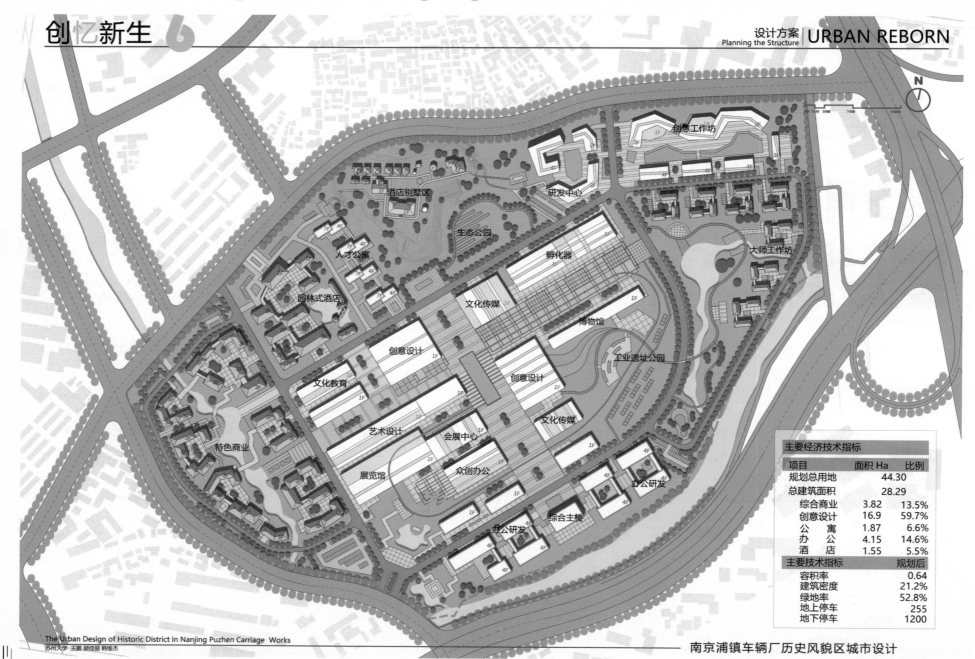

创意工作坊

研发中心

酒店别墅区

生态公园

大师工作坊

孵化器

人才公寓

园林式酒店

文化传媒

博物馆

创意设计

工业遗址公园

文化教育

创意设计

艺术设计

文化传媒

会展中心

办公研发

特色商业

展览馆

众创办公

办公研发

综合主楼

办公研发

主要经济技术指标		
项目	面积 Ha	比例
规划总用地	44.30	
总建筑面积	28.29	
综合商业	3.82	13.5%
创意设计	16.9	59.7%
公　寓	1.87	6.6%
办　公	4.15	14.6%
酒　店	1.55	5.5%
主要技术指标		规划后
容积率		0.64
建筑密度		21.2%
绿地率		52.8%
地上停车		255
地下停车		1200

The Urban Design of Historic District In Nanjing Puzhen Carriage Works

苏州大学 王鹏 顾佳菡 韩维杰

南京浦镇车辆厂历史风貌区城市设计

创忆新生 7

The Urban Design of Historic District In Nanjing Puzhen Carriage Works

苏州大学 王鹏 顾佳丽 韩维杰

南京浦镇车辆厂历史风貌区城市设计

创忆新生 8

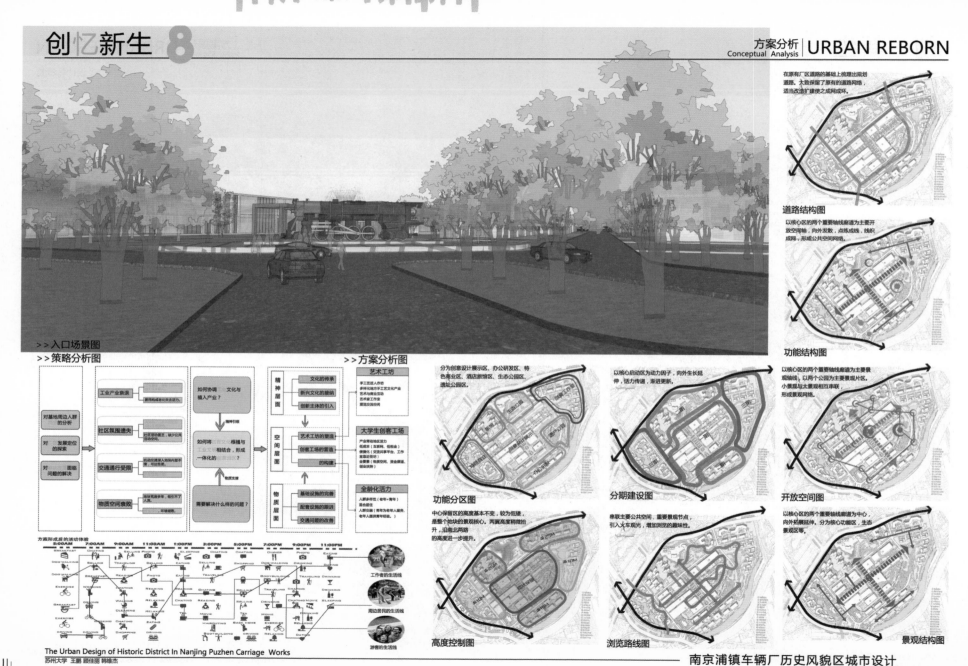

>> 入口场景图

>> 策略分析图

>> 方案分析图

道路结构图

在原有厂区道路的基础上梳理出规划道路，大致保留了原有的道路网络，适当改造扩建使之成网成环。

功能结构图

以核心区的两个重要轴线廊道为主要开放空间轴，向外发散，点练成线，线织成网，形成公共空间网络。

功能分区图

分为创意设计展示区、办公研发区、特色商业区、酒店旅馆区、生态公园区、遗址公园区。

分期建设图

以核心启动区为动力因子，向外生长延伸，活力传递，渐进更新。

开放空间图

以核心区的两个重要轴线廊道为主要景观轴线，以两个公园为主要景观片区。小景观与大景观相互串联形成景观网络。

高度控制图

中心保留区的高度基本不变，较为低矮，是整个地块的景观核心。两翼高度精微抬升，沿南北两路的高度进一步提升。

浏览路线图

串联主要公共空间、重要景观节点，引入火车观光，增加浏览的趣味性。

景观结构图

以核心区的两个重要轴线廊道为中心，向外拓展延伸。分为核心功能区、生态景观区等。

艺术工坊

大学生创客工场

全龄化活力

工作者的生活线

周边居民的生活线

游客的生活线

The Urban Design of Historic District In Nanjing Puzhen Carriage Works

苏州大学 王鹏 顾佳丽 韩维杰

南京浦镇车辆厂历史风貌区城市设计

创忆新生 9

8-13号厂房

>>中心区建筑详解

25-26号厂房

总装车间厂房

>>中心轴线人视点

中心轴线保留了部分跑盘，将其有效地利用起来，作为小火车游线上的一个重要节点。保留功能，保留场景，保留记忆。

>>中心区透视详解

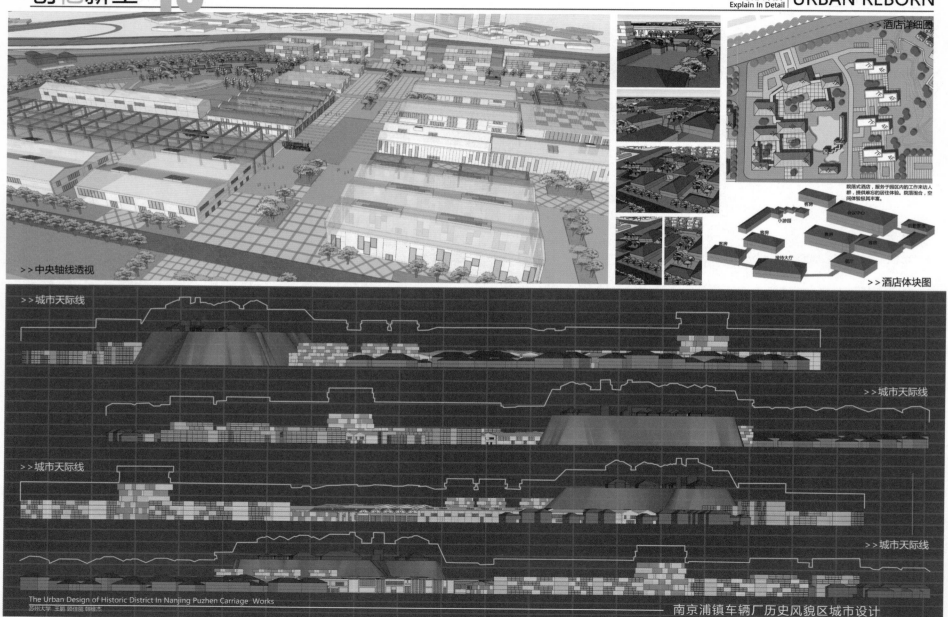

创忆新生 10

局部详解 | **URBAN REBORN**
Explain In Detail

>>酒店详细图

院落式酒店，服务于园区内的工作来访人群，提供难忘的居住体验。院落组合，空间体验极其丰富。

>>中央轴线透视

>>酒店体块图

>>城市天际线

>>城市天际线

>>城市天际线

>>城市天际线

The Urban Design of Historic District In Nanjing Puzhen Carriage Works

苏州大学 王鹏 路佳丽 韩维杰

南京浦镇车辆厂历史风貌区城市设计

创忆新生

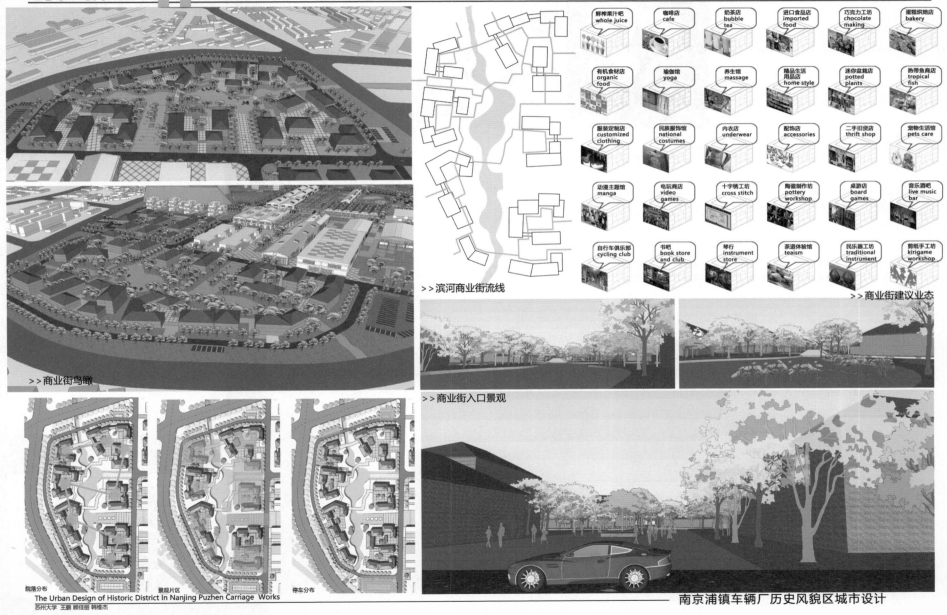

>>商业街鸟瞰

>>滨河商业街流线

鲜榨果汁吧 whole juice
咖啡店 cafe
奶茶店 bubble tea
进口食品店 imported food
巧克力工坊 chocolate making
蛋糕烘焙店 bakery

有机食材店 organic food
瑜伽馆 yoga
养生馆 massage
精品生活用品店 home style
迷你盆栽店 potted plants
热带鱼商店 tropical fish

服装定制店 customized clothing
民族服饰馆 national costumes
内衣店 underwear
配饰店 accessories
二手旧货店 thrift shop
宠物生活馆 pets care

动漫主题馆 manga
电玩商店 video games
十字绣工坊 cross stitch
陶瓷制作坊 pottery workshop
桌游店 board games
音乐酒吧 live music bar

自行车俱乐部 cycling club
书吧 book store and club
琴行 instrument store
茶道体验馆 teaism
民乐器工坊 traditional instrument
剪纸手工坊 kirigame workshop

>>商业街建议业态

>>商业街入口景观

院落分布
景观片区
停车分布

The Urban Design of Historic District In Nanjing Puzhen Carriage Works
苏州大学 王鹏 顾佳丽 韩维杰

南京浦镇车辆厂历史风貌区城市设计

工业遗产公园·
记忆与传承

苏州大学
Soochow University

设计成员：马思宇　葛思蒙　席宇
指导教师：雷　诚

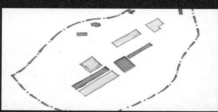

第一阶段 构思图

第二阶段 草图

第三阶段 定稿图

　　设计感悟：首先，这次四校联合设计的方案是一个实际项目，比以往在学校里假题假做的课程设计更加真实，能很好地锻炼实际项目的设计能力。然后，在三个月的毕业设计期间，通过详细的现状调研、初步设计、中期答辩、方案修改和最终答辩等几个过程，不仅锻炼了我们自身的设计能力，同时对方案汇报、时间统筹安排等方面的能力有很好的提高。最后，四校联合设计不仅仅是一个毕业设计，同时在开题、中期答辩和最终答辩期间，参观了南京工业大学和郑州大学，体验了不同学校的设计风格，也认识了其他学校的规划老师和同学，让我受益匪浅。

工业遗产公园

南京浦镇车辆厂历史风貌区
城市设计

THE URBAN DESIGN OF HISTORIC DISTRICT IN NANJING PUZHEN CARRIAGE WORKS

小组成员：马思宇、葛思蒙、席宇凡

记忆与传承

■ 区位分析

中国区位
南京隶属江苏省，是江苏省的省会城市，是长三角的重要门户城市。

江北在南京的区位
根据南京市最新总体规划将南京市划分为一城三区，本地块位于浦口区，而浦口是江北新城发展的核心。

地块在浦口的区位
本地块位于江北浦口中心组团。基地前有长江后有老山，自然条件独特。是南京拥江发展走向滨江时代的重要突破口。

地块在南门的区位
改造地段位于浦口区丁山街道南门地区，紧邻浦珠南路发展轴，依靠珍珠泉度假区。该区块发展机遇良好。

■ 基地周边资源分析

珍珠泉风情区
珍珠泉风景区位于南京市浦口定山西南麓，珍珠泉山青、水秀、泉奇、石美，风光秀丽，生态环境优良，明清两代即以"江北第一游观之所"的美誉蜚声大江南北。风景区区位优势明显，面向长江，背靠老山。

龙虎巷
龙虎巷，位于南京市浦口区南门，呈南北走向，长约500米，沿线是独具特色的津派建筑，是近现代南京大工业初期产业形成的重要证物，北方建筑文化南进的一次成功实践。龙虎巷历史风貌区是《南京历史文化名城保护（2010-2020）》确定的22个历史风貌区之一。

居住小区
浦镇车辆厂周边分布着众多居住小区，包括珍珠雅苑、丽都鸿图阁、摩卡庄园、明发城市广场等，对大型绿地、休憩场所有较高的需求。

浦口火车站
是全国重点文物保护单位，中国唯一保存民国特色的火车站，火车站的候车大楼、月台、雨廊、售票房、贵宾楼、高级职工宿舍等主体及配套建筑，都被系统地保存下来，是中国唯一完整保留历史风貌的"百年老火车站"，并被列为中国最文艺的九个火车站。

南京铁道职业技术学院
学院是长三角地区唯一一所轨道交通高职院校，也是轨道交通行业办学历史最长、影响力最大的高职院校之一，被誉为华东地区轨道交通人才培养的"黄埔军校"。

■ 上位规划分析

南京市历史文化名城保护规划（2010-2030）
保护规划划定22片历史风貌区，其中本次规划的浦镇机厂为历史建筑群。保护规划要求历史风貌区采取登录保护，重点保护整体格局和传统风貌，新建建筑高度、体量、风格等必须与历史风貌相协调，不得改变保护范围内历史街巷的走向。

南京市浦口区城乡总体规划（2010-2030）
划定4片历史风貌区，分别为：龙虎巷传统住宅区；左所大街传统住宅区；浦口火车站历史建筑群；浦镇机厂历史建筑群。历史风貌区要划定保护范围界限，确定保护对象和相应的保护措施。重点保护整体格局和龙虎巷风貌，建筑高度、体量、风格等必须与历史风貌相协调，不得改变保护范围内历史街巷的走向。

南京市PKb051地块控制性详细规划
控规在规划结构中将浦镇机厂为特定意图区，体现了浦镇机厂的传统历史风貌。在空间景观结构上也规划为历史风貌节点，体现了浦镇机厂的历史文化。本次规划重点保护其历史格局和传统风貌，新建建筑高度、体量、风格等必须与传统风貌相协调，保护更新方式宜采用小规模、渐进式，不得大拆大建。

■ 历史记忆

| 1908年建成投产 | 1919年扩建 | 1937年兼并 | "二战"至中华人民共和国成立 | 1952年归属铁道部 | 1954年客车修理 | 1965年结束修理 | 1999年 | 2000年代至今 |

| 1908 | 1919 | 1921 | 1922 | 1923 | 1925 | 1927 | 1930 | 1932 | 1937 | 1945 | 1948 | 1949 |

工业遗产公园

南京浦镇车辆厂历史风貌区
城市设计

记忆与传承

THE URBAN DESIGN OF HISTORIC DISTRICT IN NANJING PUZHEN CARRIAGE WORKS

小组成员：马思宇、葛思蒙、席宇凡

■ 基地内部资源分析

厂长奥斯登住宅
始建于1908年，有二幢别墅，原来是英人厂长澳斯敦、总工程师韩纳等高级管理人员住宅。澳宅座北朝南，为一矩形建筑物，它的建筑面积621平方米，前檐高4米，砖墙、铁皮顶、木地板，四面有长廊，还有地下室，壁炉烟囱耸立屋顶。

工程师韩纳住宅
韩宅座为座西北朝东南，为一多边形建筑物，它建筑面积495平方米，前檐高3.5米，砖墙、瓦顶、水泥地，前有长廊并有地下室。中华人民共和国成立前历任厂长、总工等高级管理人员均居于此。中华人民共和国成立后，该别墅先作工人疗养院使用又作过工人培训、教育场所。

21-22号厂房
21-22号厂房长200、宽15.6米、高14米，二跨相连，始建于1952，多次改扩建，东、南、北三面外观保存原有面貌，大部分梁架以木结构为主。现为台车车间。

市场部与信息科技部
长26、宽8.5、高5米，前有廊宽2.3米的平房建筑。此两幢建筑由国民政府管理工厂期间（约1930年代修建，位于浦镇车辆厂1号大门内西边，承继了工厂原有英式配套建筑均带走廊的风格。

浦子口城墙
浦镇机厂当时建造之时就选在万峰门内，后期修筑的厂区围墙就借势搭在了浦子口城墙的断垣上。现有迹可循的为浦镇机厂东侧的附风门及延伸的城墙约100米，1998年公布为区级文保单位。

西敌台遗址
位于浦口区顶山街道办事处浦镇车辆厂南大门西边，西敌台的上面。该碉堡是国民党为了守卫浦镇而修建的，其为钢筋混凝土结构，西敌台处原有"江汉肃纪"的石刻，仅存"纪"字石刻。

扶轮小学
现在学校迁出，作为饭店和沿街商业用房。学校原有占地约3000平米，现存二幢民国建筑。一幢二层楼房，长35米、宽8.5、10.6米，原有面貌基本没有变化，唯栏杆、楼梯、走廊等有所变化。还有一幢平房，其长32米、宽8、高8.5米。

跑盘
铁路工业特有的大作业工具。机车通过可以横向移动的轨道转移到与原来轨道平行的其他轨道上，方便进入其他的车间进行作业。现厂区有两处大型跑盘，主要用作机车在不同轨道间的移动。

8-13号厂房
面宽82米、进深63米、高12米，六跨相连，始建于1921年，外观保留英式建筑面貌、内部结构根本改变化现为客车车间厂房一部分。该建筑始建于1921年，位于建于同一时期的自动移车平台（即今浦镇车辆厂1号迁车台处）东边。

铁轨
浦镇机厂现存大量的铁路线，大部分为厂区内机车制造及修理的轨道。另外，延伸出厂外有与铁路线接驳作为机车的检修线路，以及试运行线路。

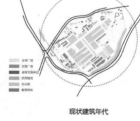

■ 现状建筑分析

现状建筑高度

现状建筑质量

现状建筑功能

现状建筑风貌

现状建筑年代

现存文化遗址

■ SWOT分析

优势 S(strengths)

1.背景：基地中许多厂房和工业建筑构成了地段记忆性的空间环境，有较高的识别度和保留价值。
2.空间：浦镇车辆厂地段在空间形态上较为完整，肌理明确，独立性强。

劣势 W(weakness)

1.缺乏服务设施：基地周边有大量居住区，建筑质量较差，建筑密度高，缺乏应有的公共环境与公共设施。
2.交通可达性差：基地周边道路以生活性道路为主，道路红线较窄，路况和交通环境较差。

机遇 O(opportunity)

1.政策机遇：铺镇车辆厂位于顶山街道南门地区，随着浦口区"南门改造计划"和城市"退二进三"发展策略的实施，基地未来有较好的发展机遇。
2.产业转型：南门改造计划的进行，基地周边工业的退出或升级，第三产业的比重上升，为基地功能的更新重构提供了契机。

挑战 T(threats)

1.当下工业遗产转型案例屡见不鲜，如何在同类模式的开发中彰显自身特色。
2.大体量保留厂房与周边建筑的协调。
3.规划方案对基地机车文化的传承和融合。

工业遗产公园
南京浦镇车辆厂历史风貌区
城市设计

记忆与传承

THE URBAN DESIGN OF HISTORIC DISTRICT IN NANJING PUZHEN CARRIAGE WORKS

小组成员：马思宇、葛思蒙、席宇凡

■ 问题研究及策划

以现状问题出发，从社会、文化和空间三个方面对基地问题进行分析，并分别确立发展目标。

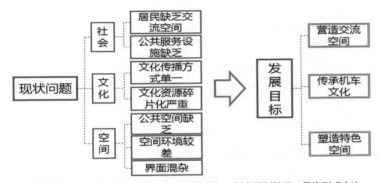

通过发展目标，分析人的需求和交流分割的现象，制定规划策略，最终形成本次规划的规划理念和规划定位。

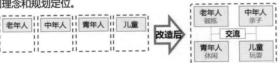

＋

发展目标

＋

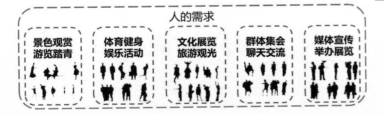

■ 案例借鉴

从选取的三个案例来看，工业区改造的成功因素主要在于挖掘自身独特的工业文化主题，有效利用自身的工业遗产。规划设计可以有效结合适合自身区位条件的功能载体、营造多样化的公共空间以及独特的空间景观。

案例名称	案例特点	借鉴内容
鲁尔工业区	1.**整体结构保护**：充分发掘场地上各种设施的空间潜力并赋予其新的功能力使厂区发挥更高的效能，实现综合利用。 2.**工业设施保护**：保留的吊车道轨、管道等，构成浓烈的历史和文化氛围，并使人们能体验到历史所刻下的痕迹。 3.**场地环境保护**：将厂区工业遗产的保护与后工业景观的重构与组织、空间布局结构的整合、生态环境的修复与重建。	对原厂区结构和建筑设施的处理经验
纽约高线公园	1.**"植筑"创建空间特色**：对线性游憩空间进行序列上的布置，营造了丰富的游憩方式。 2.**轨道利用及空间环境塑造**：保留历史时期的特征，注重公共空间的塑造，提高地方的活力。 3.**宣传和影响力**：举办各类活动和媒体宣传对地块宣传，提高影响力。	高架的空间给与了人们观赏城市的新视角
格兰威尔岛	1.格兰威尔岛传统的工业生产功能与现代的商业和文化功能相结合。 2.保留岛上工业建筑的特征，容纳文化、教育和商业等综合功能。 3.营造多样化的公共空间，吸引各种公共活动。	改造基本方法和原则

规划策略

- 改善交流环境
- 增加公共服务设施
- 整合文化资源
- 建立有效的传播途径
- 提高公共空间面积
- 改善空间环境
- 控制界面风格

目标定位

机车文化记忆

爱国教育传承

生态休闲体验

规划理念

以浦镇车辆厂的历史文化脉络为轴线，民国风格建筑为空间载体。利用自身工业遗产独特的内涵，通过物质空间的更新，为记忆与传承历史文化，为周边居民和游客带来新形式的旅游休闲体验。

规划定位

基地将建设成为：融合机车文化记忆、爱国教育传承和生态休闲体验的工业遗产公园。

工业遗产公园

南京浦镇车辆厂历史风貌区
城市设计

THE URBAN DESIGN OF HISTORIC DISTRICT IN NANJING PUZHEN CARRIAGE WORKS

小组成员：马思宇、葛思蒙、席宇凡

记忆与传承

■ 方案生成

Step 1. 文化传承——选取历史建筑和历史资源

对基地内建筑及其所在环境进行梳理后，归结出了各个历史资源点，其中有省级文物保护单位1处、市级文保单位1处、历史建筑5处和其他历史资源点9处。

类型	保护对象
省级文保单位	厂长奥斯登住宅
市级文保单位	扶轮学校
历史建筑	工程师韩纳住宅
	市场部与信息科技部
	8-13、21-22、32号厂房
其他历史资源	铁轨、水塔、跑盘等
历史遗迹	附凤门、西敌台遗址

Step 2. 景观渗透——分析景观环境因素

对基地内环境因素进行梳理后，归纳出3处有较大影响因素的景观资源。包括基地北部山体、金汤河和玉泉河3处。并且在基地东南侧人工形成一座小山体，与其他景观相呼应。

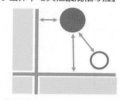 

Step 3. 功能组合——划分明确功能组团

根据功能动、静的区分，将功能分为文化展览、体育活动、餐饮娱乐、游园踏青和管理办公等5个功能分区。并将各供能分区合理安排。

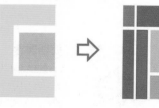 

Step 4. 空间序列——塑造核心与轴线

根据基地内保留的景观环境因素、功能分区的划定和利用基地中间现状开阔空间，形成具有空间序列感，串联各组团的轴线与核心节点。

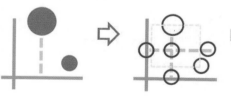 

Step 5. 流线梳理——形成层次感游览路线

根据文化展览的主、次要展区，时间顺序和参与体验以及运动、赏景和公共服务配套，结合轴线和节点，梳理形成路线分明、条理有序的参观游览路线。

展区	保护对象
文化展览	划分1908-1949展区、1949-1979展区、1980-2017展区和展望未来展区四大主题板块。
参与体验	依托厂房和轨道，体验机车零部件制造、机车模型制造等
体育运动	泥上运动场、游泳、球类运动
公服配套	娱乐、餐饮、住宿

Step 6. 尺度灵活——形成大小适宜的公共空间

针对不同功能所需要的空间体验感、视线通廊和景观渗透要求，结合建筑本身，打造尺度适宜，灵活有变的公共与半公共空间，提高空间的趣味性。

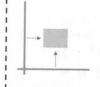

工业遗产公园

南京浦镇车辆厂历史风貌区
城市设计

记忆与传承

THE URBAN DESIGN OF HISTORIC DISTRICT IN NANJING PUZHEN CARRIAGE WORKS

小组成员：马思宇、葛思蒙、席宇凡

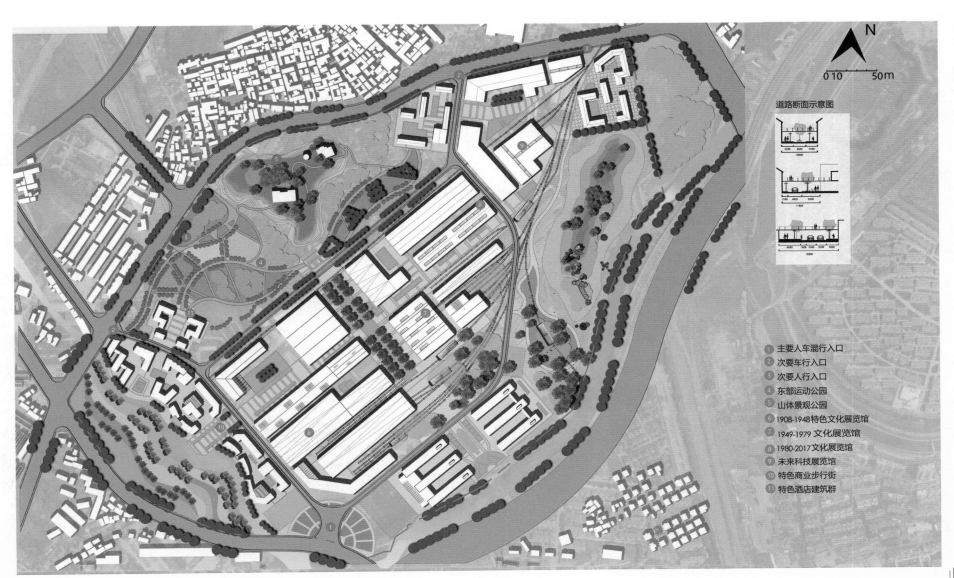

N

0 10   50m

道路断面示意图

- ① 主要人车混行入口
- ② 次要车行入口
- ③ 次要人行入口
- ④ 东部运动公园
- ⑤ 山体景观公园
- ⑥ 1908-1948特色文化展览馆
- ⑦ 1949-1979 文化展览馆
- ⑧ 1980-2017文化展览馆
- ⑨ 未来科技展览馆
- ⑩ 特色商业步行街
- ⑪ 特色酒店建筑群

工业遗产公园

南京浦镇车辆厂历史风貌区
城市设计

记忆与传承

THE URBAN DESIGN OF HISTORIC DISTRICT IN NANJING PUZHEN CARRIAGE WORKS

小组成员：马思宇、葛思蒙、席宇凡

■ 鸟瞰图

工业遗产公园

南京浦镇车辆厂历史风貌区
城市设计

THE URBAN DESIGN OF HISTORIC DISTRICT IN NANJING PUZHEN CARRIAGE WORKS

小组成员：马思宇、葛思蒙、席宇凡

记忆与传承

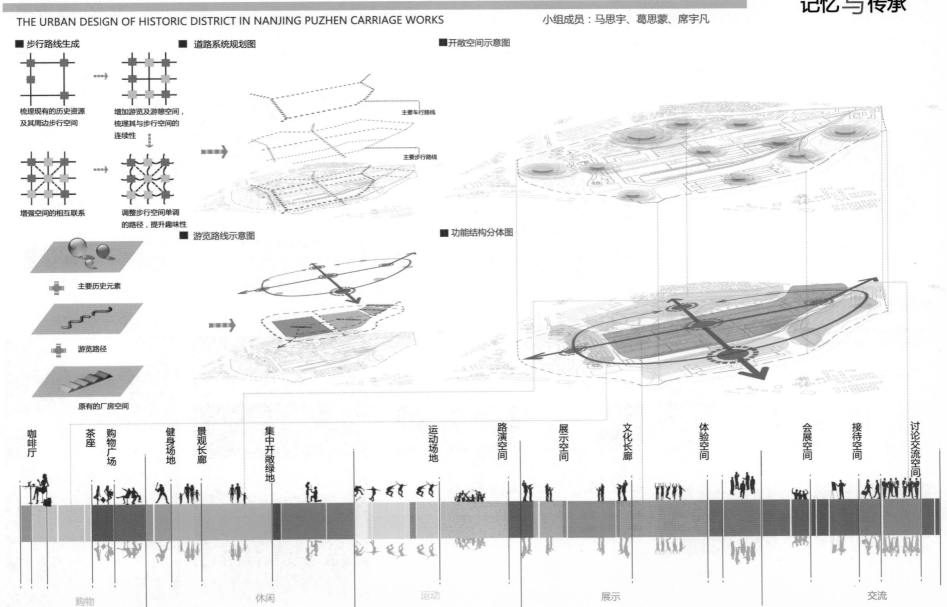

■ 步行路线生成

梳理现有的历史资源及其周边步行空间

增加游览及游憩空间，梳理其与步行空间的连续性

增强空间的相互联系

调整步行空间单调的路径，提升趣味性

主要历史元素

游览路径

原有的厂房空间

■ 道路系统规划图

主要车行路线

主要步行路线

■ 游览路线示意图

■ 开敞空间示意图

■ 功能结构分体图

咖啡厅　茶座　购物广场　健身场地　景观长廊　集中开敞绿地　运动场地　路演空间　展示空间　文化长廊　体验空间　会展空间　接待空间　讨论交流空间

购物　　休闲　　运动　　展示　　交流

工业遗产公园
南京浦镇车辆厂历史风貌区
城市设计

记忆与传承

THE URBAN DESIGN OF HISTORIC DISTRICT IN NANJING PUZHEN CARRIAGE WORKS

小组成员：马思宇、葛思蒙、席宇凡

■ 主厂区改造

■ 保留厂房改造

对于部分有价值的厂房，我们完全保留其平面肌理与建筑外皮，通过内部功能置换，为其注入新功能。

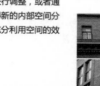

不改动原有建筑结构，对非承重墙的位置进行调整，或者通过夹层，获得新的内部空间分隔，以达到充分利用空间的效果。

原厂房　　　　改造后

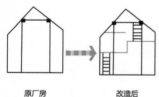　　　

原厂房　　　　功能置换

■ 厂区周边环境改造

在主厂区内部引入立体网络状步行体系的理念，在厂房间架设连廊，增强步行系统的整体性与连贯性。

通过火车轨道与立体交通打通主厂区，内部与外部的联通空间，将平面布局改造成立体结构，把主厂区打造成具有特色火车文化气息的文化博览区。

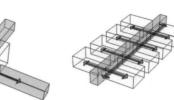　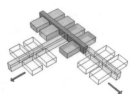

■ 效果图

　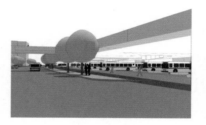　

■ 材质界面：砖石、钢、玻璃

针对有文化记忆的铁皮房，保留其外部形态与肌理，采用新型材质界面重新改建。

采用传统砖石材料保存场地记忆，引入钢构玻璃元素。
砖石：砖墙、瓦顶、石墙、石柱、石路
钢构：刚柱、钢架、铁艺
玻璃：幕墙、橱窗、老虎窗

■ 意向图　　　■ 效果图

工业遗产公园

南京浦镇车辆厂历史风貌区
城市设计

记忆与传承

THE URBAN DESIGN OF HISTORIC DISTRICT IN NANJING PUZHEN CARRIAGE WORKS

小组成员：马思宇、葛思蒙、席宇凡

■ 步行街节点放大图

■ 步行街功能分区示意

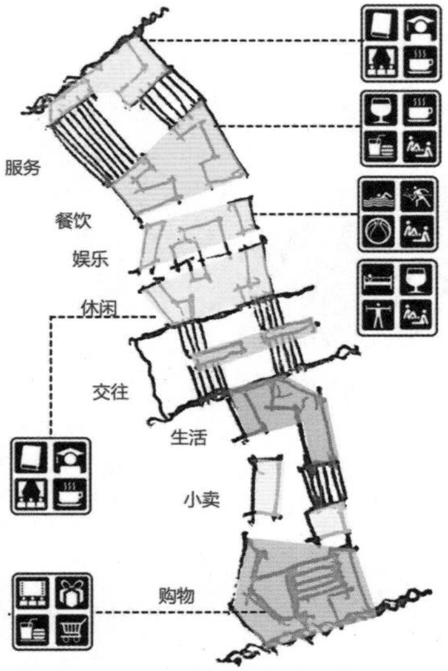

服务
餐饮
娱乐
休闲
交往
生活
小卖
购物

■ 步行街建筑空间形式分析

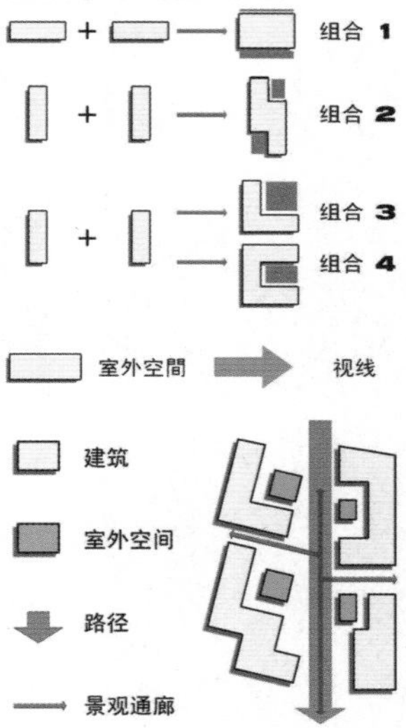

组合 1
组合 2
组合 3
组合 4

室外空间 → 视线
建筑
室外空间
路径
景观通廊

■ 步行街行为活动分析

■ 步行街节点效果图

■ 架空平台

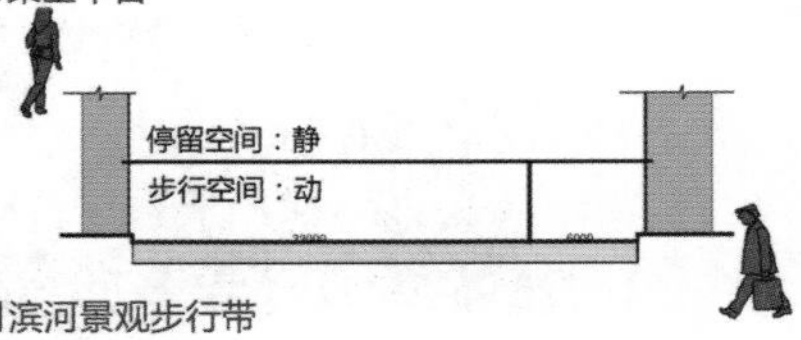

停留空间：静
步行空间：动

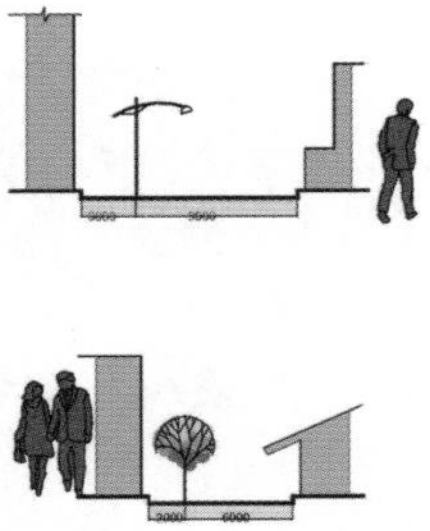

■ 滨河景观步行带

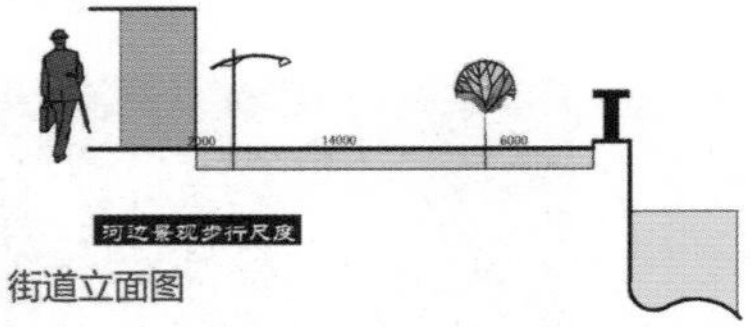

河边景观步行尺度

■ 街道立面图

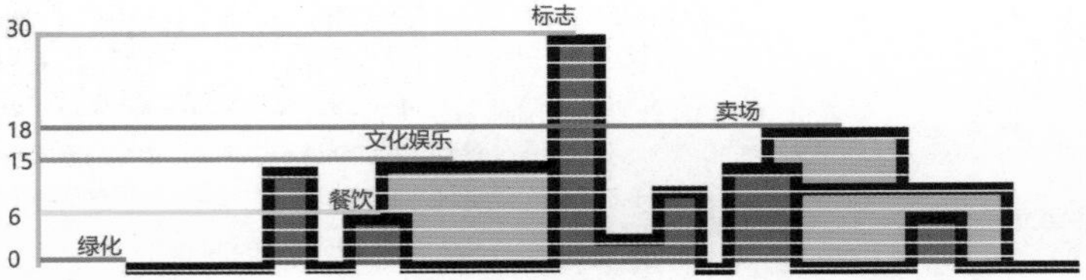

■ 街道步行尺度

步行街建筑底部采用骑楼，
可形成室内外交融的灰空间，
有利于商业活动的进行，
并营造良好的步行环境。
在底层置橱窗可安布置广告，
仅限于一、二层，垂直于墙面
布置，以避免遮挡建筑。

■ 骑楼意向图

■ 骑楼立面图

■ 步行街空间意向图

■ 广告橱窗示意

标志
卖场
文化娱乐
餐饮
绿化

30
18
15
6
0

工业遗产公园

南京浦镇车辆厂历史风貌区
城市设计

THE URBAN DESIGN OF HISTORIC DISTRICT IN NANJING PUZHEN CARRIAGE WORKS

小组成员：马思宇、葛思蒙、席宇凡

记忆与传承

■ 花田节点放大图

■ 轨道改造示意

展览馆内轨道：该处安放不同年代的火车
用于静态参观展示。

体验空间内轨道：该处提供完整的车厢制作
流程工艺，用于动态体验参观。游客们乘坐
不同年代的火车，切身体验独特的火车文化。

■ 南部滨水景观

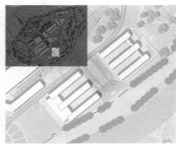

将轨道周边用地铺上硬质铺装，并设有游憩设
施，提供一种独特的轨道漫步感受。

保留原有的轨道周边环境，适当添置修剪相关
绿植，营造一种时光溯回的年代感与静谧享受，
适合散步，拍照等活动。

工业遗产公园
南京浦镇车辆厂历史风貌区
城市设计

THE URBAN DESIGN OF HISTORIC DISTRICT IN NANJING PUZHEN CARRIAGE WORKS

小组成员：马思宇、葛思蒙、席宇凡

记忆与传承

■ 山体公园节点放大图

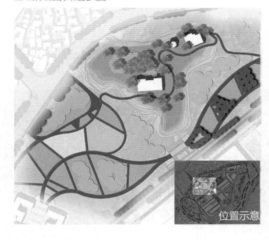

位置示意

■ 幼儿活动区：

该区设置明亮清新的玩偶形玩具与活动设施，供在家长陪同下的幼儿玩耍。铺地以软质和沙子为主，构建健康安全的活动环境

■ 儿童活动区

该区铺地色彩明亮，具有吸引性，并设置了蹦床、平衡木等项目，适合儿童玩耍。

■ 青少年活动区

该区以浅色为主，利用山体的高低起伏设置具有新鲜感、能够吸引青少年的项目，如滑板广场和攀岩等。

■ 中年活动区

该区以生态为主，提供生态休闲的感官体验，以游憩为主，营造安静舒适的气氛。

■ 老年活动区

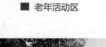

该区设置多种健身器材及茶座、棋桌等老年人休闲养生设施。

开题调研成果

2017

城乡规划专业四校联合毕业设计

中期汇报成果

终期答辩成果

大事记

2017 年 2 月 10 日

2017 年南京工业大学、郑州大学、苏州大学、山东建筑大学城乡规划专业四校联合毕业设计任务书初稿拟定，由南京工业大学负责资料收集和前期准备。

2017 年 2 月 28 日

郑州大学、苏州大学、山东建筑大学三校的 30 名师生陆续抵达南京。

2017 年 3 月 1 日

2017 年南京工业大学、郑州大学、苏州大学、山东建筑大学城乡规划专业四校联合毕业设计于上午正式开始，南京工业大学建筑学院院长胡振宇教授致开幕词，南京工业大学组织校园游览与学院参观并集体合影留念。南京工业大学建筑学院副院长方遥副教授对南京城市以及联合毕设项目情况作了相关介绍。

下午，参加联合毕业设计的 40 余名师生对浦镇车辆厂主厂区作了详细踏勘与调研并返校做了相关资料整理。

2017 年 3 月 2 日

南京工业大学组织参加联合毕业设计的师生调研参观了南京晨光 1865 科技创意产业园以及夫子庙历史文化街区。下午，南京大学建筑与城市规划学院教授、南京大学智慧城市研究院副院长、南京大学城市规划设计研究院有限公司董事长甄峰作了题为《大数据与城市规划：激情、理性与行动》的精彩报告。

2017 年 3 月 3 日

参加联合毕业设计的师生于南京工业大学建筑学院阅览室进行概念设计，并于下午在学院会议室进行调研与概念设计汇报。

2017 年 3 月 4 日——4 月 9 日

参加联合毕业设计的师生陆续返回各自学校进行背景研究、区位分析、现状研究、案例借鉴、定位研究、方案设计等内容的工作。

2017 年 4 月 10 日

各校师生集中苏州大学、苏州大学金螳螂建筑学院院长吴永发教授致辞并介绍了苏州以及苏州大学金螳螂建筑学院发展的相关情况，各校师生于金螳螂建筑学院进行了包括综合研究、功能定位以及用地布局、道路交通、绿地景观、空间形态、容量指标、城市设计等内容的中期汇报。

下午，苏州大学组织进行了"相门城墙—平江路—观前街"线路的文化遗产考察。

2017 年 4 月 11 日——5 月 25 日

参加联合毕业设计的师生陆续返回各自学校进行调整优化方案，并开展节点设计、建筑意向、鸟瞰图、透视图及城市设计导则等内容的工作。

2017 年 5 月 26 日

各校师生集中于郑州大学，郑州大学建筑学院院长张建涛教授致辞之后，各校参与联合毕业设计的学生分组进行四校联合毕业设计终期答辩汇报，并邀请校内外教授、规划师等参与评讲。评图活动持续了一整天。期间，各校师生利用休息时间进行了各自方案的交流与讨论，并相互观摩学习。

团队指导教师感言

雷诚　　　　　　汤晔峥
苏州大学金螳螂建筑学院

本次联合设计由南京工业大学出题，选题延续"更新"核心脉络，选择浦镇车辆厂作为设计基地，在现实与理想的交错中探寻发展的途径，体现了动态更新和活态保护的新思路。兄弟院校师生出色的表现给我们留下了深刻的印象，通过交流我们也认识到了自身的差距与不足，在教学方法、教学组织等方面各校提供了很好的借鉴。期待明年有更精彩的成果。

南京浦镇车辆厂不仅是中国铁路发展史上具有重要见证意义的铁路制造基地，更是江北国家级新区的形象品牌和南京工业遗产的代表性地段。作为南京首批22处历史风貌区之一的浦镇车辆厂城市设计，面对了厚重"历史"积淀与蓬勃"未来"前景的时代拷问，以及对当前城市更新与改造中的焦点——可持续发展议题的回应。强烈时代感的选题，对即将毕业走入职业生涯的同学们，充满了挑战性。

思想的碰撞、灵感的火花、设计的激情，转化为历时三个月的丰富设计成果。激烈的争论、大胆的勾画凝聚为一份份图纸上再三推敲的线条、一组组细致详尽的分析阐述和一场激昂澎湃的汇报演讲。站在职业门槛上的莘莘学子，站在职业规划师的视角，为五年的本科规划学习，交了一份出色的答卷。

史晓华　　　　　陈静
郑州大学建筑学院

一回生，两回熟。四校联合设计度过了第一年的磨合期，顺利进入了第二个年头，很荣幸再次参与这项活动。本次联合设计聚焦"工业更新"这一主题，选取南京浦镇车辆厂历史风貌区为设计对象，很好地结合了时代发展特征、体现了城市地域特色。各校师生在这样一个难以多得的平台上又一次展开了深入的学术探讨和热烈的设计比拼。从开题、现状认知、中期方案汇报到终期成果答辩，3个月的时间里四校师生辗转南京、苏州、郑州，对工业遗存的活化利用、改造、更新这一热点问题及相关内容进行了深入的思考与探索，大家集思广益、取长补短，共同进步，成果显著。

通过这次四校联合设计及教学活动，我校师生充分发挥了各自的业务特长，也深入领略了他校师生的专业特点，大家都受益匪浅、意犹未尽。通过以联合设计为载体的校际间师生的全方位持续性交流与学习，又一批羽翼初成的莘莘学子将登上专业领域的大舞台，又一批初出茅庐的规划师将步入城市建设的大战场。感谢为四校联合设计辛勤付出、默默奉献的每一位老师和同学，期待着各校师生来年再聚首。

陈朋　　　　　　赵健
山东建筑大学建筑城规学院

毕业设计是城乡规划专业培养过程中对学生知识、能力形成系统提升的重要环节。校际联合毕业设计则为高校师生结合统一选题，增进交流、开阔视野提供了高效、开放的教学平台。本次"南京浦镇车辆厂历史风貌区城市设计"选题，包含了地区触媒、文化保护、产业经营、风貌塑造等丰富的价值标准，在增加设计难度的同时，也为同学们呈现精彩构思创造了具体现实的设计条件。

就成果完成情况来看，同学们普遍建立起了各自的设计逻辑，并形成了相应的空间环境设计，但方案在现实开发可能、区域系统协调、城市设计管控等方面普遍欠缺充分论证与有效落实。这为我们今后调整专业教学重点、完善课程训练内容，提出了明确的要求与方向。

感谢南京工业大学的盛情邀请，以及苏州大学、郑州大学在联合毕业设计教学中付出的辛勤劳动。

方遥　　　　　　胡振宇
南京工业大学建筑学院

规划设计是一门技术活，更是一门讲究合作的技术活。一来该专业涉及的知识面广，二来设计成果的工作量大，所以小组合作是规划系同学设计课程常用的作业形式。通过合作，大家既能集思广益，明晰设计的方向和主线，又能发挥每个同学的特长，优势互补，提高作业的质量。五年下来，班里的同学基本合作了个遍，对相互的个性、喜好有了深入了解，专业素养和集体凝聚力都得到了很好的加强。

如今，专业合作拓展到了兄弟院校之间。郑州、苏州、济南、南京四个历史文化名城，郑州大学、苏州大学、山东建筑大学、南京工业大学四所不同渊源学校的四十余名师生，一个共性的课题——工业更新，四个多月的紧张工作，结出了丰硕的果实。同学们通过南京的实地调研、苏州的中期汇报和郑州的终期答辩，丰富了专业阅历，锻炼了实践能力。同时，差异化的设计理念、关注视角、技术路线、表达方法在期间碰撞、交集，沟通和交流让每位师生受益匪浅，更收获了深深的友谊。

在此，我非常感谢各位老师的精心组织，感谢各位领导的关心支持，感谢各位同学的全心投入。各位的认真和执着才能使得我们又一次的跨校联合毕业设计如此圆满成功。不忘初心，方得始终。祝愿我们的合作一年一年地持续下去，让更多的老师和同学都参与进来，期待今后涌现更多更好的作品。

后记

时光荏苒，岁月如梭，第二届四校城乡规划专业联合毕业设计已经顺利结束，设计作品集也即将付梓。回顾这四个多月来的教学活动，感慨颇多。本次联合毕业设计教学活动由我院召集，在上一届联合毕业设计组织经验的基础上，坚持以"城市更新"为课题主线，强调"文化传承"的指导思想和"城市设计"的规划手段，统筹协调了组织形式和教学过程。在各兄弟院系的积极配合下，本次联合毕业设计圆满收官。

今年的选题经过了反复斟酌，拟定"工业更新"作为主题，选择南京浦镇车辆厂历史风貌区作为研究对象。我们的考虑主要基于以下几点：一是参与本次联合毕业设计教学的四所高校属地均为国家历史文化名城，也是近现代工业发展史上的重要城市，选题应具有一定的共性；二是上届课题的基地为"苏州古城区平江历史街区东南侧地块"，是一个城市综合性片区，本次选题宜体现差异性；三是南京浦镇车辆厂是百年老厂，位于新成立的南京江北新区范围内，外部条件有较大变化，规划发展可塑性高，地段影响意义重大。

由于参加联合毕业设计的学校分处南京、苏州、郑州、济南四地，且教学体系不尽相同，所以对整个联合教学活动的周期进行了控制。各校的老师们为教学计划安排、各阶段汇报、教学沟通、成果表达等方面工作倾注了大量心血；各校的同学们也不辞辛劳，往返奔波于四地交流，为了毕业设计成果付出了更多的努力。令人欣慰的是，在不同规划理念、不同地域文化的碰撞下，教学相长，特色鲜明，满满的付出得到的是满满的收获。

本次联合教学得到了各个学院的高度重视，胡振宇、吴永发、张建涛、仝晖四位院长全程关注进展，在人力、物力上提供了充足的保障。南京市规划局陈乃栋副局长、南京大学甄峰教授、南京长江都市建筑设计股份有限公司汪杰董事长、河南省城乡规划设计研究总院有限公司王建军总规划师、郑州市规划勘测设计研究院王军总工程师在教学活动中给予了全力支持。在毕业设计成果完善阶段，恰逢住房和城乡建设部高等教育城乡规划专业评估专家组段进教授、苏功洲教授、李王鸣教授、吴建平教授来我校视察，也对我们的教学进行了悉心指导。本书的出版还得到了中国建筑工业出版社的大力帮助，本院的罗仁朝、黎智辉、严铮老师参加了各阶段的汇报答辩，学生宋洋、张蕾、刘清华、冯迪为答辩和本书的整理做了大量的工作，在此一并致谢！

按照老师们的说法，我们的联合设计没有华丽的庞大指导团队，有的是各校师生勤奋努力和兢兢业业的工作态度。本书的出版正是为了记录大家这一阶段的工作过程和成果。

因为时间仓促，书中难免有遗漏之处，敬请各位谅解。明年的联合毕业设计召集单位为郑州大学建筑学院，郑大的老师在这两届教学活动中表现出了令人尊敬的敬业态度与执着精神，这项活动必定能更好地延续下去。祝愿参与本次联合毕业设计的各位师生顺心如意，祝愿我们的联合教学活动常青长远！

南京工业大学建筑学院副院长、副教授
方遥
2017 年 8 月 6 日于南京